线性代数核心内容解析与解题指导

刘洪星　编

机 械 工 业 出 版 社

本书依据全国硕士研究生招生考试的要求，针对线性代数课程的核心内容进行了梳理与分析. 每章均包括大纲要求、重点与难点、内容解析，以及题型归纳与解题指导等，并在章末附有基础训练与综合练习两套题目. 为帮助学生更好地掌握线性代数处理问题的思想方法、把握考试热点与方向，并使之更好地把握课程的知识体系，在内容解析与学习指导中以注释等形式加入了诸多扩展内容，举例时精选了部分考研真题.

本书编写过程中充分考虑了学生学习中存在的问题，内容丰富，分析透彻，可供初学者查漏补缺，也可供准备参加考研的学生复习时使用(数 1，2，3 通用)，还可供讲授线性代数课程的教师参考.

图书在版编目（CIP）数据

线性代数核心内容解析与解题指导/刘洪星编. —北京：机械工业出版社，2022. 12

ISBN 978-7-111-71798-0

Ⅰ. ①线…　Ⅱ. ①刘…　Ⅲ. ①线性代数-研究生-入学考试-自学参考资料　Ⅳ. ①O151. 2

中国版本图书馆 CIP 数据核字（2022）第 188985 号

机械工业出版社（北京市百万庄大街 22 号　邮政编码 100037）
策划编辑：韩效杰　　　责任编辑：韩效杰　李　乐
责任校对：闫玥红　刘雅娜　封面设计：王　旭
责任印制：张　博
中教科（保定）印刷股份有限公司印刷
2023 年 2 月第 1 版第 1 次印刷
184mm×260mm · 14. 25 印张 · 341 千字
标准书号：ISBN 978-7-111-71798-0
定价：45. 00 元

电话服务　　　　网络服务
客服电话：010-88361066　机 工 官 网：www. cmpbook. com
　　　　　010-88379833　机 工 官 博：weibo. com/cmp1952
　　　　　010-68326294　金 书 网：www. golden-book. com

机工教育服务网：www. cmpedu. com

前　言

线性代数是大学工科及经管类等专业学生的专业基础课程，也是全国硕士研究生招生考试的必考内容. 由于这门课程具有高度抽象的特点，致使许多学生学习时感到困难. 为了帮助学生系统地领会这门课的知识内涵和蕴含的思想与方法，编者依据2021年新修订的考研大纲要求，针对课程内容，编写了这本融内容解析、学习指导和考研复习于一体的辅导书.

本书按学习内容共分6章，每章均设计如下5个模块：

大纲要求　列出了2021修订的考研大纲中对线性代数要求的内容. 考虑到数学1相较于数学2、数学3而言多出了向量空间等内容，所以本部分针对数学1的特别要求进行了标注.

重点与难点　指出了学习中的重点及需要注意突破的难点.

内容解析　编写本书过程中，对一些抽象知识点以实例或注解方式进行了诠释，对一些定理以推论等形式进行了延伸与拓展，旨在使读者通过阅读本书能灵活掌握相关知识的变式，并对概念及定理有一个本质认识，达到培养发散思维及深度学习的目的.

题型归纳与解题指导　在本部分内容中，编者根据多年的教学经验与体会，精选具有代表性的典型问题进行了归纳与详尽分析，并对学生学习中理解起来比较困难或易出现错误的地方进行了注解，旨在引导学生从根本上认识所学知识，并经过提炼上升更好地领会处理问题的思想与方法，达到培养学生科学运算、逻辑推理等数学能力的目的.

习题　在每一章末尾均附有两套习题. 习题A为基础训练，本部分内容旨在使初学者熟悉线性代数的概念，掌握其基本原理和处理问题的方法；习题B为综合练习，题目中不乏全国硕士研究生统一招生考试的典型试题，供学生训练提高时使用. 两套习题均配有相当数量的客观性题目（这也是本书的特色之一），这样做有利于学生循序渐进地进行学习，对激发学生的学习兴趣、深层次把握所学的内容大有裨益.

从课程体系本身来看，一般教材对线性代数知识是按螺旋式上升呈现的，因此许多相互关联的知识呈网状结构. 为了使读者能从全局上把握知识体系的内在逻辑联系，本书在一些内容编排上有时涉及后续章节的知识，并以*号标注，初学者可忽略这部分内容，待学过相应章节后再进行阅读.

在编写本书的过程中，编者查阅了大量的文献，选用了部分考研的真题，在此对文献作者及题目的编者表示由衷的谢意.

本书的编写得到了河南大学教改立项资助，得到了项目组成员与河南大学数学与统计学院有关领导的大力支持，在此表示感谢.

受编者水平与编写时间的限制，书中不当之处在所难免，欢迎读者批评指正.

编　者

目　录

第1章 行 列 式

1.1 大纲要求

1. 了解行列式的概念，掌握行列式的性质.
2. 会应用行列式的性质和行列式按行(列)展开定理计算行列式.

1.2 重点与难点

行列式作为线性代数的重要内容，是后续各章学习的基础，在整个课程体系中有着诸多重要的应用. 本章的重点是利用性质化行列式为上(下)三角形，以及利用展开定理对行列式进行降阶来计算行列式，读者在学习中还要熟悉范德蒙德行列式和分块行列式的计算等. 由逆序数给出的 n 阶行列式的定义和行列式展开定理及其推论的证明是本章学习的难点.

1.3 内容解析

1.3.1 行列式的概念

1. 二阶行列式与三阶行列式

(1) 二阶行列式

定义二阶行列式为

$$\begin{vmatrix} a_{11} & a_{12} \\ a_{21} & a_{22} \end{vmatrix} = a_{11}a_{22} - a_{12}a_{21}.$$

对二元一次线性方程组

$$\begin{cases} a_{11}x_1 + a_{12}x_2 = b_1, \\ a_{21}x_1 + a_{22}x_2 = b_2, \end{cases} \tag{1}$$

如果 $a_{11}a_{22} - a_{12}a_{21} \neq 0$，由消元法可得方程组的唯一解

$$\begin{cases} x_1 = \dfrac{b_1a_{22} - b_2a_{12}}{a_{11}a_{22} - a_{12}a_{21}}, \\ x_2 = \dfrac{b_2a_{11} - b_1a_{21}}{a_{11}a_{22} - a_{12}a_{21}}. \end{cases} \tag{2}$$

根据二阶行列式的定义，结合式(2)，可得当方程组(1)的系数行列式不等于0时，其公式解为

$$x_1=\frac{\begin{vmatrix}b_1 & a_{12}\\ b_2 & a_{22}\end{vmatrix}}{\begin{vmatrix}a_{11} & a_{12}\\ a_{21} & a_{22}\end{vmatrix}},\qquad x_2=\frac{\begin{vmatrix}a_{11} & b_1\\ a_{21} & b_2\end{vmatrix}}{\begin{vmatrix}a_{11} & a_{12}\\ a_{21} & a_{22}\end{vmatrix}}.$$

注意，行列式的定义来源于线性方程组，但学习行列式不仅仅是为了解方程组.

(2) 三阶行列式

定义三阶行列式为

$$\begin{vmatrix}a_{11} & a_{12} & a_{13}\\ a_{21} & a_{22} & a_{23}\\ a_{31} & a_{32} & a_{33}\end{vmatrix}=a_{11}a_{22}a_{33}+a_{12}a_{23}a_{31}+a_{21}a_{32}a_{13}-a_{13}a_{22}a_{31}-a_{12}a_{21}a_{33}-a_{23}a_{32}a_{11}.$$

2. 排列及其奇偶性

(1) 全排列与逆序数

排列：把 n 个不同的元素排成一列，叫作这 n 个元素的全排列，简称排列.

逆序与逆序数：对 n 个不同的元素 $1,2,\cdots,n$，规定各元素之间由小到大为标准次序，如果某两个元素的先后次序与标准次序不同，就说这两个元素构成一个逆序.

一个排列中的逆序的总数称为这个排列的逆序数．一般地，排列 $j_1,j_2,\cdots,j_n$ 的逆序数记为$t(j_1j_2\cdots j_n)$.

(2) 奇排列与偶排列

逆序数为奇数的排列称为奇排列；逆序数为偶数的排列称为偶排列.

3. n 阶行列式的定义

将逆序数应用于三阶行列式，可得

$$\begin{vmatrix}a_{11} & a_{12} & a_{13}\\ a_{21} & a_{22} & a_{23}\\ a_{31} & a_{32} & a_{33}\end{vmatrix}=\sum_{j_1j_2j_3}(-1)^{t(j_1j_2j_3)}a_{1j_1}a_{2j_2}a_{3j_3}.$$

推广可得 n 阶行列式定义为

$$\begin{vmatrix}a_{11} & a_{12} & \cdots & a_{1n}\\ a_{21} & a_{22} & \cdots & a_{2n}\\ \vdots & \vdots & & \vdots\\ a_{n1} & a_{n2} & \cdots & a_{nn}\end{vmatrix}=\sum_{j_1j_2\cdots j_n}(-1)^{t(j_1j_2\cdots j_n)}a_{1j_1}a_{2j_2}\cdots a_{nj_n}.$$

注：这里符号 $\sum\limits_{j_1j_2\cdots j_n}$ 表示对其后所有的 n 级排列 $j_1j_2\cdots j_n$ 所对应的项$(-1)^{t(j_1j_2\cdots j_n)}a_{1j_1}a_{2j_2}\cdots a_{nj_n}$求和. 初学者对这一定义理解时往往感到困难，其实只要注意以下事实即可：

1) 展开式总共有 $n!$ 项.

2) 每一项都是行列式中不同行不同列的元素之积.

3）当每一项按行排好顺序后，列指标的逆序数决定了该项的符号.

由如上 n 阶行列式定义，可得上(下)三角行列式的如下结果，这些均可作为公式使用.

$$\begin{vmatrix} a_{11} & a_{12} & \cdots & a_{1n} \\ 0 & a_{22} & \cdots & a_{2n} \\ \vdots & \vdots & & \vdots \\ 0 & 0 & \cdots & a_{nn} \end{vmatrix} = a_{11}a_{22}\cdots a_{nn}. \tag{1.1}$$

$$\begin{vmatrix} a_{11} & 0 & \cdots & 0 \\ a_{21} & a_{22} & \cdots & 0 \\ \vdots & \vdots & & \vdots \\ a_{n1} & a_{n2} & \cdots & a_{nn} \end{vmatrix} = a_{11}a_{22}\cdots a_{nn}. \tag{1.2}$$

但是要注意对斜三角有

$$\begin{vmatrix} a_{11} & \cdots & a_{1,n-1} & a_{1n} \\ a_{21} & \cdots & a_{2,n-1} & \\ \vdots & \iddots & & \\ a_{n1} & & & \end{vmatrix} = \begin{vmatrix} & & & a_{1n} \\ & & a_{2,n-1} & a_{2n} \\ & \iddots & & \vdots \\ a_{n1} & a_{n2} & \cdots & a_{nn} \end{vmatrix} = (-1)^{\frac{n(n-1)}{2}} a_{1n}a_{2,n-1}\cdots a_{n1}. \tag{1.3}$$

注：对一般的高阶行列式，直接用定义计算是不现实的，但如上结果[尤其是上(下)三角行列式]提供了一个行列式计算的化归途径.

1.3.2 行列式的性质

行列式主要有以下六条性质. 这些性质多是根据定义证明的. 相对于证明而言，理解性质的含义，并会利用其计算行列式才是学习的重点.

性质1 行列式与它的转置行列式相等，即 $D=D^{\mathrm{T}}$.

[例如]

$$\begin{vmatrix} a & b & c \\ x & y & z \\ p & q & r \end{vmatrix} = \begin{vmatrix} a & x & p \\ b & y & q \\ c & z & r \end{vmatrix}.$$

此性质可说明行列式行具有的性质，其列也具备.

性质2 交换行列式的两行(列)，行列式变号(绝对值不变).

[例如]

$$\begin{vmatrix} x & y & z \\ 1 & 2 & 3 \\ p & q & r \end{vmatrix} \xlongequal{r_1 \leftrightarrow r_2} -\begin{vmatrix} 1 & 2 & 3 \\ x & y & z \\ p & q & r \end{vmatrix}.$$

推论 如果一个行列式的两行(列)对应元素相同，则行列式的值为0.

注：交换行列式的 i，j 两行(列)，一般采用符号 $r_i \leftrightarrow r_j(c_i \leftrightarrow c_j)$ 表示.

性质3 用数 k 乘行列式的某一行(列)，等于用数 k 乘此行列式.

推论 行列式某一行(列)所有元素的公因子可以提到行列式符号的外面.

注：第 i 行(或列)提取公因子 k，一般采用符号 $r_i \div k$(或 $c_i \div k$)表示.

性质 4　行列式中如果两行(列)元素对应成比例，则此行列式等于零.

性质 5　若行列式某一行(列)的元素都是两数之和，则该行列式等于这一行(列)各取一项，其他行(列)不变的两个行列式之和.

[例如]设行列式 $\begin{vmatrix} a_1 & b_1 \\ a_2 & b_2 \end{vmatrix}=1$，$\begin{vmatrix} a_1 & c_1 \\ a_2 & c_2 \end{vmatrix}=2$，则有

$$\begin{vmatrix} a_1 & b_1+c_1 \\ a_2 & b_2+c_2 \end{vmatrix}=\begin{vmatrix} a_1 & b_1 \\ a_2 & b_2 \end{vmatrix}+\begin{vmatrix} a_1 & c_1 \\ a_2 & c_2 \end{vmatrix}=3.$$

性质 6　行列式的某一行(列)的各元素乘以同一个数然后加到另一行(列)对应的元素上去，行列式不变.

习惯上，把以数 k 乘第 i 行(列)加到第 j 行(列)记作 r_j+kr_i(或 c_j+kc_i)，这一过程中第 i 行(列)的元素是不变的．这个性质主要用于将行列式的元素变出 0，以使计算简单.

注：在如上性质中，性质 2、3、6 提供了化行列式为上(下)三角形的方法；性质 4 说明满足两行(列)成比例条件的行列式为 0，但要注意行列式值为 0 时，却不一定有两行(列)成比例；性质 5 用于拆分某一行(列)为两数之和的行列式，但要注意按行(列)拆分时，这一行(列)各取一项放到两个行列式中，其他行列元素不变. 例如，一般有如下结果：

$$\begin{vmatrix} a_1+b_1 & a_2+b_2 \\ a_3+b_3 & a_4+b_4 \end{vmatrix}\neq\begin{vmatrix} a_1 & a_2 \\ a_3 & a_4 \end{vmatrix}+\begin{vmatrix} b_1 & b_2 \\ b_3 & b_4 \end{vmatrix}.$$

1.3.3　行列式按行(列)展开定理

1. 余子式与代数余子式

(1) 余子式

在 n 阶行列式 $\det(a_{ij})$ 中，把 (i,j) 元 a_{ij} 所在的第 i 行和第 j 列划去后，剩下的 $n-1$ 阶行列式叫作 (i,j) 元 a_{ij} 的余子式，记作 M_{ij}，即

$$M_{ij}=\begin{vmatrix} a_{11} & \cdots & a_{1j-1} & a_{1j+1} & \cdots & a_{1n} \\ \vdots & & \vdots & \vdots & & \vdots \\ a_{i-11} & \cdots & a_{i-1j-1} & a_{i-1j+1} & \cdots & a_{i-1n} \\ a_{i+11} & \cdots & a_{i+1j-1} & a_{i+1j+1} & \cdots & a_{i+1n} \\ \vdots & & \vdots & \vdots & & \vdots \\ a_{n1} & \cdots & a_{nj-1} & a_{nj+1} & \cdots & a_{nn} \end{vmatrix}.$$

(2) 代数余子式

在行列式 $\det(a_{ij})$ 中，元素 a_{ij} 的余子式 M_{ij} 前面冠以符号 $(-1)^{i+j}$，即得 a_{ij} 的代数余子式 A_{ij}，即

$$A_{ij}=(-1)^{i+j}M_{ij}.$$

[例如]三阶行列式 $|a_{ij}|=\begin{vmatrix} 1 & x & 6 \\ 2 & 5 & 0 \\ -1 & 8 & 3 \end{vmatrix}$ 中，$(1,2)$ 元 $a_{12}(=x)$ 的代数余子式为

$$A_{12}=(-1)^{1+2}\begin{vmatrix}2 & 0\\ -1 & 3\end{vmatrix}=-6,$$

从本例可以看出，A_{ij}不但与元素 a_{ij}的取值没有关系，而且改变 a_{ij}所在行(列)中其他元素的值，也不影响该元素的代数余子式.

2. 行列式按行(列)展开定理

定理 1.1 行列式等于它任意一行(列)的各元素与其对应的代数余子式乘积之和. 即

$$D=|a_{ij}|_n=a_{i1}A_{i1}+a_{i2}A_{i2}+\cdots+a_{in}A_{in}$$

或

$$D=|a_{ij}|_n=a_{1j}A_{1j}+a_{2j}A_{2j}+\cdots+a_{nj}A_{nj}.$$

注: 行列式展开定理适用于行列式中数字零比较多的情形. 具体使用时，一般选取某一行(列)只有一个或者两个非零数的行(列)进行展开.

[例如]对行列式
$$D=\begin{vmatrix}a_1 & a_2 & a_3 & 0\\ 1 & 0 & 0 & b_1\\ 0 & 1 & 0 & b_2\\ 0 & 0 & 1 & b_3\end{vmatrix}$$

按第一列展开，可得

$$\begin{aligned}D&=a_1\cdot A_{11}+1\cdot A_{21}+0\cdot A_{31}+0\cdot A_{41}\\ &=a_1(-1)^{1+1}\begin{vmatrix}0 & 0 & b_1\\ 1 & 0 & b_2\\ 0 & 1 & b_3\end{vmatrix}+1(-1)^{2+1}\begin{vmatrix}a_2 & a_3 & 0\\ 1 & 0 & b_2\\ 0 & 1 & b_3\end{vmatrix}\\ &=a_1b_1(-1)^{1+3}\begin{vmatrix}1 & 0\\ 0 & 1\end{vmatrix}+(a_3b_3+a_2b_2)\\ &=a_1b_1+a_2b_2+a_3b_3.\end{aligned}$$

推论 行列式某一行(列)元素与另一行(列)对应元素的代数余子式乘积之和必为零. 即

$$\begin{cases}a_{i1}A_{j1}+a_{i2}A_{j2}+\cdots+a_{in}A_{jn}=0 \quad (i\neq j),\\ a_{1j}A_{1k}+a_{2j}A_{2k}+\cdots+a_{nj}A_{nk}=0 \quad (j\neq k).\end{cases} \tag{1.4}$$

注: 教材中对推论的证明反向使用了展开定理，很好地体现了构造思想，这一思想在处理代数余子式的求和问题时经常用到，读者应认真体会(见例 1.33).

1.3.4 两个特殊的行列式

1. 范德蒙德行列式

$$\begin{vmatrix}1 & 1 & 1 & \cdots & 1\\ a_1 & a_2 & a_3 & \cdots & a_n\\ a_1^2 & a_2^2 & a_3^2 & \cdots & a_n^2\\ \vdots & \vdots & \vdots & & \vdots\\ a_1^{n-1} & a_2^{n-1} & a_3^{n-1} & \cdots & a_n^{n-1}\end{vmatrix}=\prod_{1\leqslant j\leqslant i\leqslant n}(a_i-a_j).$$

2. 拉普拉斯展开公式

定理 1.2 设 $\boldsymbol{A}$ 是 m 阶矩阵，$\boldsymbol{B}$ 是 n 阶矩阵，则

$$\begin{vmatrix} \boldsymbol{A} & \boldsymbol{O} \\ \boldsymbol{C} & \boldsymbol{B} \end{vmatrix} = \begin{vmatrix} \boldsymbol{A} & \boldsymbol{D} \\ \boldsymbol{O} & \boldsymbol{B} \end{vmatrix} = |\boldsymbol{A}| \cdot |\boldsymbol{B}|, \tag{1.5}$$

$$\begin{vmatrix} \boldsymbol{O} & \boldsymbol{B} \\ \boldsymbol{A} & \boldsymbol{C} \end{vmatrix} = \begin{vmatrix} \boldsymbol{C} & \boldsymbol{B} \\ \boldsymbol{A} & \boldsymbol{O} \end{vmatrix} = (-1)^{mn} |\boldsymbol{A}| \cdot |\boldsymbol{B}|. \tag{1.6}$$

注： 定理 1.2 中的式(1.5)在一般教材中是个例题，式(1.6)可通过式(1.5)来证明. 如上结果读者要能熟练应用.

1.4 题型归纳与解题指导

1.4.1 具体行列式的计算

1. 按定义计算行列式

当遇到阶数较低，或者其中 0 元素比较多的稀疏行列式时，可考虑使用定义分析其结果.

例 1.1 计算行列式

$$D = \begin{vmatrix} a_1 & a_2 & a_3 & a_4 & a_5 \\ b_1 & b_2 & b_3 & b_4 & b_5 \\ c_1 & c_2 & 0 & 0 & 0 \\ d_1 & d_2 & 0 & 0 & 0 \\ e_1 & e_2 & 0 & 0 & 0 \end{vmatrix}.$$

解 行列式展开共有 5！项，其一般项为 $a_{1j_1}a_{2j_2}a_{3j_3}a_{4j_4}a_{5j_5}$，列指标 j_1、j_2、j_3、j_4、j_5 只能在 1、2、3、4、5 中取值，所以 j_3、j_4、j_5 这三个下标至少有一个在 3、4、5 中取值. 结合行列式 D 的特征可知，在任意项 $a_{1j_1}a_{2j_2}a_{3j_3}a_{4j_4}a_{5j_5}$ 中，元素 a_{3j_3}、a_{4j_4}、a_{5j_5} 至少有一个取值为 0，所以 $D=0$.

例 1.2 （2021，数 2，3）多项式 $f(x)=\begin{vmatrix} x & x & 1 & 2x \\ 1 & x & 2 & -1 \\ 2 & 1 & x & 1 \\ 2 & -1 & 1 & x \end{vmatrix}$ 中 x^3 的系数为________.

解 应填−5.

[分析]事实上，$f(x)=\begin{vmatrix} x & x & 1 & 2x \\ 1 & x & 2 & -1 \\ 2 & 1 & x & 1 \\ 2 & -1 & 1 & x \end{vmatrix} \xlongequal[c_2-c_1]{c_4-2c_1} \begin{vmatrix} x & 0 & 1 & 0 \\ 1 & x-1 & 2 & -3 \\ 2 & -1 & x & -3 \\ 2 & -3 & 1 & x-4 \end{vmatrix}.$

根据行列式的定义，在$f(x)=\begin{vmatrix} x & 0 & 1 & 0 \\ 1 & x-1 & 2 & -3 \\ 2 & -1 & x & -3 \\ 2 & -3 & 1 & x-4 \end{vmatrix}$的展开式中，有一项是主对角线上元素的乘积$x(x-1)x(x-4)$，其余各项(剩余23项)出现的$x$方幂至多是2次，因此$x$的3次幂只能出现在$x^2(x-1)(x-4)$中，易知其系数为$-5$.

注：按定义计算行列式只是一种理念，因为它只适用于展开式中包含的非零项较少的情形. 在本题中，$f(x)$的x^3的系数也可利用行列式展开定理计算，但运算量较大.

2. 含参数的三阶行列式

例1.3 解方程$\begin{vmatrix} x-3 & 1 & -1 \\ 1 & x-5 & 1 \\ -1 & 1 & x-3 \end{vmatrix}=0.$

解法1 依次将第2行、第3行加到第1行，原方程可变为

$$\begin{vmatrix} x-3 & x-3 & x-3 \\ 1 & x-5 & 1 \\ -1 & 1 & x-3 \end{vmatrix}=0,$$

第一行提取公因子$x-3$，得

$$(x-3)\begin{vmatrix} 1 & 1 & 1 \\ 1 & x-5 & 1 \\ -1 & 1 & x-3 \end{vmatrix}=0,$$

化简得

$$(x-3)(x-2)(x-6)=0,$$

所以方程组解为$x_1=3$，$x_2=2$，$x_3=6$.

解法2 将第3行的-1倍加到第1行，方程变为

$$\begin{vmatrix} x-2 & 0 & -x+2 \\ 1 & x-5 & 1 \\ -1 & 1 & x-3 \end{vmatrix}=0,$$

可得

$$(x-2)\begin{vmatrix} 1 & 0 & -1 \\ 1 & x-5 & 1 \\ -1 & 1 & x-3 \end{vmatrix}=0,$$

化简可得

$$(x-2)(x-3)(x-6)=0,$$

所以方程组解为$x_1=3$，$x_2=2$，$x_3=6$.

注：如果直接按定义展开，则不得不面对3次多项式的因式分解问题，这对大部分学生来说是比较困难的. 因此计算这种行列式时一般不要直接展开，通常是先通过将某行(列)的适当倍数加至另一行(列)使其中一个数化0，而该行(列)另外两个因子为有倍数关系的一次

因式，提出 x 的这个一次因式，则剩下的三阶行列式为2次多项式，计算剩下的三阶行列式并分解因式，可得方程的另外两个根. 第5章关于矩阵特征值的计算属于这一类行列式.

3. 化行列式为上(下)三角形

例 1.4　计算行列式 $D=\begin{vmatrix} a-b-c & 2a & 2a \\ 2b & b-a-c & 2b \\ 2c & 2c & c-a-b \end{vmatrix}$.

解　依次将行列式第2行、第3行加到第1行，再将第1行提取公因子 $a+b+c$，再通过化0，可将行列式化成上三角形.

$$D\xlongequal[r_1+r_3]{r_1+r_2}\begin{vmatrix} a+b+c & a+b+c & a+b+c \\ 2b & b-a-c & 2b \\ 2c & 2c & c-a-b \end{vmatrix}$$

$$\xlongequal{r_1\div(a+b+c)}(a+b+c)\begin{vmatrix} 1 & 1 & 1 \\ 2b & b-a-c & 2b \\ 2c & 2c & c-a-b \end{vmatrix}$$

$$\xlongequal[r_3+(-2c)r_1]{r_2+(-2b)r_1}(a+b+c)\begin{vmatrix} 1 & 1 & 1 \\ 0 & -b-a-c & 0 \\ 0 & 0 & -c-a-b \end{vmatrix}$$

$$=(a+b+c)^3.$$

例 1.5　求行列式 $D=\begin{vmatrix} 1 & -1 & 1 & x-1 \\ 1 & -1 & x+1 & -1 \\ 1 & x-1 & 1 & -1 \\ x+1 & -1 & 1 & -1 \end{vmatrix}$ 的值.

解

$$D=\begin{vmatrix} 1 & -1 & 1 & x-1 \\ 1 & -1 & x+1 & -1 \\ 1 & x-1 & 1 & -1 \\ x+1 & -1 & 1 & -1 \end{vmatrix}=\begin{vmatrix} x & -1 & 1 & x-1 \\ x & -1 & x+1 & -1 \\ x & x-1 & 1 & -1 \\ x & -1 & 1 & -1 \end{vmatrix}$$

$$=x\begin{vmatrix} 1 & -1 & 1 & x-1 \\ 1 & -1 & x+1 & -1 \\ 1 & x-1 & 1 & -1 \\ 1 & -1 & 1 & -1 \end{vmatrix}$$

$$=x\begin{vmatrix} 1 & 0 & 0 & x \\ 1 & 0 & x & 0 \\ 1 & x & 0 & 0 \\ 1 & 0 & 0 & 0 \end{vmatrix}$$

$$=x^4.$$

例 1.6　计算行列式

$$D=\begin{vmatrix}1 & b_1 & 0 & 0\\ -1 & 1-b_1 & b_2 & 0\\ 0 & -1 & 1-b_2 & b_3\\ 0 & 0 & -1 & 1-b_3\end{vmatrix}.$$

解

$$D\xlongequal{r_2+r_1}\begin{vmatrix}1 & b_1 & 0 & 0\\ 0 & 1 & b_2 & 0\\ 0 & -1 & 1-b_2 & b_3\\ 0 & 0 & -1 & 1-b_3\end{vmatrix}\xlongequal{r_3+r_2}\begin{vmatrix}1 & b_1 & 0 & 0\\ 0 & 1 & b_2 & 0\\ 0 & 0 & 1 & b_3\\ 0 & 0 & -1 & 1-b_3\end{vmatrix}\xlongequal{r_4+r_3}\begin{vmatrix}1 & b_1 & 0 & 0\\ 0 & 1 & b_2 & 0\\ 0 & 0 & 1 & b_3\\ 0 & 0 & 0 & 1\end{vmatrix}=1.$$

例 1.7　计算

$$D=\begin{vmatrix}a & b & b & b\\ b & a & b & b\\ b & b & a & b\\ b & b & b & a\end{vmatrix}.$$

解　行列式的各行(或列)元素之和都相等，可将第 2、3、4 行都加到第 1 行，再提取公因子.

$$D\xlongequal[r_1+r_4]{\substack{r_1+r_2\\ r_1+r_3}}\begin{vmatrix}a+3b & a+3b & a+3b & a+3b\\ b & a & b & b\\ b & b & a & b\\ b & b & b & a\end{vmatrix}\xlongequal{r_1\div(a+3b)}(a+3b)\begin{vmatrix}1 & 1 & 1 & 1\\ b & a & b & b\\ b & b & a & b\\ b & b & b & a\end{vmatrix}$$

$$\xlongequal[r_4-br_1]{\substack{r_2-br_1\\ r_3-br_1}}(a+3b)\begin{vmatrix}1 & 1 & 1 & 1\\ 0 & a-b & 0 & 0\\ 0 & 0 & a-b & 0\\ 0 & 0 & 0 & a-b\end{vmatrix}$$

$$=(a+3b)(a-b)^3.$$

注：如果本题中使用$r_i-\frac{b}{a}r_1(i=2,3,4)$，将行列式中左上角的元素$a$下面的元素都化为0是不妥的，原因是我们不知道左上角的元素a是否为0，而且这样做比较麻烦.

例 1.8 计算

$$D=\begin{vmatrix} x_1-m & x_2 & \cdots & x_n \\ x_1 & x_2-m & \cdots & x_n \\ \vdots & \vdots & & \vdots \\ x_1 & x_2 & \cdots & x_n-m \end{vmatrix}.$$

解

$$D\xlongequal[i=2,3,\cdots,n]{c_1+c_i}\begin{vmatrix} x_1+x_2+\cdots+x_n-m & x_2 & \cdots & x_n \\ x_1+x_2+\cdots+x_n-m & x_2-m & \cdots & x_n \\ \vdots & \vdots & & \vdots \\ x_1+x_2+\cdots+x_n-m & x_2 & \cdots & x_n-m \end{vmatrix}$$

$$=\left(\sum_{i=1}^n x_i-m\right)\begin{vmatrix} 1 & x_2 & \cdots & x_n \\ 1 & x_2-m & \cdots & x_n \\ \vdots & \vdots & & \vdots \\ 1 & x_2 & \cdots & x_n-m \end{vmatrix}$$

$$\xlongequal[i=2,3,\cdots,n]{r_i-r_1}\left(\sum_{i=1}^n x_i-m\right)\begin{vmatrix} 1 & x_2 & \cdots & x_n \\ 0 & -m & \cdots & 0 \\ \vdots & \vdots & & \vdots \\ 0 & 0 & \cdots & -m \end{vmatrix}$$

$$=(-1)^{n-1}\left(\sum_{i=1}^n x_i-m\right)m^{n-1}.$$

注：对于每行(列)之和都相等的行列式，往往利用行列式的性质将其他列加到第1列(行)，提取公因子后再计算.

例 1.9 计算行列式

$$\begin{vmatrix} a_0 & 1 & 1 & 1 \\ 1 & a_1 & 0 & 0 \\ 1 & 0 & a_2 & 0 \\ 1 & 0 & 0 & a_3 \end{vmatrix},\quad a_1a_2a_3\neq 0.$$

解 将第2、3、4列乘以相应的倍数加到第1列，原行列式可化为上三角形

$$\begin{vmatrix} a_0 & 1 & 1 & 1 \\ 1 & a_1 & 0 & 0 \\ 1 & 0 & a_2 & 0 \\ 1 & 0 & 0 & a_3 \end{vmatrix}\xlongequal[i=1,2,3]{c_1-\frac{1}{a_i}c_{i+1}}\begin{vmatrix} a_0-\frac{1}{a_1}-\frac{1}{a_2}-\frac{1}{a_3} & 1 & 1 & 1 \\ 0 & a_1 & 0 & 0 \\ 0 & 0 & a_2 & 0 \\ 0 & 0 & 0 & a_3 \end{vmatrix}$$

$$= a_1a_2a_3\left(a_0 - \sum_{i=1}^{3}\frac{1}{a_i}\right).$$

注： 形如本题的行列式俗称 K 形行列式，此种行列式一般化为上(下)三角行列式.

4. 按一行(列)展开，或利用拉普拉斯展开式降阶

当行列式中 0 比较多时，常使用展开定理降阶计算.

例 1.10　计算

$$D=\begin{vmatrix}1 & a & 0 & 0\\0 & 1 & a & 0\\0 & 0 & 1 & a\\a & 0 & 0 & 1\end{vmatrix}.$$

解　按第 1 列展开，可得

$$D=1(-1)^{1+1}\begin{vmatrix}1 & a & 0\\0 & 1 & a\\0 & 0 & 1\end{vmatrix}+a(-1)^{4+1}\begin{vmatrix}a & 0 & 0\\1 & a & 0\\0 & 1 & a\end{vmatrix}$$

$$=1-a^4.$$

例 1.11　(2016，数 1，3)计算行列式

$$\begin{vmatrix}\lambda & -1 & 0 & 0\\0 & \lambda & -1 & 0\\0 & 0 & \lambda & -1\\4 & 3 & 2 & \lambda+1\end{vmatrix}.$$

解　按第 1 列展开得

$$\begin{vmatrix}\lambda & -1 & 0 & 0\\0 & \lambda & -1 & 0\\0 & 0 & \lambda & -1\\4 & 3 & 2 & \lambda+1\end{vmatrix}=\lambda\begin{vmatrix}\lambda & -1 & 0\\0 & \lambda & -1\\3 & 2 & \lambda+1\end{vmatrix}+4(-1)^{4+1}\begin{vmatrix}-1 & 0 & 0\\\lambda & -1 & 0\\0 & \lambda & -1\end{vmatrix}$$

$$=\lambda^4+\lambda^3+2\lambda^2+3\lambda+4.$$

例 1.12　计算下列行列式

$$D_4=\begin{vmatrix}1-a & a & & \\-1 & 1-a & a & \\ & -1 & 1-a & a\\ & & -1 & 1-a\end{vmatrix}.$$

解　将第 2~4 列加到第 1 列，可得

$$D_4=\begin{vmatrix}1 & a & 0 & 0\\0 & 1-a & a & 0\\0 & -1 & 1-a & a\\-a & 0 & -1 & 1-a\end{vmatrix}.$$

再按第 1 列展开得

$$D_4=D_3-a(-1)^{4+1}a^3,\text{（这里 } D_3 \text{ 为与 } D_4 \text{ 同型的三阶行列式）}.$$

由于

$$D_3=\begin{vmatrix}1-a & a & 0\\ -1 & 1-a & a\\ 0 & -1 & 1-a\end{vmatrix}=(1-a)(1+a^2),$$

所以

$$D_4=1-a+a^2-a^3+a^4.$$

例 1.13 计算

$$D=\begin{vmatrix}1 & 2 & 3 & \cdots & n-1 & n\\ 1 & -1 & 0 & \cdots & 0 & 0\\ 0 & 2 & -2 & \cdots & 0 & 0\\ \vdots & \vdots & \vdots & & \vdots & \vdots\\ 0 & 0 & 0 & \cdots & n-1 & 1-n\end{vmatrix}.$$

解

$$D\xlongequal[i=2,\cdots,n]{c_1+c_i}\begin{vmatrix}\dfrac{n(n+1)}{2} & 2 & 3 & \cdots & n-1 & n\\ 0 & -1 & 0 & \cdots & 0 & 0\\ 0 & 2 & -2 & \cdots & 0 & 0\\ \vdots & \vdots & \vdots & & \vdots & \vdots\\ 0 & 0 & 0 & \cdots & n-1 & 1-n\end{vmatrix}$$

$$=\frac{n(n+1)}{2}\begin{vmatrix}-1 & 0 & \cdots & 0 & 0\\ 2 & -2 & \cdots & 0 & 0\\ \vdots & \vdots & & \vdots & \vdots\\ 0 & 0 & \cdots & n-1 & 1-n\end{vmatrix}_{n-1}$$

$$=(-1)^{n-1}\frac{n(n+1)}{2}(n-1)!\ .$$

注： 解题时读者要注意综合地运用行列式的性质及展开定理进行运算.

例 1.14 设 $f(x)=\begin{vmatrix}x-2 & x-1 & x-2 & x-3\\ 2x-2 & 2x-1 & 2x-2 & 2x-3\\ 3x-3 & 3x-2 & 4x-5 & 3x-5\\ 4x & 4x-3 & 5x-7 & 4x-3\end{vmatrix}$，则 $f(x)=0$ 的根的个数为（　　）.

A. 1　　B. 2　　C. 3　　D. 4

解 应选 B.

[分析]事实上，

$$f(x)\xlongequal[i=2,3,4]{c_i-c_1}\begin{vmatrix}x-2 & 1 & 0 & -1\\ 2x-2 & 1 & 0 & -1\\ 3x-3 & 1 & x-2 & -2\\ 4x & -3 & x-7 & -3\end{vmatrix}$$

$$\xlongequal{c_4+c_2}\begin{vmatrix} x-2 & 1 & 0 & 0 \\ 2x-2 & 1 & 0 & 0 \\ 3x-3 & 1 & x-2 & -1 \\ 4x & -3 & x-7 & -6 \end{vmatrix}.$$

由拉普拉斯公式，式(1.5)得

$$f(x)=\begin{vmatrix} x-2 & 1 \\ 2x-2 & 1 \end{vmatrix}\begin{vmatrix} x-2 & -1 \\ x-7 & -6 \end{vmatrix}$$
$$=5x(x-1),$$

所以$f(x)=0$有两个根.

注：拉普拉斯展开公式适用于四块中至少包含一个零块的情形. 本题中，按照定义，表面上看$f(x)=0$是4次方程，实际展开后为2次方程.

5. 利用行列式的性质拆分

例 1.15 计算$D=\begin{vmatrix} a_1-b_1 & a_1-b_2 & a_1-b_3 \\ a_2-b_1 & a_2-b_2 & a_2-b_3 \\ a_3-b_1 & a_3-b_2 & a_3-b_3 \end{vmatrix}$.

解 首先利用性质5，按第一列拆分可得

$$D=\begin{vmatrix} a_1-b_1 & a_1-b_2 & a_1-b_3 \\ a_2-b_1 & a_2-b_2 & a_2-b_3 \\ a_3-b_1 & a_3-b_2 & a_3-b_3 \end{vmatrix}$$
$$=\begin{vmatrix} a_1 & a_1-b_2 & a_1-b_3 \\ a_2 & a_2-b_2 & a_2-b_3 \\ a_3 & a_3-b_2 & a_3-b_3 \end{vmatrix}+\begin{vmatrix} -b_1 & a_1-b_2 & a_1-b_3 \\ -b_1 & a_2-b_2 & a_2-b_3 \\ -b_1 & a_3-b_2 & a_3-b_3 \end{vmatrix}$$
$$=\begin{vmatrix} a_1 & a_1-b_2 & a_1-b_3 \\ a_2 & a_2-b_2 & a_2-b_3 \\ a_3 & a_3-b_2 & a_3-b_3 \end{vmatrix}-b_1\begin{vmatrix} 1 & a_1-b_2 & a_1-b_3 \\ 1 & a_2-b_2 & a_2-b_3 \\ 1 & a_3-b_2 & a_3-b_3 \end{vmatrix}$$
$$\triangleq D_1-b_1D_2.$$

首先将如上D_1的第1列乘以-1分别加到第2、3列，再将D_2的第1列乘以$b_i(i=2,3)$分别加到第2、3列，得

$$D=\begin{vmatrix} a_1 & -b_2 & -b_3 \\ a_2 & -b_2 & -b_3 \\ a_3 & -b_2 & -b_3 \end{vmatrix}-b_1\begin{vmatrix} 1 & a_1 & a_1 \\ 1 & a_2 & a_2 \\ 1 & a_3 & a_3 \end{vmatrix}=0+0=0.$$

注：按某一行(列)拆分行列式时，其他行(列)元素不动. 拆分后往往结合其他性质进行化简.

6. 利用递推法计算或归纳法出结果再证明

例 1.16　(2015，数 1) n 阶行列式 $D_n=\begin{vmatrix} 2 & 0 & \cdots & 0 & 2 \\ -1 & 2 & \cdots & 0 & 2 \\ \vdots & \vdots & & \vdots & \vdots \\ 0 & 0 & \cdots & 2 & 2 \\ 0 & 0 & \cdots & -1 & 2 \end{vmatrix}=$__________.

解　应填 $2^{n+1}-2$.

[分析]按第 1 行展开得

$$D_n=2D_{n-1}+2,$$

于是

$$\begin{aligned} D_n &=2(2D_{n-2}+2)+2 \\ &=2^2D_{n-2}+2^2+2=\cdots \\ &=2^{n-2}D_2+2^{n-2}+\cdots+2^2+2 \\ &=2^n+2^{n-1}+\cdots+2^2+2 \\ &=2^{n+1}-2. \end{aligned}$$

例 1.17　计算 n 阶行列式

$$D_n=\begin{vmatrix} 1+a & a & & \\ 1 & 1+a & \ddots & \\ & \ddots & \ddots & a \\ & & 1 & 1+a \end{vmatrix}.$$

解

$$D_n=\begin{vmatrix} 1+a & a & & \\ 1 & 1+a & \ddots & \\ & \ddots & \ddots & 0+a \\ & & 1 & 1+a \end{vmatrix}$$

$$\xlongequal{\text{按第 } n \text{ 列拆分}}\begin{vmatrix} 1+a & a & & \\ 1 & 1+a & \ddots & \\ & \ddots & \ddots & 0 \\ & & 1 & 1 \end{vmatrix}+\begin{vmatrix} 1+a & a & & \\ 1 & 1+a & \ddots & \\ & \ddots & \ddots & a \\ & & 1 & a \end{vmatrix}$$

$$\triangleq D_1+D_2.$$

将如上 D_1 按第 n 列展开，并依次将 D_2 的第 i 行乘以-1 加到其上一行($i=n,n-1,\cdots,2$)，可得

$$\begin{aligned} D_n &=D_{n-1}+\begin{vmatrix} a & 0 & & \\ 1 & a & \ddots & \\ & \ddots & \ddots & 0 \\ & & 1 & a \end{vmatrix} \\ &=D_{n-1}+a^n, \end{aligned}$$

递推可得

$$D_n=D_{n-2}+a^{n-1}+a^n=\cdots$$

$$=D_2+a^3+\cdots+a^{n-1}+a^n$$

$$=\begin{vmatrix} 1+a & a \\ 1 & 1+a \end{vmatrix}+a^3+\cdots+a^{n-1}+a^n$$

$$=1+a+a^2+a^3+\cdots+a^{n-1}+a^n.$$

例 1.18 计算 n 阶行列式 $D_n=\begin{vmatrix} 2 & 1 & & & \\ 1 & 2 & 1 & & \\ & 1 & \ddots & \ddots & \\ & & \ddots & 2 & 1 \\ & & & 1 & 2 \end{vmatrix}$.

解

$$D_1=|2|=2=1+1,$$

$$D_2=\begin{vmatrix} 2 & 1 \\ 1 & 2 \end{vmatrix}=3=2+1.$$

猜想：$D_n=n+1$，下面用数学归纳法证明.

事实上，$n=1$，2 时已验证，设当阶数不超过 $n-1$ 时结论成立.

由于 D_n 按第 1 列展开可得

$$D_n=2D_{n-1}+1(-1)^{2+1}\begin{vmatrix} 1 & 0 & & & & \\ 1 & 2 & 1 & & & \\ & 1 & 2 & \ddots & & \\ & & & \ddots & & \\ & & \ddots & & 2 & 1 \\ & & & & 1 & 2 \end{vmatrix}_{n-1}=2D_{n-1}-D_{n-2}.$$

所以 $D_n=2[(n-1)+1]-[(n-2)+1]=n+1$. 即问题对 n 阶时结论成立，问题得证.

注：本题所涉及的递推公式 $D_n=2D_{n-1}-D_{n-2}$ 为二阶线性递归，因此使用的是第二数学归纳法. 另外，本题也可用化行列式为上三角的方法计算.

7. 使用范德蒙德行列式

例 1.19 计算行列式 $D=\begin{vmatrix} b+c & a+c & a+b \\ a & b & c \\ a^2 & b^2 & c^2 \end{vmatrix}$.

解 将行列式第 2 行加到第 1 行，提取公因子后剩余一个范德蒙德行列式

$$D\xlongequal{r_1+r_2}\begin{vmatrix} a+b+c & a+b+c & a+b+c \\ a & b & c \\ a^2 & b^2 & c^2 \end{vmatrix}$$

$$=(a+b+c)\begin{vmatrix} 1 & 1 & 1 \\ a & b & c \\ a^2 & b^2 & c^2 \end{vmatrix}$$

$$=(a+b+c)(b-a)(c-a)(c-b).$$

例 1.20 $D=\begin{vmatrix} 1 & 1 & 1 & 1 \\ x_1+1 & x_2+1 & x_3+1 & x_4+1 \\ x_1^2+x_1 & x_2^2+x_2 & x_3^2+x_3 & x_4^2+x_4 \\ x_1^3+x_1^2 & x_2^3+x_2^2 & x_3^3+x_3^2 & x_4^3+x_4^2 \end{vmatrix}$.

解 依次将第 i 行乘以-1 加到第 $i+1$ 行($i=1,2,3$)上，可得

$$D=\begin{vmatrix} 1 & 1 & 1 & 1 \\ x_1 & x_2 & x_3 & x_4 \\ x_1^2 & x_2^2 & x_3^2 & x_4^2 \\ x_1^3 & x_2^3 & x_3^3 & x_4^3 \end{vmatrix}=\prod_{1\leqslant j<i\leqslant 4}(x_i-x_j).$$

1.4.2 抽象行列式的计算*⊖

1. 利用基本公式计算(比如，读者应该熟记以下结果)

1) 若 $\boldsymbol{A}$ 是 n 阶矩阵，则 $|k\boldsymbol{A}|=k^n|\boldsymbol{A}|$.

2) 若 $\boldsymbol{A}$，$\boldsymbol{B}$ 都是 n 阶矩阵，则 $|\boldsymbol{AB}|=|\boldsymbol{A}|\cdot|\boldsymbol{B}|$.

3) 若 $\boldsymbol{A}$ 是 n 阶矩阵，则 $|\boldsymbol{A}^*|=|\boldsymbol{A}|^{n-1}$.

4) 若 $\boldsymbol{A}$ 是 n 阶可逆矩阵，则 $|\boldsymbol{A}^{-1}|=|\boldsymbol{A}|^{-1}$.

例 1.21* 设 $\boldsymbol{A}$ 为 n 阶可逆矩阵，且 $|\boldsymbol{A}|=-\dfrac{1}{n}$，则 $|\boldsymbol{A}^{-1}|=$________.

解 应填$-n$.

[分析]事实上，由 $|\boldsymbol{A}^{-1}|=\dfrac{1}{|\boldsymbol{A}|}$，结合 $|\boldsymbol{A}|=-\dfrac{1}{n}$即得答案.

例 1.22* 设 $\boldsymbol{A}$、$\boldsymbol{B}$ 均为三阶可逆方阵，且 $|\boldsymbol{A}|=2$，则 $|-2\boldsymbol{B}^{-1}\boldsymbol{A}^2\boldsymbol{B}|=$________.

解 应填-32.

[分析]事实上，
$$\begin{aligned}|-2\boldsymbol{B}^{-1}\boldsymbol{A}^2\boldsymbol{B}|&=(-2)^3|\boldsymbol{B}^{-1}|\cdot|\boldsymbol{A}^2|\cdot|\boldsymbol{B}|\\&=-8\frac{1}{|\boldsymbol{B}|}\cdot|\boldsymbol{A}^2|\cdot|\boldsymbol{B}|\\&=-8|\boldsymbol{A}|^2=-32.\end{aligned}$$

例 1.23* 设 $\boldsymbol{A}=\begin{pmatrix} 1 & 0 & -1 \\ 3 & 5 & 0 \\ 0 & 4 & 1 \end{pmatrix}$，则 $|\boldsymbol{AA}^{\mathrm{T}}|=$________.

解 应填 49.

[分析]事实上，$|\boldsymbol{AA}^{\mathrm{T}}|=|\boldsymbol{A}|\cdot|\boldsymbol{A}^{\mathrm{T}}|=|\boldsymbol{A}|^2=49$.

例 1.24* 设 $\boldsymbol{A}$ 为三阶矩阵，$\boldsymbol{A}^*$ 分别为 $\boldsymbol{A}$ 的伴随矩阵. 若 $|\boldsymbol{A}|=2$，则 $|\boldsymbol{A}^*+2\boldsymbol{A}^{-1}|=$________.

解 应填 32.

⊖ 本书中标有 * 号的内容，建议初学者读过相应章节后再阅读，下同. ——编者注

[分析]事实上，因为$|\boldsymbol{A}|=2$，$\boldsymbol{A}^*=|\boldsymbol{A}|\boldsymbol{A}^{-1}=2\boldsymbol{A}^{-1}$，所以

$$\begin{aligned}|\boldsymbol{A}^*+2\boldsymbol{A}^{-1}|&=|4\boldsymbol{A}^{-1}|=4^3|\boldsymbol{A}^{-1}|\\&=4^3\frac{1}{|\boldsymbol{A}|}=32.\end{aligned}$$

注：式子$|\boldsymbol{A}^*+2\boldsymbol{A}^{-1}|$中出现了符号$\boldsymbol{A}^*$与$\boldsymbol{A}^{-1}$，不够和谐．为便于计算，上边的解法中把$\boldsymbol{A}^*$换成了$2\boldsymbol{A}^{-1}$，进一步得到了结果．读者还可利用公式$\boldsymbol{A}^{-1}=\dfrac{\boldsymbol{A}^*}{|\boldsymbol{A}|}$使式子$|\boldsymbol{A}^*+2\boldsymbol{A}^{-1}|$中只含有$\boldsymbol{A}^*$，再利用$|\boldsymbol{A}^*|=|\boldsymbol{A}|^{n-1}$进行计算（这里$n=3$）．

2. 利用特征值的乘积计算*

这种解法主要基于结果：若$\lambda_1,\lambda_2,\cdots,\lambda_n$是$n$阶方阵$\boldsymbol{A}$的$n$个特征值，则$|\boldsymbol{A}|=\lambda_1\lambda_2\cdots\lambda_n$．解题过程中应注意一些基本事实，如：

1）如果λ是矩阵$\boldsymbol{A}$的特征值，则λ^m是矩阵$\boldsymbol{A}^m$的特征值．进一步有，如果λ是矩阵$\boldsymbol{A}$的特征值，$f(x)$是关于x的一元多项式，则$f(\lambda)$是矩阵$\boldsymbol{A}$的多项式$f(\boldsymbol{A})$的特征值．

2）如果λ是矩阵$\boldsymbol{A}$的特征值，$\boldsymbol{\alpha}$是$\boldsymbol{A}$对应于λ的特征向量，即$\boldsymbol{A\alpha}=\lambda\boldsymbol{\alpha}$，则当$\boldsymbol{A}$可逆时，有

$$\boldsymbol{A}^{-1}\boldsymbol{\alpha}=\frac{1}{\lambda}\boldsymbol{\alpha},$$

进而有

$$\boldsymbol{A}^*\boldsymbol{\alpha}=\frac{|\boldsymbol{A}|}{\lambda}\boldsymbol{\alpha}.$$

例1.25* （2015，数2，3）设三阶矩阵$\boldsymbol{A}$的特征值为2，−2，1，$\boldsymbol{B}=\boldsymbol{A}^2+\boldsymbol{A}+\boldsymbol{E}$，其中$\boldsymbol{E}$为三阶单位矩阵，则$|\boldsymbol{B}|=$________．

解 应填63.

[分析]事实上，2，−2，1是矩阵$\boldsymbol{A}$的特征值，则矩阵$\boldsymbol{B}=\boldsymbol{A}^2+\boldsymbol{A}+\boldsymbol{E}$的特征值为

$$\lambda_1=2^2+2+1=7;\quad \lambda_2=(-2)^2+(-2)+1=3;\quad \lambda_3=1^2+1+1=3.$$

所以$|\boldsymbol{B}|=\lambda_1\lambda_2\lambda_3=63$.

例1.26* 设$\boldsymbol{A}$为三阶矩阵，其三个特征值分别为1，−2，3，计算$|\boldsymbol{A}^*-3\boldsymbol{A}+2\boldsymbol{E}|$.

解 由于三阶矩阵$\boldsymbol{A}$的特征值分别为1，−2，3，所以$|\boldsymbol{A}|=1\times(-2)\times3=-6$.
又设λ是矩阵$\boldsymbol{A}$的特征值，$\boldsymbol{\alpha}$是$\boldsymbol{A}$对应于λ的特征向量，即$\boldsymbol{A\alpha}=\lambda\boldsymbol{\alpha}$，则有

$$(-3\boldsymbol{A}+2\boldsymbol{E})\boldsymbol{\alpha}=(-3\lambda+2)\boldsymbol{\alpha}.$$

又因为$\boldsymbol{A}^*\boldsymbol{\alpha}=\dfrac{|\boldsymbol{A}|}{\lambda}\boldsymbol{\alpha}$，所以

$$(\boldsymbol{A}^*-3\boldsymbol{A}+2\boldsymbol{E})\boldsymbol{\alpha}=\left(\frac{|\boldsymbol{A}|}{\lambda}-3\lambda+2\right)\boldsymbol{\alpha}.$$

于是可得$\boldsymbol{A}^*-3\boldsymbol{A}+2\boldsymbol{E}$有特征值

$$\lambda_1=\frac{-6}{1}-3\times1+2=-7;\quad \lambda_2=\frac{-6}{-2}-3\times(-2)+2=11;\quad \lambda_3=\frac{-6}{3}-3\times3+2=-9.$$

所以$|\boldsymbol{A}^*-3\boldsymbol{A}+2\boldsymbol{E}|=\lambda_1\lambda_2\lambda_3=693$.

例 1.27* (2008，数 3)三阶矩阵 $\boldsymbol{A}$ 的特征值为 1，2，2，$\boldsymbol{E}$ 为三阶单位矩阵，则 $|4\boldsymbol{A}^{-1}-\boldsymbol{E}|=$ ________.

解 应填 3.

[分析]事实上，$\boldsymbol{A}^{-1}$ 的特征值为 1，$\frac{1}{2}$，$\frac{1}{2}$. 所以 $4\boldsymbol{A}^{-1}-\boldsymbol{E}$ 的特征值为

$$4\times1-1=3,\quad 4\times\frac{1}{2}-1=1,\quad 4\times\frac{1}{2}-1=1.$$

所以 $|4\boldsymbol{A}^{-1}-\boldsymbol{E}|=3\times1\times1=3$.

例 1.28* (2018，数 1)设二阶矩阵 $\boldsymbol{A}$ 有两个不同的特征值，$\boldsymbol{\alpha}_1$，$\boldsymbol{\alpha}_2$ 是 $\boldsymbol{A}$ 的线性无关的特征向量，而且满足 $\boldsymbol{A}^2(\boldsymbol{\alpha}_1+\boldsymbol{\alpha}_2)=\boldsymbol{\alpha}_1+\boldsymbol{\alpha}_2$，求 $|\boldsymbol{A}|$.

解 设 $\boldsymbol{\alpha}_1$，$\boldsymbol{\alpha}_2$ 是 $\boldsymbol{A}$ 对应于特征值 λ_1，λ_2 的特征向量，即 $\boldsymbol{A}\boldsymbol{\alpha}_i=\lambda_i\boldsymbol{\alpha}_i$，$i=1,2$. 因此有

$$\begin{aligned}\boldsymbol{A}^2(\boldsymbol{\alpha}_1+\boldsymbol{\alpha}_2)&=\boldsymbol{A}[\boldsymbol{A}(\boldsymbol{\alpha}_1+\boldsymbol{\alpha}_2)]\\&=\boldsymbol{A}(\lambda_1\boldsymbol{\alpha}_1+\lambda_2\boldsymbol{\alpha}_2)=\lambda_1^2\boldsymbol{\alpha}_1+\lambda_2^2\boldsymbol{\alpha}_2=\boldsymbol{\alpha}_1+\boldsymbol{\alpha}_2.\end{aligned}$$

所以

$$(\lambda_1^2-1)\boldsymbol{\alpha}_1+(\lambda_2^2-1)\boldsymbol{\alpha}_2=\boldsymbol{0}.$$

又因为属于不同特征值的特征向量 $\boldsymbol{\alpha}_1$，$\boldsymbol{\alpha}_2$ 线性无关，所以 $\lambda_i^2=1$，$i=1$，2. 考虑到 $\lambda_1\neq\lambda_2$，所以 λ_1，λ_2 中有一个正 1，一个负 1，从而 $|\boldsymbol{A}|=\lambda_1\lambda_2=-1$.

3. 利用相似矩阵的行列式相同计算*

如果矩阵 $\boldsymbol{A}$ 与 $\boldsymbol{B}$ 相似，即存在可逆矩阵 $\boldsymbol{P}$ 使得 $\boldsymbol{P}^{-1}\boldsymbol{A}\boldsymbol{P}=\boldsymbol{B}$，则 $|\boldsymbol{A}|=|\boldsymbol{B}|$.

例 1.29* 设 $\boldsymbol{A}$ 是三阶矩阵，$\boldsymbol{\alpha}_1,\boldsymbol{\alpha}_2,\boldsymbol{\alpha}_3$ 是线性无关的向量组. 若 $\boldsymbol{A}\boldsymbol{\alpha}_1=\boldsymbol{\alpha}_1+\boldsymbol{\alpha}_2$，$\boldsymbol{A}\boldsymbol{\alpha}_2=\boldsymbol{\alpha}_2+\boldsymbol{\alpha}_3$，$\boldsymbol{A}\boldsymbol{\alpha}_3=\boldsymbol{\alpha}_1+\boldsymbol{\alpha}_3$，则 $|\boldsymbol{A}|=$ ________.

解 应填 2.

[分析]事实上，记 $\boldsymbol{P}=(\boldsymbol{\alpha}_1,\boldsymbol{\alpha}_2,\boldsymbol{\alpha}_3)$，由题设

$$\boldsymbol{A}(\boldsymbol{\alpha}_1,\boldsymbol{\alpha}_2,\boldsymbol{\alpha}_3)=(\boldsymbol{A}\boldsymbol{\alpha}_1,\boldsymbol{A}\boldsymbol{\alpha}_2,\boldsymbol{A}\boldsymbol{\alpha}_3)=(\boldsymbol{\alpha}_1,\boldsymbol{\alpha}_2,\boldsymbol{\alpha}_3)\begin{pmatrix}1&0&1\\1&1&0\\0&1&1\end{pmatrix}.$$

记 $\boldsymbol{B}=\begin{pmatrix}1&0&1\\1&1&0\\0&1&1\end{pmatrix}$，可得 $\boldsymbol{A}=\boldsymbol{P}\boldsymbol{B}\boldsymbol{P}^{-1}$.

于是

$$|\boldsymbol{A}|=|\boldsymbol{P}|\cdot|\boldsymbol{B}|\cdot|\boldsymbol{P}^{-1}|=|\boldsymbol{B}|=\begin{vmatrix}1&0&1\\1&1&0\\0&1&1\end{vmatrix}=2.$$

例 1.30* 已知 $\boldsymbol{A}$ 相似于 $\boldsymbol{\Lambda}=\begin{pmatrix}-1&0\\0&2\end{pmatrix}$，求 $|\boldsymbol{A}-\boldsymbol{E}|$.

解 由题设知，存在可逆矩阵 $\boldsymbol{P}$ 使得 $\boldsymbol{P}^{-1}\boldsymbol{AP}=\begin{pmatrix}-1&0\\0&2\end{pmatrix}$，

所以

$$\boldsymbol{P}^{-1}(\boldsymbol{A}-\boldsymbol{E})\boldsymbol{P}=\boldsymbol{P}^{-1}\boldsymbol{AP}-\boldsymbol{P}^{-1}\boldsymbol{EP}=\begin{pmatrix}-2&0\\0&1\end{pmatrix}.$$

从而 $|\boldsymbol{A}-\boldsymbol{E}|=\begin{vmatrix}-2&0\\0&1\end{vmatrix}=-2.$

4. 按行(列)拆分或化为行列式的乘积计算*

例 1.31* 已知 $\boldsymbol{\alpha}_1,\boldsymbol{\alpha}_2,\boldsymbol{\alpha}_3.\boldsymbol{\beta},\boldsymbol{\gamma}$ 都是四维列向量，且 $|\boldsymbol{\alpha}_1,\boldsymbol{\alpha}_2,\boldsymbol{\alpha}_3,\boldsymbol{\beta}|=a$，$|\boldsymbol{\beta}+\boldsymbol{\gamma},\boldsymbol{\alpha}_3,\boldsymbol{\alpha}_2,\boldsymbol{\alpha}_1|=b$，则 $|2\boldsymbol{\gamma},\boldsymbol{\alpha}_1,\boldsymbol{\alpha}_2,\boldsymbol{\alpha}_3|=$________.

解 应填 $2(a-b)$.

[分析]因为

$$|\boldsymbol{\beta}+\boldsymbol{\gamma},\boldsymbol{\alpha}_3,\boldsymbol{\alpha}_2,\boldsymbol{\alpha}_1|=b,$$

按第一列拆分可得

$$|\boldsymbol{\beta},\boldsymbol{\alpha}_3,\boldsymbol{\alpha}_2,\boldsymbol{\alpha}_1|+|\boldsymbol{\gamma},\boldsymbol{\alpha}_3,\boldsymbol{\alpha}_2,\boldsymbol{\alpha}_1|=b,$$

即

$$|\boldsymbol{\alpha}_1,\boldsymbol{\alpha}_2,\boldsymbol{\alpha}_3,\boldsymbol{\beta}|-|\boldsymbol{\gamma},\boldsymbol{\alpha}_1,\boldsymbol{\alpha}_2,\boldsymbol{\alpha}_3|=b.$$

所以

$$\begin{aligned}|2\boldsymbol{\gamma},\boldsymbol{\alpha}_1,\boldsymbol{\alpha}_2,\boldsymbol{\alpha}_3|&=2|\boldsymbol{\gamma},\boldsymbol{\alpha}_1,\boldsymbol{\alpha}_2,\boldsymbol{\alpha}_3|=2|\boldsymbol{\alpha}_1,\boldsymbol{\alpha}_2,\boldsymbol{\alpha}_3,\boldsymbol{\beta}|-2b\\&=2(a-b).\end{aligned}$$

例 1.32* 设 $\boldsymbol{\alpha}_1$，$\boldsymbol{\alpha}_2$，$\boldsymbol{\alpha}_3$ 均为三维列向量，记矩阵

$$\boldsymbol{A}=(\boldsymbol{\alpha}_1,\boldsymbol{\alpha}_2,\boldsymbol{\alpha}_3),\ \boldsymbol{B}=(\boldsymbol{\alpha}_1+\boldsymbol{\alpha}_2+\boldsymbol{\alpha}_3,\boldsymbol{\alpha}_1+2\boldsymbol{\alpha}_2+4\boldsymbol{\alpha}_3,\boldsymbol{\alpha}_1+3\boldsymbol{\alpha}_2+9\boldsymbol{\alpha}_3).$$

如果 $|\boldsymbol{A}|=1$，那么 $|\boldsymbol{B}|=$________.

解 应填 2.

[分析]事实上，

$$\begin{aligned}\boldsymbol{B}&=(\boldsymbol{\alpha}_1+\boldsymbol{\alpha}_2+\boldsymbol{\alpha}_3,\boldsymbol{\alpha}_1+2\boldsymbol{\alpha}_2+4\boldsymbol{\alpha}_3,\boldsymbol{\alpha}_1+3\boldsymbol{\alpha}_2+9\boldsymbol{\alpha}_3)\\&=(\boldsymbol{\alpha}_1,\boldsymbol{\alpha}_2,\boldsymbol{\alpha}_3)\begin{pmatrix}1&1&1\\1&2&3\\1&4&9\end{pmatrix}=\boldsymbol{A}\begin{pmatrix}1&1&1\\1&2&3\\1&4&9\end{pmatrix},\end{aligned}$$

所以

$$|\boldsymbol{B}|=|\boldsymbol{A}|\cdot\begin{vmatrix}1&1&1\\1&2&3\\1&4&9\end{vmatrix}=1\times2=2.$$

1.4.3 涉及余子式和代数余子式的问题

解决这类问题的基本思路来源于行列式按行(列)展开定理及其逆运算.

例 1.33 已知 $D=\begin{vmatrix} 1 & 0 & 1 & 2 \\ -1 & 1 & 0 & 3 \\ 1 & 1 & 1 & 0 \\ -1 & 2 & 5 & 4 \end{vmatrix}$，求：

（1）$A_{21}+A_{22}+A_{23}+A_{24}$.

（2）$M_{12}+M_{22}+M_{32}+M_{42}$.

解 （1）$A_{21}+A_{22}+A_{23}+A_{24}$等于用 1，1，1，1 代替 D 的第 2 行所得的行列式，因此

$$A_{21}+A_{22}+A_{23}+A_{24}=\begin{vmatrix} 1 & 0 & 1 & 2 \\ 1 & 1 & 1 & 1 \\ 1 & 1 & 1 & 0 \\ -1 & 2 & 5 & 4 \end{vmatrix} \xlongequal{r_3-r_2} \begin{vmatrix} 1 & 0 & 1 & 2 \\ 1 & 1 & 1 & 1 \\ 0 & 0 & 0 & -1 \\ -1 & 2 & 5 & 4 \end{vmatrix}$$

$$=-1(-1)^{3+4}\begin{vmatrix} 1 & 0 & 1 \\ 1 & 1 & 1 \\ -1 & 2 & 5 \end{vmatrix}$$

$$\xlongequal{c_3-c_1}\begin{vmatrix} 1 & 0 & 0 \\ 1 & 1 & 0 \\ -1 & 2 & 6 \end{vmatrix}=6.$$

（2）
$$M_{12}+M_{22}+M_{32}+M_{42}=-A_{12}+A_{22}-A_{32}+A_{42}$$

$$=\begin{vmatrix} 1 & -1 & 1 & 2 \\ -1 & 1 & 0 & 3 \\ 1 & -1 & 1 & 0 \\ -1 & 1 & 5 & 4 \end{vmatrix}=0.$$

注：要理解本题算法需注意，改变行列式某一行的元素时，不影响这一行元素的代数余子式. 如上解法是行列式展开定理的一个逆向思维的过程，只要思考一下改变某一行元素之后，再按这一行使用展开定理其结果等于什么就可以了.

例 1.34* （2019，数 2）设 $\boldsymbol{A}=\begin{pmatrix} 1 & -1 & 0 & 0 \\ -2 & 1 & -1 & 1 \\ 3 & -2 & 2 & -1 \\ 0 & 0 & 3 & 4 \end{pmatrix}$，$A_{ij}$表示$|\boldsymbol{A}|$中$(i,j)$元的代数余子式，则 $A_{11}-A_{12}=$________.

解 应填-4.

[分析]因为 $A_{11}-A_{12}=A_{11}-A_{12}+0A_{13}+0A_{14}$，观察等号右边的特点可知，其结果等于$|\boldsymbol{A}|$中第 1 行用 1，-1，0，0 替换后所得的行列式之值. 而 $\boldsymbol{A}$ 的第一行恰为 1，-1，0，0，所以只需要计算$|\boldsymbol{A}|$即可. 这里

$$|\boldsymbol{A}|=\begin{vmatrix} 1 & -1 & 0 & 0 \\ -2 & 1 & -1 & 1 \\ 3 & -2 & 2 & -1 \\ 0 & 0 & 3 & 4 \end{vmatrix}$$

$$\xlongequal{c_2+c_1}\begin{vmatrix}1&0&0&0\\-2&-1&-1&1\\3&1&2&-1\\0&0&3&4\end{vmatrix}$$

$$=\begin{vmatrix}-1&-1&1\\1&2&-1\\0&3&4\end{vmatrix}=-4.$$

例 1.35* （2013，数 1，2，3）设 $\boldsymbol{A}=(a_{ij})$ 是三阶非零矩阵，$|\boldsymbol{A}|$ 为 $\boldsymbol{A}$ 的行列式，A_{ij} 为 a_{ij} 的代数余子式，若 A_{ij} 为 $a_{ij}+A_{ij}=0(i,j=1,2,3)$，则 $|\boldsymbol{A}|=$________.

解 应填-1.

[分析]因为 $a_{ij}+A_{ij}=0$，所以 $a_{ij}=-A_{ij}(i,\ j=1,2,3)$，故 $\boldsymbol{A}^*=-\boldsymbol{A}^{\mathrm{T}}$.
所以

$$|\boldsymbol{AA}^*|=|-\boldsymbol{AA}^{\mathrm{T}}|=(-1)^3|\boldsymbol{A}|\cdot|\boldsymbol{A}^{\mathrm{T}}|=-|\boldsymbol{A}|^2.$$

又

$$|\boldsymbol{AA}^*|=\big||\boldsymbol{A}|\boldsymbol{E}\big|=|\boldsymbol{A}|^3,$$

所以

$$-|\boldsymbol{A}|^2=|\boldsymbol{A}|^3. \qquad (*)$$

由于 $\boldsymbol{A}$ 是非零矩阵，不妨设 $a_{11}\neq0$，则

$$|\boldsymbol{A}|=a_{11}A_{11}+a_{12}A_{12}+a_{13}A_{13}=-(a_{11}^2+a_{12}^2+a_{13}^2)<0,$$

由式(*)可得 $|\boldsymbol{A}|=-1$.

例 1.36* 已知 n 阶矩阵 $\boldsymbol{A}=\begin{pmatrix}1&1&1&1\\0&1&1&1\\0&0&1&1\\0&0&0&1\end{pmatrix}$，求 $\boldsymbol{A}$ 的所有元素代数余子式的和.

解 $\boldsymbol{A}$ 的第 1 行元素的代数余子式等于第一行的元素都换成 1 所得的行列式，即

$$A_{11}+A_{12}+A_{13}+A_{14}=\begin{vmatrix}1&1&1&1\\0&1&1&1\\0&0&1&1\\0&0&0&1\end{vmatrix}=1,$$

第 2 行元素的代数余子式

$$A_{21}+A_{22}+A_{23}+A_{24}=\begin{vmatrix}1&1&1&1\\1&1&1&1\\0&0&1&1\\0&0&0&1\end{vmatrix}=0,$$

同理

$$A_{i1}+A_{i2}+A_{i3}+A_{i4}=0,\ i=3,4.$$

所以

$$\sum_{i=1}^{4}\sum_{j=1}^{4}A_{ij}=1.$$

习　题　一

A. 基础训练

1. $\begin{vmatrix} 0 & a & b \\ -a & 0 & c \\ -b & -c & 0 \end{vmatrix}=$________.

2. 若 $\begin{vmatrix} \lambda_1 & 0 & 2 \\ 3 & 1 & \lambda_2 \\ 1 & 0 & 1 \end{vmatrix}=0$，则 λ_1，λ_2 必满足(　　).

A. $\lambda_1=2$，$\lambda_2=0$　　B. $\lambda_1=\lambda_2=2$

C. $\lambda_1=2$，λ_2 为任意常数　　D. λ_1，λ_2 均可为任意常数

3. 已知三阶行列式 $\det(a_{ij})=m$，则对应的三阶行列式 $\begin{vmatrix} a_{11} & a_{13} & a_{11}+2a_{12} \\ a_{21} & a_{23} & a_{21}+2a_{22} \\ a_{31} & a_{33} & a_{31}+2a_{32} \end{vmatrix}=$(　　).

A. m　　B. $-m$　　C. $-2m$　　D. $2m$

4. 设 a，b 为实数，且 $\begin{vmatrix} a & b & 0 \\ -b & a & 0 \\ 2 & 3 & 1 \end{vmatrix}=0$，则(　　).

A. $a=0$，$b=0$　　B. $a=0$，$b=1$　　C. $a=1$，$b=0$　　D. $a=1$，$b=1$

5. 已知三阶行列式 $|a_{ij}|=\begin{vmatrix} 1 & x & 3 \\ x & 2 & 0 \\ 5 & -1 & 4 \end{vmatrix}$ 中元素 a_{12} 的代数余子式 $A_{12}=8$，求元素 a_{21} 的代数余子式的值.

6. 求算下列四阶行列式的值.

(1) $\begin{vmatrix} 1 & 1 & 1 & 4 \\ 1 & 1 & 3 & 1 \\ 1 & 2 & 1 & 1 \\ 1 & 1 & 1 & 1 \end{vmatrix}$；　　(2) $\begin{vmatrix} 1 & 1 & -1 & 2 \\ -1 & -1 & -3 & 1 \\ 2 & 3 & -6 & 1 \\ 2 & 2 & 3 & 2 \end{vmatrix}$；

(3) $\begin{vmatrix} 1 & 0 & 0 & a \\ -1 & 1 & 0 & b \\ 0 & -1 & 1 & c \\ 0 & 0 & -1 & d \end{vmatrix}$，　　(4) $\begin{vmatrix} a_1+x & x & 0 & 0 \\ a_2 & -x & x & 0 \\ a_3 & 0 & -x & x \\ a_4 & 0 & 0 & -x \end{vmatrix}$；

（5）$\begin{vmatrix} -2 & 3 & & \\ 1 & -2 & 3 & \\ & 1 & -2 & 3 \\ & & 1 & -2 \end{vmatrix}$.

7. 计算行列式

$$D=\begin{vmatrix} a & b & c \\ a^2 & b^2 & c^2 \\ a+a^3 & b+b^3 & c+c^3 \end{vmatrix}.$$

8. 求方程 $\begin{vmatrix} x-1 & 2 & -4 \\ -2 & x-3 & -1 \\ -1 & -1 & x-1 \end{vmatrix}=0$ 的根.

9. 计算行列式

$$\begin{vmatrix} x & (x+3)^2 & (x+6)^2 \\ y & (y+3)^2 & (y+6)^2 \\ z & (z+3)^2 & (z+6)^2 \end{vmatrix}.$$

10. 计算行列式

$$D=\begin{vmatrix} x & y & z & 1 \\ y & z & x & 1 \\ z & x & y & 1 \\ \frac{y+z}{2} & \frac{z+x}{2} & \frac{x+y}{2} & 1 \end{vmatrix}.$$

11. 设行列式

$$D=\begin{vmatrix} 3 & -5 & 2 & 1 \\ 1 & 1 & 0 & -5 \\ -1 & 3 & 1 & -3 \\ 2 & -4 & -1 & 3 \end{vmatrix},$$

求 （1）$A_{31}+A_{32}+5A_{33}+6A_{34}$；

（2）$M_{13}+M_{23}+M_{33}+M_{43}$.

12. 设 $|\boldsymbol{A}|=\begin{vmatrix} 3 & 3 & 3 & 3 \\ a_{21} & a_{22} & a_{23} & a_{24} \\ a_{31} & a_{32} & a_{33} & a_{34} \\ a_{41} & a_{42} & a_{43} & a_{44} \end{vmatrix}=a$，求 $|\boldsymbol{A}|$ 的所有元素的代数余子式之和.

B. 综合练习

1. 若行列 $\begin{vmatrix} x & 3 & 1 \\ y & 0 & -2 \\ z & 2 & -1 \end{vmatrix}=3$，则 $\begin{vmatrix} x+2 & y-4 & z-2 \\ 3 & 0 & 2 \\ 1 & -2 & -1 \end{vmatrix}=$________.

2. 设三阶行列式 D_3 的第 2 列元素依次为 1，-2，3，而且对应的余子式分别为-3，2，1，则行列式 $D_3=$________.

3. (2020，数 1，2，3)行列式 $\begin{vmatrix} a & 0 & -1 & 1 \\ 0 & a & 1 & -1 \\ -1 & 1 & a & 0 \\ 1 & -1 & 0 & a \end{vmatrix}=$________.

4. 计算 n 阶行列式

$$D=\begin{vmatrix} x & b & b & \cdots & b \\ b & x & b & \cdots & b \\ b & b & x & \cdots & b \\ \vdots & \vdots & \vdots & & \vdots \\ b & b & b & \cdots & x \end{vmatrix}.$$

5. 设 $|\boldsymbol{A}|=\begin{vmatrix} 0 & 1 & 1 & 1 \\ 1 & 0 & 1 & 1 \\ 1 & 1 & 0 & 1 \\ 1 & 1 & 1 & 0 \end{vmatrix}$，求 $|\boldsymbol{A}|$ 所有元素的代数余子式之和.

6. 计算 n 阶行列式

$$D_n=\begin{vmatrix} a_1+b_1 & a_2 & \cdots & a_n \\ a_1 & a_2+b_2 & \cdots & a_n \\ \vdots & \vdots & & \vdots \\ a_1 & a_2 & \cdots & a_n+b_n \end{vmatrix}(b_i\neq 0, i=1,2,\cdots,n).$$

7. 计算下列行列式

$$\begin{vmatrix} a_1^3 & a_1^2b_1 & a_1b_1^2 & b_1^3 \\ a_2^3 & a_2^2b_2 & a_2b_2^2 & b_2^3 \\ a_3^3 & a_3^2b_3 & a_3b_3^2 & b_3^3 \\ a_4^3 & a_4^2b_4 & a_4b_4^2 & b_4^3 \end{vmatrix}\quad (a_i, b_i\neq 0, i=1,2,3,4).$$

8. 试求多项式 $f(x)=\begin{vmatrix} x & 1 & -1 & 2 \\ 1 & x & -1 & 1 \\ -1 & 1 & x+1 & 2 \\ x & 0 & 1 & 2x \end{vmatrix}$ 中 x^3 与 x^4 的系数.

9. 证明：

$$\begin{vmatrix} x & 0 & \cdots & 0 & a_0 \\ -1 & x & \cdots & 0 & a_1 \\ 0 & -1 & \cdots & 0 & a_2 \\ \vdots & \vdots & & \vdots & \vdots \\ 0 & 0 & \cdots & x & a_{n-2} \\ 0 & 0 & \cdots & -1 & x+a_{n-1} \end{vmatrix}=x^n+a_{n-1}x^{n-1}+\cdots+a_1x+a_0.$$

10. 设$D=|a_{ij}|$为三阶行列式，证明：

$$\begin{vmatrix} 1+a_{11} & 1+a_{12} & 1+a_{13} \\ 1+a_{21} & 1+a_{22} & 1+a_{23} \\ 1+a_{31} & 1+a_{32} & 1+a_{33} \end{vmatrix} = \sum_{i=1}^{3}\sum_{j=1}^{3} A_{ij} + D$$（这里A_{ij}为a_{ij}的代数余子式，$i, j=1,2,3$）.

11*. 设$\boldsymbol{A}$为三阶矩阵，$|\boldsymbol{A}|=3$，$\boldsymbol{A}^*$为$\boldsymbol{A}$的伴随矩阵，如果交换$\boldsymbol{A}$的第1行与第2行得$\boldsymbol{B}$，则$|\boldsymbol{B}\boldsymbol{A}^*|=$________.

12*. （2014，农学）二阶矩阵$\boldsymbol{A}$的特征值为1，2，则行列式$|\boldsymbol{A}-3\boldsymbol{A}^{-1}|=$________.

13*. （2006，数1，2，3）设矩阵$\boldsymbol{A}=\begin{pmatrix} 2 & 1 \\ -1 & 2 \end{pmatrix}$，$\boldsymbol{E}$为二阶单位矩阵，矩阵$\boldsymbol{B}$满足$\boldsymbol{BA}=\boldsymbol{B}+2\boldsymbol{E}$，则$|\boldsymbol{B}|=$________.

14*. 设$\boldsymbol{\alpha}_1$，$\boldsymbol{\alpha}_2$为二维列向量，矩阵$\boldsymbol{A}=(2\boldsymbol{\alpha}_1+\boldsymbol{\alpha}_2, \boldsymbol{\alpha}_1-\boldsymbol{\alpha}_2)$，$\boldsymbol{B}=(\boldsymbol{\alpha}_1, \boldsymbol{\alpha}_2)$. 如果$|\boldsymbol{A}|=6$，求矩阵$\boldsymbol{B}$的行列式$|\boldsymbol{B}|$.

15*. 三阶矩阵$\boldsymbol{A}=\begin{pmatrix} \boldsymbol{\alpha} \\ 2\boldsymbol{\gamma}_2 \\ 3\boldsymbol{\gamma}_3 \end{pmatrix}$，$\boldsymbol{B}=\begin{pmatrix} \boldsymbol{\beta} \\ \boldsymbol{\gamma}_2 \\ \boldsymbol{\gamma}_3 \end{pmatrix}$，其中$\boldsymbol{\alpha}$，$\boldsymbol{\beta}$，$\boldsymbol{\gamma}_2$，$\boldsymbol{\gamma}_3$均为三维行向量，且$|\boldsymbol{A}|=18$，$|\boldsymbol{B}|=2$，计算行列式$|\boldsymbol{A}-\boldsymbol{B}|$.

第2章 矩阵及其运算

2.1 大纲要求

1. 理解矩阵的概念，了解单位矩阵、数量矩阵、对角矩阵、三角矩阵、对称矩阵和反对称矩阵以及它们的性质.

2. 掌握矩阵的线性运算、乘法、转置以及它们的运算规律，了解方阵的幂与方阵乘积的行列式的性质.

3. 理解逆矩阵的概念，掌握逆矩阵的性质，以及矩阵可逆的充要条件，理解伴随矩阵的概念，会用伴随矩阵求逆矩阵.

4. 理解矩阵的初等变换的概念，了解初等矩阵的性质及矩阵等价的概念，理解矩阵的秩的概念，掌握初等变换求矩阵的秩和逆矩阵的方法.

5. 了解分块矩阵及其运算.

2.2 重点与难点

矩阵是一个数表，其理论在线性代数中有着广泛的应用，是贯穿线性代数始终的核心内容. 读者在学习中要注意作为表格的矩阵运算与数的运算的区别与联系，能熟练运用矩阵的运算(尤其是矩阵乘法)规则，明确矩阵与行列式的区别. 逆矩阵是本章的重要内容，读者应熟练掌握怎样求逆矩阵，以及利用逆矩阵解矩阵方程等. 初等变换是线性代数的基本运算，初等矩阵与矩阵乘法满足“左行右列”的法则. 分块矩阵的应用与矩阵秩的概念是整个课程的重点，读者要能灵活运用分块矩阵的各种变式思考问题. 能融汇矩阵秩的定义、求法以及与其行(列)向量组的秩的关系等.

2.3 内容解析

2.3.1 矩阵的概念及其基本运算

1. 矩阵的定义

由 $m \times n$ 个数 a_{ij} 排成的 m 行 n 列的数表

$$A=\begin{pmatrix} a_{11} & a_{12} & \cdots & a_{1n} \\ a_{21} & a_{22} & \cdots & a_{2n} \\ \vdots & \vdots & & \vdots \\ a_{m1} & a_{m2} & \cdots & a_{mn} \end{pmatrix}$$

称为 $m\times n$ 矩阵，简记为 $A=(a_{ij})_{m\times n}$. 矩阵一般用大写字母表示.

几个特殊的矩阵

1）若 A 是 $n\times n$ 矩阵，则称 A 是 n 阶矩阵(或 n 阶方阵).

2）只有一行(列)的矩阵称为行(列)矩阵，也称为行(列)向量.

3）如果矩阵 A 中所有元素都是 0，则称其为零矩阵，记作 O.

4）单位矩阵：

$$E=\begin{pmatrix} 1 & 0 & \cdots & 0 \\ 0 & 1 & \cdots & 0 \\ \vdots & \vdots & & \vdots \\ 0 & 0 & \cdots & 1 \end{pmatrix}.$$

5）对角矩阵：在矩阵 $A=(a_{ij})_{n\times n}$ 中，如 $a_{ij}=0(\forall i\neq j)$，则称其为对角矩阵. 对角矩阵

$$\begin{pmatrix} a_{11} & 0 & \cdots & 0 \\ 0 & a_{22} & \cdots & 0 \\ \vdots & \vdots & & \vdots \\ 0 & 0 & \cdots & a_{nn} \end{pmatrix}$$

常记为 $\mathrm{diag}(a_{11},a_{22},\cdots,a_{nn})$.

6）数量矩阵：

$$kE=\begin{pmatrix} k & 0 & \cdots & 0 \\ 0 & k & \cdots & 0 \\ \vdots & \vdots & & \vdots \\ 0 & 0 & \cdots & k \end{pmatrix}.$$

2. 矩阵的运算

行数、列数对应相等的两个矩阵称为同型矩阵. 如果两个同型矩阵 A 与 B 的对应元素都相等，则称矩阵 A 与 B 相等.

（1）矩阵的加法

对于同型矩阵 $A=(a_{ij})_{m\times n}$，$B=(b_{ij})_{m\times n}$，定义

$$A+B=(a_{ij}+b_{ij})_{m\times n}.$$

对 $A=(a_{ij})_{m\times n}$，定义 A 的负矩阵 $-A=(-a_{ij})_{m\times n}$，由矩阵加法可以定义减法为

$$A-B=A+(-B).$$

只有同型矩阵才能进行加减运算.

（2）数乘矩阵

设 k 是一个数，$A=(a_{ij})_{m\times n}$ 是一个 $m\times n$ 矩阵，定义 $kA=Ak=(ka_{ij})_{m\times n}$，加法运算和数乘运算统称为矩阵的线性运算，这些运算满足下列运算规律：

1）交换律　$A+B=B+A$.

2）结合律　$(\boldsymbol{A}+\boldsymbol{B})+\boldsymbol{C}=\boldsymbol{A}+(\boldsymbol{B}+\boldsymbol{C})$.

3）分配律　$k(\boldsymbol{A}+\boldsymbol{B})=k\boldsymbol{A}+k\boldsymbol{B}$，$(k+l)\boldsymbol{A}=k\boldsymbol{A}+l\boldsymbol{A}$.

4）数和矩阵相乘的结合律　$(kl)\boldsymbol{A}=k(l\boldsymbol{A})=l(k\boldsymbol{A})$.

其中 $\boldsymbol{A}$，$\boldsymbol{B}$，$\boldsymbol{C}$ 是同型矩阵，k，l 为任意数.

（3）矩阵的乘法

设 $\boldsymbol{A}=(a_{ij})$ 是 $m\times s$ 矩阵，$\boldsymbol{B}=(b_{ij})$ 是 $s\times n$ 矩阵，定义 $\boldsymbol{A}$ 与 $\boldsymbol{B}$ 的乘积是一个 $m\times n$ 矩阵 $\boldsymbol{C}=(c_{ij})_{m\times n}$，这里 $c_{ij}=a_{i1}b_{1j}+a_{i2}b_{2j}+\cdots+a_{in}b_{nj}(i=1,2,\cdots,m;j=1,2,\cdots,n)$.

矩阵乘法满足下列运算规律：

1）结合律　$(\boldsymbol{AB})\boldsymbol{C}=\boldsymbol{A}(\boldsymbol{BC})$.

2）分配律　$\boldsymbol{A}(\boldsymbol{B}+\boldsymbol{C})=\boldsymbol{AB}+\boldsymbol{AC}$，（左分配律）

$(\boldsymbol{B}+\boldsymbol{C})\boldsymbol{A}=\boldsymbol{BA}+\boldsymbol{CA}$.（右分配律）

3）数与矩阵乘积的结合律　$k(\boldsymbol{AB})=(k\boldsymbol{A})\boldsymbol{B}=\boldsymbol{A}(k\boldsymbol{B})$.

关于矩阵的乘法需做以下说明：

① 矩阵相乘时要求左矩阵的列数和右矩阵的行数相等，所以乘积 $\boldsymbol{AB}$ 有意义时，$\boldsymbol{BA}$ 不一定有意义. 即便乘积 $\boldsymbol{AB}$ 与 $\boldsymbol{BA}$ 都有意义，其型号也不一定一致.

② 两个非零矩阵，其乘积可能是零. 即 $\boldsymbol{AB}=\boldsymbol{O}$ 时，不能得到 $\boldsymbol{A}=\boldsymbol{O}$，或 $\boldsymbol{B}=\boldsymbol{O}$.

[例如]对两个非零矩阵 $\boldsymbol{A}=\begin{pmatrix}1&1\\-1&-1\end{pmatrix}$，$\boldsymbol{B}=\begin{pmatrix}1&-1\\-1&1\end{pmatrix}$，有

$$\boldsymbol{AB}=\begin{pmatrix}1&1\\-1&-1\end{pmatrix}\begin{pmatrix}1&-1\\-1&1\end{pmatrix}=\begin{pmatrix}0&0\\0&0\end{pmatrix}.$$

值得说明的是，本例中，

$$\boldsymbol{BA}=\begin{pmatrix}1&-1\\-1&1\end{pmatrix}\begin{pmatrix}1&1\\-1&-1\end{pmatrix}=\begin{pmatrix}2&2\\-2&-2\end{pmatrix}.$$

可见即便 $\boldsymbol{AB}$ 与 $\boldsymbol{BA}$ 都有意义，而且型号一致，一般 $\boldsymbol{AB}\neq\boldsymbol{BA}$，即矩阵的乘法不满足交换律.

③ 一个 $1\times n$ 的行矩阵乘以一个 $n\times 1$ 的列矩阵结果是一个数，数字外边的括号可省去；要注意，$m\times 1$ 的列矩阵乘以 $1\times n$ 的行矩阵，结果是一个 $m\times n$ 矩阵.

[例如]对于 $\boldsymbol{A}=(1,2,-3)$，$\boldsymbol{B}=\begin{pmatrix}3\\8\\1\end{pmatrix}$，有

$$\boldsymbol{AB}=(1,2,-3)_{1\times 3}\begin{pmatrix}3\\8\\1\end{pmatrix}_{3\times 1}=16.$$

但是

$$\boldsymbol{BA}=\begin{pmatrix}3\\8\\1\end{pmatrix}_{3\times 1}(1,2,-3)_{1\times 3}=\begin{pmatrix}3\times1&3\times2&3\times(-3)\\8\times1&8\times2&8\times(-3)\\1\times1&1\times2&1\times(-3)\end{pmatrix}$$

$$=\begin{pmatrix}3&6&-9\\8&16&-24\\1&2&-3\end{pmatrix}.$$

④ 矩阵乘法不满足消去律. 即由 $\boldsymbol{A}\neq\boldsymbol{O}$ 且 $\boldsymbol{AB}=\boldsymbol{AC}$，不能得到 $\boldsymbol{B}=\boldsymbol{C}$.

[例如]设 $\boldsymbol{A}=\begin{pmatrix}2&0\\0&0\end{pmatrix}$，$\boldsymbol{B}=\begin{pmatrix}0&0\\0&6\end{pmatrix}$，$\boldsymbol{C}=\begin{pmatrix}0&0\\0&5\end{pmatrix}$，这里 $\boldsymbol{A}\neq\boldsymbol{O}$，而且

$$\begin{pmatrix}2&0\\0&0\end{pmatrix}\begin{pmatrix}0&0\\0&6\end{pmatrix}=\begin{pmatrix}2&0\\0&0\end{pmatrix}\begin{pmatrix}0&0\\0&5\end{pmatrix}=\begin{pmatrix}0&0\\0&0\end{pmatrix},$$

即 $\boldsymbol{AB}=\boldsymbol{AC}$，虽然 $\boldsymbol{A}\neq\boldsymbol{O}$，却有 $\boldsymbol{B}\neq\boldsymbol{C}$.

（4）矩阵的方幂与矩阵多项式

设 $\boldsymbol{A}$ 是一个 n 阶方阵，m 是正整数，定义：$\boldsymbol{A}^m=\overbrace{\boldsymbol{AA}\cdots\boldsymbol{A}}^{m个}$称为 $\boldsymbol{A}$ 的 m 次幂(矩阵乘法的结合律保证了这种定义的合理性).

若 $f(x)=a_mx^m+a_{m-1}x^{m-1}+\cdots+a_0$，定义方阵 $\boldsymbol{A}$ 的多项式

$$f(\boldsymbol{A})=a_m\boldsymbol{A}^m+a_{m-1}\boldsymbol{A}^{m-1}+\cdots+a_1\boldsymbol{A}+a_0\boldsymbol{E}.$$

[例如]对 $\boldsymbol{A}=\begin{pmatrix}1&1\\0&1\end{pmatrix}$，$f(x)=2x^3-3x^2+6$，求 $f(\boldsymbol{A})$.

因为

$$\boldsymbol{A}^2=\begin{pmatrix}1&2\\0&1\end{pmatrix},\ \boldsymbol{A}^3=\begin{pmatrix}1&3\\0&1\end{pmatrix},$$

所以

$$f(\boldsymbol{A})=2\boldsymbol{A}^3-3\boldsymbol{A}^2+6\boldsymbol{E}=2\begin{pmatrix}1&3\\0&1\end{pmatrix}-3\begin{pmatrix}1&2\\0&1\end{pmatrix}+\begin{pmatrix}6&0\\0&6\end{pmatrix}$$

$$=\begin{pmatrix}5&0\\0&5\end{pmatrix}.$$

注意：1）只有方阵才有矩阵幂的运算. 因为矩阵乘法没有交换律，所以一些关于数的代数恒等式对矩阵的方幂不一定成立.

[例如]设 $\boldsymbol{A}$，$\boldsymbol{B}$，$\boldsymbol{C}$ 均为 n 阶方阵，

$$(\boldsymbol{A}+\boldsymbol{B})^2=\boldsymbol{A}^2+\boldsymbol{AB}+\boldsymbol{BA}+\boldsymbol{B}^2,$$

$$(\boldsymbol{AB})^2=(\boldsymbol{AB})(\boldsymbol{AB}).$$

可见，除非 $\boldsymbol{AB}=\boldsymbol{BA}$，一般有

$$(\boldsymbol{A}+\boldsymbol{B})^2\neq\boldsymbol{A}^2+2\boldsymbol{AB}+\boldsymbol{B}^2,$$

$$(\boldsymbol{AB})^k\neq\boldsymbol{A}^k\boldsymbol{B}^k(k\text{ 为自然数}).$$

同理，一般

$$(\boldsymbol{A}+\boldsymbol{B})(\boldsymbol{A}-\boldsymbol{B})\neq\boldsymbol{A}^2-\boldsymbol{B}^2.$$

只有当 $\boldsymbol{AB}=\boldsymbol{BA}$，即矩阵 $\boldsymbol{A}$ 与 $\boldsymbol{B}$ 可交换时，如上不等式才可改为等式.

2）由 $\boldsymbol{A}^2=\boldsymbol{A}$ 不能得到 $\boldsymbol{A}=\boldsymbol{E}$ 或 $\boldsymbol{A}=\boldsymbol{O}$.

[例如]$\boldsymbol{A}=\begin{pmatrix}1&0\\0&0\end{pmatrix}$，虽满足 $\boldsymbol{A}^2=\boldsymbol{A}$，但 $\boldsymbol{A}\neq\boldsymbol{E}$，而且 $\boldsymbol{A}\neq\boldsymbol{O}$.

3）由 $\boldsymbol{A}^2=\boldsymbol{O}$ 不能得到 $\boldsymbol{A}=\boldsymbol{O}$.

[例如]$\boldsymbol{A}=\begin{pmatrix}0&1\\0&0\end{pmatrix}$，虽然有 $\boldsymbol{A}^2=\begin{pmatrix}0&0\\0&0\end{pmatrix}$，但 $\boldsymbol{A}\neq\begin{pmatrix}0&0\\0&0\end{pmatrix}$.

注： 在举反例时，越简单越好．这里获得反例的思维过程很重要，它来自于自己的知识积累与迁移．如由于

$$\begin{pmatrix}a_1&0\\0&a_2\end{pmatrix}\begin{pmatrix}b_1&0\\0&b_2\end{pmatrix}=\begin{pmatrix}a_1b_1&0\\0&a_2b_2\end{pmatrix},$$

所以

$$\boldsymbol{A}^2=\begin{pmatrix}1^2&0\\0&0^2\end{pmatrix}=\begin{pmatrix}1&0\\0&0\end{pmatrix}=\boldsymbol{A}.$$

此说明上边的结论 2) 成立.

（5）关于矩阵转置

将 $m\times n$ 矩阵 $\boldsymbol{A}=(a_{ij})_{m\times n}$ 的各行变成相应的各列得到的 $n\times m$ 矩阵，称为矩阵 $\boldsymbol{A}$ 的转置，记为 $\boldsymbol{A}^{\mathrm{T}}$. 即对 $\boldsymbol{A}=(a_{ij})_{m\times n}$，有

$$\boldsymbol{A}^{\mathrm{T}}=\begin{pmatrix}a_{11}&a_{21}&\cdots&a_{m1}\\a_{12}&a_{22}&\cdots&a_{m2}\\\vdots&\vdots&&\vdots\\a_{1n}&a_{2n}&\cdots&a_{mn}\end{pmatrix}.$$

1）矩阵转置的运算规律

a）$(\boldsymbol{A}^{\mathrm{T}})^{\mathrm{T}}=\boldsymbol{A}$；

b）$(k\boldsymbol{A})^{\mathrm{T}}=k\boldsymbol{A}^{\mathrm{T}}$（$k$ 为常数）；

c）$(\boldsymbol{A}+\boldsymbol{B})^{\mathrm{T}}=\boldsymbol{A}^{\mathrm{T}}+\boldsymbol{B}^{\mathrm{T}}$；

d）$(\boldsymbol{A}\boldsymbol{B})^{\mathrm{T}}=\boldsymbol{B}^{\mathrm{T}}\boldsymbol{A}^{\mathrm{T}}$.

2）对称矩阵与反对称矩阵

定义 对 n 阶方阵 $\boldsymbol{A}=(a_{ij})_{n\times n}$，如果 $\boldsymbol{A}^{\mathrm{T}}=\boldsymbol{A}$，即 $a_{ij}=a_{ji}(\forall i,j)$，则称 $\boldsymbol{A}$ 是 n 阶对称矩阵；如果 $\boldsymbol{A}^{\mathrm{T}}=-\boldsymbol{A}$，即 $a_{ij}=-a_{ji}(\forall i,j)$，则称 $\boldsymbol{A}$ 是反对称矩阵.

注： 对反对称矩阵 $\boldsymbol{A}=(a_{ij})$，有 $a_{ii}=0(i=1,2,\cdots,n)$. 读者应掌握用定义来判断或证明一个矩阵是对称或反对称矩阵的方法.

（6）方阵的行列式及其性质

1）方阵行列式的定义：对于 n 阶矩阵 $\boldsymbol{A}=(a_{ij})_{n\times n}$，其元素对应的 n 阶行列式

$$\begin{vmatrix}a_{11}&a_{12}&\cdots&a_{1n}\\a_{21}&a_{22}&\cdots&a_{2n}\\\vdots&\vdots&&\vdots\\a_{n1}&a_{n2}&\cdots&a_{nn}\end{vmatrix}$$

称为方阵 $\boldsymbol{A}$ 的行列式，记作 $|\boldsymbol{A}|$[或 $\det(A)$].

注： 矩阵与其对应的行列式是两个不同的概念，矩阵是由数构成的表格，而行列式是一个数，两者不要混淆.

[例如]对矩阵 $\boldsymbol{A}=\begin{pmatrix}1 & 1\\ 2 & 2\end{pmatrix}$，显然 $\boldsymbol{A}\neq\boldsymbol{O}$，但是有 $|\boldsymbol{A}|=\begin{vmatrix}1 & 1\\ 2 & 2\end{vmatrix}=0$.

当矩阵 $\boldsymbol{A}\neq\boldsymbol{B}$ 时，其对应的行列式 $|\boldsymbol{A}|$ 与 $|\boldsymbol{B}|$ 可能相等，也可能不等. 不过 $\boldsymbol{A}=\boldsymbol{B}$ 时，一定有 $|\boldsymbol{A}|=|\boldsymbol{B}|$.

2) 方阵行列式的性质

性质 1　$|\boldsymbol{A}^{\mathrm{T}}|=|\boldsymbol{A}|$.

性质 2　$|\lambda\boldsymbol{A}|=\lambda^{n}|\boldsymbol{A}|$(注意数乘矩阵与数乘行列式的区别，这里 $\boldsymbol{A}$ 是 n 阶方阵).

性质 3　$|\boldsymbol{AB}|=|\boldsymbol{A}|\cdot|\boldsymbol{B}|$.

2.3.2 伴随矩阵与可逆矩阵

1. 伴随矩阵

(1) 定义

由矩阵 $\boldsymbol{A}=(a_{ij})_{n\times n}$ 的行列式 $|\boldsymbol{A}|$ 中各元素的代数余子式所构成的形如

$$\begin{pmatrix}A_{11} & A_{21} & \cdots & A_{n1}\\ A_{12} & A_{22} & \cdots & A_{n2}\\ \vdots & \vdots & & \vdots\\ A_{1n} & A_{2n} & \cdots & A_{nn}\end{pmatrix} \tag{2.1}$$

的矩阵 (A_{ji})，称为 $\boldsymbol{A}$ 的伴随矩阵，记为 $\boldsymbol{A}^{*}$.

注： $\boldsymbol{A}=(a_{ij})_{n\times n}$ 中元素 a_{ij} 的代数余子式 A_{ij} 在 $\boldsymbol{A}^{*}$ 中处在第 j 行第 i 列，即 $\boldsymbol{A}^{*}=(A_{ji})_{n\times n}$.

(2) 伴随矩阵性质

定理 2.1　设 $\boldsymbol{A}^{*}$ 是矩阵 $\boldsymbol{A}$ 的伴随矩阵，则有

$$\boldsymbol{A}^{*}\boldsymbol{A}=\boldsymbol{A}\boldsymbol{A}^{*}=|\boldsymbol{A}|\boldsymbol{E}. \tag{2.2}$$

说明： 该性质的证明涉及第 1 章行列式的展开定理及其推论. 读者在遇到涉及代数余子式的问题时，一般可从两个角度去考虑，一是式(2.2)；另一个是行列式的展开定理.

2. 可逆矩阵

(1) 可逆矩阵的定义

定义　设 $\boldsymbol{A}$ 为 n 阶方阵，如存在 n 阶矩阵 $\boldsymbol{B}$，使 $\boldsymbol{AB}=\boldsymbol{BA}=\boldsymbol{E}$，则称 $\boldsymbol{A}$ 是可逆矩阵，并把 $\boldsymbol{B}$ 称为 $\boldsymbol{A}$ 的逆矩阵.

可以证明，当 $\boldsymbol{A}$ 是可逆矩阵时，其逆矩阵是唯一的，记为 $\boldsymbol{A}^{-1}$.

注： 当矩阵 $\boldsymbol{A}$ 可逆时，$\boldsymbol{A}\boldsymbol{A}^{-1}=\boldsymbol{A}^{-1}\boldsymbol{A}=\boldsymbol{E}$，即 $\boldsymbol{A}$ 与 $\boldsymbol{A}^{-1}$ 是可交换的，请在解题时注意应用(见例 2.26~例 2.28).

(2) 方阵可逆的判定

定理 2.2　n 阶方阵 $\boldsymbol{A}$ 可逆的充要条件是 $|\boldsymbol{A}|\neq 0$. 此时 $\boldsymbol{A}^{-1}=\dfrac{1}{|\boldsymbol{A}|}\boldsymbol{A}^{*}$.

注： 当 $\boldsymbol{A}$ 可逆时，有

$$|\boldsymbol{A}^{-1}|=|\boldsymbol{A}|^{-1}. \tag{2.3}$$

推论 如果 n 阶方阵 $\boldsymbol{A}$ 与 $\boldsymbol{B}$ 满足 $\boldsymbol{AB}=\boldsymbol{E}$（或者 $\boldsymbol{BA}=\boldsymbol{E}$），则 $\boldsymbol{A}^{-1}=\boldsymbol{B}$.

证明 由 $\boldsymbol{AB}=\boldsymbol{E}$，可得 $|\boldsymbol{AB}|=|\boldsymbol{E}|$，即 $|\boldsymbol{A}|\cdot|\boldsymbol{B}|=1$，所以 $|\boldsymbol{A}|\neq 0$，结合定理 2.2 可得 $\boldsymbol{A}$ 是可逆矩阵.

又已知 $\boldsymbol{AB}=\boldsymbol{E}$，两边左乘 $\boldsymbol{A}^{-1}$ 可得

$$\boldsymbol{A}^{-1}(\boldsymbol{AB})=\boldsymbol{A}^{-1}\boldsymbol{E},$$

从而 $\boldsymbol{B}=\boldsymbol{A}^{-1}$.

［例如］当 $a_i\neq 0$ 时，直接验证可得

$$\begin{pmatrix} a_1 & & \\ & a_2 & \\ & & a_3 \end{pmatrix}\begin{pmatrix} a_1^{-1} & & \\ & a_2^{-1} & \\ & & a_3^{-1} \end{pmatrix}=\begin{pmatrix} 1 & & \\ & 1 & \\ & & 1 \end{pmatrix},$$

所以

$$\begin{pmatrix} a_1 & & \\ & a_2 & \\ & & a_3 \end{pmatrix}^{-1}=\begin{pmatrix} a_1^{-1} & & \\ & a_2^{-1} & \\ & & a_3^{-1} \end{pmatrix}.$$

注： $\boldsymbol{A}$，$\boldsymbol{B}$ 是同阶方阵时，由 $\boldsymbol{A}_n\boldsymbol{B}_n=\boldsymbol{E}_n$（或 $\boldsymbol{B}_n\boldsymbol{A}_n=\boldsymbol{E}_n$），可得 $\boldsymbol{B}=\boldsymbol{A}^{-1}$. 这里要求 $\boldsymbol{A}$ 和 $\boldsymbol{B}$ 是同阶方阵，否则即使 $\boldsymbol{AB}=\boldsymbol{E}$，也不能断定 $\boldsymbol{B}=\boldsymbol{A}^{-1}$.

［例如］对于

$$\boldsymbol{A}=\begin{pmatrix} 0 & 1 & 0 \\ 1 & 0 & 0 \end{pmatrix},\ \boldsymbol{B}=\begin{pmatrix} 0 & 1 \\ 1 & 0 \\ 0 & 0 \end{pmatrix},$$

有 $\boldsymbol{AB}=\boldsymbol{E}$，但 $\boldsymbol{B}$ 不是 $\boldsymbol{A}$ 的逆矩阵（事实上，$\boldsymbol{A}$ 不是方阵，不可能有逆矩阵）.

（3）可逆矩阵的性质

如果 n 阶方阵 $\boldsymbol{A}$ 与 $\boldsymbol{B}$ 均为可逆矩阵，则

1）$(\boldsymbol{A}^{-1})^{-1}=\boldsymbol{A}$.

2）$(k\boldsymbol{A})^{-1}=\dfrac{1}{k}\boldsymbol{A}^{-1}$（$k$ 为非零常数）.

3）$(\boldsymbol{AB})^{-1}=\boldsymbol{B}^{-1}\boldsymbol{A}^{-1}$. 推广到多个，即 $(\boldsymbol{A}_1\boldsymbol{A}_2\cdots\boldsymbol{A}_s)^{-1}=\boldsymbol{A}_s^{-1}\cdots\boldsymbol{A}_2^{-1}\boldsymbol{A}_1^{-1}$.

4）$(\boldsymbol{A}^{\mathrm{T}})^{-1}=(\boldsymbol{A}^{-1})^{\mathrm{T}}$.

注： 如上这些结论都可由上面的推论给出证明．逆矩阵的运算规律与转置的运算规律从形式上看有许多相似之处，不过要注意二者的区别. 例如，对于加法的转置，有 $(\boldsymbol{A}+\boldsymbol{B})^{\mathrm{T}}=\boldsymbol{A}^{\mathrm{T}}+\boldsymbol{B}^{\mathrm{T}}$，但当 $\boldsymbol{A}$，$\boldsymbol{B}$ 均可逆时，$\boldsymbol{A}+\boldsymbol{B}$ 不一定可逆，即使 $\boldsymbol{A}+\boldsymbol{B}$ 可逆，一般 $(\boldsymbol{A}+\boldsymbol{B})^{-1}\neq\boldsymbol{A}^{-1}+\boldsymbol{B}^{-1}$.

3. 伴随矩阵与其逆矩阵的关系

（1）用逆矩阵表示伴随矩阵

当矩阵 $\boldsymbol{A}$ 可逆时，利用逆矩阵的计算公式 $\boldsymbol{A}^{-1}=\dfrac{1}{|\boldsymbol{A}|}\boldsymbol{A}^*$，可得伴随矩阵与其逆矩阵的关系

$$A^*=|A|A^{-1}. \tag{2.4}$$

[例如]设 A 为二阶矩阵，已知 $A^{-1}=\begin{pmatrix}1&3\\2&5\end{pmatrix}$，则 $A^*=\begin{pmatrix}-1&-3\\-2&-5\end{pmatrix}$.

事实上，由于

$$|A^{-1}|=\begin{vmatrix}1&3\\2&5\end{vmatrix}=-1,$$

所以 $|A|=\dfrac{1}{|A^{-1}|}=-1$. 因此有

$$A^*=|A|\cdot A^{-1}=-A^{-1}=\begin{pmatrix}-1&-3\\-2&-5\end{pmatrix}.$$

注：具体矩阵的伴随矩阵由式(2.1)给出，当遇到抽象矩阵的伴随矩阵时，常考虑式(2.4)求解(见例2.53).

(2) 伴随矩阵的逆矩阵

当 $|A|\neq 0$ 时，仍由式(2.2)可得

$$A^*\frac{A}{|A|}=\frac{A}{|A|}A^*=E,$$

从而有伴随矩阵的逆矩阵计算公式

$$(A^*)^{-1}=\frac{1}{|A|}A. \tag{2.5}$$

(3) 设 A 是可逆矩阵，则有 $(A^*)^{-1}=(A^{-1})^*$.

证明 矩阵 A 与伴随矩阵 A^* 有关系

$$AA^*=|A|E. \tag{1}$$

类似地，对 A^{-1}，有 $A^{-1}(A^{-1})^*=|A^{-1}|E$，于是

$$(A^{-1})^*=A\cdot|A^{-1}|E=\frac{A}{|A|}. \tag{2}$$

又由式(1)可得 $\dfrac{A}{|A|}A^*=E$，故有 $$(A^*)^{-1}=\frac{A}{|A|}, \tag{3}$$

结合式(2)、式(3)，可得 $(A^*)^{-1}=(A^{-1})^*$.

4. 伴随矩阵的行列式

设 A 是 n 阶方阵，则有

$$|A^*|=|A|^{n-1}\quad(n\geqslant 2).$$

证明 当 $|A|\neq 0$ 时，由 $AA^*=|A|E$，可得

$$|A|\cdot|A^*|=|AA^*|=\big||A|E\big|=|A|^n.$$

所以，有 $|A^*|=|A|^{n-1}$.

当 $|A|=0$ 时，只要证明 $|A^*|=0$ 即可.

事实上，如果 $|A^*|\neq 0$，即 A^* 是可逆矩阵，则有

$$A=A[A^*(A^*)^{-1}]=(AA^*)(A^*)^{-1}=|A|(A^*)^{-1}=O,$$

所以$A^*=O$，此与$|A^*|\neq 0$相矛盾.

注：读者当A可逆时，如注意到$A^*=|A|A^{-1}$，还有如下证明：

$$|A^*|=\left||A|A^{-1}\right|=|A|^n\cdot|A^{-1}|=|A|^{n-1}.$$

2.3.3 矩阵的初等变换与初等矩阵

1. 矩阵的初等变换

矩阵如下的三种变换称为矩阵的初等行(列)变换：

(1) 对换矩阵的两行(列)的位置；

(2) 将矩阵的某行(列)的所有元素乘以一个非零常数k；

(3) 把矩阵某行(列)元素的k倍加至另一行(列)的对应元素上去.

注：不要把矩阵的初等变换与行列式的性质相混淆．事实上，行列式的“行列式的换行(列)变号、某一行(列)有公因子可提到行列式符号的外边、某一行(列)的所有元素乘以同一数加到另一行(列)上去行列式值不变”这几点性质与上面提法类似而已，但行列式并没有初等交换. 行列式计算时使用等号，而矩阵初等变换使用“→”或者“~”.

2. 初等矩阵

由单位矩阵经过一次初等变换所得到的矩阵称为初等矩阵.

(1) 对应于三种初等变换　有如下三类初等矩阵：

将单位矩阵互换i，j两行(或者列)得初等矩阵

$$E(i,j)=\begin{pmatrix}1&&&&&\\&\ddots&&&&\\&&0&\cdots&1&&\\&&\vdots&&\vdots&&\\&&1&\cdots&0&&\\&&&&&\ddots&\\&&&&&&1\end{pmatrix}.$$

将单位矩阵第i行(或者列)乘以非零数k得初等矩阵

$$E(i(k))=\begin{pmatrix}1&&&&&&\\&\ddots&&&&&\\&&1&&&&\\&&&k&&&\\&&&&1&&\\&&&&&\ddots&\\&&&&&&1\end{pmatrix},\ k\neq 0.$$

将单位矩阵第j行的k倍加到第i行(或者第i列的k倍加到第j列)得初等矩阵

$$\boldsymbol{E}(i,j(k))=\begin{pmatrix}1&&&&&&\\&\ddots&&&&&\\&&1&&&&\\&&\vdots&\ddots&&&\\&&k&\cdots&1&&\\&&&&&\ddots&\\&&&&&&1\end{pmatrix}\begin{matrix}\\\\j\\\\i\\\\\\\end{matrix}.$$

[例如]下列矩阵中，选项 A，B，C 中的均为初等矩阵，选项 D 中的不是初等矩阵.

A. $\begin{pmatrix}1&0&0\\0&1&0\\1&0&1\end{pmatrix}$　B. $\begin{pmatrix}1&0&0\\0&0&1\\0&1&0\end{pmatrix}$　C. $\begin{pmatrix}1&0&0\\0&3&0\\0&0&1\end{pmatrix}$　D. $\begin{pmatrix}1&0&0\\1&1&0\\1&0&1\end{pmatrix}$

事实上，选项 A 是将三阶单位矩阵第 1 行加到第 3 行所得的矩阵；选项 B 是将三阶单位矩阵第 2 行与第 3 行互换所得；选项 C 是单位矩阵第 2 行乘以 3 所得；选项 D 需由单位矩阵做两次初等变换才能得到.

（2）初等矩阵的性质

1）初等矩阵的转置仍是初等矩阵，而且

$$\boldsymbol{E}(i,j)^{\mathrm{T}}=\boldsymbol{E}(i,j),\quad \boldsymbol{E}(i(k))^{\mathrm{T}}=\boldsymbol{E}(i(k)),\quad \boldsymbol{E}(i,j(k))^{\mathrm{T}}=E(j,i(k)).$$

2）用初等矩阵 $\boldsymbol{P}$ 左(右)乘 $\boldsymbol{A}$ 得 $\boldsymbol{PA}$(或 $\boldsymbol{AP}$)，等价于对 $\boldsymbol{A}$ 做一次与 $\boldsymbol{P}$ 同样的初等行(列)变换.

[例如]记

$$\boldsymbol{P}=\begin{pmatrix}1&0&k\\0&1&0\\0&0&1\end{pmatrix},\ \boldsymbol{A}=\begin{pmatrix}a_{11}&a_{12}&a_{13}\\a_{21}&a_{22}&a_{23}\\a_{31}&a_{32}&a_{33}\end{pmatrix},$$

初等矩阵 $\boldsymbol{P}$ 可以理解为第 3 行的 k 倍加到第 1 行所得，也可以理解为第 1 列 k 倍加到第 3 列所得. 有

$$\boldsymbol{PA}=\begin{pmatrix}a_{11}+ka_{31}&a_{12}+ka_{32}&a_{13}+ka_{33}\\a_{21}&a_{22}&a_{23}\\a_{31}&a_{32}&a_{33}\end{pmatrix},\ \boldsymbol{AP}=\begin{pmatrix}a_{11}&a_{12}&a_{13}+ka_{11}\\a_{21}&a_{22}&a_{23}+ka_{21}\\a_{31}&a_{32}&a_{33}+ka_{31}\end{pmatrix}.$$

即放于矩阵 $\boldsymbol{A}$ 的左侧，按行变换；放于矩阵 $\boldsymbol{A}$ 的右侧，按列变换.

3）初等矩阵均可逆，且其逆是同类型的初等矩阵. 即

$$\boldsymbol{E}(i,j)^{-1}=\boldsymbol{E}(i,j),\quad \boldsymbol{E}(i(k))^{-1}=\boldsymbol{E}\left(i\left(\frac{1}{k}\right)\right),\quad \boldsymbol{E}(i,j(k))^{-1}=\boldsymbol{E}(i,j(-k)).$$

这些均可结合定理 2. 2 的推论给出证明.

[例如]由于

$$\begin{pmatrix}1&0&0\\0&1&0\\0&k&1\end{pmatrix}\begin{pmatrix}1&0&0\\0&1&0\\0&-k&1\end{pmatrix}=\begin{pmatrix}1&0&0\\0&1&0\\0&0&1\end{pmatrix},$$

所以

$$\begin{pmatrix}1&0&0\\0&1&0\\0&k&1\end{pmatrix}^{-1}=\begin{pmatrix}1&0&0\\0&1&0\\0&-k&1\end{pmatrix}.$$

即
$$E(3,2(k))^{-1}=E(3,2(-k)).$$

4) 矩阵 $\boldsymbol{A}$ 可逆的充要条件是它能表示成有限个初等矩阵之积，即存在初等矩阵 P_1, $P_2,\cdots,P_l$，使 $\boldsymbol{A}=\boldsymbol{P}_1\boldsymbol{P}_2\cdots\boldsymbol{P}_l$.

结合如上 2)、4) 可得：

定理 2.3 $\boldsymbol{A}\overset{r}{\sim}\boldsymbol{B}\Leftrightarrow$存在可逆矩阵 $\boldsymbol{P}$，使 $\boldsymbol{PA}=\boldsymbol{B}$.

$\boldsymbol{A}\overset{c}{\sim}\boldsymbol{B}\Leftrightarrow$存在可逆矩阵 $\boldsymbol{Q}$，使 $\boldsymbol{AQ}=\boldsymbol{B}$.

$\boldsymbol{A}\sim\boldsymbol{B}\Leftrightarrow$存在可逆矩阵 $\boldsymbol{P}$ 和 $\boldsymbol{Q}$，使 $\boldsymbol{PAQ}=\boldsymbol{B}$.

3. 矩阵的等价及性质

(1) 矩阵等价的定义

定义 矩阵 $\boldsymbol{A}$ 经有限次初等变换变成矩阵 $\boldsymbol{B}$，则称 $\boldsymbol{A}$ 与 $\boldsymbol{B}$ 等价，记作 $\boldsymbol{A}\sim\boldsymbol{B}$(或 $A\to B$).

(2) 矩阵等价的性质

矩阵的等价满足反身性、对称性、传递性.

定理 2.4 设 $\boldsymbol{A}$ 是 $m\times n$ 矩阵，$r(\boldsymbol{A})=r$，则存在 m 阶可逆矩阵 $\boldsymbol{P}$，n 阶可逆矩阵 $\boldsymbol{Q}$，使 $\boldsymbol{PAQ}=\begin{pmatrix}\boldsymbol{E}_r&\boldsymbol{O}\\\boldsymbol{O}&\boldsymbol{O}\end{pmatrix}$. 这里$\begin{pmatrix}\boldsymbol{E}_r&\boldsymbol{O}\\\boldsymbol{O}&\boldsymbol{O}\end{pmatrix}$称为 $\boldsymbol{A}$ 的等价标准形.

定理 2.5 矩阵 $\boldsymbol{A}$ 可逆的充要条件是 $\boldsymbol{A}$ 可经过初等行变换变为单位矩阵.

事实上，矩阵 $\boldsymbol{A}$ 可逆时，有矩阵 $\boldsymbol{P}=\boldsymbol{A}^{-1}$，使 $\boldsymbol{PA}=\boldsymbol{E}$，由定理 2.3 可知，$\boldsymbol{A}$ 可经过初等行变换化为单位矩阵 $\boldsymbol{E}$.

4. 用初等变换求逆矩阵

由定理 2.5 可知，当矩阵 $\boldsymbol{A}$ 可逆时，存在初等矩阵 $\boldsymbol{P}_1,\boldsymbol{P}_2,\cdots,\boldsymbol{P}_l$,使

$$\boldsymbol{P}_l\cdots\boldsymbol{P}_2\boldsymbol{P}_1\boldsymbol{A}=\boldsymbol{E},$$

两端右乘 $\boldsymbol{A}^{-1}$，可得

$$\boldsymbol{P}_l\cdots\boldsymbol{P}_2\boldsymbol{P}_1\boldsymbol{E}=\boldsymbol{A}^{-1}.$$

由以上两式可见，对矩阵 $\boldsymbol{A}$ 依次施行与初等矩阵 $\boldsymbol{P}_1,\boldsymbol{P}_2,\cdots,\boldsymbol{P}_l$ 对应的初等行变换，将 $\boldsymbol{A}$ 变成单位矩阵 $\boldsymbol{E}$ 时，对 $\boldsymbol{E}$ 施行同样的初等行变换，可得 $\boldsymbol{A}^{-1}$.

因此有逆矩阵的如下算法：

$$(\boldsymbol{A}\mid\boldsymbol{E})\xrightarrow{\text{初等行变换}}(\boldsymbol{E}\mid\boldsymbol{A}^{-1}).$$

2.3.4 分块矩阵及其运算

1. 分块的概念

对行数和列数较多的矩阵 $\boldsymbol{A}$，常用几条纵线和横线将其分成多个小块，每一小块称为原矩阵 $\boldsymbol{A}$ 的子块. 以子块为矩阵元素所组成的矩阵称为分块矩阵.

如 $\boldsymbol{A}$ 按行分块

$$\boldsymbol{A}=\begin{pmatrix} a_{11} & a_{12} & \cdots & a_{1n} \\ \hdashline a_{21} & a_{22} & \cdots & a_{2n} \\ \hdashline \vdots & \vdots & & \vdots \\ \hdashline a_{m1} & a_{m2} & \cdots & a_{mn} \end{pmatrix}=\begin{pmatrix} \boldsymbol{\alpha}_1 \\ \boldsymbol{\alpha}_2 \\ \vdots \\ \boldsymbol{\alpha}_m \end{pmatrix},$$

按列分块

$$\boldsymbol{A}=\left(\begin{array}{c:c:c:c} a_{11} & a_{12} & \cdots & a_{1n} \\ a_{21} & a_{22} & \cdots & a_{2n} \\ \vdots & \vdots & & \vdots \\ a_{m1} & a_{m2} & \cdots & a_{mn} \end{array}\right)=(\boldsymbol{\beta}_1,\boldsymbol{\beta}_2,\cdots,\boldsymbol{\beta}_n).$$

比较极端的情况是：将一个矩阵看成一块(如式(2.6)中的矩阵 $\boldsymbol{A}$)，有时也将每个数看成一块(见式(2.7)、式(2.8))．大多数情况下，我们常将一个矩阵分为四块，即形如 $\begin{pmatrix} \boldsymbol{A} & \boldsymbol{B} \\ \boldsymbol{C} & \boldsymbol{D} \end{pmatrix}$ 的矩阵，而且考虑到运算的方便，常将单位矩阵、零矩阵作为子块.

2. 分块矩阵的运算

(1) 加法：两个同型而且具有相同分法的分块矩阵

$$\boldsymbol{A}=(\boldsymbol{X}_{ij})_{m\times n},\ \boldsymbol{B}=(\boldsymbol{Y}_{ij})_{m\times n},$$

其和为

$$\boldsymbol{C}=\boldsymbol{A}+\boldsymbol{B}=(\boldsymbol{X}_{ij}+\boldsymbol{Y}_{ij})_{m\times n}.$$

(2) 分块矩阵的数乘：设 k 是一个数，$\boldsymbol{A}=(\boldsymbol{X}_{ij})_{m\times n}$ 是一个分块矩阵，数 k 与 $\boldsymbol{A}$ 的乘积仍是一个分块矩阵，且 $k\boldsymbol{A}=(k\boldsymbol{X}_{ij})_{m\times n}$.

(3) 分块矩阵的乘法：当分块矩阵 $\boldsymbol{A}$，$\boldsymbol{B}$ 相乘时，需要满足左边矩阵列的分法与右边矩阵行的分法一致(即左矩阵竖线与右矩阵条数一样多，并且相对位置一致)，而且相乘时不能随意交换两个相乘子块的顺序.

以下列出几种常用的分块乘法：

设 $\boldsymbol{A}$ 是 $m\times n$ 矩阵，$\boldsymbol{B}$ 是 $n\times m$ 矩阵，则有：

1) 将 $\boldsymbol{B}$ 按列分块为$(\boldsymbol{\beta}_1,\boldsymbol{\beta}_2,\cdots,\boldsymbol{\beta}_m)$，有

$$\boldsymbol{AB}=\boldsymbol{A}(\boldsymbol{\beta}_1,\boldsymbol{\beta}_2,\cdots,\boldsymbol{\beta}_m)=(\boldsymbol{A\beta}_1,\boldsymbol{A\beta}_2,\cdots,\boldsymbol{A\beta}_m). \tag{2.6}$$

2) 将 $\boldsymbol{A}$ 按列分块为$(\boldsymbol{\alpha}_1,\boldsymbol{\alpha}_2,\cdots,\boldsymbol{\alpha}_n)$，$\boldsymbol{B}$ 的每个数看作一块，则有

$$\boldsymbol{AB}=(\boldsymbol{\alpha}_1,\boldsymbol{\alpha}_2,\cdots,\boldsymbol{\alpha}_n)\left(\begin{array}{c:c:c:c} b_{11} & b_{12} & \cdots & b_{1m} \\ \hdashline b_{21} & b_{22} & \cdots & b_{2m} \\ \hdashline \vdots & \vdots & & \vdots \\ \hdashline b_{n1} & b_{n2} & \cdots & b_{nm} \end{array}\right) \tag{2.7}$$

$$=(b_{11}\boldsymbol{\alpha}_1+b_{21}\boldsymbol{\alpha}_2+\cdots+b_{n1}\boldsymbol{\alpha}_n,b_{12}\boldsymbol{\alpha}_1+b_{22}\boldsymbol{\alpha}_2+\cdots+b_{n2}\boldsymbol{\alpha}_n,\cdots,b_{1m}\boldsymbol{\alpha}_1+b_{2m}\boldsymbol{\alpha}_2+\cdots+b_{nm}\boldsymbol{\alpha}_n).$$

3）将 $\boldsymbol{A}$ 的每个数看作一块，$\boldsymbol{B}$ 按行分块，则有

$$\boldsymbol{AB}=\left(\begin{array}{c:c:c:c} a_{11} & a_{12} & \cdots & a_{1n} \\ \hdashline a_{21} & a_{22} & \cdots & a_{2n} \\ \hdashline \vdots & \vdots & & \vdots \\ \hdashline a_{m1} & a_{m2} & \cdots & a_{mn} \end{array}\right)\begin{pmatrix} \boldsymbol{\gamma}_1 \\ \boldsymbol{\gamma}_2 \\ \vdots \\ \boldsymbol{\gamma}_n \end{pmatrix}=\begin{pmatrix} a_{11}\boldsymbol{\gamma}_1+a_{12}\boldsymbol{\gamma}_2+\cdots+a_{1n}\boldsymbol{\gamma}_n \\ a_{21}\boldsymbol{\gamma}_1+a_{22}\boldsymbol{\gamma}_2+\cdots+a_{2n}\boldsymbol{\gamma}_n \\ \vdots \\ a_{m1}\boldsymbol{\gamma}_1+a_{m2}\boldsymbol{\gamma}_2+\cdots+a_{mn}\boldsymbol{\gamma}_n \end{pmatrix}, \tag{2.8}$$

这里 $\boldsymbol{\gamma}_j$ 为矩阵 $\boldsymbol{B}$ 的第 j 行($j=1,2,\cdots,n$).

3. 分块矩阵的应用

（1）分块矩阵的行列式

在分块矩阵的行列式计算中，主要包括考虑按行(列)分块的行列式，以及分四块的情形，这部分内容在第 1 章已有所涉及. 这里再强调一下拉普拉斯展开公式.

设 $\boldsymbol{A}$，$\boldsymbol{B}$ 分别为 m 与 n 阶方阵，有

$$\begin{vmatrix} \boldsymbol{A} & \boldsymbol{O} \\ \boldsymbol{C} & \boldsymbol{B} \end{vmatrix}=\begin{vmatrix} \boldsymbol{A} & \boldsymbol{D} \\ \boldsymbol{O} & \boldsymbol{B} \end{vmatrix}=|\boldsymbol{A}|\cdot|\boldsymbol{B}|,$$

$$\begin{vmatrix} \boldsymbol{O} & \boldsymbol{A} \\ \boldsymbol{B} & \boldsymbol{M} \end{vmatrix}=\begin{vmatrix} \boldsymbol{N} & \boldsymbol{A} \\ \boldsymbol{B} & \boldsymbol{O} \end{vmatrix}=(-1)^{mn}|\boldsymbol{A}|\cdot|\boldsymbol{B}|.$$

在上面第一个式子中，取 $\boldsymbol{C}=\boldsymbol{O}$(或 $\boldsymbol{D}=\boldsymbol{O}$)，并加以推广，即得如下分块对角矩阵

$$\boldsymbol{A}=\begin{pmatrix} \boldsymbol{A}_1 & \boldsymbol{O} & \cdots & \boldsymbol{O} \\ \boldsymbol{O} & \boldsymbol{A}_2 & \cdots & \boldsymbol{O} \\ \vdots & \vdots & & \vdots \\ \boldsymbol{O} & \boldsymbol{O} & \cdots & \boldsymbol{A}_s \end{pmatrix}$$

的行列式 $|\boldsymbol{A}|=|\boldsymbol{A}_1||\boldsymbol{A}_2|\cdots|\boldsymbol{A}_s|$；其中 $\boldsymbol{A}_i(i=1,2,\cdots,s)$ 都是方阵，$\boldsymbol{O}$ 表示零矩阵.

（2）分块矩阵的逆矩阵

直接验证可知，当 $\boldsymbol{A}_i(i=1,2,\cdots,s)$ 都可逆时，如上分块对角矩阵 $\boldsymbol{A}$ 的逆矩阵

$$\boldsymbol{A}^{-1}=\begin{pmatrix} \boldsymbol{A}_1^{-1} & & & \\ & \boldsymbol{A}_2^{-1} & & \\ & & \ddots & \\ & & & \boldsymbol{A}_s^{-1} \end{pmatrix},$$

其特殊情况是

$$\begin{pmatrix} \boldsymbol{A}_1 & \boldsymbol{O} \\ \boldsymbol{O} & \boldsymbol{A}_2 \end{pmatrix}^{-1}=\begin{pmatrix} \boldsymbol{A}_1^{-1} & \boldsymbol{O} \\ \boldsymbol{O} & \boldsymbol{A}_2^{-1} \end{pmatrix}. \tag{2.9}$$

同样，直接验证还可得

$$\begin{pmatrix} \boldsymbol{O} & \boldsymbol{A}_1 \\ \boldsymbol{A}_2 & \boldsymbol{O} \end{pmatrix}^{-1}=\begin{pmatrix} \boldsymbol{O} & \boldsymbol{A}_2^{-1} \\ \boldsymbol{A}_1^{-1} & \boldsymbol{O} \end{pmatrix}. \tag{2.10}$$

说明：除直接验证外，以上两式也可使用待定系数法验证.

以式(2.10)为例，令

$$\begin{pmatrix} O & A_1 \\ A_2 & O \end{pmatrix}^{-1} = \begin{pmatrix} X_1 & X_2 \\ X_3 & X_4 \end{pmatrix},$$

则有

$$\begin{pmatrix} O & A_1 \\ A_2 & O \end{pmatrix} \begin{pmatrix} X_1 & X_2 \\ X_3 & X_4 \end{pmatrix} = \begin{pmatrix} E & O \\ O & E \end{pmatrix},$$

即

$$\begin{pmatrix} A_1X_3 & A_1X_4 \\ A_2X_1 & A_2X_2 \end{pmatrix} = \begin{pmatrix} E & O \\ O & E \end{pmatrix},$$

所以

$$\begin{cases} A_1X_3 = E, \\ A_1X_4 = O, \\ A_2X_1 = O, \\ A_2X_2 = E. \end{cases}$$

因此有

$$X_3 = A_1^{-1},\ X_4 = O,\ X_1 = O,\ X_2 = A_2^{-1}.$$

于是

$$\begin{pmatrix} O & A_1 \\ A_2 & O \end{pmatrix}^{-1} = \begin{pmatrix} O & A_2^{-1} \\ A_1^{-1} & O \end{pmatrix}.$$

（3）分块矩阵与线性方程组的向量式

对于线性方程组

$$\begin{cases} a_{11}x_1 + a_{12}x_2 + \cdots + a_{1n}x_n = b_1, \\ a_{21}x_1 + a_{22}x_2 + \cdots + a_{2n}x_n = b_2, \\ \qquad \vdots \\ a_{m1}x_1 + a_{m2}x_2 + \cdots + a_{mn}x_n = b_m. \end{cases} \tag{1}$$

记 $A = (a_{ij})$，$X = \begin{pmatrix} x_1 \\ x_2 \\ \vdots \\ x_n \end{pmatrix}$，$\beta = \begin{pmatrix} b_1 \\ b_2 \\ \vdots \\ b_m \end{pmatrix}$，则方程组(1)的矩阵形式为

$$AX = \beta. \tag{2}$$

记 $A = (\alpha_1, \alpha_2, \cdots, \alpha_n)$. 则式(2)即为

$$x_1\alpha_1 + x_2\alpha_2 + \cdots + x_n\alpha_n = \beta. \tag{3}$$

此即为方程组(1)的向量式.

2.3.5 矩阵的秩

1. 矩阵秩的概念及求法

定义　一个矩阵 A 非零子式的最高阶数称为该矩阵的秩. 记为 $r(A)$.

注：按此定义，对 n 阶矩阵 $\boldsymbol{A}$，显然有

$$r(\boldsymbol{A})=n \Leftrightarrow |\boldsymbol{A}| \neq 0;$$

$$r(\boldsymbol{A})<n \Leftrightarrow |\boldsymbol{A}|=0.$$

定理 2.6　设 $\boldsymbol{A}$，$\boldsymbol{B}$ 是同型矩阵，则有 $\boldsymbol{A} \sim \boldsymbol{B} \Leftrightarrow \boldsymbol{A}$，$\boldsymbol{B}$ 有相同的秩.

注：教材上一般给出了如上结论必要性的证明．下面证明充分性，即同型矩阵 $\boldsymbol{A}$ 与 $\boldsymbol{B}$ 的秩相等时，它们一定等价.

事实上，设 $r(\boldsymbol{A})=r(\boldsymbol{B})=r$，则 $\boldsymbol{A}$ 与 $\boldsymbol{B}$ 都等价于其标准形 $\begin{pmatrix} \boldsymbol{E}_r & \boldsymbol{O} \\ \boldsymbol{O} & \boldsymbol{O} \end{pmatrix}$，由等价的对称性与传递性可得，矩阵 $\boldsymbol{A}$ 与 $\boldsymbol{B}$ 等价.

定理 2.7　行阶梯形的秩等于其非零行的个数.

注：如上两个结论提供了矩阵秩的一个求法，即如果将一个矩阵利用初等行变换化为行阶梯形矩阵，则行阶梯形非零行的个数即为矩阵的秩.

2. 矩阵秩的基本性质

(1) $r(\boldsymbol{A})=r(\boldsymbol{A}^{\mathrm{T}})$；

(2) $r(k\boldsymbol{A})=r(\boldsymbol{A})$，$k \neq 0$；

(3) 如果矩阵 $\boldsymbol{A}$ 与 $\boldsymbol{B}$ 等价，则 $r(\boldsymbol{A})=r(\boldsymbol{B})$；

(4) 如果 $\boldsymbol{P}$，$\boldsymbol{Q}$ 可逆，则 $r(\boldsymbol{PAQ})=r(\boldsymbol{A})$.

[例如]设 $\boldsymbol{A}$ 是 4×3 矩阵，而且 $r(\boldsymbol{A})=2$，$\boldsymbol{B}=\begin{pmatrix} 1 & 0 & 3 \\ 0 & 2 & 0 \\ -1 & 0 & 3 \end{pmatrix}$，由于

$$|\boldsymbol{B}|=\begin{vmatrix} 1 & 0 & 3 \\ 0 & 2 & 0 \\ -1 & 0 & 3 \end{vmatrix}=12 \neq 0,$$

即 $\boldsymbol{B}$ 为可逆矩阵，所以 $r(\boldsymbol{AB})=r(\boldsymbol{A})=2$.

(5) $r(\boldsymbol{A}\pm\boldsymbol{B}) \leqslant r(\boldsymbol{A})+r(\boldsymbol{B})$；

(6) $r(\boldsymbol{AB}) \leqslant \min\{r(\boldsymbol{A}),r(\boldsymbol{B})\}$.

[例如]设 $\boldsymbol{A}$，$\boldsymbol{B}$ 分别为 3×2，2×3 矩阵，则 $|\boldsymbol{AB}|=0$.

事实上，令 $\boldsymbol{AB}=\boldsymbol{C}$，则 $\boldsymbol{C}$ 为三阶方阵．由于

$$r(\boldsymbol{C}) \leqslant \min\{r(\boldsymbol{A}),r(\boldsymbol{B})\} \leqslant r(\boldsymbol{A}_{3\times2}) \leqslant 2,$$

即 $\boldsymbol{C}$ 为降秩矩阵，所以 $|\boldsymbol{AB}|=|\boldsymbol{C}|=0$.

(7) $\boldsymbol{A}$ 是 $m\times n$ 矩阵，$\boldsymbol{B}$ 是 $n\times p$ 矩阵，如 $\boldsymbol{AB}=\boldsymbol{O}$，则 $r(\boldsymbol{A})+r(\boldsymbol{B}) \leqslant n$.

[例如]设 $\boldsymbol{A}$，$\boldsymbol{B}$ 分别为 $m\times n$，$n\times p$ 矩阵，而且 $\boldsymbol{AB}=\boldsymbol{O}$，而且 $r(\boldsymbol{A})=n$，则有 $\boldsymbol{B}=\boldsymbol{O}$.

事实上，由 $\boldsymbol{AB}=\boldsymbol{O}$ 可得 $r(\boldsymbol{A})+r(\boldsymbol{B}) \leqslant n$，结合 $r(\boldsymbol{A})=n$，可得 $r(\boldsymbol{B})=0$，即 $\boldsymbol{B}=\boldsymbol{O}$.

(8) 当 $\boldsymbol{A}$ 为实矩阵时，$r(\boldsymbol{A}^{\mathrm{T}}\boldsymbol{A})=r(\boldsymbol{A})$.

注：要证明性质(7)，(8)涉及方程组的相关理论.

3. 伴随矩阵的秩

定理 2.8　设 $\boldsymbol{A}$ 是 n 阶矩阵，$\boldsymbol{A}^*$ 是 $\boldsymbol{A}$ 的伴随矩阵，则有

$$r(\boldsymbol{A}^*)=\begin{cases}n, & r(\boldsymbol{A})=n,\\ 1, & r(\boldsymbol{A})=n-1,\\ 0, & r(\boldsymbol{A})\leqslant n-2.\end{cases}$$

证明　若 $r(\boldsymbol{A})=n$，则 $|\boldsymbol{A}|\neq 0$，$\boldsymbol{A}$ 可逆，于是 $\boldsymbol{A}^*=|A|\boldsymbol{A}^{-1}$ 可逆，故 $r(\boldsymbol{A}^*)=n$.

若 $r(\boldsymbol{A})\leqslant n-2$，则 $|\boldsymbol{A}|$ 中所有 $n-1$ 阶行列式全为0，于是 $\boldsymbol{A}^*=\boldsymbol{O}$，即 $r(\boldsymbol{A}^*)=0$.

若 $r(\boldsymbol{A})=n-1$，则 $|\boldsymbol{A}|=0$，但存在 $n-1$ 阶子式不为0，因此 $\boldsymbol{A}^*\neq\boldsymbol{O}$，$r(A^*)\geqslant 1$，又因

$$\boldsymbol{A}\boldsymbol{A}^*=|\boldsymbol{A}|\boldsymbol{E}=\boldsymbol{O},$$

所以 $r(\boldsymbol{A})+r(\boldsymbol{A}^*)\leqslant n$，即 $r(\boldsymbol{A}^*)\leqslant n-r(A)=1$，从而 $r(\boldsymbol{A}^*)=1$.

注：当 $n\geqslant 3$ 时，n 阶矩阵 $\boldsymbol{A}$ 的伴随矩阵 $\boldsymbol{A}^*$ 的秩只有3种取值，这一特点要求大家熟记.

[例如]对于六阶方阵 $\boldsymbol{A}$，当 $\boldsymbol{A}$ 的秩为6时，则 $\boldsymbol{A}$ 的伴随矩阵 $\boldsymbol{A}^*$ 的秩为6；当 $\boldsymbol{A}$ 的秩为5时，则 $\boldsymbol{A}$ 的伴随矩阵 $\boldsymbol{A}^*$ 的秩为1；当 $\boldsymbol{A}$ 的秩小于或等于4时，则 $\boldsymbol{A}$ 的伴随矩阵 $\boldsymbol{A}^*$ 的秩为0.

4. 分块矩阵的秩

（1）两块的情形

$$\max\{r(\boldsymbol{A}),r(\boldsymbol{B})\}\leqslant r(\boldsymbol{A},\boldsymbol{B})\leqslant r(\boldsymbol{A})+r(\boldsymbol{B}),$$

$$\max\{r(\boldsymbol{A}),r(\boldsymbol{B})\}\leqslant r\begin{pmatrix}\boldsymbol{A}\\ \boldsymbol{B}\end{pmatrix}\leqslant r(\boldsymbol{A})+r(\boldsymbol{B}).$$

（2）分块对角矩阵的秩

$$r\begin{pmatrix}\boldsymbol{A} & \boldsymbol{O}\\ \boldsymbol{O} & \boldsymbol{B}\end{pmatrix}=r(\boldsymbol{A})+r(\boldsymbol{B}).$$

注：一般地，有

$$r\begin{pmatrix}\boldsymbol{A} & \boldsymbol{C}\\ \boldsymbol{O} & \boldsymbol{B}\end{pmatrix}\geqslant r(\boldsymbol{A})+r(\boldsymbol{B}).$$

不过，当矩阵 $\boldsymbol{A}$(或 $\boldsymbol{B}$)可逆时，有 $r\begin{pmatrix}\boldsymbol{A} & \boldsymbol{C}\\ \boldsymbol{O} & \boldsymbol{B}\end{pmatrix}=r(\boldsymbol{A})+r(\boldsymbol{B})$.

事实上，以 $\boldsymbol{A}$ 可逆为例. 由于

$$\begin{pmatrix}\boldsymbol{A} & \boldsymbol{C}\\ \boldsymbol{O} & \boldsymbol{B}\end{pmatrix}\begin{pmatrix}\boldsymbol{E} & -\boldsymbol{A}^{-1}\boldsymbol{C}\\ \boldsymbol{O} & \boldsymbol{E}\end{pmatrix}=\begin{pmatrix}\boldsymbol{A} & \boldsymbol{O}\\ \boldsymbol{O} & \boldsymbol{B}\end{pmatrix}.$$

而且矩阵 $\begin{pmatrix}\boldsymbol{E} & -\boldsymbol{A}^{-1}\boldsymbol{C}\\ \boldsymbol{O} & \boldsymbol{E}\end{pmatrix}$ 是可逆矩阵，所以

$$r\begin{pmatrix}\boldsymbol{A} & \boldsymbol{C}\\ \boldsymbol{O} & \boldsymbol{B}\end{pmatrix}=r\begin{pmatrix}\boldsymbol{A} & \boldsymbol{O}\\ \boldsymbol{O} & \boldsymbol{B}\end{pmatrix}=r(\boldsymbol{A})+r(\boldsymbol{B}).$$

2.3.6 矩阵方程 $\boldsymbol{AX}=\boldsymbol{B}$ 有解的条件

当矩阵 $\boldsymbol{A}$ 可逆时，该方程有解 $\boldsymbol{X}=\boldsymbol{A}^{-1}\boldsymbol{B}$；当矩阵 $\boldsymbol{A}$ 不是方阵或者作为方阵 $\boldsymbol{A}$ 不可逆时，有：

定理2.9　矩阵方程 $\boldsymbol{A}_{m\times n}\boldsymbol{X}_{n\times t}=\boldsymbol{B}_{m\times t}$ 有解 $\Leftrightarrow r(\boldsymbol{A})=r(\boldsymbol{A}\,\vdots\,\boldsymbol{B})$.

2.4 题型归纳与解题指导

2.4.1 矩阵的运算及其方幂

1. 矩阵的乘法

要注意矩阵的乘法不满足交换律、消去律，分配律也有左右之分，还要注意数量矩阵与任意同阶矩阵可交换.

例 2.1　设 $\boldsymbol{A}=\begin{pmatrix}1&0&-1&3\\2&1&0&6\end{pmatrix}$，$\boldsymbol{B}=\begin{pmatrix}1&1&1\\0&2&3\\5&-1&2\\1&2&-2\end{pmatrix}$，计算 $\boldsymbol{AB}$，并说明 $\boldsymbol{BA}$ 没有意义.

解

$$\boldsymbol{AB}=\begin{pmatrix}1&0&-1&3\\2&1&0&6\end{pmatrix}_{2\times4}\begin{pmatrix}1&1&1\\0&2&3\\5&-1&2\\1&2&-2\end{pmatrix}_{4\times3}=\begin{pmatrix}-1&8&-7\\8&16&-7\end{pmatrix}_{2\times3}.$$

由于 $\boldsymbol{B}$ 的列数是 3，$\boldsymbol{A}$ 的行数是 2，左矩阵列数不等于右矩阵的行数，所以 $\boldsymbol{BA}$ 是没有意义的.

例 2.2　已知 $\boldsymbol{\alpha}=\left(\frac{1}{2},0,\cdots,0,\frac{1}{2}\right)^{\mathrm{T}}$，$\boldsymbol{A}=\boldsymbol{E}-\boldsymbol{\alpha\alpha}^{\mathrm{T}}$，$\boldsymbol{B}=\boldsymbol{E}+2\boldsymbol{\alpha\alpha}^{\mathrm{T}}$，$\boldsymbol{E}$ 为 n 阶单位矩阵，求 $\boldsymbol{AB}$.

解　由矩阵乘法的分配律、结合律可得

$$\begin{aligned}\boldsymbol{AB}&=(\boldsymbol{E}-\boldsymbol{\alpha\alpha}^{\mathrm{T}})(\boldsymbol{E}+2\boldsymbol{\alpha\alpha}^{\mathrm{T}})=\boldsymbol{E}+2\boldsymbol{\alpha\alpha}^{\mathrm{T}}-\boldsymbol{\alpha\alpha}^{\mathrm{T}}-2(\boldsymbol{\alpha\alpha}^{\mathrm{T}})(\boldsymbol{\alpha\alpha}^{\mathrm{T}})\\&=\boldsymbol{E}+2\boldsymbol{\alpha\alpha}^{\mathrm{T}}-\boldsymbol{\alpha\alpha}^{\mathrm{T}}-2\boldsymbol{\alpha}(\boldsymbol{\alpha}^{\mathrm{T}}\boldsymbol{\alpha})\boldsymbol{\alpha}^{\mathrm{T}},\end{aligned}$$

而

$$\boldsymbol{\alpha}^{\mathrm{T}}\boldsymbol{\alpha}=\left(\frac{1}{2},0,\cdots,0,\frac{1}{2}\right)\begin{pmatrix}\frac{1}{2}\\0\\\vdots\\0\\\frac{1}{2}\end{pmatrix}=\frac{1}{2},$$

所以 $\boldsymbol{AB}=\boldsymbol{E}$.

例 2.3　下列命题中，不正确的是(　　).

A. 如果 $\boldsymbol{A}$ 是 n 阶矩阵，则 $(\boldsymbol{A}-\boldsymbol{E})(\boldsymbol{A}+\boldsymbol{E})=(\boldsymbol{A}+\boldsymbol{E})(\boldsymbol{A}-\boldsymbol{E})$，$\boldsymbol{E}$ 为 n 阶单位矩阵

B. 如果 $\boldsymbol{\alpha},\boldsymbol{\beta}$ 均是 n 维列向量，则 $\boldsymbol{\alpha}^{\mathrm{T}}\boldsymbol{\beta}=\boldsymbol{\beta}^{\mathrm{T}}\boldsymbol{\alpha}$

C. 如果 $\boldsymbol{A}$，$\boldsymbol{B}$ 均是 n 阶矩阵，而且 $\boldsymbol{AB}=\boldsymbol{O}$，则 $(\boldsymbol{A}+\boldsymbol{B})^2=\boldsymbol{A}^2+\boldsymbol{B}^2$

D. 如果 $\boldsymbol{A}$ 是 n 阶矩阵，则 $\boldsymbol{A}^m\boldsymbol{A}^k=\boldsymbol{A}^k\boldsymbol{A}^m$

解　应选 C.

[分析] (1) 由于 $\boldsymbol{AE}=\boldsymbol{EA}$，所以 $(\boldsymbol{A}-\boldsymbol{E})(\boldsymbol{A}+\boldsymbol{E})=(\boldsymbol{A}+\boldsymbol{E})(\boldsymbol{A}-\boldsymbol{E})$，所以 A 正确.

(2) 设 $\boldsymbol{\alpha}=(a_1,a_2,\cdots,a_n)^{\mathrm{T}}$，$\boldsymbol{\beta}=(b_1,b_2,\cdots,b_n)^{\mathrm{T}}$，则

$$\boldsymbol{\alpha}^{\mathrm{T}}\boldsymbol{\beta}=(a_1,a_2,\cdots,a_n)\begin{pmatrix}b_1\\b_2\\\vdots\\b_n\end{pmatrix}=a_1b_1+a_2b_2+\cdots+a_nb_n,$$

$$\boldsymbol{\beta}^{\mathrm{T}}\boldsymbol{\alpha}=(b_1,b_2,\cdots,b_n)\begin{pmatrix}a_1\\a_2\\\vdots\\a_n\end{pmatrix}=b_1a_1+b_2a_2+\cdots+b_na_n,$$

显然有 $\boldsymbol{\alpha}^{\mathrm{T}}\boldsymbol{\beta}=\boldsymbol{\beta}^{\mathrm{T}}\boldsymbol{\alpha}$，所以 B 正确.

(3)
$$\begin{aligned}(\boldsymbol{A}+\boldsymbol{B})^2&=(\boldsymbol{A}+\boldsymbol{B})(\boldsymbol{A}+\boldsymbol{B})\\&=\boldsymbol{A}^2+\boldsymbol{AB}+\boldsymbol{BA}+\boldsymbol{B}^2,\end{aligned}$$

已知 $\boldsymbol{AB}=\boldsymbol{O}$，由于不能保证 $\boldsymbol{BA}=\boldsymbol{O}$，所以 C 不正确.

(4) 按定义，有 $\boldsymbol{A}^m\boldsymbol{A}^k=\boldsymbol{A}^{m+k}=\boldsymbol{A}^{k+m}$，所以 D 正确.

例 2.4　设 $\boldsymbol{\alpha}$ 为三维列向量，$\boldsymbol{\alpha}\boldsymbol{\alpha}^{\mathrm{T}}=\begin{pmatrix}1&-1&-1\\-1&1&1\\-1&1&1\end{pmatrix}$，则 $\boldsymbol{\alpha}^{\mathrm{T}}\boldsymbol{\alpha}=$________.

解　应填 3.

[分析] 令 $\boldsymbol{\alpha}=\begin{pmatrix}a_1\\a_2\\a_3\end{pmatrix}$，则有

$$\boldsymbol{\alpha}\boldsymbol{\alpha}^{\mathrm{T}}=\begin{pmatrix}a_1^2&a_1a_2&a_1a_3\\a_2a_1&a_2^2&a_2a_3\\a_3a_1&a_3a_2&a_3^2\end{pmatrix}=\begin{pmatrix}1&-1&-1\\-1&1&1\\-1&1&1\end{pmatrix},$$

可得 $a_1^2=a_2^2=a_3^2=1$，所以

$$\boldsymbol{\alpha}^{\mathrm{T}}\boldsymbol{\alpha}=a_1^2+a_2^2+a_3^2=1+1+1=3.$$

注*：学过第 5 章后，读者还可以利用特征值之和计算. 事实上，记 $\boldsymbol{A}=\boldsymbol{\alpha}\boldsymbol{\alpha}^{\mathrm{T}}$，因为 $r(\boldsymbol{A})=r(\boldsymbol{\alpha}\boldsymbol{\alpha}^{\mathrm{T}})=1$，所以矩阵 $\boldsymbol{A}=\boldsymbol{\alpha}\boldsymbol{\alpha}^{\mathrm{T}}$ 的特征值为 0，0，$\boldsymbol{\alpha}^{\mathrm{T}}\boldsymbol{\alpha}$（见例 5.17），其和等于数 $\boldsymbol{\alpha}^{\mathrm{T}}\boldsymbol{\alpha}$，也等于矩阵 $\boldsymbol{A}$ 的主对角元素之和（即 $\mathrm{tr}(\boldsymbol{A})$），所以 $\boldsymbol{\alpha}^{\mathrm{T}}\boldsymbol{\alpha}=3$.

2. 矩阵方幂的计算

计算矩阵的方幂常考虑如下三种方法：

（1）根据矩阵自身的特点，对于能写成列乘以行或数量矩阵加幂零矩阵的可仿照例 2.5、例 2.6 求解；

（2）先算出 $\boldsymbol{A}^2$，$\boldsymbol{A}^3$，猜出结果，再用数学归纳法证明；

（3）借助矩阵的相似对角形计算.

例 2.5　已知向量 $\boldsymbol{\alpha}=(1,2,3)^{\mathrm{T}}$，$\boldsymbol{\beta}=(-1,-1,3)^{\mathrm{T}}$，已知 $\boldsymbol{A}=\boldsymbol{\beta}\boldsymbol{\alpha}^{\mathrm{T}}$，求 $\boldsymbol{A}^{100}$.

解　因为 $\boldsymbol{\alpha}^{\mathrm{T}}\boldsymbol{\beta}=(1,2,3)\begin{pmatrix}-1\\-1\\3\end{pmatrix}=6$，所以

$$\begin{aligned}\boldsymbol{A}^{100}&=(\boldsymbol{\beta}\boldsymbol{\alpha}^{\mathrm{T}})(\boldsymbol{\beta}\boldsymbol{\alpha}^{\mathrm{T}})\cdots(\boldsymbol{\beta}\boldsymbol{\alpha}^{\mathrm{T}})\\&=\boldsymbol{\beta}(\boldsymbol{\alpha}^{\mathrm{T}}\boldsymbol{\beta})(\boldsymbol{\alpha}^{\mathrm{T}}\boldsymbol{\beta})\cdots(\boldsymbol{\alpha}^{\mathrm{T}}\boldsymbol{\beta})\boldsymbol{\alpha}^{\mathrm{T}}\\&=6^{99}\boldsymbol{\beta}\boldsymbol{\alpha}^{\mathrm{T}}\\&=6^{99}\begin{pmatrix}-1&-2&-3\\-1&-2&-3\\3&6&9\end{pmatrix}.\end{aligned}$$

注：能写成“列×行”的矩阵，均可以采用此算法.

例 2.6　已知 $\boldsymbol{A}=\begin{pmatrix}\lambda&1&0\\0&\lambda&1\\0&0&\lambda\end{pmatrix}$，求 $\boldsymbol{A}^n$.

解　记

$$\boldsymbol{B}=\begin{pmatrix}0&1&0\\0&0&1\\0&0&0\end{pmatrix},$$

则有

$$\boldsymbol{A}^n=\begin{pmatrix}\lambda&1&0\\0&\lambda&1\\0&0&\lambda\end{pmatrix}^n=(\lambda\boldsymbol{E}+\boldsymbol{B})^n,$$

考虑到 $\lambda\boldsymbol{E}$ 与矩阵 $\boldsymbol{B}$ 可交换，以及 $\boldsymbol{B}^n=\boldsymbol{O}(n\geqslant 3)$，结合二项式定理可得

$$\begin{aligned}\boldsymbol{A}^n&=(\lambda\boldsymbol{E}+\boldsymbol{B})^n=(\lambda\boldsymbol{E})^n+\mathrm{C}_n^1(\lambda\boldsymbol{E})^{n-1}\boldsymbol{B}+\mathrm{C}_n^2(\lambda\boldsymbol{E})^{n-2}\boldsymbol{B}^2+\mathrm{C}_n^3(\lambda\boldsymbol{E})^{n-3}\boldsymbol{B}^3+\cdots+\mathrm{C}_n^n\boldsymbol{B}^n\\&=\begin{pmatrix}\lambda^n&0&0\\0&\lambda^n&0\\0&0&\lambda^n\end{pmatrix}+n\begin{pmatrix}\lambda^{n-1}&0&0\\0&\lambda^{n-1}&0\\0&0&\lambda^{n-1}\end{pmatrix}\begin{pmatrix}0&1&0\\0&0&1\\0&0&0\end{pmatrix}+\frac{n(n-1)}{2!}\begin{pmatrix}\lambda^{n-2}&0&0\\0&\lambda^{n-2}&0\\0&0&\lambda^{n-2}\end{pmatrix}\begin{pmatrix}0&0&1\\0&0&0\\0&0&0\end{pmatrix}\\&=\begin{pmatrix}\lambda^n&n\lambda^{n-1}&\dfrac{n(n-1)}{2}\lambda^{n-2}\\0&\lambda^n&n\lambda^{n-1}\\0&0&\lambda^n\end{pmatrix}.\end{aligned}$$

注：（1）对于本题，读者还可先观察出结果，再使用数学归纳法证明.

（2）读者可以验证：

$$\begin{pmatrix}0 & a & c\\0 & 0 & b\\0 & 0 & 0\end{pmatrix}^2=\begin{pmatrix}0 & 0 & ab\\0 & 0 & 0\\0 & 0 & 0\end{pmatrix},\quad \begin{pmatrix}0 & a & c\\0 & 0 & b\\0 & 0 & 0\end{pmatrix}^3=\begin{pmatrix}0 & 0 & 0\\0 & 0 & 0\\0 & 0 & 0\end{pmatrix},$$

在本例中，

$$\boldsymbol{B}=\begin{pmatrix}0 & 1 & 0\\0 & 0 & 1\\0 & 0 & 0\end{pmatrix},\ \boldsymbol{B}^2=\begin{pmatrix}0 & 0 & 1\\0 & 0 & 0\\0 & 0 & 0\end{pmatrix},\ \boldsymbol{B}^3=\begin{pmatrix}0 & 0 & 0\\0 & 0 & 0\\0 & 0 & 0\end{pmatrix},$$

读者应注意这一规律(这里 $\boldsymbol{B}$ 是三阶幂零矩阵).

例 2.7　已知 $\boldsymbol{P}=\begin{pmatrix}1 & 0 & 1\\0 & 1 & 0\\2 & 0 & 3\end{pmatrix}$，$\boldsymbol{P}^{-1}\boldsymbol{A}\boldsymbol{P}=\begin{pmatrix}2 & 0 & 0\\0 & 1 & 0\\0 & 0 & 1\end{pmatrix}$，求 $\boldsymbol{A}^{100}$.

解　由 $\boldsymbol{P}^{-1}\boldsymbol{A}\boldsymbol{P}=\begin{pmatrix}2 & 0 & 0\\0 & 1 & 0\\0 & 0 & 1\end{pmatrix}$，可得

$$\boldsymbol{A}=\boldsymbol{P}\begin{pmatrix}2 & 0 & 0\\0 & 1 & 0\\0 & 0 & 1\end{pmatrix}\boldsymbol{P}^{-1},$$

所以

$$\boldsymbol{A}^{100}=\boldsymbol{P}\begin{pmatrix}2 & 0 & 0\\0 & 1 & 0\\0 & 0 & 1\end{pmatrix}^{100}\boldsymbol{P}^{-1}$$

$$=\boldsymbol{P}\begin{pmatrix}2^{100} & 0 & 0\\0 & 1^{100} & 0\\0 & 0 & 1^{100}\end{pmatrix}\boldsymbol{P}^{-1},$$

而 $\boldsymbol{P}^{-1}=\begin{pmatrix}3 & 0 & -1\\0 & 1 & 0\\-2 & 0 & 1\end{pmatrix}$，所以 $\boldsymbol{A}^{100}=\begin{pmatrix}3\times2^{100}-2 & 0 & -2^{100}\\0 & 1 & 0\\3\times2^{101}-6 & 0 & 3-2^{101}\end{pmatrix}$.

注：一般地，如果 $\boldsymbol{A}=\boldsymbol{P}\boldsymbol{B}\boldsymbol{P}^{-1}$，则

$$\begin{aligned}\boldsymbol{A}^n&=(\boldsymbol{P}\boldsymbol{B}\boldsymbol{P}^{-1})(\boldsymbol{P}\boldsymbol{B}\boldsymbol{P}^{-1})\cdots(\boldsymbol{P}\boldsymbol{B}\boldsymbol{P}^{-1})\\&=\boldsymbol{P}\boldsymbol{B}(\boldsymbol{P}^{-1}\boldsymbol{P})\boldsymbol{B}(\boldsymbol{P}^{-1}\boldsymbol{P})\cdots(\boldsymbol{P}^{-1}\boldsymbol{P})\boldsymbol{B}\boldsymbol{P}^{-1}\\&=\boldsymbol{P}\boldsymbol{B}^n\boldsymbol{P}^{-1}.\end{aligned}$$

3. 矩阵的多项式

例 2.8　已知二阶矩阵 $\boldsymbol{A}=\begin{pmatrix}1 & \lambda\\0 & 1\end{pmatrix}$，多项式 $f(x)=x^3-3x+2$. 求 $f(\boldsymbol{A})$.

解

$$f(A)=\begin{pmatrix}1 & \lambda\\0 & 1\end{pmatrix}^3-3\begin{pmatrix}1 & \lambda\\0 & 1\end{pmatrix}+2\begin{pmatrix}1 & 0\\0 & 1\end{pmatrix}$$

$$=\begin{pmatrix}1 & 3\lambda\\0 & 1\end{pmatrix}-\begin{pmatrix}3 & 3\lambda\\0 & 3\end{pmatrix}+\begin{pmatrix}2 & 0\\0 & 2\end{pmatrix}$$

$$=\begin{pmatrix}0 & 0\\0 & 0\end{pmatrix}.$$

2.4.2 对称与反对称矩阵

例 2.9　设 $\boldsymbol{A}$，$\boldsymbol{B}$ 为 n 阶方阵，且 $\boldsymbol{A}^{\mathrm{T}}=-\boldsymbol{A}$，$\boldsymbol{B}^{\mathrm{T}}=\boldsymbol{B}$，则下列命题正确的是(　　).

A. $(\boldsymbol{A}+\boldsymbol{B})^{\mathrm{T}}=\boldsymbol{A}+\boldsymbol{B}$　　　　B. $(\boldsymbol{AB})^{\mathrm{T}}=-\boldsymbol{AB}$

C. $\boldsymbol{A}^2$ 是对称矩阵　　　　D. $\boldsymbol{B}^2+\boldsymbol{A}$ 是对称矩阵

解　应选 C.

[分析]事实上，由$(\boldsymbol{A}+\boldsymbol{B})^{\mathrm{T}}=\boldsymbol{A}^{\mathrm{T}}+\boldsymbol{B}^{\mathrm{T}}=-\boldsymbol{A}+\boldsymbol{B}$ 知，选项 A 错误；

由于$(\boldsymbol{AB})^{\mathrm{T}}=\boldsymbol{B}^{\mathrm{T}}\boldsymbol{A}^{\mathrm{T}}=-\boldsymbol{BA}$，所以 B 错误；

从$(\boldsymbol{A}^2)^{\mathrm{T}}=(\boldsymbol{A}\cdot\boldsymbol{A})^{\mathrm{T}}=\boldsymbol{A}^{\mathrm{T}}\cdot\boldsymbol{A}^{\mathrm{T}}=(-\boldsymbol{A})(-\boldsymbol{A})=\boldsymbol{A}^2$，可知 $\boldsymbol{A}^2$ 是对称矩阵，所以 C 正确；

由$(\boldsymbol{B}^2+\boldsymbol{A})^{\mathrm{T}}=(\boldsymbol{B}^{\mathrm{T}})^2+\boldsymbol{A}^{\mathrm{T}}=\boldsymbol{B}^2-\boldsymbol{A}$，可知 D 错误.

例 2.10　证明：任一 n 阶方阵 $\boldsymbol{A}$，均可以写成一个对称矩阵与一个反对称矩阵之和.

证明　对任一的矩阵 $\boldsymbol{A}$，有

$$\boldsymbol{A}=\frac{\boldsymbol{A}+\boldsymbol{A}^{\mathrm{T}}}{2}+\frac{\boldsymbol{A}-\boldsymbol{A}^{\mathrm{T}}}{2}.$$

而

$$\left(\frac{\boldsymbol{A}+\boldsymbol{A}^{\mathrm{T}}}{2}\right)^{\mathrm{T}}=\frac{\boldsymbol{A}^{\mathrm{T}}+(\boldsymbol{A}^{\mathrm{T}})^{\mathrm{T}}}{2}=\frac{\boldsymbol{A}+\boldsymbol{A}^{\mathrm{T}}}{2},$$

$$\left(\frac{\boldsymbol{A}-\boldsymbol{A}^{\mathrm{T}}}{2}\right)^{\mathrm{T}}=\frac{\boldsymbol{A}^{\mathrm{T}}-(\boldsymbol{A}^{\mathrm{T}})^{\mathrm{T}}}{2}=-\frac{\boldsymbol{A}-\boldsymbol{A}^{\mathrm{T}}}{2},$$

故$\dfrac{\boldsymbol{A}+\boldsymbol{A}^{\mathrm{T}}}{2}$是对称矩阵，$\dfrac{\boldsymbol{A}-\boldsymbol{A}^{\mathrm{T}}}{2}$是反对称矩阵.

例 2.11　设 $\boldsymbol{A}$，$\boldsymbol{B}$ 均为 n 阶反对称矩阵，证明：$\boldsymbol{AB}-\boldsymbol{BA}$ 是反对称矩阵.

证明　因为 $\boldsymbol{A}$，$\boldsymbol{B}$ 均为 n 阶反对称矩阵，所以 $\boldsymbol{A}^{\mathrm{T}}=-\boldsymbol{A}$，$\boldsymbol{B}^{\mathrm{T}}=-\boldsymbol{B}$.

因此，

$$\begin{aligned}(\boldsymbol{AB}-\boldsymbol{BA})^{\mathrm{T}}&=(\boldsymbol{AB})^{\mathrm{T}}-(\boldsymbol{BA})^{\mathrm{T}}\\&=\boldsymbol{B}^{\mathrm{T}}\boldsymbol{A}^{\mathrm{T}}-\boldsymbol{A}^{\mathrm{T}}\boldsymbol{B}^{\mathrm{T}}\\&=\boldsymbol{BA}-\boldsymbol{AB}.\end{aligned}$$

即$(\boldsymbol{AB}-\boldsymbol{BA})^{\mathrm{T}}=-(\boldsymbol{AB}-\boldsymbol{BA})$，所以 $\boldsymbol{AB}-\boldsymbol{BA}$ 是反对称矩阵.

2.4.3 方阵的行列式

例 2.12　设 $\boldsymbol{A}$、$\boldsymbol{B}$ 为同阶方阵，则必有(　　).

A. $|\boldsymbol{AB}|=|\boldsymbol{BA}|$　　　　B. $\boldsymbol{AB}=\boldsymbol{BA}$

C. $(\boldsymbol{AB})^{\mathrm{T}}=\boldsymbol{A}^{\mathrm{T}}\boldsymbol{B}^{\mathrm{T}}$　　　　D. $|\boldsymbol{A}+\boldsymbol{B}|=|\boldsymbol{A}|+|\boldsymbol{B}|$

解　应选 A.

[分析]事实上，因为$|\boldsymbol{AB}|=|\boldsymbol{A}||\boldsymbol{B}|$，$|\boldsymbol{BA}|=|\boldsymbol{B}||\boldsymbol{A}|$，故有$|\boldsymbol{AB}|=|\boldsymbol{BA}|$.

矩阵的乘法不满足交换律，故 B 错误；依据转置的性质，有$(\boldsymbol{AB})^{\mathrm{T}}=\boldsymbol{B}^{\mathrm{T}}\boldsymbol{A}^{\mathrm{T}}$，所以 C 错误；D 选项可以举反例说明. 如$\boldsymbol{A}=\begin{pmatrix}1&0\\0&1\end{pmatrix}$，$\boldsymbol{B}=\begin{pmatrix}1&1\\0&0\end{pmatrix}$，有$|\boldsymbol{A}+\boldsymbol{B}|=\begin{vmatrix}2&1\\0&1\end{vmatrix}=2$，但$|\boldsymbol{A}|+|\boldsymbol{B}|=1+0=1$.

例 2.13　设$\boldsymbol{A}$是n阶方阵，λ是实数，则$|\lambda\boldsymbol{A}|$等于(　　).

A. $\lambda^{n}|\boldsymbol{A}|$　　B. $\lambda|\boldsymbol{A}|$　　C. $|\lambda||\boldsymbol{A}|$　　D. $|\lambda|^{n}|\boldsymbol{A}|$

解　应选 A.

[分析]事实上，根据数乘矩阵的定义，$\lambda\boldsymbol{A}$相当于拿数λ乘$\boldsymbol{A}$的所有元素. 按行列式的性质，在$|\lambda\boldsymbol{A}|$中每一行可以提取一个公因子λ. 其余结论均不正确.

例 2.14　(2006，数 1，2，3)设矩阵$\boldsymbol{A}=\begin{pmatrix}2&1\\-1&2\end{pmatrix}$，$\boldsymbol{E}$为二阶单位矩阵，矩阵$\boldsymbol{B}$满足$\boldsymbol{BA}=\boldsymbol{B}+2\boldsymbol{E}$，则$|\boldsymbol{B}|=$________.

解　应填 2.

[分析]因为$\boldsymbol{BA}=\boldsymbol{B}+2\boldsymbol{E}$，所以$\boldsymbol{B}(\boldsymbol{A}-\boldsymbol{E})=2\boldsymbol{E}$.

两边取行列式得

$$|\boldsymbol{B}|\cdot|\boldsymbol{A}-\boldsymbol{E}|=|2\boldsymbol{E}|.$$

由于

$$|\boldsymbol{A}-\boldsymbol{E}|=\begin{vmatrix}1&1\\-1&1\end{vmatrix}=2,\quad |2\boldsymbol{E}|=\begin{vmatrix}2&0\\0&2\end{vmatrix}=4,$$

所以$|\boldsymbol{B}|=2$.

例 2.15　(2010，数 2，3)设$\boldsymbol{A}$，$\boldsymbol{B}$为三阶矩阵，且$|\boldsymbol{A}|=3$，$|\boldsymbol{B}|=2$，$|\boldsymbol{A}^{-1}+\boldsymbol{B}|=2$，则$|\boldsymbol{A}+\boldsymbol{B}^{-1}|=$________.

解　应填 3.

[分析]事实上，

$$\begin{aligned}|\boldsymbol{A}+\boldsymbol{B}^{-1}|&=|\boldsymbol{A}(\boldsymbol{E}+\boldsymbol{A}^{-1}\boldsymbol{B}^{-1})|=|\boldsymbol{A}(\boldsymbol{B}+\boldsymbol{A}^{-1})\boldsymbol{B}^{-1}|\\&=|\boldsymbol{A}|\cdot|\boldsymbol{B}+\boldsymbol{A}^{-1}|\cdot|\boldsymbol{B}^{-1}|.\end{aligned}$$

而

$$|\boldsymbol{B}^{-1}|=\frac{1}{|\boldsymbol{B}|}=\frac{1}{2}.$$

所以$|\boldsymbol{A}+\boldsymbol{B}^{-1}|=3$.

注：矩阵乘积的行列式有公式：$|\boldsymbol{AB}|=|\boldsymbol{A}|\cdot|\boldsymbol{B}|$. 在处理两个矩阵和的行列式时，常通过提取公因子把和的行列式变成乘积来处理，具体操作时注意向条件靠拢即可. 请读者体会本题的解题思想.

2.4.4 矩阵可逆的判别及逆矩阵的求法

1. 矩阵可逆的判别

(1) 利用矩阵的行列式是否为零

例 2.16 已知矩阵 $\boldsymbol{A}=\begin{pmatrix}0&1&0\\a&0&c\\b&0&1\end{pmatrix}$是可逆矩阵，则 a，b，c 满足的关系式是________.

解 应填 $a\neq bc$.

[分析]矩阵 $\boldsymbol{A}$ 是可逆矩阵的充要条件是 $|\boldsymbol{A}|\neq 0$，即

$$\begin{vmatrix}0&1&0\\a&0&c\\b&0&1\end{vmatrix}=-\begin{vmatrix}a&c\\b&1\end{vmatrix}=bc-a\neq 0,$$

所以应填 $a\neq bc$.

例 2.17 设 $\boldsymbol{A}$ 为三阶反对称矩阵，

1) 证明矩阵 $\boldsymbol{A}$ 不可逆；

2) 对任意三阶矩阵，证明 $\boldsymbol{A}-\boldsymbol{A}^{\mathrm{T}}$ 不可逆.

证明 1) $\boldsymbol{A}$ 为三阶矩阵，所以

$$|-\boldsymbol{A}|=(-1)^3|\boldsymbol{A}|=-|\boldsymbol{A}|.$$

又 $\boldsymbol{A}$ 为反对称矩阵，即 $\boldsymbol{A}^{\mathrm{T}}=-\boldsymbol{A}$. 所以，

$$|-\boldsymbol{A}|=|\boldsymbol{A}^{\mathrm{T}}|=|\boldsymbol{A}|.$$

所以 $-|\boldsymbol{A}|=|\boldsymbol{A}|$，即 $|\boldsymbol{A}|=0$，故 $\boldsymbol{A}$ 不可逆.

2) 因为

$$(\boldsymbol{A}-\boldsymbol{A}^{\mathrm{T}})^{\mathrm{T}}=\boldsymbol{A}^{\mathrm{T}}-(\boldsymbol{A}^{\mathrm{T}})^{\mathrm{T}}=\boldsymbol{A}^{\mathrm{T}}-\boldsymbol{A}=-(\boldsymbol{A}-\boldsymbol{A}^{\mathrm{T}}),$$

所以，$\boldsymbol{A}-\boldsymbol{A}^{\mathrm{T}}$ 为三阶反对称矩阵，由(1)知，$|\boldsymbol{A}-\boldsymbol{A}^{\mathrm{T}}|=0$，从而 $\boldsymbol{A}-\boldsymbol{A}^{\mathrm{T}}$ 不可逆.

(2) 寻找与之乘积等于单位矩阵的矩阵.

例 2.18 已知 $\boldsymbol{B}^2=\boldsymbol{B}$，证明：$\boldsymbol{B}+\boldsymbol{E}$ 可逆，并求 $(\boldsymbol{B}+\boldsymbol{E})^{-1}$.

证明 由已知可得 $\boldsymbol{B}^2-\boldsymbol{B}=\boldsymbol{O}$，因此

$$\boldsymbol{B}^2+\boldsymbol{B}-2\boldsymbol{B}-2\boldsymbol{E}=-2\boldsymbol{E},$$

从而

$$\boldsymbol{B}(\boldsymbol{B}+\boldsymbol{E})-2(\boldsymbol{B}+\boldsymbol{E})=-2\boldsymbol{E},$$

即

$$-\frac{1}{2}(\boldsymbol{B}-2\boldsymbol{E})(\boldsymbol{B}+\boldsymbol{E})=\boldsymbol{E},$$

所以 $\boldsymbol{B}+\boldsymbol{E}$ 可逆，而且

$$(\boldsymbol{B}+\boldsymbol{E})^{-1}=-\frac{1}{2}(\boldsymbol{B}-2\boldsymbol{E}).$$

注： 这里用到结论“对于方阵 $\boldsymbol{A}$，如果存在同阶方阵 $\boldsymbol{B}$，使 $\boldsymbol{AB}=\boldsymbol{E}$ ($\boldsymbol{BA}=\boldsymbol{E}$)，则有

$A^{-1}=B$."

例 2.19　设 A 为 n 阶非零矩阵，E 为 n 阶单位矩阵. 若 $A^3=O$，则(　　).

A. $E-A$ 不可逆，$E+A$ 不可逆　　B. $E-A$ 不可逆，$E+A$ 可逆

C. $E-A$ 可逆，$E+A$ 可逆　　D. $E-A$ 可逆，$E+A$ 不可逆

解　应选 C.

[分析]**解法 1**　考虑到 A 与 E 可交换，由 $A^3=O$，可得

$$E=E^3\pm A^3=(E\pm A)(E^2\mp EA+A^2),$$

所以 $E-A$，$E+A$ 都可逆.

解法 2*　假设 λ 是矩阵 A 的特征值，由 $A^3=O$，可得 $\lambda^3=0$，从而矩阵 A 的特征值均为 0. 因此，矩阵 $E-A$，$E+A$ 的特征值都只有 1，其行列式均不为 0，所以 $E-A$、$E+A$ 均可逆.

例 2.20　已知 $B=(E+A)(E-A)^{-1}$. 证明：$E+B$ 可逆，并求 $(E+B)^{-1}$.

解法 1　已知 $B=(E+A)(E-A)^{-1}$ 等价于 $B(E-A)=(E+A)$，即 $B-A-BA=E$. 所以

$$B(E-A)+E-A=2E,$$

即 $(B+E)\left[\frac{1}{2}(E-A)\right]=E$，所以 $(E+B)^{-1}=\frac{1}{2}(E-A)$.

解法 2

$$\begin{aligned}(E+B)^{-1}&=[E+(E+A)(E-A)^{-1}]^{-1}\\&=[(E-A)(E-A)^{-1}+(E+A)(E-A)^{-1}]^{-1}\\&=[(E-A+E+A)(E-A)^{-1}]^{-1}\\&=[2E(E-A)^{-1}]^{-1}=\frac{1}{2}(E-A).\end{aligned}$$

注：解法 1 思路在于凑出与 $E+B$ 相乘等于单位矩阵 E 的矩阵；解法 2 结合 B 的特征，对 E 进行了恒等变形.

2. 逆矩阵的计算方法

(1) 具体的数字矩阵

具体矩阵是否可逆等价于其行列式是否为零. 对可逆矩阵求逆矩阵时，常用以下方法求其逆矩阵.

方法 1　伴随矩阵法

$$A^{-1}=\frac{1}{|A|}A^*.$$

方法 2　利用初等变换求逆矩阵

$$(A\ \vdots\ E)\xrightarrow{\text{只用行变换}}\cdots\to(E\ \vdots\ A^{-1})$$

注：方法 2 的依据前面已经谈过，实际上学过分块矩阵理论后，由 $A^{-1}(A\ \vdots\ E)=(E\ \vdots\ A^{-1})$ 也可给以说明.

例 2.21　$A=\begin{pmatrix}-2&3&3\\1&-1&0\\-1&2&1\end{pmatrix}$，求 A^{-1}.

解法 1　(利用伴随矩阵)因为

$$|\boldsymbol{A}|=\begin{vmatrix}-2&3&3\\1&-1&0\\-1&2&1\end{vmatrix}=2\neq 0,$$

所以 $\boldsymbol{A}$ 为可逆矩阵.

又因为 $|\boldsymbol{A}|$ 的各元素的代数余子式依次为

$$A_{11}=-1,\ A_{12}=-1,\ A_{13}=1,$$
$$A_{21}=3,\ A_{22}=1,\ A_{23}=1,$$
$$A_{31}=3,\ A_{32}=3,\ A_{33}=-1,$$

所以

$$\boldsymbol{A}^{-1}=\frac{\boldsymbol{A}^*}{|\boldsymbol{A}|}=\frac{1}{2}\begin{pmatrix}A_{11}&A_{21}&A_{31}\\A_{12}&A_{22}&A_{32}\\A_{13}&A_{23}&A_{33}\end{pmatrix}$$
$$=\frac{1}{2}\begin{pmatrix}-1&3&3\\-1&1&3\\1&1&-1\end{pmatrix}.$$

解法 2　对如下矩阵做初等行变换，得

$$\left(\begin{array}{ccc:ccc}-2&3&3&1&0&0\\1&-1&0&0&1&0\\-1&2&1&0&0&1\end{array}\right)\to\left(\begin{array}{ccc:ccc}1&-1&0&0&1&0\\-2&3&3&1&0&0\\-1&2&1&0&0&1\end{array}\right)\to\left(\begin{array}{ccc:ccc}1&-1&0&0&1&0\\0&1&3&1&2&0\\0&0&-2&-1&-1&1\end{array}\right)\to$$

$$\left(\begin{array}{ccc:ccc}1&0&0&-\frac{1}{2}&\frac{3}{2}&\frac{3}{2}\\0&1&0&-\frac{1}{2}&\frac{1}{2}&\frac{3}{2}\\0&0&0&\frac{1}{2}&\frac{1}{2}&-\frac{1}{2}\end{array}\right),$$

故

$$\boldsymbol{A}^{-1}=\frac{1}{2}\begin{pmatrix}-1&3&3\\-1&1&3\\1&1&-1\end{pmatrix}.$$

(2) 抽象矩阵的逆矩阵

抽象矩阵的逆矩阵要视具体情况而定. 读者可通过下面的例子进行总结.

1) 两个矩阵和的逆矩阵.

例 2.22　设 $\boldsymbol{A}$，$\boldsymbol{B}$，$\boldsymbol{B}^{-1}+\boldsymbol{A}^{-1}$ 均为可逆矩阵，证明：$(\boldsymbol{A}+\boldsymbol{B})^{-1}=\boldsymbol{B}^{-1}(\boldsymbol{B}^{-1}+\boldsymbol{A}^{-1})^{-1}\boldsymbol{A}^{-1}$.

证明　因为 $\boldsymbol{A}$，$\boldsymbol{B}$ 都可逆，所以

$$\boldsymbol{A}+\boldsymbol{B}=\boldsymbol{A}(\boldsymbol{B}^{-1}+\boldsymbol{A}^{-1})\boldsymbol{B},$$

由可逆矩阵乘积的性质可得

$$(\boldsymbol{A}+\boldsymbol{B})^{-1}=(\boldsymbol{A}(\boldsymbol{B}^{-1}+\boldsymbol{A}^{-1})\boldsymbol{B})^{-1}=\boldsymbol{B}^{-1}(\boldsymbol{B}^{-1}+\boldsymbol{A}^{-1})^{-1}\boldsymbol{A}^{-1}.$$

注：当矩阵 $\boldsymbol{A}$，$\boldsymbol{B}$ 都可逆时，其积的逆等于其逆矩阵的逆序积，即$(\boldsymbol{AB})^{-1}=\boldsymbol{B}^{-1}\boldsymbol{A}^{-1}$. 因此解题时常将矩阵和的逆矩阵问题转化为乘积来处理.

2）伴随矩阵的逆矩阵.

求一个矩阵的伴随矩阵的逆矩阵时，有如下公式：

$$(\boldsymbol{A}^*)^{-1}=\frac{\boldsymbol{A}}{|\boldsymbol{A}|}.$$

例 2.23　已知二阶矩阵 $\boldsymbol{A}=\begin{pmatrix} a & b \\ c & d \end{pmatrix}$ 的行列式 $|\boldsymbol{A}|=-1$，求$(\boldsymbol{A}^*)^{-1}$.

解　因为 $|\boldsymbol{A}|=-1$，所以

$$(\boldsymbol{A}^*)^{-1}=\frac{\boldsymbol{A}}{|\boldsymbol{A}|}=-\boldsymbol{A}=\begin{pmatrix} -a & -b \\ -c & -d \end{pmatrix}.$$

例 2.24　已知三阶矩阵 $\boldsymbol{A}$ 的逆矩阵为

$$\boldsymbol{A}^{-1}=\begin{pmatrix} 1 & 1 & 1 \\ 1 & 2 & 1 \\ 1 & 1 & 3 \end{pmatrix},$$

试求伴随矩阵 $\boldsymbol{A}^*$ 的逆矩阵.

解　由 $\boldsymbol{A}^{-1}=\begin{pmatrix} 1 & 1 & 1 \\ 1 & 2 & 1 \\ 1 & 1 & 3 \end{pmatrix}$，可得 $|\boldsymbol{A}^{-1}|=\begin{vmatrix} 1 & 1 & 1 \\ 1 & 2 & 1 \\ 1 & 1 & 3 \end{vmatrix}=2$，

所以

$$|\boldsymbol{A}|=\frac{1}{|\boldsymbol{A}^{-1}|}=\frac{1}{2}.$$

由

$$(\boldsymbol{A}^{-1}\mid\boldsymbol{E})=\left(\begin{array}{ccc:ccc} 1 & 1 & 1 & 1 & 0 & 0 \\ 1 & 2 & 1 & 0 & 1 & 0 \\ 1 & 1 & 3 & 0 & 0 & 1 \end{array}\right)\rightarrow\left(\begin{array}{ccc:ccc} 1 & 0 & 0 & \frac{5}{2} & -1 & -\frac{1}{2} \\ 0 & 1 & 0 & -1 & 1 & 0 \\ 0 & 0 & 1 & -\frac{1}{2} & 0 & \frac{1}{2} \end{array}\right),$$

可得

$$\boldsymbol{A}=(\boldsymbol{A}^{-1})^{-1}=\frac{1}{2}\begin{pmatrix} 5 & -2 & -1 \\ -2 & 2 & 0 \\ -1 & 0 & 1 \end{pmatrix},$$

所以

$$(\boldsymbol{A}^*)^{-1}=\frac{\boldsymbol{A}}{|\boldsymbol{A}|}=\begin{pmatrix} 5 & -2 & -1 \\ -2 & 2 & 0 \\ -1 & 0 & 1 \end{pmatrix}.$$

3）分块矩阵的逆矩阵.

分块矩阵的逆矩阵常见的是只有对角线上的两块矩阵非零的情形（见式(2.9)、式(2.10)），如不符合这种情形，可使用待定系数法，或化为符合如上情形的矩阵后再计算.

例 2.25 设 $\boldsymbol{A}$，$\boldsymbol{B}$ 均为 n 阶可逆矩阵，矩阵 $\boldsymbol{P}=\begin{pmatrix}\boldsymbol{E} & \boldsymbol{O}\\ -\boldsymbol{C}\boldsymbol{A}^{-1} & \boldsymbol{E}\end{pmatrix}$，$\boldsymbol{Q}=\begin{pmatrix}\boldsymbol{A} & \boldsymbol{O}\\ \boldsymbol{C} & \boldsymbol{B}\end{pmatrix}$，

（1）求矩阵 $\boldsymbol{PQ}$；

（2）求 $\boldsymbol{Q}^{-1}$.

解 （1）$\boldsymbol{PQ}=\begin{pmatrix}\boldsymbol{E} & \boldsymbol{O}\\ -\boldsymbol{C}\boldsymbol{A}^{-1} & \boldsymbol{E}\end{pmatrix}\begin{pmatrix}\boldsymbol{A} & \boldsymbol{O}\\ \boldsymbol{C} & \boldsymbol{B}\end{pmatrix}=\begin{pmatrix}\boldsymbol{A} & \boldsymbol{O}\\ \boldsymbol{O} & \boldsymbol{B}\end{pmatrix}$.

（2）由(1)知，

$$(\boldsymbol{PQ})^{-1}=\begin{pmatrix}\boldsymbol{A} & \boldsymbol{O}\\ \boldsymbol{O} & \boldsymbol{B}\end{pmatrix}^{-1},$$

所以

$$\boldsymbol{Q}^{-1}\boldsymbol{P}^{-1}=\begin{pmatrix}\boldsymbol{A}^{-1} & \boldsymbol{O}\\ \boldsymbol{O} & \boldsymbol{B}^{-1}\end{pmatrix},$$

从而

$$\boldsymbol{Q}^{-1}=\begin{pmatrix}\boldsymbol{A}^{-1} & \boldsymbol{O}\\ \boldsymbol{O} & \boldsymbol{B}^{-1}\end{pmatrix}P=\begin{pmatrix}\boldsymbol{A}^{-1} & \boldsymbol{O}\\ \boldsymbol{O} & \boldsymbol{B}^{-1}\end{pmatrix}\begin{pmatrix}\boldsymbol{E} & \boldsymbol{O}\\ -\boldsymbol{C}\boldsymbol{A}^{-1} & \boldsymbol{E}\end{pmatrix}=\begin{pmatrix}\boldsymbol{A}^{-1} & \boldsymbol{O}\\ -\boldsymbol{B}^{-1}\boldsymbol{C}\boldsymbol{A}^{-1} & \boldsymbol{B}^{-1}\end{pmatrix}.$$

2.4.5 矩阵与其逆矩阵的可交换的问题

例 2.26 设 $\boldsymbol{A}$，$\boldsymbol{B}$，$\boldsymbol{C}$ 都是 n 阶矩阵，且 $\boldsymbol{ABC}=\boldsymbol{E}$，则必有（ ）.

A. $\boldsymbol{CBA}=\boldsymbol{E}$　　B. $\boldsymbol{BCA}=\boldsymbol{E}$　　C. $\boldsymbol{BAC}=\boldsymbol{E}$　　D. $\boldsymbol{ACB}=\boldsymbol{E}$

解 应选 B.

[分析]由题设 $\boldsymbol{ABC}=\boldsymbol{E}$，利用结合律可得 $\boldsymbol{A}(\boldsymbol{BC})=\boldsymbol{E}$，说明 $\boldsymbol{BC}$ 是矩阵 $\boldsymbol{A}$ 的逆矩阵，所以$(\boldsymbol{BC})\boldsymbol{A}=\boldsymbol{E}$.

这里利用了一个矩阵与它的逆矩阵可交换的性质.

例 2.27 （2005，数 3）设 $\boldsymbol{A}$，$\boldsymbol{B}$，$\boldsymbol{C}$ 均为 n 阶矩阵，$\boldsymbol{E}$ 为 n 阶单位矩阵，若 $\boldsymbol{B}=\boldsymbol{E}+\boldsymbol{AB}$，$\boldsymbol{C}=\boldsymbol{A}+\boldsymbol{CA}$，则 $\boldsymbol{B}-\boldsymbol{C}$ 为（ ）.

A. $\boldsymbol{E}$　　B. $-\boldsymbol{E}$　　C. $\boldsymbol{A}$　　D. $-\boldsymbol{A}$

解 应选 A.

[分析]事实上，由题设

$$\boldsymbol{B}=\boldsymbol{E}+\boldsymbol{AB},\quad \boldsymbol{C}=\boldsymbol{A}+\boldsymbol{CA},$$

可得

$$(\boldsymbol{E}-\boldsymbol{A})\boldsymbol{B}=\boldsymbol{E},\tag{1}$$

$$\boldsymbol{C}(\boldsymbol{E}-\boldsymbol{A})=\boldsymbol{A},\tag{2}$$

式(1)说明 $\boldsymbol{B}$ 与 $\boldsymbol{E}-\boldsymbol{A}$ 互为逆矩阵，交换顺序得

$$\boldsymbol{B}(\boldsymbol{E}-\boldsymbol{A})=\boldsymbol{E}\tag{3}$$

式(3)-式(2)可得

$$(\boldsymbol{B}-\boldsymbol{C})(\boldsymbol{E}-\boldsymbol{A})=\boldsymbol{E}-\boldsymbol{A},$$

两端右乘$(\boldsymbol{E}-\boldsymbol{A})^{-1}$即得$\boldsymbol{B}-\boldsymbol{C}=\boldsymbol{E}$.

注：也可由式(1)得$\boldsymbol{B}=(\boldsymbol{E}-\boldsymbol{A})^{-1}$. 由式(2)得$\boldsymbol{C}=\boldsymbol{A}(\boldsymbol{E}-\boldsymbol{A})^{-1}$.
这样有

$$\boldsymbol{B}-\boldsymbol{C}=(\boldsymbol{E}-\boldsymbol{A})^{-1}-\boldsymbol{A}(\boldsymbol{E}-\boldsymbol{A})^{-1}=(\boldsymbol{E}-\boldsymbol{A})(\boldsymbol{E}-\boldsymbol{A})^{-1}=\boldsymbol{E}.$$

例 2.28　设$\boldsymbol{A}$，$\boldsymbol{B}$是三阶矩阵，$\boldsymbol{E}$为三阶单位矩阵，而且$\boldsymbol{A}^2=2\boldsymbol{AB}+\boldsymbol{E}$，证明$\boldsymbol{AB}=\boldsymbol{BA}$.

证明　因为$\boldsymbol{A}^2=2\boldsymbol{AB}+\boldsymbol{E}$，所以$\boldsymbol{A}(\boldsymbol{A}-2\boldsymbol{B})=\boldsymbol{E}$，从而有

$$(\boldsymbol{A}-2\boldsymbol{B})\boldsymbol{A}=\boldsymbol{E},$$

可得$\boldsymbol{A}^2=2\boldsymbol{BA}+\boldsymbol{E}$，结合已知可得$\boldsymbol{AB}=\boldsymbol{BA}$.

2.4.6　抽象矩阵的伴随矩阵

这部分内容往往涉及利用逆矩阵求伴随矩阵的公式$\boldsymbol{A}^*=|\boldsymbol{A}|\boldsymbol{A}^{-1}$.

例 2.29　设$\boldsymbol{A}$是n阶可逆方阵，$\boldsymbol{A}^*$是$\boldsymbol{A}$的伴随矩阵，$k\neq 0$，则$(k\boldsymbol{A})^*=($　　$)$.

A. $k\boldsymbol{A}^*$　　B. $\dfrac{1}{k}\boldsymbol{A}^*$　　C. $k^{n-1}\boldsymbol{A}^*$　　D. $k^n\boldsymbol{A}^*$

解　应选 C.

[分析]事实上，因为$\boldsymbol{A}$是n阶可逆方阵，所以$|k\boldsymbol{A}|=k^n|\boldsymbol{A}|\neq 0$，即$k\boldsymbol{A}$也是可逆矩阵.
所以，

$$(k\boldsymbol{A})^*=|k\boldsymbol{A}|(k\boldsymbol{A})^{-1}=k^n|\boldsymbol{A}|\frac{1}{k}\boldsymbol{A}^{-1}=k^{n-1}\boldsymbol{A}^*.$$

例 2.30　设$\boldsymbol{A}$是n阶非奇异矩阵$(n\geqslant 2)$，$\boldsymbol{A}^*$是$\boldsymbol{A}$的伴随矩阵，则$(\boldsymbol{A}^*)^*=($　　$)$.

A. $|\boldsymbol{A}|^{n-1}\boldsymbol{A}$　　B. $|\boldsymbol{A}|^{n+1}\boldsymbol{A}$　　C. $|\boldsymbol{A}|^{n-2}\boldsymbol{A}$　　D. $|\boldsymbol{A}|^{n+2}\boldsymbol{A}$

解　应选 C.

[分析]因为$\boldsymbol{A}$是n阶非奇异矩阵，所以$|\boldsymbol{A}^*|=|\boldsymbol{A}|^{n-1}\neq 0$，因此$\boldsymbol{A}^*$也是非奇异矩阵.
所以，

$$(\boldsymbol{A}^*)^*=|\boldsymbol{A}^*|(\boldsymbol{A}^*)^{-1}=|\boldsymbol{A}|^{n-1}\frac{\boldsymbol{A}}{|\boldsymbol{A}|}=|\boldsymbol{A}|^{n-2}\boldsymbol{A}.$$

2.4.7　矩阵方程

1. 涉及可逆矩阵的矩阵方程

对这类问题，一般先通过恒等变形化简为基本形式后再计算. 基本形式有以下三种：

(1) $\boldsymbol{AX}=\boldsymbol{B}$，当$\boldsymbol{A}$可逆时，$\boldsymbol{X}=\boldsymbol{A}^{-1}\boldsymbol{B}$；

(2) $\boldsymbol{XA}=\boldsymbol{C}$，当$\boldsymbol{A}$可逆时，$\boldsymbol{X}=\boldsymbol{CA}^{-1}$；

(3) $\boldsymbol{AXB}=\boldsymbol{C}$，当$\boldsymbol{A}$，$\boldsymbol{B}$可逆时，$\boldsymbol{X}=\boldsymbol{A}^{-1}\boldsymbol{CB}^{-1}$.

例 2.31　设矩阵$\boldsymbol{A}=\begin{pmatrix}1&2&3\\2&2&1\\3&4&3\end{pmatrix}$，$\boldsymbol{B}=\begin{pmatrix}1&0&-1\\0&0&-1\end{pmatrix}$，而且$\boldsymbol{XA}=\boldsymbol{B}$，求矩阵$\boldsymbol{X}$.

解　对矩阵$(\boldsymbol{A},\boldsymbol{E})$施以初等行变换，有

$$(\boldsymbol{A},\boldsymbol{E})=\left(\begin{array}{ccc:ccc}1&2&3&1&0&0\\2&2&1&0&1&0\\3&4&3&0&0&1\end{array}\right)\rightarrow\left(\begin{array}{ccc:ccc}1&2&3&1&0&0\\0&-2&-5&-2&1&0\\0&-2&-6&-3&0&1\end{array}\right)\rightarrow$$

$$\left(\begin{array}{ccc:ccc}1&0&0&1&3&-2\\0&-2&0&3&6&-5\\0&0&-1&-1&-1&1\end{array}\right)\rightarrow\left(\begin{array}{ccc:ccc}1&0&0&1&3&-2\\0&1&0&-\frac{3}{2}&-3&\frac{5}{2}\\0&0&1&1&1&-1\end{array}\right)$$

所以

$$\boldsymbol{A}^{-1}=\begin{pmatrix}1&3&-2\\-\frac{3}{2}&-3&\frac{5}{2}\\1&1&-1\end{pmatrix}.$$

由题设$\boldsymbol{XA}=\boldsymbol{B}$，可得

$$\boldsymbol{X}=\boldsymbol{BA}^{-1}=\begin{pmatrix}1&0&-1\\0&0&-1\end{pmatrix}\begin{pmatrix}1&3&-2\\-\frac{3}{2}&-3&\frac{5}{2}\\1&1&-1\end{pmatrix}$$

$$=\begin{pmatrix}0&2&-1\\-1&-1&1\end{pmatrix}.$$

注：对于形如$\boldsymbol{XA}=\boldsymbol{B}$的矩阵方程，其解为$\boldsymbol{X}=\boldsymbol{BA}^{-1}$. 上面的解答采用先求$\boldsymbol{A}^{-1}$，再计算$\boldsymbol{X}=\boldsymbol{BA}^{-1}$的方法进行求解. 不过，由于

$$\begin{pmatrix}\boldsymbol{A}\\\boldsymbol{B}\end{pmatrix}\boldsymbol{A}^{-1}=\begin{pmatrix}\boldsymbol{E}\\\boldsymbol{BA}^{-1}\end{pmatrix},$$

所以还可简便地对分块矩阵$\begin{pmatrix}\boldsymbol{A}\\\boldsymbol{B}\end{pmatrix}$施以初等列变换，将$\boldsymbol{A}$变成$\boldsymbol{E}$时，矩阵$\boldsymbol{B}$就变成所求的解$\boldsymbol{X}=\boldsymbol{BA}^{-1}$，读者也可沿着这一思路求解如上题目.

同理，对于形如$\boldsymbol{AX}=\boldsymbol{B}$的矩阵方程，当矩阵$\boldsymbol{A}$可逆时，其解为$\boldsymbol{X}=\boldsymbol{A}^{-1}\boldsymbol{B}$. 由于

$$\boldsymbol{A}^{-1}(\boldsymbol{A},\boldsymbol{B})=(\boldsymbol{E},\boldsymbol{A}^{-1}\boldsymbol{B}),$$

所以可以通过对$(\boldsymbol{A},\boldsymbol{B})$施以初等行变换，将矩阵$\boldsymbol{A}$变成单位矩阵$\boldsymbol{E}$时，矩阵$\boldsymbol{B}$就变成了所求的解$\boldsymbol{X}=\boldsymbol{A}^{-1}\boldsymbol{B}$.

例 2.32　设$\boldsymbol{A}=\begin{pmatrix}1&0&1\\0&2&0\\1&6&1\end{pmatrix}$，而$\boldsymbol{X}$满足$\boldsymbol{AX}+\boldsymbol{E}=\boldsymbol{A}^2+\boldsymbol{X}$，求$\boldsymbol{X}$.

解　因为$\boldsymbol{AX}+\boldsymbol{E}=\boldsymbol{A}^2+\boldsymbol{X}$，所以$(\boldsymbol{A}-\boldsymbol{E})\boldsymbol{X}=\boldsymbol{A}^2-\boldsymbol{E}$.

由矩阵$\boldsymbol{A}$与$\boldsymbol{E}$可交换，可得

$$(\boldsymbol{A}-\boldsymbol{E})\boldsymbol{X}=(\boldsymbol{A}-\boldsymbol{E})(\boldsymbol{A}+\boldsymbol{E}).$$

而 $|A-E|=\begin{vmatrix}0&0&1\\0&1&0\\1&6&0\end{vmatrix}=-1$，即矩阵 $A-E$ 可逆，对上式两端左乘 $(A-E)^{-1}$ 可得

$$X=A+E=\begin{pmatrix}2&0&1\\0&3&0\\1&6&2\end{pmatrix}.$$

注：有些读者在对 $AX+E=A^2+X$ 的变形中常出现以下两种错误：其一是直接变形为 $X(A-1)=A^2-E$，这里应用分配律时没区分左右，而且将 X 提出后把本来为 E 的地方错误的写成数字1. 其二是认为将 $AX+E=A^2+X$ 变形为 $(A-E)X=(A+E)(A-E)$，尽管结果是正确的，但由此式得不到 $X=A+E$. 出现这些错误的原因是没有很好地理解矩阵的运算规律.

例 2.33 设四阶矩阵

$$B=\begin{pmatrix}1&-1&0&0\\0&1&-1&0\\0&0&1&-1\\0&0&0&1\end{pmatrix},\quad C=\begin{pmatrix}2&1&3&4\\0&2&1&3\\0&0&2&1\\0&0&0&2\end{pmatrix}$$

满足关系式 $A(E-C^{-1}B)^{\mathrm{T}}C^{\mathrm{T}}=E$，求 A.

解 由题设 $A(E-C^{-1}B)^{\mathrm{T}}C^{\mathrm{T}}=E$，可得 $A[C(E-C^{-1}B)]^{\mathrm{T}}=E$，即 $A(C-B)^{\mathrm{T}}=E$.

由 $C-B=\begin{pmatrix}1&2&3&4\\0&1&2&3\\0&0&1&2\\0&0&0&1\end{pmatrix}$，可知 $C-B$ 可逆，所以

$$A=[(C-B)^{\mathrm{T}}]^{-1}=\begin{pmatrix}1&0&0&0\\-2&1&0&0\\1&-2&1&0\\0&1&-2&1\end{pmatrix}.$$

例 2.34* 设 $\boldsymbol{\alpha}=(1,2,1)^{\mathrm{T}}$，$\boldsymbol{\beta}=\left(1,\frac{1}{2},0\right)^{\mathrm{T}}$，$\boldsymbol{\gamma}=(0,0,8)^{\mathrm{T}}$，$A=\boldsymbol{\alpha}\boldsymbol{\beta}^{\mathrm{T}}$，$B=\boldsymbol{\beta}^{\mathrm{T}}\boldsymbol{\alpha}$，求解方程 $2B^2A^2X=A^4X+B^4X+\boldsymbol{\gamma}$.

解 由题设，可得

$$A=\boldsymbol{\alpha}\boldsymbol{\beta}^{\mathrm{T}}=\begin{pmatrix}1\\2\\1\end{pmatrix}\left(1,\frac{1}{2},0\right)=\frac{1}{2}\begin{pmatrix}2&1&0\\4&2&0\\2&1&0\end{pmatrix},\quad B=\boldsymbol{\beta}^{\mathrm{T}}\boldsymbol{\alpha}=\left(1,\frac{1}{2},0\right)\begin{pmatrix}1\\2\\1\end{pmatrix}=2.$$

而且

$$A^2=(\boldsymbol{\alpha}\boldsymbol{\beta}^{\mathrm{T}})(\boldsymbol{\alpha}\boldsymbol{\beta}^{\mathrm{T}})=\boldsymbol{\alpha}(\boldsymbol{\beta}^{\mathrm{T}}\boldsymbol{\alpha})\boldsymbol{\beta}^{\mathrm{T}}=2A,$$
$$A^4=8A.$$

代入原方程即得 $16AX=8AX+16X+\boldsymbol{\gamma}$，即

$$8(\boldsymbol{A}-2\boldsymbol{E})\boldsymbol{X}=\boldsymbol{\gamma}.$$

设 $\boldsymbol{X}=(x_1,x_2,x_3)^{\mathrm{T}}$，可得线性方程组

$$\begin{cases}-x_1+\dfrac{1}{2}x_2 \qquad =0,\\ 2x_1-\ \ x_2 \qquad =0,\\ x_1+\dfrac{1}{2}x_2-2x_3=0,\end{cases}$$

解之得通解为

$$\boldsymbol{X}=k(1,2,1)^{\mathrm{T}}+\left(0,0,-\frac{1}{2}\right)^{\mathrm{T}}\ (k\text{ 为任意常数}).$$

例 2.35　(2015，数 2，3)设 $\boldsymbol{A}=\begin{pmatrix}a&1&0\\1&a&-1\\0&1&a\end{pmatrix}$，且 $\boldsymbol{A}^3=\boldsymbol{O}$，

(1) 求 a；

(2) 若 $\boldsymbol{X}$ 满足 $\boldsymbol{X}-\boldsymbol{X}\boldsymbol{A}^2-\boldsymbol{A}\boldsymbol{X}+\boldsymbol{A}\boldsymbol{X}\boldsymbol{A}^2=\boldsymbol{E}$，$\boldsymbol{E}$ 为单位矩阵，求 $\boldsymbol{X}$.

解　(1) 由 $\boldsymbol{A}^3=\boldsymbol{O}$，可得 $|\boldsymbol{A}|^3=0$，即

$$\begin{vmatrix}a&1&0\\1&a&-1\\0&1&a\end{vmatrix}=a^3=0\text{，所以 } a=0.$$

(2) 由 $\boldsymbol{X}-\boldsymbol{X}\boldsymbol{A}^2-\boldsymbol{A}\boldsymbol{X}+\boldsymbol{A}\boldsymbol{X}\boldsymbol{A}^2=\boldsymbol{E}$ 可得 $\boldsymbol{X}(\boldsymbol{E}-\boldsymbol{A}^2)-\boldsymbol{A}\boldsymbol{X}(\boldsymbol{E}-\boldsymbol{A}^2)=\boldsymbol{E}$，从而

$$(\boldsymbol{E}-\boldsymbol{A})\boldsymbol{X}(\boldsymbol{E}-\boldsymbol{A}^2)=\boldsymbol{E},$$

显见 $\boldsymbol{E}-\boldsymbol{A}$，$\boldsymbol{E}-\boldsymbol{A}^2$ 均为可逆矩阵(为什么？请读者思考)，所以

$$\begin{aligned}\boldsymbol{X}&=(\boldsymbol{E}-\boldsymbol{A})^{-1}(\boldsymbol{E}-\boldsymbol{A}^2)^{-1}\\&=[(\boldsymbol{E}-\boldsymbol{A}^2)(\boldsymbol{E}-\boldsymbol{A})]^{-1}\\&=(\boldsymbol{E}-\boldsymbol{A}^2-\boldsymbol{A})^{-1}\end{aligned}$$

由于 $\boldsymbol{E}-\boldsymbol{A}^2-\boldsymbol{A}=\begin{pmatrix}0&-1&1\\-1&1&1\\-1&-1&2\end{pmatrix}$，可得

$$\boldsymbol{X}=(\boldsymbol{E}-\boldsymbol{A}^2-\boldsymbol{A})^{-1}=\begin{pmatrix}3&1&-2\\1&1&-1\\2&1&-1\end{pmatrix}.$$

注 1：求解关于 $\boldsymbol{X}$ 的矩阵方程时，一般需要将处于不同位置的未知矩阵 $\boldsymbol{X}$ 通过提取等方法合并，本题应用了分组分解的方法，读者需认真体会.

注 2*：本题第(1)步还可以使用特征值计算. 事实上，设 λ 是矩阵 $\boldsymbol{A}$ 的任意特征值，由 $\boldsymbol{A}^3=\boldsymbol{O}$，可得 $\lambda^3=0$，所以有矩阵的特征值 $\lambda_1=\lambda_2=\lambda_3=0$. 于是 $\mathrm{tr}(\boldsymbol{A})=a+a+a=3a=0$，所以 $a=0$.

2. 当未知矩阵为二阶矩阵时，可考虑待定系数法，通过解线性方程组求解[*]

例 2.36[*]　设 $\boldsymbol{A}=\begin{pmatrix}1 & a\\1 & 0\end{pmatrix}$，$\boldsymbol{B}=\begin{pmatrix}0 & 1\\1 & b\end{pmatrix}$. 当 a，b 为何值时，存在矩阵 $\boldsymbol{C}$ 使得 $\boldsymbol{AC}-\boldsymbol{CA}=\boldsymbol{B}$？并求所有矩阵 $\boldsymbol{C}$.

解　设 $\boldsymbol{C}=\begin{pmatrix}x_1 & x_2\\x_3 & x_4\end{pmatrix}$，则 $\boldsymbol{AC}-\boldsymbol{CA}=\boldsymbol{B}$ 成立的充分必要条件为

$$\begin{cases}-x_2+ax_3=0,\\-ax_1+x_2+ax_4=1,\\x_1-x_3-x_4=1,\\x_2-ax_3=b.\end{cases}\qquad (*)$$

对方程组的增广矩阵施以初等行变换得

$$\left(\begin{array}{cccc|c}0 & -1 & a & 0 & 0\\-a & 1 & 0 & a & 1\\1 & 0 & -1 & -1 & 1\\0 & 1 & -a & 0 & b\end{array}\right)\to\left(\begin{array}{cccc|c}1 & 0 & -1 & -1 & 1\\0 & 1 & -a & 0 & 0\\0 & 0 & 0 & 0 & a+1\\0 & 0 & 0 & 0 & b\end{array}\right).$$

当 $a\neq-1$ 或者 $b\neq0$ 时，方程组$(*)$无解.

当 $a=-1$，$b=0$ 时，方程组$(*)$有解，通解为

$$\boldsymbol{X}=\begin{pmatrix}1\\0\\0\\0\end{pmatrix}+k_1\begin{pmatrix}1\\-1\\1\\0\end{pmatrix}+k_2\begin{pmatrix}1\\0\\0\\1\end{pmatrix}，k_1，k_2 \text{ 为任意常数}.$$

综上可得，当 $a=-1$，$b=0$ 时，存在矩阵 $\boldsymbol{C}$ 使得 $\boldsymbol{AC}-\boldsymbol{CA}=\boldsymbol{B}$，且

$$\boldsymbol{C}=\begin{pmatrix}1+k_1+k_2 & -k_1\\k_1 & k_2\end{pmatrix}，k_1，k_2 \text{ 为任意常数}.$$

3. 涉及不可逆矩阵的矩阵方程[*]

此类题目求解时，要转化为若干个线性方程的问题求解. 由于多个线性方程求解时系数矩阵都相同，可将这些方程组合在一起求解.

例 2.37[*]　(2015，农学)设矩阵 $\boldsymbol{A}=\begin{pmatrix}1 & -1 & -1\\-1 & 2 & 3\\0 & 1 & 2\\0 & -1 & 1\end{pmatrix}$，$\boldsymbol{B}=\begin{pmatrix}0 & -2\\1 & 6\\1 & a\\-1 & 5\end{pmatrix}$. 当 a 取何值时，存在矩阵 $\boldsymbol{X}$，使 $\boldsymbol{AX}=\boldsymbol{B}$？并求出 $\boldsymbol{X}$.

解　存在矩阵 $\boldsymbol{X}$，使 $\boldsymbol{AX}=\boldsymbol{B}$ 的充要条件是 $r(\boldsymbol{A})=r(\boldsymbol{A},\boldsymbol{B})$，由

$$(\boldsymbol{A},\boldsymbol{B})=\left(\begin{array}{ccc|cc}1 & -1 & -1 & 0 & -2\\-1 & 2 & 3 & 1 & 6\\0 & 1 & 2 & 1 & a\\0 & -1 & 1 & -1 & 5\end{array}\right)\to\left(\begin{array}{ccc|cc}1 & 0 & 0 & 1 & -1\\0 & 1 & 0 & 1 & -2\\0 & 0 & 1 & 0 & 3\\0 & 0 & 0 & 0 & a-4\end{array}\right),\qquad (*)$$

可得 $a=4$.

令 $\boldsymbol{B}=(\boldsymbol{\beta}_1,\boldsymbol{\beta}_2)$，$\boldsymbol{X}=(\boldsymbol{X}_1,\boldsymbol{X}_2)$，可得 $\boldsymbol{A}(\boldsymbol{X}_1,\boldsymbol{X}_2)=(\boldsymbol{\beta}_1,\boldsymbol{\beta}_2)$，所以

$$\boldsymbol{AX}_1=\boldsymbol{\beta}_1,\ \boldsymbol{AX}_2=\boldsymbol{\beta}_2,$$

此说明 $\boldsymbol{X}_1$，$\boldsymbol{X}_2$ 分别是线性方程组 $\boldsymbol{AX}=\boldsymbol{\beta}_j(j=1,2)$ 的解. 由式（$*$）可得

$$\boldsymbol{X}_1=(1,1,0)^{\mathrm{T}},\ \boldsymbol{X}_2=(-1,-2,3)^{\mathrm{T}},$$

所以

$$\boldsymbol{X}=\begin{pmatrix}1&-1\\1&-2\\0&3\end{pmatrix}.$$

例 2.38[*]　（2014，数 1，2，3）设 $\boldsymbol{A}=\begin{pmatrix}1&-2&3&-4\\0&1&-1&1\\1&2&0&-3\end{pmatrix}$，$\boldsymbol{E}$ 为三阶单位矩阵.

（1）求方程组 $\boldsymbol{AX}=\boldsymbol{0}$ 的一个基础解系；

（2）求满足 $\boldsymbol{AB}=\boldsymbol{E}$ 的所有矩阵 $\boldsymbol{B}$.

解　（1）对 $\boldsymbol{A}$ 施以初等行变换，化为行最简形.

$$\boldsymbol{A}=\begin{pmatrix}1&-2&3&-4\\0&1&-1&1\\1&2&0&-3\end{pmatrix}\sim\begin{pmatrix}1&0&0&1\\0&1&0&-2\\0&0&1&-3\end{pmatrix},$$

则方程组 $\boldsymbol{AX}=\boldsymbol{0}$ 的一个基础解系为 $\boldsymbol{\xi}=(-1,2,3,1)^{\mathrm{T}}$.

（2）由

$$\left(\begin{array}{cccc:ccc}1&-2&3&-4&1&0&0\\0&1&-1&1&0&1&0\\1&2&0&-3&0&0&1\end{array}\right)\sim\left(\begin{array}{cccc:ccc}1&0&0&1&2&6&-1\\0&1&0&-2&-1&-3&1\\0&0&1&-3&-1&-4&1\end{array}\right),$$

记 $\boldsymbol{E}=(\boldsymbol{e}_1,\boldsymbol{e}_2,\boldsymbol{e}_3)$ 可得线性方程组 $\boldsymbol{AX}=\boldsymbol{e}_j(j=1,2,3)$ 的通解分别为

$$(2,-1,-1,0)^{\mathrm{T}}+k_1\boldsymbol{\xi};\ (6,-3,-4,0)^{\mathrm{T}}+k_2\boldsymbol{\xi};\ (-1,1,1,0)^{\mathrm{T}}+k_3\boldsymbol{\xi}.$$

于是，可得

$$\boldsymbol{B}=\begin{pmatrix}2&6&-1\\-1&-3&1\\-1&-4&1\\0&0&0\end{pmatrix}+(k_1\xi,k_2\xi,k_3\xi).$$

例 2.39[*]　（2018，数 1，2，3）已知 a 是常数，而且 $\boldsymbol{A}=\begin{pmatrix}1&2&a\\1&3&0\\2&7&-a\end{pmatrix}$ 可经初等列变换化为

$$\boldsymbol{B}=\begin{pmatrix}1&a&2\\0&1&1\\-1&1&1\end{pmatrix}.$$

（1）求 a；

（2）求满足 $\boldsymbol{AP}=\boldsymbol{B}$ 的可逆矩阵 $\boldsymbol{P}$.

解　(1) 因为 $\boldsymbol{A}$ 可经初等列变换化为 $\boldsymbol{B}$，即矩阵 $\boldsymbol{A}$ 与 $\boldsymbol{B}$ 列等价，所以 $r(\boldsymbol{A})=r(\boldsymbol{B})$.

由

$$\boldsymbol{A}=\begin{pmatrix}1&2&a\\1&3&0\\2&7&-a\end{pmatrix}\xrightarrow[r_3-2r_1]{r_2-r_1}\begin{pmatrix}1&2&a\\0&1&-a\\0&0&0\end{pmatrix}$$

可得 $r(\boldsymbol{B})=r(\boldsymbol{A})=2$，由 $|\boldsymbol{B}|=2-a$，可得 $a=2$.

(2) 令 $\boldsymbol{AP}_1=\boldsymbol{B}$，$\boldsymbol{P}_1=(\boldsymbol{X}_1,\boldsymbol{X}_2,\boldsymbol{X}_3)$，$\boldsymbol{B}=(\boldsymbol{\beta}_1,\boldsymbol{\beta}_2,\boldsymbol{\beta}_3)$，则 $\boldsymbol{X}_1,\boldsymbol{X}_2,\boldsymbol{X}_3$ 分别为方程组 $\boldsymbol{AX}=\boldsymbol{\beta}_i(i=1,2,3)$ 的解. 由

$$(\boldsymbol{A},\boldsymbol{B})=\left(\begin{array}{ccc:ccc}1&2&2&1&2&2\\1&3&0&0&1&1\\2&7&-2&-1&1&1\end{array}\right)\to\left(\begin{array}{ccc:ccc}1&0&6&3&4&4\\0&1&-2&-1&-1&-1\\0&0&0&0&0&0\end{array}\right)$$

可得 $\boldsymbol{AX}=\boldsymbol{\beta}_i(i=1,2,3)$ 的通解分别为

$$\begin{aligned}&\boldsymbol{X}_1=k_1(-6,2,1)^{\mathrm T}+(3,-1,0)^{\mathrm T},\\&\boldsymbol{X}_2=k_2(-6,2,1)^{\mathrm T}+(4,-1,0)^{\mathrm T},\ k_1,k_2,k_3\text{ 为任意常数.}\\&\boldsymbol{X}_3=k_3(-6,2,1)^{\mathrm T}+(4,-1,0)^{\mathrm T},\end{aligned}$$

由于

$$|\boldsymbol{P}_1|=\begin{vmatrix}-6k_1+3&-6k_2+4&-6k_3+4\\2k_1-1&2k_2-1&2k_3-1\\k_1&k_2&k_3\end{vmatrix}=k_3-k_2,$$

因此 $k_2\neq k_3$ 时 $\boldsymbol{P}_1$ 可逆，所以所求矩阵 $\boldsymbol{P}=\begin{pmatrix}-6k_1+3&-6k_2+4&-6k_3+4\\2k_1-1&2k_2-1&2k_3-1\\k_1&k_2&k_3\end{pmatrix}$，这里 $k_2\neq k_3$.

注：题目条件中 $\boldsymbol{A}$ 可经初等列变换化为 $\boldsymbol{B}$，实际上说明 $\boldsymbol{A}$ 与 $\boldsymbol{B}$ 等价，从而 $r(\boldsymbol{A})=r(\boldsymbol{B})$. 解题中不必将 $\boldsymbol{A}$ 经初等列变换化为 $\boldsymbol{B}$.

2.4.8　初等矩阵与矩阵的等价

1. 初等矩阵

例 2.40　设

$$\boldsymbol{A}=\begin{pmatrix}a_{11}&a_{12}&a_{13}\\a_{21}&a_{22}&a_{23}\\a_{31}&a_{32}&a_{33}\end{pmatrix},\ \boldsymbol{B}=\begin{pmatrix}a_{11}&a_{13}&a_{12}\\2a_{21}&2a_{23}&2a_{22}\\a_{31}&a_{33}&a_{32}\end{pmatrix},\ \boldsymbol{P}_1=\begin{pmatrix}1&0&0\\0&0&1\\0&1&0\end{pmatrix},\ \boldsymbol{P}_2=\begin{pmatrix}1&0&0\\0&2&0\\0&0&1\end{pmatrix},$$

则 $\boldsymbol{B}=($　　$)$.

A. $\boldsymbol{P}_1\boldsymbol{P}_2\boldsymbol{A}$　　B. $\boldsymbol{AP}_2\boldsymbol{P}_1$　　C. $\boldsymbol{P}_1\boldsymbol{AP}_2$　　D. $\boldsymbol{P}_2\boldsymbol{AP}_1$

解　应选 D.

[分析]事实上，初等矩阵乘以一个矩阵，左乘相当于做一次相应的初等行变换，右乘则相当于做一次相应的初等列变换，因此 $\boldsymbol{AP}_1$ 相当于将对矩阵 $\boldsymbol{A}$ 互换 2、3 两列，而 $\boldsymbol{P}_2\boldsymbol{AP}_1$ 相当于对矩阵 $\boldsymbol{AP}_1$ 第二行乘以 2，这样运算的结果恰好为矩阵 $\boldsymbol{B}$.

例 2.41　设 $\boldsymbol{A}$ 是三阶矩阵，将 $\boldsymbol{A}$ 的第 1 列与第 2 列交换得 $\boldsymbol{B}$，再把 $\boldsymbol{B}$ 的第 2 列加到第 3 列得 $\boldsymbol{C}$，则满足 $\boldsymbol{AQ}=\boldsymbol{C}$ 的可逆矩阵 $\boldsymbol{Q}$ 为(　　).

A. $\begin{pmatrix}0&1&0\\1&0&0\\1&0&1\end{pmatrix}$　　B. $\begin{pmatrix}0&1&0\\1&0&0\\0&0&1\end{pmatrix}$　　C. $\begin{pmatrix}0&1&0\\1&0&0\\0&1&1\end{pmatrix}$　　D. $\begin{pmatrix}0&1&1\\1&0&0\\0&0&1\end{pmatrix}$

解　应选 D.

[分析]事实上，记 $\boldsymbol{Q}_1=\begin{pmatrix}0&1&0\\1&0&0\\0&0&1\end{pmatrix}$，$\boldsymbol{Q}_2=\begin{pmatrix}1&0&0\\0&1&1\\0&0&1\end{pmatrix}$.

交换矩阵 $\boldsymbol{A}$ 的 1、2 两列，可得矩阵

$$\boldsymbol{B}=\boldsymbol{AQ}_1=\boldsymbol{A}\begin{pmatrix}0&1&0\\1&0&0\\0&0&1\end{pmatrix},$$

再把 $\boldsymbol{B}$ 的第 2 列加到第 3 列得 $\boldsymbol{C}$，则有

$$\boldsymbol{C}=\boldsymbol{BQ}_2=\boldsymbol{AQ}_1\boldsymbol{Q}_2=\boldsymbol{A}\begin{pmatrix}0&1&0\\1&0&0\\0&0&1\end{pmatrix}\begin{pmatrix}1&0&0\\0&1&1\\0&0&1\end{pmatrix},$$

所以

$$\boldsymbol{Q}=\boldsymbol{Q}_1\boldsymbol{Q}_2=\begin{pmatrix}0&1&0\\1&0&0\\0&0&1\end{pmatrix}\begin{pmatrix}1&0&0\\0&1&1\\0&0&1\end{pmatrix}=\begin{pmatrix}0&1&1\\1&0&0\\0&0&1\end{pmatrix}.$$

例 2.42　设 $\boldsymbol{A}$ 为三阶矩阵，将 $\boldsymbol{A}$ 的第 2 行加到第 1 行得 $\boldsymbol{B}$，再将 $\boldsymbol{B}$ 的第 1 列的 -1 倍加到第 2 列得 $\boldsymbol{C}$，记 $\boldsymbol{P}=\begin{pmatrix}1&1&0\\0&1&0\\0&0&1\end{pmatrix}$，则(　　).

A. $\boldsymbol{C}=\boldsymbol{P}^{-1}\boldsymbol{AP}$　　B. $\boldsymbol{C}=\boldsymbol{PAP}^{-1}$　　C. $\boldsymbol{C}=\boldsymbol{P}^{\mathrm{T}}\boldsymbol{AP}$　　D. $\boldsymbol{C}=\boldsymbol{PAP}^{\mathrm{T}}$

解　应选 B.

[分析]事实上，矩阵 $\boldsymbol{P}$ 为将单位矩阵 $\boldsymbol{E}$ 的第 2 行加到第 1 行所得初等矩阵，$\boldsymbol{P}$ 的逆矩阵仍为初等矩阵，而且 $\boldsymbol{P}^{-1}=\begin{pmatrix}1&-1&0\\0&1&0\\0&0&1\end{pmatrix}$，此为单位矩阵第 1 列的 -1 倍加到第 2 列所得.

由题设，$\boldsymbol{A}$ 的第 2 行加到第 1 行得 $\boldsymbol{B}$，即 $\boldsymbol{B}=\boldsymbol{PA}$；再将 $\boldsymbol{B}$ 的第 1 列的 -1 倍加到第 2 列得 $\boldsymbol{C}$，因此有 $\boldsymbol{C}=\boldsymbol{BP}^{-1}=\boldsymbol{PAP}^{-1}$.

例 2.43　设 $\boldsymbol{A}$ 为 $n(n\geqslant 2)$ 阶可逆矩阵，交换 $\boldsymbol{A}$ 的第 1 行与第 2 行得矩阵 $\boldsymbol{B}$，$\boldsymbol{A}^*$，$\boldsymbol{B}^*$ 分别为 $\boldsymbol{A}$，$\boldsymbol{B}$ 的伴随矩阵，则(　　).

A. 交换 $\boldsymbol{A}^*$ 的第 1 列与第 2 列得 $\boldsymbol{B}^*$　　B. 交换 $\boldsymbol{A}^*$ 的第 1 行与第 2 行得 $\boldsymbol{B}^*$

C. 交换 $\boldsymbol{A}^*$ 的第 1 列与第 2 列得 $-\boldsymbol{B}^*$　　D. 交换 $\boldsymbol{A}^*$ 的第 1 行与第 2 行得 $-\boldsymbol{B}^*$

解　应选 C.

[分析]由交换矩阵 $\boldsymbol{A}$ 的第 1 行与第 2 行得矩阵 $\boldsymbol{B}$，可得 $\boldsymbol{B}=\boldsymbol{E}(1,2)\boldsymbol{A}$. 这里 $\boldsymbol{E}(1,2)$ 为交换单位矩阵 $\boldsymbol{E}$ 的第 1 行与第 2 行所得的初等矩阵.

于是有

$$\boldsymbol{B}^*=|\boldsymbol{B}|\boldsymbol{B}^{-1}=|\boldsymbol{E}(1,2)\boldsymbol{A}|\cdot[\boldsymbol{E}(1,2)\boldsymbol{A}]^{-1}=-|\boldsymbol{A}|\cdot\boldsymbol{A}^{-1}\boldsymbol{E}(1,2)^{-1}=-\boldsymbol{A}^*\cdot\boldsymbol{E}(1,2)^{-1},$$

由于 $\boldsymbol{E}(1,2)^{-1}=\boldsymbol{E}(1,2)$，所以 $-\boldsymbol{B}^*=\boldsymbol{A}^*\cdot\boldsymbol{E}(1,2)$，即答案 C 正确.

注： 熟悉公式 $(\boldsymbol{AB})^*=\boldsymbol{B}^*\boldsymbol{A}^*$ 的读者，也可由 $\boldsymbol{B}=\boldsymbol{E}(1,2)\boldsymbol{A}$ 找到 $\boldsymbol{A}^*$ 与 $\boldsymbol{B}^*$ 的关系.

2. 矩阵的等价

例 2.44　设 $\boldsymbol{A}$ 是二阶可逆矩阵，则下列矩阵中与 $\boldsymbol{A}$ 等价的矩阵是(　　).

A. $\begin{pmatrix}0&0\\0&0\end{pmatrix}$　　B. $\begin{pmatrix}1&0\\0&0\end{pmatrix}$　　C. $\begin{pmatrix}1&1\\0&0\end{pmatrix}$　　D. $\begin{pmatrix}1&1\\0&1\end{pmatrix}$

解　应选 D.

[分析]事实上，矩阵等价的充要条件是它们的秩相等. 题中 $\boldsymbol{A}$ 是二阶可逆矩阵，所以 $r(\boldsymbol{A})=2$. 因此，与矩阵 $\boldsymbol{A}$ 等价的矩阵是秩为 2 的矩阵. 显然只有 D 正确.

例 2.45　设 n 阶矩阵 $\boldsymbol{A}$，$\boldsymbol{B}$ 等价，则必有(　　).

A. 当 $|\boldsymbol{A}|=a(a\neq0)$ 时，$|\boldsymbol{B}|=a$　　B. 当 $|\boldsymbol{A}|=a(a\neq0)$ 时，$|\boldsymbol{B}|=-a$

C. 当 $|\boldsymbol{A}|\neq0$ 时，$|\boldsymbol{B}|=0$　　D. 当 $|\boldsymbol{A}|=0$ 时，$|\boldsymbol{B}|=0$

解　应选 D.

[分析]**解法 1**　矩阵 $\boldsymbol{A}$，$\boldsymbol{B}$ 等价，说明矩阵 $\boldsymbol{A}$ 可经有限次初等行(列)变换化为 $\boldsymbol{B}$. 在变换过程中，如果使用的是互换两行(列)，则行列式变号；如果使用的是将某一行乘以非零数，则变换前后的两个矩阵的行列式相差一个非零常数倍；如果是将某一行乘以非零常数倍加到另一行，则变换前后的两个矩阵的行列式相等. 综合来看，前后两个矩阵等价时，这两个矩阵的行列式要么同时为 0，要么同时不为 0，选项 D 正确.

解法 2　因为矩阵 $\boldsymbol{A}$，$\boldsymbol{B}$ 等价，所以存在可逆矩阵 $\boldsymbol{P}$，$\boldsymbol{Q}$，使 $\boldsymbol{B}=\boldsymbol{PAQ}$. 两边取行列式可得 $|\boldsymbol{B}|=|\boldsymbol{P}|\cdot|\boldsymbol{A}|\cdot|\boldsymbol{Q}|$. 由此可得选项 D 正确.

2.4.9　分块矩阵及其应用

1. 分块矩阵的乘法

例 2.46　(2017，数 2)设 $\boldsymbol{A}$ 为三阶矩阵，$\boldsymbol{P}=(\boldsymbol{\alpha}_1,\boldsymbol{\alpha}_2,\boldsymbol{\alpha}_3)$ 为可逆矩阵，使得 $\boldsymbol{P}^{-1}\boldsymbol{AP}=\begin{pmatrix}0&0&0\\0&1&0\\0&0&2\end{pmatrix}$，则 $\boldsymbol{A}(\boldsymbol{\alpha}_1+\boldsymbol{\alpha}_2+\boldsymbol{\alpha}_3)=$(　　).

A. $\boldsymbol{\alpha}_1+\boldsymbol{\alpha}_2$　　B. $\boldsymbol{\alpha}_2+2\boldsymbol{\alpha}_3$

C. $\boldsymbol{\alpha}_2+\boldsymbol{\alpha}_3$　　D. $\boldsymbol{\alpha}_1+2\boldsymbol{\alpha}_3$

解　应选 B.

[分析]事实上，由 $\boldsymbol{P}^{-1}\boldsymbol{AP}=\begin{pmatrix}0&0&0\\0&1&0\\0&0&2\end{pmatrix}$，可得 $\boldsymbol{AP}=\boldsymbol{P}\begin{pmatrix}0&0&0\\0&1&0\\0&0&2\end{pmatrix}$，即

$$(A\boldsymbol{\alpha}_1,A\boldsymbol{\alpha}_2,A\boldsymbol{\alpha}_3)=(\boldsymbol{\alpha}_1,\boldsymbol{\alpha}_2,\boldsymbol{\alpha}_3)\begin{pmatrix}0&0&0\\0&1&0\\0&0&2\end{pmatrix}=(\boldsymbol{0},\boldsymbol{\alpha}_2,2\boldsymbol{\alpha}_3).$$

所以

$$A(\boldsymbol{\alpha}_1+\boldsymbol{\alpha}_2+\boldsymbol{\alpha}_3)=A\boldsymbol{\alpha}_1+A\boldsymbol{\alpha}_2+A\boldsymbol{\alpha}_3=\boldsymbol{\alpha}_2+2\boldsymbol{\alpha}_3.$$

例 2.47　设 A 为 n 阶可逆矩阵，而且有

$$P=\begin{pmatrix}E&O\\-CA^{-1}&E\end{pmatrix},\ Q=\begin{pmatrix}E&-A^{-1}B\\O&E\end{pmatrix},\ M=\begin{pmatrix}A&B\\C&D\end{pmatrix},$$

求 PMQ.

解

$$\begin{aligned}PMQ&=\begin{pmatrix}E&O\\-CA^{-1}&E\end{pmatrix}\begin{pmatrix}A&B\\C&D\end{pmatrix}\begin{pmatrix}E&-A^{-1}B\\O&E\end{pmatrix}\\&=\begin{pmatrix}A&B\\O&D-CA^{-1}B\end{pmatrix}\begin{pmatrix}E&-A^{-1}B\\O&E\end{pmatrix}\\&=\begin{pmatrix}A&O\\O&D-CA^{-1}B\end{pmatrix}.\end{aligned}$$

2. 分块矩阵的行列式

(1) 按行(列)分块

例 2.48　设 A 为 3×3 矩阵，将 A 按行分块为 $A=\begin{pmatrix}\boldsymbol{\alpha}_1\\\boldsymbol{\alpha}_2\\\boldsymbol{\alpha}_3\end{pmatrix}$，其中 $\boldsymbol{\alpha}_i(i=1,2,3)$ 为第 i 行，且矩阵 $B=\begin{pmatrix}\boldsymbol{\alpha}_3-2\boldsymbol{\alpha}_1\\3\boldsymbol{\alpha}_2\\\boldsymbol{\alpha}_1\end{pmatrix}$，若 $|A|=-2$，求 $|B|$.

解法 1　根据行列式的性质，将 $|B|$ 按第一行拆项，可得

$$\begin{aligned}|B|&=\begin{vmatrix}\boldsymbol{\alpha}_3-2\boldsymbol{\alpha}_1\\3\boldsymbol{\alpha}_2\\\boldsymbol{\alpha}_1\end{vmatrix}=\begin{vmatrix}\boldsymbol{\alpha}_3\\3\boldsymbol{\alpha}_2\\\boldsymbol{\alpha}_1\end{vmatrix}+\begin{vmatrix}-2\boldsymbol{\alpha}_1\\3\boldsymbol{\alpha}_2\\\boldsymbol{\alpha}_1\end{vmatrix}=3\begin{vmatrix}\boldsymbol{\alpha}_3\\\boldsymbol{\alpha}_2\\\boldsymbol{\alpha}_1\end{vmatrix}-0\\&=-3\begin{vmatrix}\boldsymbol{\alpha}_1\\\boldsymbol{\alpha}_2\\\boldsymbol{\alpha}_3\end{vmatrix}=6.\end{aligned}$$

解法 2　由题目中 A 为按行分块，那么可以利用分块矩阵的乘积来进行处理，令 $\boldsymbol{\beta}_1=\boldsymbol{\alpha}_3-2\boldsymbol{\alpha}_1$，$\boldsymbol{\beta}_2=3\boldsymbol{\alpha}_2$，$\boldsymbol{\beta}_3=\boldsymbol{\alpha}_1$，则

$$B=\begin{pmatrix}\boldsymbol{\beta}_1\\\boldsymbol{\beta}_2\\\boldsymbol{\beta}_3\end{pmatrix}=\begin{pmatrix}-2&0&1\\0&3&0\\1&0&0\end{pmatrix}\begin{pmatrix}\boldsymbol{\alpha}_1\\\boldsymbol{\alpha}_2\\\boldsymbol{\alpha}_3\end{pmatrix},$$

两边同取行列式得

$$|\boldsymbol{B}|=\begin{vmatrix}-2&0&1\\0&3&0\\1&0&0\end{vmatrix}\begin{vmatrix}\boldsymbol{\alpha}_1\\\boldsymbol{\alpha}_2\\\boldsymbol{\alpha}_3\end{vmatrix}=-3\times(-2)=6.$$

例 2.49　设三阶矩阵 $\boldsymbol{A}=(\boldsymbol{\alpha}_1,\boldsymbol{\alpha}_2,\boldsymbol{\alpha}_3)$，其中 $\boldsymbol{\alpha}_i(i=1,2,3)$ 为 $\boldsymbol{A}$ 的列向量，且 $|\boldsymbol{A}|=2$，矩阵 $\boldsymbol{B}=(\boldsymbol{\alpha}_1+\boldsymbol{\alpha}_2,\boldsymbol{\alpha}_1+2\boldsymbol{\alpha}_2,\boldsymbol{\alpha}_1+3\boldsymbol{\alpha}_3)$ 求行列式 $|\boldsymbol{B}|$.

解　因为

$$\boldsymbol{B}=(\boldsymbol{\alpha}_1+\boldsymbol{\alpha}_2,\boldsymbol{\alpha}_1+2\boldsymbol{\alpha}_2,\boldsymbol{\alpha}_1+3\boldsymbol{\alpha}_3)=(\boldsymbol{\alpha}_1,\boldsymbol{\alpha}_2,\boldsymbol{\alpha}_3)\begin{pmatrix}1&1&1\\1&2&0\\0&0&3\end{pmatrix},$$

所以

$$|\boldsymbol{B}|=|\boldsymbol{A}|\begin{vmatrix}1&1&1\\1&2&0\\0&0&3\end{vmatrix}=2\times3\begin{vmatrix}1&1\\1&2\end{vmatrix}=6$$

（2）利用拉普拉斯公式

例 2.50　设 $\boldsymbol{A}$ 与 $\boldsymbol{B}$ 分别为 m，n 阶矩阵，且 $|\boldsymbol{A}|=a$，$|\boldsymbol{B}|=b$，则 $\begin{vmatrix}\boldsymbol{O}&2\boldsymbol{A}\\-\boldsymbol{B}&\boldsymbol{O}\end{vmatrix}=$________.

解　应填 $(-1)^{(m+1)n}2^m ab$.

[分析]因为 $\boldsymbol{A}$ 与 $\boldsymbol{B}$ 分别为 m，n 阶矩阵，所以

$$\begin{aligned}\begin{vmatrix}\boldsymbol{O}&2\boldsymbol{A}\\-\boldsymbol{B}&\boldsymbol{O}\end{vmatrix}&=(-1)^{mn}|2\boldsymbol{A}|\cdot|-\boldsymbol{B}|\\&=(-1)^{mn}2^m|\boldsymbol{A}|\cdot(-1)^n|\boldsymbol{B}|=(-1)^{(m+1)n}2^m ab.\end{aligned}$$

例 2.51　（1997，数3）设 $\boldsymbol{A}$ 是 n 阶非奇异矩阵，$\boldsymbol{\alpha}$ 是 n 维列向量，b 为常数，记分块矩阵

$$\boldsymbol{P}=\begin{pmatrix}\boldsymbol{E}&0\\-\boldsymbol{\alpha}^{\mathrm{T}}\boldsymbol{A}^*&|\boldsymbol{A}|\end{pmatrix},\ \boldsymbol{Q}=\begin{pmatrix}\boldsymbol{A}&\boldsymbol{\alpha}\\\boldsymbol{\alpha}^{\mathrm{T}}&b\end{pmatrix}$$

（1）计算 $\boldsymbol{PQ}$；

（2）证明 $\boldsymbol{Q}$ 可逆的充要条件是 $\boldsymbol{\alpha}^{\mathrm{T}}\boldsymbol{A}^{-1}\boldsymbol{\alpha}\neq b$.

解　（1）由分块矩阵的乘法知

$$\begin{aligned}\boldsymbol{PQ}&=\begin{pmatrix}\boldsymbol{E}&0\\-\boldsymbol{\alpha}^{\mathrm{T}}\boldsymbol{A}^*&|\boldsymbol{A}|\end{pmatrix}\begin{pmatrix}\boldsymbol{A}&\boldsymbol{\alpha}\\\boldsymbol{\alpha}^{\mathrm{T}}&b\end{pmatrix}\\&=\begin{pmatrix}\boldsymbol{A}&\boldsymbol{\alpha}\\-\boldsymbol{\alpha}^{\mathrm{T}}\boldsymbol{A}^*\boldsymbol{A}+|\boldsymbol{A}|\boldsymbol{\alpha}^{\mathrm{T}}&-\boldsymbol{\alpha}^{\mathrm{T}}\boldsymbol{A}^*\boldsymbol{\alpha}+|\boldsymbol{A}|b\end{pmatrix}\\&=\begin{pmatrix}\boldsymbol{A}&\boldsymbol{\alpha}\\\boldsymbol{O}&|\boldsymbol{A}|(b-\boldsymbol{\alpha}^{\mathrm{T}}\boldsymbol{A}^{-1}\boldsymbol{\alpha})\end{pmatrix}.\end{aligned}$$

（2）由(1)的结论，两边取行列式可得

$$|\boldsymbol{P}|\cdot|\boldsymbol{Q}|=|\boldsymbol{A}|^2\cdot(b-\boldsymbol{\alpha}^{\mathrm{T}}\boldsymbol{A}^{-1}\boldsymbol{\alpha}).$$

因为 $|\boldsymbol{P}|=|\boldsymbol{A}|\neq 0$，所以 $|\boldsymbol{Q}|=|\boldsymbol{A}|\cdot(b-\boldsymbol{\alpha}^{\mathrm{T}}\boldsymbol{A}^{-1}\boldsymbol{\alpha})$，因此有 $\boldsymbol{Q}$ 可逆的充要条件为 $|\boldsymbol{A}|\cdot(b-\boldsymbol{\alpha}^{\mathrm{T}}\boldsymbol{A}^{-1}\boldsymbol{\alpha})\neq 0$，即 $b\neq\boldsymbol{\alpha}^{\mathrm{T}}\boldsymbol{A}^{-1}\boldsymbol{\alpha}$.

3. 分块矩阵的逆矩阵与伴随矩阵

例 2.52 求矩阵

$$\boldsymbol{A}=\begin{pmatrix}0 & a_1 & 0 & 0\\ 0 & 0 & a_2 & 0\\ 0 & 0 & 0 & a_3\\ a_4 & 0 & 0 & 0\end{pmatrix}$$

的逆矩阵，这里 a_1，a_2，a_3，a_4 均不为 0.

解 将矩阵 $\boldsymbol{A}$ 分块如下：

$$\boldsymbol{A}=\left(\begin{array}{c|ccc}0 & a_1 & 0 & 0\\ 0 & 0 & a_2 & 0\\ 0 & 0 & 0 & a_3\\ \hline a_4 & 0 & 0 & 0\end{array}\right),$$

记 $\boldsymbol{A}_1=\begin{pmatrix}a_1 & 0 & 0\\ 0 & a_3 & 0\\ 0 & 0 & a_3\end{pmatrix}$，$\boldsymbol{A}_2=(a_4)$，则

$$\boldsymbol{A}^{-1}=\begin{pmatrix}0 & \boldsymbol{A}_1\\ \boldsymbol{A}_2 & 0\end{pmatrix}^{-1}=\begin{pmatrix}0 & \boldsymbol{A}_2^{-1}\\ \boldsymbol{A}_1^{-1} & 0\end{pmatrix}$$

$$=\left(\begin{array}{ccc|c}0 & 0 & 0 & a_4^{-1}\\ \hline a_1^{-1} & 0 & 0 & 0\\ 0 & a_2^{-1} & 0 & 0\\ 0 & 0 & a_3^{-1} & 0\end{array}\right)$$

注： 也可依次将矩阵 $(\boldsymbol{A}\,|\,\boldsymbol{E})$ 的第 4 行与 3，2，1 行交换，进一步将 $\boldsymbol{A}$ 化为单位矩阵求 $\boldsymbol{A}^{-1}$.

例 2.53 设 $\boldsymbol{A}$，$\boldsymbol{B}$ 均为二阶矩阵，$\boldsymbol{A}^*$，$\boldsymbol{B}^*$ 分别为 $\boldsymbol{A}$，$\boldsymbol{B}$ 的伴随矩阵. 若 $|\boldsymbol{A}|=2$，$|\boldsymbol{B}|=3$，则分块矩阵 $\begin{pmatrix}\boldsymbol{O} & \boldsymbol{A}\\ \boldsymbol{B} & \boldsymbol{O}\end{pmatrix}$ 的伴随矩阵为(　　).

A. $\begin{pmatrix}\boldsymbol{O} & 3\boldsymbol{B}^*\\ 2\boldsymbol{A}^* & \boldsymbol{O}\end{pmatrix}$　　B. $\begin{pmatrix}\boldsymbol{O} & 2\boldsymbol{B}^*\\ 3\boldsymbol{A}^* & \boldsymbol{O}\end{pmatrix}$　　C. $\begin{pmatrix}\boldsymbol{O} & 3\boldsymbol{A}^*\\ 2\boldsymbol{B}^* & \boldsymbol{O}\end{pmatrix}$　　D. $\begin{pmatrix}\boldsymbol{O} & 2\boldsymbol{A}^*\\ 3\boldsymbol{B}^* & \boldsymbol{O}\end{pmatrix}$

解 应选 B.

[分析]事实上，由题可知 $|\boldsymbol{A}|=2$，$|\boldsymbol{B}|=3$，由式(2.4)、式(2.10)，可得

$$\begin{pmatrix}\boldsymbol{O} & \boldsymbol{A}\\ \boldsymbol{B} & \boldsymbol{O}\end{pmatrix}^*=\begin{vmatrix}\boldsymbol{O} & \boldsymbol{A}\\ \boldsymbol{B} & \boldsymbol{O}\end{vmatrix}\cdot\begin{pmatrix}\boldsymbol{O} & \boldsymbol{A}\\ \boldsymbol{B} & \boldsymbol{O}\end{pmatrix}^{-1}$$

$$=(-1)^{2\times 2}|\boldsymbol{A}|\cdot|\boldsymbol{B}|\begin{pmatrix}\boldsymbol{O} & \boldsymbol{B}^{-1}\\ \boldsymbol{A}^{-1} & \boldsymbol{O}\end{pmatrix}$$

$$=\begin{pmatrix}\boldsymbol{O} & |\boldsymbol{A}|\cdot|\boldsymbol{B}|\boldsymbol{B}^{-1}\\ |\boldsymbol{B}|\cdot|\boldsymbol{A}|\boldsymbol{A}^{-1} & \boldsymbol{O}\end{pmatrix}$$

$$=\begin{pmatrix}\boldsymbol{O} & |\boldsymbol{A}|\cdot\boldsymbol{B}^{*}\\ |\boldsymbol{B}|\cdot\boldsymbol{A}^{*} & \boldsymbol{O}\end{pmatrix}$$

结合 $|\boldsymbol{A}|=2$，$|\boldsymbol{B}|=3$ 可知，应选 B.

2.4.10　矩阵的秩

1. 利用定义讨论矩阵的秩

例 2.54　已知 $\boldsymbol{A}$ 是一个 3×4 矩阵，下列命题中正确的是(　　).

A. 若 $r(\boldsymbol{A})=2$，则 $\boldsymbol{A}$ 中所有二阶子式都不为 0

B. 若 $\boldsymbol{A}$ 中存在二阶子式不为 0，则 $r(A)=2$

C. 若矩阵 $\boldsymbol{A}$ 中所有三阶子式都为 0，则 $r(A)=2$

D. 若 $r(\boldsymbol{A})=2$，则 $\boldsymbol{A}$ 中所有三阶子式都为 0

解　应选 D.

[分析]事实上，矩阵的秩是其非零子式的最高阶数.

当 $r(\boldsymbol{A})=2$ 时，说明矩阵 $\boldsymbol{A}$ 存在二阶非零子式，但不能保证所有的二阶子式都不为 0，所以 A 错误. 当矩阵 $\boldsymbol{A}$ 中存在二阶子式为 0 时，不能保证有三阶子式非零，所以 B 错误. 矩阵 $\boldsymbol{A}$ 中所有三阶子式都为 0 时，只能说明 $r(\boldsymbol{A})\leqslant2$，所以 C 错误. 当 $r(\boldsymbol{A})=2$，$\boldsymbol{A}$ 中所有三阶子式都为 0 是正确的，所以 D 正确.

例 2.55　设 $n(n\geqslant3)$ 阶矩阵，

$$\boldsymbol{A}=\begin{pmatrix}a & 1 & 1\\ 1 & a & 1\\ 1 & 1 & a\end{pmatrix},$$

如 $r(\boldsymbol{A})=2$，则求参数 a.

解法 1　(利用初等变换及秩的求法)对矩阵 $\boldsymbol{A}$ 施以初等行变换，可得

$$\boldsymbol{A}=\begin{pmatrix}a & 1 & 1\\ 1 & a & 1\\ 1 & 1 & a\end{pmatrix}\to\begin{pmatrix}1 & 1 & a\\ 1 & a & 1\\ a & 1 & 1\end{pmatrix}\to\begin{pmatrix}1 & 1 & a\\ 0 & a-1 & 1-a\\ 0 & 1-a & 1-a^2\end{pmatrix}\to\begin{pmatrix}1 & 1 & a\\ 0 & a-1 & 1-a\\ 0 & 0 & (1-a)(2+a)\end{pmatrix},$$

由于矩阵的秩等于其化成的阶梯形中的非零行数，结合 $r(\boldsymbol{A})=2$，可得 $a=-2$.

解法 2　(利用定义)由于矩阵 $\boldsymbol{A}$ 的秩 $r(\boldsymbol{A})=2$，所以

$$|\boldsymbol{A}|=\begin{vmatrix}a & 1 & 1\\ 1 & a & 1\\ 1 & 1 & a\end{vmatrix}=(a+2)(a-1)^2=0,$$

可得 $a=1$，或者 $a=-2$.

但 $a=1$ 时，$\boldsymbol{A}=\begin{pmatrix}1&1&1\\1&1&1\\1&1&1\end{pmatrix}$，显见该矩阵任意二阶子式为 0，其秩为 1，所以 $a=1$ 不合题意，舍去. 综合可得 $a=-2$.

注： 当 $r(\boldsymbol{A})=2$ 时，有 $|\boldsymbol{A}|=0$，但 $|\boldsymbol{A}|=0$ 未必有 $r(\boldsymbol{A})=2$，所以使用解法 2 时需要检验.

2. 利用行阶梯形讨论矩阵的秩

例 2.56　设矩阵 $\boldsymbol{A}=\begin{pmatrix}0&1&&\\&0&1&\\&&0&1\\&&&0\end{pmatrix}$，则 $\boldsymbol{A}^3$ 的秩为________.

解　应填 1.

[分析]由 $\boldsymbol{A}=\begin{pmatrix}0&1&&\\&0&1&\\&&0&1\\&&&0\end{pmatrix}$，可得

$$\boldsymbol{A}^2=\begin{pmatrix}0&0&1&0\\0&0&0&1\\0&0&0&0\\0&0&0&0\end{pmatrix},\ \boldsymbol{A}^3=\begin{pmatrix}0&0&0&1\\0&0&0&0\\0&0&0&0\\0&0&0&0\end{pmatrix},$$

这里 $\boldsymbol{A}^3$ 是行阶梯形，其秩为 1.

例 2.57　设矩阵 $\boldsymbol{A}=\begin{pmatrix}1&2&1\\2&ab+4&2\\2&4&a+2\end{pmatrix}$ 的秩为 2，则(　　).

A. $a=0$，$b=0$　　　　B. $a=0$，$b\neq0$

C. $a\neq0$，$b=0$　　　　D. $a\neq0$，$b\neq0$

解　应选 C.

[分析]将矩阵 $\boldsymbol{A}$ 利用初等行变换化为行阶梯形，可得

$$\boldsymbol{A}=\begin{pmatrix}1&2&1\\2&ab+4&2\\2&4&a+2\end{pmatrix}\to\begin{pmatrix}1&2&1\\0&ab&0\\0&0&a\end{pmatrix},$$

显见，$r(\boldsymbol{A})=2$ 时，选项 C 正确.

3. 利用等价讨论矩阵的秩

例 2.58　(2016，数 1，2，3)设矩阵 $\begin{pmatrix}a&-1&-1\\-1&a&-1\\-1&-1&a\end{pmatrix}$ 与 $\begin{pmatrix}1&1&0\\0&-1&1\\1&0&1\end{pmatrix}$ 等价，则 $a=$________.

解　应填 2.

[分析]记 $A=\begin{pmatrix} a & -1 & -1 \\ -1 & a & -1 \\ -1 & -1 & a \end{pmatrix}$，$B=\begin{pmatrix} 1 & 1 & 0 \\ 0 & -1 & 1 \\ 1 & 0 & 1 \end{pmatrix}$，

由 $B=\begin{pmatrix} 1 & 1 & 0 \\ 0 & -1 & 1 \\ 1 & 0 & 1 \end{pmatrix} \sim \begin{pmatrix} 1 & 1 & 0 \\ 0 & -1 & 1 \\ 0 & 0 & 0 \end{pmatrix}$，知 $r(B)=2$.

又由于 A 与 B 等价，所以 $r(A)=r(B)=2$，从而 $|A|=0$.

而
$$|A|=\begin{vmatrix} a & -1 & -1 \\ -1 & a & -1 \\ -1 & -1 & a \end{vmatrix}=(a-2)(a+1)^2,$$

所以 $a=2$ 或 $a=-1$. 考虑到 $a=-1$ 时，$r(A)=1$，所以 $a=2$.

4. 利用性质讨论矩阵的秩

例 2.59　(2010，数1)设 A 为 $m\times n$ 矩阵，B 为 $n\times m$ 矩阵，E 为 m 阶单位矩阵. $AB=E$，则(　　).

A. $r(A)=m$，$r(B)=m$　　B. $r(A)=m$，$r(B)=n$

C. $r(A)=n$，$r(B)=m$　　D. $r(A)=n$，$r(B)=n$

解　应选 A.

[分析]由 $AB=E$ 可得 E 为 m 阶矩阵，而且 $r(A)\geqslant r(AB)=r(E)=m$. 又 A 为 $m\times n$ 矩阵，显然有 $r(A)\leqslant m$，故有 $r(A)=m$. 同理可得 $r(B)=m$. 所以选 A.

例 2.60　已知 $A=\begin{pmatrix} a_1b_1 & a_1b_2 & a_1b_3 \\ a_2b_1 & a_2b_2 & a_2b_3 \\ a_3b_1 & a_3b_2 & a_3b_3 \end{pmatrix}$，其中 a_i 与 b_i 均不全为 $0(i=1,2,3)$，则矩阵 A 的秩为(　　).

A. 0　　B. 1　　C. 2　　D. 3

解　应选 B.

[分析]**解法1**　由于 b_i 不全为 $0(i=1,2,3)$，而且
$$A=\begin{pmatrix} a_1b_1 & a_1b_2 & a_1b_3 \\ a_2b_1 & a_2b_2 & a_2b_3 \\ a_3b_1 & a_3b_2 & a_3b_3 \end{pmatrix}=\begin{pmatrix} a_1 \\ a_2 \\ a_3 \end{pmatrix}(b_1,b_2,b_3),$$

所以 $r(A)\leqslant r(b_1,b_2,b_3)\leqslant 1$.

又因为 a_1，a_2，a_3 与 b_1，b_2，b_3 均不全为 0，所以 $A\neq O$，因此 $r(A)\geqslant 1$.

综合可得，$r(A)=1$.

解法2　不妨设 $a_1\neq 0$，对 A 做初等行变换
$$A=\begin{pmatrix} a_1b_1 & a_1b_2 & a_1b_3 \\ a_2b_1 & a_2b_2 & a_2b_3 \\ a_3b_1 & a_3b_2 & a_3b_3 \end{pmatrix}\xrightarrow{r_1\times\frac{1}{a_1}}\begin{pmatrix} b_1 & b_2 & b_3 \\ a_2b_1 & a_2b_2 & a_2b_3 \\ a_3b_1 & a_3b_2 & a_3b_3 \end{pmatrix}\xrightarrow[j=2,3]{r_j-a_jr_1}\begin{pmatrix} b_1 & b_2 & b_3 \\ 0 & 0 & 0 \\ 0 & 0 & 0 \end{pmatrix}.$$

由 b_1，b_2，b_3 均不全为 0，可得 $r(\boldsymbol{A})=1$.

例 2.61 设 $\boldsymbol{\alpha},\boldsymbol{\beta}$ 为三维列向量，矩阵 $\boldsymbol{A}=\boldsymbol{\alpha}\boldsymbol{\alpha}^{\mathrm{T}}+\boldsymbol{\beta}\boldsymbol{\beta}^{\mathrm{T}}$，其中 $\boldsymbol{\alpha}^{\mathrm{T}}$，$\boldsymbol{\beta}^{\mathrm{T}}$ 分别是 $\boldsymbol{\alpha},\boldsymbol{\beta}$ 的转置. 证明：

（1）$r(\boldsymbol{A})\leqslant 2$；

（2）若存在常数 k，使 $\boldsymbol{\alpha}=k\boldsymbol{\beta}$，则 $r(\boldsymbol{A})<2$.

证明 （1）

$$\begin{aligned} r(\boldsymbol{A}) &= r(\boldsymbol{\alpha}\boldsymbol{\alpha}^{\mathrm{T}}+\boldsymbol{\beta}\boldsymbol{\beta}^{\mathrm{T}}) \\ &\leqslant r(\boldsymbol{\alpha}\boldsymbol{\alpha}^{\mathrm{T}})+r(\boldsymbol{\beta}\boldsymbol{\beta}^{\mathrm{T}}) \\ &\leqslant r(\boldsymbol{\alpha})+r(\boldsymbol{\beta}) \\ &\leqslant 2. \end{aligned}$$

（2）由于 $\boldsymbol{\alpha}=k\boldsymbol{\beta}$，则

$$\begin{aligned} r(\boldsymbol{A}) &= r(\boldsymbol{\alpha}\boldsymbol{\alpha}^{\mathrm{T}}+\boldsymbol{\beta}\boldsymbol{\beta}^{\mathrm{T}}) \\ &= r[(1+k^2)\boldsymbol{\beta}\boldsymbol{\beta}^{\mathrm{T}}] \\ &\leqslant r(\boldsymbol{\beta}) \\ &\leqslant 1. \end{aligned}$$

注： 由 $\boldsymbol{A}=\boldsymbol{\alpha}\boldsymbol{\alpha}^{\mathrm{T}}+\boldsymbol{\beta}\boldsymbol{\beta}^{\mathrm{T}}=(\boldsymbol{\alpha},\boldsymbol{\beta})\begin{pmatrix}\boldsymbol{\alpha}^{\mathrm{T}}\\ \boldsymbol{\beta}^{\mathrm{T}}\end{pmatrix}$，也可得到 $r(\boldsymbol{A})\leqslant r(\boldsymbol{\alpha},\boldsymbol{\beta})\leqslant 2$.

例 2.62* 设三阶矩阵 $\boldsymbol{A}$ 的特征值互不相同. 若 $|\boldsymbol{A}|=0$，则 $\boldsymbol{A}$ 的秩为________.

解 应填 2.

[分析]设矩阵 $\boldsymbol{A}$ 的特征值为 λ_1，λ_2，λ_3 因为 $|\boldsymbol{A}|=0$，所以 $\boldsymbol{A}$ 有特征值 0(不妨设 $\lambda_1=0$). 又因为 λ_1，λ_2，λ_3 互不相同，所以存在可逆矩阵 $\boldsymbol{P}$，使

$$\boldsymbol{P}^{-1}\boldsymbol{A}\boldsymbol{P}=\begin{pmatrix}0 & & \\ & \lambda_2 & \\ & & \lambda_3\end{pmatrix},$$

所以

$$r(\boldsymbol{A})=r\begin{pmatrix}0 & & \\ & \lambda_2 & \\ & & \lambda_3\end{pmatrix}=2.$$

5. 关于分块矩阵的秩

例 2.63 设 $\boldsymbol{B}$ 是三阶矩阵，$\boldsymbol{O}$ 是三阶零矩阵，$r(\boldsymbol{B})=2$，则分块矩阵 $\begin{pmatrix}\boldsymbol{E} & \boldsymbol{O}\\ \boldsymbol{B} & -\boldsymbol{B}\end{pmatrix}$ 的秩为________.

解 应填 5.

[分析]事实上，由于

$$\begin{pmatrix}\boldsymbol{E} & \boldsymbol{O}\\ -\boldsymbol{B} & \boldsymbol{E}\end{pmatrix}\begin{pmatrix}\boldsymbol{E} & \boldsymbol{O}\\ \boldsymbol{B} & -\boldsymbol{B}\end{pmatrix}=\begin{pmatrix}\boldsymbol{E} & \boldsymbol{O}\\ \boldsymbol{O} & -\boldsymbol{B}\end{pmatrix},$$

而且矩阵 $\begin{pmatrix}\boldsymbol{E} & \boldsymbol{O}\\ -\boldsymbol{B} & \boldsymbol{E}\end{pmatrix}$ 为可逆矩阵，所以

$$r\begin{pmatrix}\boldsymbol{E} & \boldsymbol{O}\\ \boldsymbol{B} & -\boldsymbol{B}\end{pmatrix}=r\begin{pmatrix}\boldsymbol{E} & \boldsymbol{O}\\ \boldsymbol{O} & -\boldsymbol{B}\end{pmatrix}=r(\boldsymbol{E})+r(-\boldsymbol{B})=3+2=5.$$

例 2.64　(2018，数 1，2，3)设 $\boldsymbol{A}$，$\boldsymbol{B}$ 都是 n 阶矩阵，$r(\boldsymbol{X})$ 为矩阵 $\boldsymbol{X}$ 的秩，$(\boldsymbol{X},\boldsymbol{Y})$ 表示分块矩阵，则(　　).

A. $r(\boldsymbol{A},\boldsymbol{AB})=r(\boldsymbol{A})$　　　　B. $r(\boldsymbol{A},\boldsymbol{BA})=r(\boldsymbol{A})$

C. $r(\boldsymbol{A},\boldsymbol{B})=\max\{r(\boldsymbol{A}),r(\boldsymbol{B})\}$　　　　D. $r(\boldsymbol{A},\boldsymbol{B})=r(\boldsymbol{A}^{\mathrm{T}},\boldsymbol{B}^{\mathrm{T}})$

解　应选 A.

[分析]事实上，显见有

$$r(\boldsymbol{A},\boldsymbol{AB})\geqslant r(A),$$

又因为

$$(\boldsymbol{A},\boldsymbol{AB})=\boldsymbol{A}(\boldsymbol{E},\boldsymbol{B}),$$

这里将矩阵 $\boldsymbol{A}$ 看成一块，它是 1×1 矩阵，而矩阵乘积的秩不超过每一个因子的秩，所以

$$r(\boldsymbol{A},\boldsymbol{AB})=r[\boldsymbol{A}(\boldsymbol{E},\boldsymbol{B})]\leqslant r(\boldsymbol{A}),$$

因此选项 A 正确；

由于$(\boldsymbol{A},\boldsymbol{BA})\neq(\boldsymbol{E},\boldsymbol{B})\boldsymbol{A}$，因为形式上看，$(\boldsymbol{E},\boldsymbol{B})$ 为 1×2 矩阵，$\boldsymbol{A}$ 为 1×1 矩阵，$(\boldsymbol{E},\boldsymbol{B})\boldsymbol{A}$ 是没有意义的，所以不能类似于以上方法得到 B 正确. 事实上，令

$$\boldsymbol{A}=\begin{pmatrix}1 & 0\\ 0 & 0\end{pmatrix},\ \boldsymbol{B}=\begin{pmatrix}1 & 0\\ 2 & 3\end{pmatrix},$$

有

$$r(\boldsymbol{A},\boldsymbol{BA})=r\left(\begin{array}{cc:cc}1 & 0 & 1 & 0\\ 0 & 0 & 2 & 0\end{array}\right)=2>r(\boldsymbol{A}).$$

对于选项 C，理论上有 $r(\boldsymbol{A},\boldsymbol{B})\geqslant\max\{r(\boldsymbol{A}),r(\boldsymbol{B})\}$，所以 C 错误.

对于 D，可举反例如下：

$$\boldsymbol{A}=\begin{pmatrix}1 & 0\\ 0 & 0\end{pmatrix},\ \boldsymbol{B}=\begin{pmatrix}0 & 1\\ 0 & 0\end{pmatrix},$$

这里

$$r(\boldsymbol{A},\boldsymbol{B})=r\left(\begin{array}{cc:cc}1 & 0 & 0 & 1\\ 0 & 0 & 0 & 0\end{array}\right)=1,$$

$$r(\boldsymbol{A}^{\mathrm{T}},\boldsymbol{B}^{\mathrm{T}})=r\left(\begin{array}{cc:cc}1 & 0 & 0 & 0\\ 0 & 0 & 1 & 0\end{array}\right)=2.$$

注*：学习第 3 章之后还可这样思考：令 $\boldsymbol{AB}=\boldsymbol{C}$，则矩阵 $\boldsymbol{C}$ 的列向量可用左矩阵 $\boldsymbol{A}$ 的列向量线性表示，于是矩阵$(\boldsymbol{A},\boldsymbol{AB})$可经列变换化为$(\boldsymbol{A},\boldsymbol{O})$，从而 $r(\boldsymbol{A},\boldsymbol{AB})=r(\boldsymbol{A})$.

例 2.65　(2021，数 1)设 $\boldsymbol{A}$，$\boldsymbol{B}$ 均为 n 阶实矩阵，下列结论不成立的是(　　).

A. $r\begin{pmatrix}\boldsymbol{A} & \boldsymbol{O}\\ \boldsymbol{O} & \boldsymbol{A}^{\mathrm{T}}\boldsymbol{A}\end{pmatrix}=2r(\boldsymbol{A})$　　　　B. $r\begin{pmatrix}\boldsymbol{A} & \boldsymbol{AB}\\ \boldsymbol{O} & \boldsymbol{A}^{\mathrm{T}}\end{pmatrix}=2r(\boldsymbol{A})$

C. $r\begin{pmatrix} \boldsymbol{A} & \boldsymbol{BA} \\ \boldsymbol{O} & \boldsymbol{AA}^{\mathrm{T}} \end{pmatrix}=2r(\boldsymbol{A})$　　　　D. $r\begin{pmatrix} \boldsymbol{A} & \boldsymbol{O} \\ \boldsymbol{BA} & \boldsymbol{A}^{\mathrm{T}} \end{pmatrix}=2r(\boldsymbol{A})$

解　应选 C.

[分析]因为 $r\begin{pmatrix} \boldsymbol{A} & \boldsymbol{O} \\ \boldsymbol{O} & \boldsymbol{A}^{\mathrm{T}}\boldsymbol{A} \end{pmatrix}=r(\boldsymbol{A})+r(\boldsymbol{A}^{\mathrm{T}}\boldsymbol{A})=2r(\boldsymbol{A})$，所以 A 选项正确；

因为

$$\begin{pmatrix} \boldsymbol{A} & \boldsymbol{AB} \\ \boldsymbol{O} & \boldsymbol{A}^{\mathrm{T}} \end{pmatrix}\begin{pmatrix} \boldsymbol{E} & -\boldsymbol{B} \\ \boldsymbol{O} & \boldsymbol{E} \end{pmatrix}=\begin{pmatrix} \boldsymbol{A} & \boldsymbol{O} \\ \boldsymbol{O} & \boldsymbol{A}^{\mathrm{T}} \end{pmatrix}，这里\begin{pmatrix} \boldsymbol{E} & -\boldsymbol{B} \\ \boldsymbol{O} & \boldsymbol{E} \end{pmatrix}是可逆矩阵.$$

所以

$$r\begin{pmatrix} \boldsymbol{A} & \boldsymbol{AB} \\ \boldsymbol{O} & \boldsymbol{A}^{\mathrm{T}} \end{pmatrix}=r\begin{pmatrix} \boldsymbol{A} & \boldsymbol{O} \\ \boldsymbol{O} & \boldsymbol{A}^{\mathrm{T}} \end{pmatrix}=r(\boldsymbol{A})+r(\boldsymbol{A}^{\mathrm{T}})=2r(\boldsymbol{A}),$$

从而选项 B 正确.

又因为

$$\begin{pmatrix} \boldsymbol{E} & \boldsymbol{O} \\ -\boldsymbol{B} & \boldsymbol{E} \end{pmatrix}\begin{pmatrix} \boldsymbol{A} & \boldsymbol{O} \\ \boldsymbol{BA} & \boldsymbol{A}^{\mathrm{T}} \end{pmatrix}=\begin{pmatrix} \boldsymbol{A} & \boldsymbol{O} \\ \boldsymbol{O} & \boldsymbol{A}^{\mathrm{T}} \end{pmatrix}，这里\begin{pmatrix} \boldsymbol{E} & \boldsymbol{O} \\ -\boldsymbol{B} & \boldsymbol{E} \end{pmatrix}是可逆矩阵.$$

所以

$$r\begin{pmatrix} \boldsymbol{A} & \boldsymbol{O} \\ \boldsymbol{BA} & \boldsymbol{A}^{\mathrm{T}} \end{pmatrix}=r\begin{pmatrix} \boldsymbol{A} & \boldsymbol{O} \\ \boldsymbol{O} & \boldsymbol{A}^{\mathrm{T}} \end{pmatrix}=r(\boldsymbol{A})+r(\boldsymbol{A}^{\mathrm{T}})=2r(\boldsymbol{A}),$$

从而选项 D 正确.

使用排除法可知，错误的选项应为 C.

注： 如上分析中给出的诸如 $\begin{pmatrix} \boldsymbol{A} & \boldsymbol{AB} \\ \boldsymbol{O} & \boldsymbol{A}^{\mathrm{T}} \end{pmatrix}\begin{pmatrix} \boldsymbol{E} & -\boldsymbol{B} \\ \boldsymbol{O} & \boldsymbol{E} \end{pmatrix}=\begin{pmatrix} \boldsymbol{A} & \boldsymbol{O} \\ \boldsymbol{O} & \boldsymbol{A}^{\mathrm{T}} \end{pmatrix}$ 之类的式子，直接验证可知其是正确的. 怎么想到呢？其实可把 $\begin{pmatrix} \boldsymbol{E} & -\boldsymbol{B} \\ \boldsymbol{O} & \boldsymbol{E} \end{pmatrix}$ 理解为一个广义的初等矩阵，它是由单位矩阵 $\begin{pmatrix} \boldsymbol{E} & \boldsymbol{O} \\ \boldsymbol{O} & \boldsymbol{E} \end{pmatrix}$ 的第一列乘以 $-\boldsymbol{B}$ 加到第二列所得，由于 $\begin{pmatrix} \boldsymbol{E} & -\boldsymbol{B} \\ \boldsymbol{O} & \boldsymbol{E} \end{pmatrix}$ 处在 $\begin{pmatrix} \boldsymbol{A} & \boldsymbol{AB} \\ \boldsymbol{O} & \boldsymbol{A}^{\mathrm{T}} \end{pmatrix}$ 的右边，所以在做乘积时，相当于对 $\begin{pmatrix} \boldsymbol{A} & \boldsymbol{AB} \\ \boldsymbol{O} & \boldsymbol{A}^{\mathrm{T}} \end{pmatrix}$ 施行一次同样的初等列变换.

6. 关于伴随矩阵的秩

例 2.66　(2003，数 3)设三阶矩阵 $\boldsymbol{A}=\begin{pmatrix} a & b & b \\ b & a & b \\ b & b & a \end{pmatrix}$，若 $\boldsymbol{A}$ 的伴随矩阵的秩为 1，则必有(　　).

A. $a=b$ 或 $a+2b=0$　　　　B. $a=b$ 或 $a+2b\neq0$

C. $a\neq b$ 且 $a+2b=0$　　　　D. $a\neq b$ 且 $a+2b\neq0$

解　应选 C.

[分析]事实上，A 为三阶矩阵，由题设 $r(A^*)=1$，可得 $r(A)=2$，所以

$$|A|=\begin{vmatrix} a & b & b \\ b & a & b \\ b & b & a \end{vmatrix}=(a+2b)(a-b)^2=0,$$

故有

$$a+2b=0，或 a=b.$$

但 $a=b$ 时，显见 A 的秩 $r(A)\leqslant 1$，与 $r(A)=2$ 矛盾. 从而选 C.

7. 利用 $AB=O$ 讨论矩阵的秩

例 2.67　设 A，B 为五阶非零矩阵，且 $AB=O$ 则有(　　).

A. 若 $r(A)=1$，则 $r(B)=4$　　B. 若 $r(A)=2$，则 $r(B)=3$

C. 若 $r(A)=3$，则 $r(B)=2$　　D. 若 $r(A)=4$，则 $r(B)=1$

解　应选 D.

[分析]事实上，由 A，B 为五阶矩阵，而且 $AB=O$，可得 $r(A)+r(B)\leqslant 5$. 于是，当 $r(A)=4$ 时，有 $r(B)\leqslant 1$.

考虑到 B 为非零矩阵，所以 $r(B)\geqslant 1$.

综合以上分析，可得 $r(A)=4$ 时，有 $r(B)=1$.

注：由 $AB=O$，可得 $r(A)+r(B)\leqslant 5$，所以有：$r(A)=1$ 时，$r(B)\leqslant 4$；$r(A)=2$ 时，$r(B)\leqslant 3$；$r(A)=3$ 时，$r(B)\leqslant 2$，因此，选项 A、B、C 均不能保证正确.

例 2.68　设 $A=\begin{pmatrix} 1 & 2 & -2 \\ 4 & t & 3 \\ 3 & -1 & 1 \end{pmatrix}$，$B$ 为三阶非零矩阵，且 $AB=O$，求 t.

解　由题设，A，B 均为三阶矩阵，而且 $AB=O$，所以矩阵 B 的列向量均为三元线性方程组 $AX=O$ 的解. 由于 B 为非零矩阵，所以 $AX=O$ 有非零解，从而

$$|A|=\begin{vmatrix} 1 & 2 & -2 \\ 4 & t & 3 \\ 3 & -1 & 1 \end{vmatrix}=7(t+3)=0.$$

因此有 $t=-3$.

注：由 $AB=O$，可得 $r(A)+r(B)\leqslant 3$. 而 $B\neq O$，所以 $r(A)\leqslant 2$，同样可得 $|A|=0$.

2.4.11　关于行列式 $|A|=0$ 与矩阵 $A=O$ 的证明问题*

1. 涉及 $|A|=0$ 的问题

矩阵行列式是否为零，与线性代数的许多知识存在联系，请读者体会以下结论.

1）方阵 A 可逆的充要条件是 $|A|\neq 0$；

2）设 A 是 n 阶矩阵，当 $|A|\neq 0$ 时，由克拉默法则，$Ax=b$ 有唯一解；当 $|A|=0$ 时，非齐次方程组 $Ax=b$ 可能无解，亦可能有无穷多解. 齐次方程组 $Ax=0$ 有非零解的充要条件是 $|A|=0$；

3）对 n 个 n 维向量 $\alpha_1,\alpha_2,\cdots,\alpha_n$，其线性相关(或线性无关)的充要条件是行列式

$|(\boldsymbol{\alpha}_1,\boldsymbol{\alpha}_2,\cdots,\boldsymbol{\alpha}_n)|$等于 0(或不等于零)；

4) $\boldsymbol{A}$ 满秩(即 $r(\boldsymbol{A})=n$)的充要条件是 $|\boldsymbol{A}|\neq 0$(满秩矩阵也称为非奇异矩阵)；$\boldsymbol{A}$ 降秩(即 $r(\boldsymbol{A})<n$)的充要条件是 $|\boldsymbol{A}|=0$；

5) 矩阵 $\boldsymbol{A}$ 的行列式 $|\boldsymbol{A}|=0$ 的充要条件是 $\boldsymbol{A}$ 有特征值 0；

6) 二次型 $\boldsymbol{x}^{\mathrm{T}}\boldsymbol{A}\boldsymbol{x}$ 的正定性的充要条件是矩阵 $\boldsymbol{A}$ 的各阶顺序主子式全大于零.

例 2.69　设 $\boldsymbol{A}=\boldsymbol{E}-\boldsymbol{\xi}\boldsymbol{\xi}^{\mathrm{T}}$，$\boldsymbol{E}$ 为 n 阶单位矩阵，$\boldsymbol{\xi}$ 为 n 维非零列向量，证明：当 $\boldsymbol{\xi}^{\mathrm{T}}\boldsymbol{\xi}=1$ 时，有 $\boldsymbol{A}^2=\boldsymbol{A}$，并且 $|\boldsymbol{A}|=0$.

证明　由 $\boldsymbol{A}=\boldsymbol{E}-\boldsymbol{\xi}\boldsymbol{\xi}^{\mathrm{T}}$，可得

$$\begin{aligned}\boldsymbol{A}^2&=(\boldsymbol{E}-\boldsymbol{\xi}\boldsymbol{\xi}^{\mathrm{T}})^2=\boldsymbol{E}-2\boldsymbol{\xi}\boldsymbol{\xi}^{\mathrm{T}}+(\boldsymbol{\xi}\boldsymbol{\xi}^{\mathrm{T}})(\boldsymbol{\xi}\boldsymbol{\xi}^{\mathrm{T}})\\&=\boldsymbol{E}-2\boldsymbol{\xi}\boldsymbol{\xi}^{\mathrm{T}}+\boldsymbol{\xi}(\boldsymbol{\xi}^{\mathrm{T}}\boldsymbol{\xi})\boldsymbol{\xi}^{\mathrm{T}},\end{aligned}$$

因为 $\boldsymbol{\xi}^{\mathrm{T}}\boldsymbol{\xi}=1$，所以 $\boldsymbol{A}^2=\boldsymbol{E}-\boldsymbol{\xi}\boldsymbol{\xi}^{\mathrm{T}}$，即 $\boldsymbol{A}^2=\boldsymbol{A}$.

此时如果 $|\boldsymbol{A}|\neq 0$，即矩阵 $\boldsymbol{A}$ 可逆，则有

$$\boldsymbol{A}=\boldsymbol{A}^{-1}\boldsymbol{A}^2=\boldsymbol{A}^{-1}\boldsymbol{A}=\boldsymbol{E},$$

与 $\boldsymbol{A}=\boldsymbol{E}-\boldsymbol{\xi}\boldsymbol{\xi}^{\mathrm{T}}\neq\boldsymbol{E}$ 矛盾(因为 $\boldsymbol{\xi}\neq 0$).

2. 关于证明 $\boldsymbol{A}=\boldsymbol{O}$ 的问题

$\boldsymbol{A}=\boldsymbol{O}$ 与 $|\boldsymbol{A}|=0$ 是两个完全不同的概念，证明时一定不要混淆. 证明 $\boldsymbol{A}=\boldsymbol{O}$ 的基本方法是设法证明 $r(\boldsymbol{A})=0$.

例 2.70　$\boldsymbol{A}$ 是 n 阶实对称矩阵，且 $\boldsymbol{A}^2=\boldsymbol{O}$，证明 $\boldsymbol{A}=\boldsymbol{O}$.

证明　因为 $\boldsymbol{A}$ 是 n 阶实对称矩阵，即 $\boldsymbol{A}^{\mathrm{T}}=\boldsymbol{A}$，所以 $\boldsymbol{A}^{\mathrm{T}}\boldsymbol{A}=\boldsymbol{A}^2=\boldsymbol{O}$.
于是 $r(\boldsymbol{A})=r(\boldsymbol{A}^{\mathrm{T}}\boldsymbol{A})=0$，因此有 $\boldsymbol{A}=\boldsymbol{O}$.

注： 本题中 $\boldsymbol{A}$ 是实的并且是对称矩阵的条件不可缺少. 比如，如下矩阵

$$\begin{pmatrix}0&1\\0&0\end{pmatrix},\ \begin{pmatrix}\mathrm{i}&1\\1&-\mathrm{i}\end{pmatrix}$$

都满足 $\boldsymbol{A}^2=\boldsymbol{O}$，但这两个都不是零矩阵.

例 2.71　已知 $\boldsymbol{A}$ 是 $m\times n$ 矩阵，$\boldsymbol{B}$ 是 $n\times p$ 矩阵，$r(\boldsymbol{B})=n$，$\boldsymbol{AB}=\boldsymbol{O}$，证明：$\boldsymbol{A}=\boldsymbol{O}$.

证明　因为 $\boldsymbol{A}_{m\times n}\boldsymbol{B}_{n\times p}=\boldsymbol{O}$，所以 $r(\boldsymbol{A})+r(\boldsymbol{B})\leqslant n$，又因为 $r(\boldsymbol{B})=n$，
所以 $r(\boldsymbol{A})=0$，即 $\boldsymbol{A}=\boldsymbol{O}$.

习　题　二

A. 基础训练

1. 下列等式中正确的是(　　).

A. $3\begin{pmatrix}2&0\\0&1\end{pmatrix}=6$　　B. $\left|3\begin{pmatrix}2&0\\0&1\end{pmatrix}\right|=3\begin{vmatrix}2&0\\0&1\end{vmatrix}$

C. $-\begin{pmatrix}1&-2&6\\0&3&-1\end{pmatrix}=\begin{pmatrix}-1&2&-6\\0&3&-1\end{pmatrix}$　　D. $\left|3\begin{pmatrix}2&0\\0&1\end{pmatrix}\right|=9\begin{vmatrix}2&0\\0&1\end{vmatrix}$

2. $\boldsymbol{A}=\begin{pmatrix}0&-1&0\\1&0&0\\0&0&-1\end{pmatrix}$，$\boldsymbol{B}=\boldsymbol{P}^{-1}\boldsymbol{A}\boldsymbol{P}$，则 $\boldsymbol{B}^{2020}-2\boldsymbol{A}^2=$________.

3. 设 $\boldsymbol{A}=\begin{pmatrix}1&-1&1\\a&b&c\end{pmatrix}$，$\boldsymbol{A}^{\mathrm{T}}$ 为 $\boldsymbol{A}$ 的转置，则行列式 $|\boldsymbol{A}^{\mathrm{T}}\boldsymbol{A}|=$________.

4. 设方阵 $\boldsymbol{A}$ 满足 $\boldsymbol{A}^k=\boldsymbol{E}$（$k$ 为正整数），则矩阵 $\boldsymbol{A}$ 的逆 $\boldsymbol{A}^{-1}=$________.

5. 设 $\boldsymbol{A}=\begin{pmatrix}1&0&0\\2&2&0\\3&2&3\end{pmatrix}$，则 $(\boldsymbol{A}^*)^{-1}=$________.

6. 设 $\boldsymbol{A}$ 为三阶方阵，行列式 $|\boldsymbol{A}|=1$，$|\boldsymbol{B}|=2$，则行列式 $\big||\boldsymbol{B}|\cdot\boldsymbol{A}^3\big|=$________.

7. 设 $\boldsymbol{A}$ 为 n 阶方阵，将 $\boldsymbol{A}$ 的第 1 列与第 2 列交换得到方阵 $\boldsymbol{B}$，若 $|\boldsymbol{A}|\neq|\boldsymbol{B}|$，则必有(　　).

A. $|\boldsymbol{A}|=0$　　B. $|\boldsymbol{A}+\boldsymbol{B}|\neq0$　　C. $|\boldsymbol{A}|\neq0$　　D. $|\boldsymbol{A}-\boldsymbol{B}|\neq0$

8. 设 $\boldsymbol{A}$，$\boldsymbol{B}$ 为 n 阶可逆矩阵，则下列等式成立的是(　　).

A. $(\boldsymbol{A}\boldsymbol{B})^{-1}=\boldsymbol{A}^{-1}\boldsymbol{B}^{-1}$　　B. $(\boldsymbol{A}+\boldsymbol{B})^{-1}=\boldsymbol{A}^{-1}+\boldsymbol{B}^{-1}$

C. $|(\boldsymbol{A}\boldsymbol{B})^{-1}|=\dfrac{1}{|\boldsymbol{A}\boldsymbol{B}|}$　　D. $|(\boldsymbol{A}+\boldsymbol{B})^{-1}|=|\boldsymbol{A}^{-1}|+|\boldsymbol{B}^{-1}|$

9. 设矩阵 $\boldsymbol{A}$，$\boldsymbol{B}$，$\boldsymbol{C}$，$\boldsymbol{X}$ 为同阶方阵，且 $\boldsymbol{A}$，$\boldsymbol{B}$ 可逆，$\boldsymbol{A}\boldsymbol{X}\boldsymbol{B}=\boldsymbol{C}$，则矩阵 $\boldsymbol{X}=$(　　).

A. $\boldsymbol{A}^{-1}\boldsymbol{C}\boldsymbol{B}^{-1}$　　B. $\boldsymbol{C}\boldsymbol{A}^{-1}\boldsymbol{B}^{-1}$　　C. $\boldsymbol{B}^{-1}\boldsymbol{A}^{-1}\boldsymbol{C}$　　D. $\boldsymbol{C}\boldsymbol{B}^{-1}\boldsymbol{A}^{-1}$

10. 已知 $\boldsymbol{A}=\begin{pmatrix}2&6\\3&5\end{pmatrix}$，$\boldsymbol{X}=\begin{pmatrix}x_1\\x_2\end{pmatrix}$，计算 $\boldsymbol{A}\boldsymbol{X}$，$\boldsymbol{X}^{\mathrm{T}}\boldsymbol{A}\boldsymbol{X}$.

11. 已知矩阵 $\boldsymbol{A}=\begin{pmatrix}0&0&0&1\\0&0&1&a\\0&1&a&a^2\\1&a&a^2&a^3\end{pmatrix}$，求 $\boldsymbol{A}^{-1}$.

12. 设 $\boldsymbol{A}=\begin{pmatrix}0&0&0\\1&0&0\\0&1&0\end{pmatrix}$，求 $\boldsymbol{A}^3+\boldsymbol{A}^2+\boldsymbol{A}+\boldsymbol{E}$（$\boldsymbol{E}$ 为三阶单位矩阵）的逆矩阵.

13. 设二阶矩阵 $\boldsymbol{A}$ 可逆，且 $\boldsymbol{A}^{-1}=\begin{pmatrix}a_1&a_2\\b_1&b_2\end{pmatrix}$，对于矩阵 $\boldsymbol{P}_1=\begin{pmatrix}1&2\\0&1\end{pmatrix}$，$\boldsymbol{P}_2=\begin{pmatrix}0&1\\1&0\end{pmatrix}$，令 $\boldsymbol{B}=\boldsymbol{P}_1\boldsymbol{A}\boldsymbol{P}_2$，求 $\boldsymbol{B}^{-1}$.

14. 设矩阵 $\boldsymbol{A}=\begin{pmatrix}0&-1&0\\1&0&0\\0&0&1\end{pmatrix}$，$\boldsymbol{B}=\begin{pmatrix}-1&-2&0\\2&-1&0\\0&0&0\end{pmatrix}$，求满足 $\boldsymbol{X}\boldsymbol{A}-\boldsymbol{B}=2\boldsymbol{E}$ 的矩阵 $\boldsymbol{X}$.

15. 设矩阵 $\boldsymbol{A}=\begin{pmatrix}a_{11}&a_{12}&a_{13}\\a_{21}&a_{22}&a_{23}\\a_{31}&a_{32}&a_{33}\end{pmatrix}$，$\boldsymbol{B}=\begin{pmatrix}a_{21}&a_{22}&a_{23}\\a_{11}-3a_{31}&a_{12}-3a_{32}&a_{13}-3a_{33}\\a_{31}&a_{32}&a_{33}\end{pmatrix}$，求可逆矩阵 $\boldsymbol{P}$，使

得 $PA=B$.

16. 求矩阵 $A=\begin{pmatrix}1&1&1&1\\1&2&4&8\\1&3&9&27\\1&4&16&64\end{pmatrix}$ 的秩.

17. 设 $A=\begin{pmatrix}-2&1&1&-2\\1&-2&1&a\\1&1&-2&2\end{pmatrix}$，试确定 a，使 $r(A)=2$.

18. 设 A，B，C 均为 n 阶矩阵，而且矩阵 C 可逆，$C^{-1}=(C^{-1}B+E)A^{\mathrm{T}}$，证明 A 可逆，且 $A^{-1}=(B+C)^{\mathrm{T}}$.

19. 求解矩阵方程 $\begin{pmatrix}1&2&-3\\1&1&-1\end{pmatrix}X=\begin{pmatrix}3&-1\\2&0\end{pmatrix}$.

20. 如果 A 为 n 阶非零矩阵，而且 $A^*=A^{\mathrm{T}}$，证明矩阵 A 可逆.

B. 综合练习

1. 设 $A=\begin{pmatrix}1&3&-2\\-1&a&1\\0&0&3\end{pmatrix}$，矩阵 B 满足 $AB=A$，而且 $B\neq E$，则 $a=$________.

2. 设 $n(n\geqslant 3)$ 阶矩阵，

$$A=\begin{pmatrix}1&a&a&\cdots&a\\a&1&a&\cdots&a\\a&a&1&\cdots&a\\\vdots&\vdots&\vdots&&\vdots\\a&a&a&\cdots&1\end{pmatrix},$$

如 $r(A)=n-1$，则 $a=$________.

3. (2011，数 1、2、3) 设 A 为三阶矩阵，将 A 的第 2 列加到第 1 列得矩阵 B，再交换 B 的第 2 行与第 3 行得单位矩阵. 记 $P_1=\begin{pmatrix}1&0&0\\1&1&0\\0&0&1\end{pmatrix}$，$P_2=\begin{pmatrix}1&0&0\\0&0&1\\0&1&0\end{pmatrix}$，则 $A=$(　　).

A. P_1P_2　　B. $P_1^{-1}P_2$　　C. P_2P_1　　D. $P_2P_1^{-1}$

4. (2005，数 3) 设矩阵 $A=(a_{ij})_{3\times 3}$ 满足 $A^*=A^{\mathrm{T}}$，其中 A^* 为 A 的伴随矩阵，A^{T} 为 A 的转置矩阵. 若 a_{11}，a_{12}，a_{13} 为三个相等的正数，则 a_{11} 为(　　).

A. $\dfrac{\sqrt{3}}{3}$　　B. 3　　C. $\dfrac{1}{3}$　　D. $\sqrt{3}$

5. 设 n 阶矩阵 A 满足 $A^2-E=O$，E 为单位矩阵，则必有(　　).

A. $A=E$　　B. $A=-E$　　C. $A=A^{-1}$　　D. $|A|=1$

6. 已知向量 $\alpha=(1,2,k)$，$\beta=\left(1,\dfrac{1}{2},\dfrac{1}{3}\right)$，且 $\beta\alpha^{\mathrm{T}}=3$，$A=\alpha^{\mathrm{T}}\beta$，求：

(1) 数 k 的值；

（2）$\boldsymbol{A}^{10}$.

7. 设 $\boldsymbol{AP}=\boldsymbol{PB}$，其中 $\boldsymbol{B}=\begin{pmatrix}1&&\\&0&\\&&-1\end{pmatrix}$，$\boldsymbol{P}=\begin{pmatrix}1&0&0\\2&-1&0\\2&1&1\end{pmatrix}$，求 $\boldsymbol{A}^6$.

8. 设 $\boldsymbol{A}=\begin{pmatrix}1&2&-1&1\\3&2&\lambda&-1\\5&6&3&t\end{pmatrix}$，已知 $r(\boldsymbol{A}^{\mathrm{T}}\boldsymbol{A})=2$，求 λ，t 的值.

9. 设 $\boldsymbol{A}^*=\begin{pmatrix}1&&&\\0&1&&\\0&0&1&\\0&-3&0&8\end{pmatrix}$，且 $\boldsymbol{ABA}^{-1}=\boldsymbol{BA}^{-1}+3\boldsymbol{E}$，求 $\boldsymbol{B}$.

10. 设 $\boldsymbol{A}=\begin{pmatrix}1&0&0\\1&1&0\\1&1&1\end{pmatrix}$，$\boldsymbol{B}=\begin{pmatrix}0&1&1\\1&0&1\\1&1&0\end{pmatrix}$，且矩阵 $\boldsymbol{X}$ 满足 $\boldsymbol{AXA}+\boldsymbol{BXB}=\boldsymbol{AXB}+\boldsymbol{BXA}+\boldsymbol{E}$，其中 $\boldsymbol{E}$ 为三阶单位矩阵，求 $\boldsymbol{X}$.

11. $\boldsymbol{A}$ 是 n 阶矩阵，$\boldsymbol{A}^2=\boldsymbol{E}$，证明：$r(\boldsymbol{A}+\boldsymbol{E})+r(\boldsymbol{A}-\boldsymbol{E})=n$.

12. （2014，数 2）已知 $\boldsymbol{A}$，$\boldsymbol{B}$ 为三阶矩阵，且满足 $2\boldsymbol{A}^{-1}\boldsymbol{B}=\boldsymbol{B}-4\boldsymbol{E}$，其中 $\boldsymbol{E}$ 是三阶单位矩阵.

（1）证明：矩阵 $\boldsymbol{A}-2\boldsymbol{E}$ 可逆；

（2）若 $\boldsymbol{B}=\begin{pmatrix}1&-2&0\\1&2&0\\0&0&2\end{pmatrix}$，求矩阵 $\boldsymbol{A}$.

13. 设 $\boldsymbol{A}$，$\boldsymbol{B}$ 是 n 阶方阵，满足 $\boldsymbol{A}+\boldsymbol{B}=\boldsymbol{AB}$，证明：$\boldsymbol{AB}=\boldsymbol{BA}$.

14. 证明：$\begin{pmatrix}\dfrac{3}{2}&-\dfrac{1}{2}\\\dfrac{1}{2}&\dfrac{1}{2}\end{pmatrix}^{100}=\begin{pmatrix}51&-50\\50&-49\end{pmatrix}$.

15. 设 $\boldsymbol{A}$，$\boldsymbol{B}$ 均为 n 阶（$n\geqslant2$）可逆矩阵，证明 $(\boldsymbol{AB})^*=\boldsymbol{B}^*\boldsymbol{A}^*$.

16. 设可逆矩阵 $\boldsymbol{A}$ 的每行元素之和均为 a，证明：$\boldsymbol{A}$ 的伴随矩阵 $\boldsymbol{A}^*$ 的各行元素之和均为 $\dfrac{|\boldsymbol{A}|}{a}$.

17. 已知实矩阵 $\boldsymbol{A}=\begin{pmatrix}2&2\\2&a\end{pmatrix}$，$\boldsymbol{B}=\begin{pmatrix}4&b\\3&1\end{pmatrix}$，而且矩阵方程 $\boldsymbol{AX}=\boldsymbol{B}$ 有解，但 $\boldsymbol{BY}=\boldsymbol{A}$ 无解，求参数 a，b 满足的条件.

18. 设 $\boldsymbol{A}$，$\boldsymbol{B}$，$\boldsymbol{C}$，$\boldsymbol{D}$ 均为 n 阶方阵，$|\boldsymbol{A}|\neq0$，$\boldsymbol{AC}=\boldsymbol{CA}$，$\boldsymbol{E}$ 为 n 阶单位矩阵，

（1）计算 $\begin{pmatrix}\boldsymbol{E}&\boldsymbol{O}\\-\boldsymbol{CA}^{-1}&\boldsymbol{E}\end{pmatrix}\begin{pmatrix}\boldsymbol{A}&\boldsymbol{B}\\\boldsymbol{C}&\boldsymbol{D}\end{pmatrix}$；

（2）证明：$\begin{vmatrix}\boldsymbol{A}&\boldsymbol{B}\\\boldsymbol{C}&\boldsymbol{D}\end{vmatrix}=|\boldsymbol{AD}-\boldsymbol{CB}|$.

第3章 n维向量与向量空间

3.1 大纲要求

1. 理解 n 维向量、向量的线性组合与线性表示的概念.

2. 理解向量的线性相关、线性无关的概念，掌握向量组线性相关、线性无关的性质及判别法.

3. 理解向量组的极大无关组和向量组的秩的概念，会求向量组的极大无关组及秩.

4. 理解向量组等价的概念，理解矩阵的秩与其行(列)向量组的秩之间的关系.

5. 了解 n 维向量空间、子空间、基底、维数、坐标等概念(仅对数学1要求).

6. 了解基变换和坐标变换公式，会求过渡矩阵(仅对数学1要求).

7. 了解内积的概念，掌握线性无关向量组正交规范化的施密特(Schmidt)方法.

8. 了解规范正交基(数1要求，数2，3了解规范正交向量组)、正交矩阵的概念以及它们的性质.

3.2 重点与难点

向量的概念及相关理论是线性代数的重点和难点之一. 本章中，一个向量能否表示成向量组的线性组合、向量组线性相(无)关的判别，以及极大线性无关组与秩的求法都是重点. 数学1的学生还要掌握向量空间及其基、维数、坐标的概念，两组基的过渡矩阵等知识. 本章难点是正确区分向量组的等价与矩阵的等价的概念，以及对矩阵秩的几种不同变式的理解. 学好本章首先要搞清概念、定理之间的关系，要求学会有逻辑的推导论证，因而本章对逻辑推理有较高的要求.

3.3 内容解析

3.3.1 向量的运算及正交矩阵

1. n 维向量的概念及其运算

(1) 向量与向量组

由 n 个数 $a_1,a_2,\cdots,a_n$ 构成的有序数组$(a_1,a_2,\cdots,a_n)$称为 n 维向量. 向量分行向量与列向

量，常以希腊字母表示. 如

$$\boldsymbol{\alpha}=\begin{pmatrix}a_1\\a_2\\\vdots\\a_n\end{pmatrix},\quad \boldsymbol{\alpha}^{\mathrm{T}}=(a_1,a_2,\cdots,a_n).$$

这里 $\boldsymbol{\alpha}$ 为 n 维列向量，其转置 $\boldsymbol{\alpha}^{\mathrm{T}}=(a_1,a_2,\cdots,a_n)$ 为 n 维行向量.

向量组：若干个同维数的列向量(行向量)构成的集合称为向量组．向量组可以包含无穷多个向量.

(2) 向量的运算

1) 线性运算.

设 $\boldsymbol{\alpha}=(a_1,a_2,\cdots,a_n)^{\mathrm{T}}$，$\boldsymbol{\beta}=(b_1,b_2,\cdots,b_n)^{\mathrm{T}}$，$k$ 是常数，定义：

① 向量的加法.

$$\boldsymbol{\alpha}+\boldsymbol{\beta}=(a_1+b_1,a_2+b_2,\cdots,a_n+b_n)^{\mathrm{T}};$$

② 数乘向量.

$$k\boldsymbol{\alpha}=(ka_1,ka_2,\cdots,ka_n)^{\mathrm{T}}.$$

2) 向量的内积.

定义　设 $\boldsymbol{\alpha}=(a_1,a_2,\cdots,a_n)^{\mathrm{T}}$，$\boldsymbol{\beta}=(b_1,b_2,\cdots,b_n)^{\mathrm{T}}$，称

$$\boldsymbol{\alpha}^{\mathrm{T}}\boldsymbol{\beta}=a_1b_1+a_2b_2+\cdots+a_nb_n$$

为向量 $\boldsymbol{\alpha},\boldsymbol{\beta}$ 的内积，记为 $[\boldsymbol{\alpha},\boldsymbol{\beta}]$.

性质：

① $[\boldsymbol{\alpha},\boldsymbol{\beta}]=[\boldsymbol{\beta},\boldsymbol{\alpha}]$；

② $[\boldsymbol{\alpha},k_1\boldsymbol{\beta}_1+k_2\boldsymbol{\beta}_2]=k_1[\boldsymbol{\alpha},\boldsymbol{\beta}_1]+k_2[\boldsymbol{\alpha},\boldsymbol{\beta}_2]$，$k_1$，$k_2$ 为任意实数；

③ $[\boldsymbol{\alpha},\boldsymbol{\alpha}]=a_1^2+a_2^2+\cdots+a_n^2\geqslant 0$. 当且仅当 $\boldsymbol{\alpha}=\mathbf{0}$ 时，$[\boldsymbol{\alpha},\boldsymbol{\alpha}]=a_1^2+a_2^2+\cdots+a_n^2=0$.

2. 向量的长度与规范正交组

(1) 向量的长度与单位化

定义　设向量 $\boldsymbol{\alpha}=(a_1,a_2,\cdots,a_n)^{\mathrm{T}}$，$\boldsymbol{\alpha}$ 的长度定义为 $\|\boldsymbol{\alpha}\|=\sqrt{[\boldsymbol{\alpha},\boldsymbol{\alpha}]}=\sqrt{a_1^2+a_2^2+\cdots+a_n^2}$.

当 $\|\boldsymbol{\alpha}\|=1$ 时，称 $\boldsymbol{\alpha}$ 为单位向量. 如果 $\boldsymbol{\alpha}\neq\mathbf{0}$，$\dfrac{1}{\|\boldsymbol{\alpha}\|}\boldsymbol{\alpha}$ 称为对向量 $\boldsymbol{\alpha}$ 的单位化.

(2) 正交向量与规范正交组

1) 当 $[\boldsymbol{\alpha},\boldsymbol{\beta}]=a_1b_1+a_2b_2+\cdots+a_nb_n=0$ 时，称 $\boldsymbol{\alpha},\boldsymbol{\beta}$ 是正交向量；

2) 如果一组非零向量两两正交，就称该向量组为正交向量组；

3) 由单位向量构成的正交向量组称为规范正交组(注：数 1 学生要了解规范正交基).

向量组 $\boldsymbol{\alpha}_1,\boldsymbol{\alpha}_2,\cdots,\boldsymbol{\alpha}_n$ 是规范正交组的充要条件是 $[\boldsymbol{\alpha}_i,\boldsymbol{\alpha}_j]=0\,(i\neq j,i,j=1,2,\cdots,n)$，而且 $\|\boldsymbol{\alpha}_i\|=1\,(i=1,2,\cdots,n)$.

(3) 施密特正交化方法

若 $\boldsymbol{\alpha}_1,\boldsymbol{\alpha}_2,\cdots,\boldsymbol{\alpha}_s$ 线性无关，则可构造与之等价的向量组 $\boldsymbol{\gamma}_1,\boldsymbol{\gamma}_2,\cdots,\boldsymbol{\gamma}_s$，使其两两正交，且

均为单位向量．方法如下（以 $s=3$ 为例）：

步骤1：正交化.

令
$$\boldsymbol{\beta}_1=\boldsymbol{\alpha}_1,$$
$$\boldsymbol{\beta}_2=\boldsymbol{\alpha}_2-\frac{[\boldsymbol{\alpha}_2,\boldsymbol{\beta}_1]}{[\boldsymbol{\beta}_1,\boldsymbol{\beta}_1]}\boldsymbol{\beta}_1,$$
$$\boldsymbol{\beta}_3=\boldsymbol{\alpha}_3-\frac{[\boldsymbol{\alpha}_3,\boldsymbol{\beta}_1]}{[\boldsymbol{\beta}_1,\boldsymbol{\beta}_1]}\boldsymbol{\beta}_1-\frac{[\boldsymbol{\alpha}_3,\boldsymbol{\beta}_2]}{[\boldsymbol{\beta}_2,\boldsymbol{\beta}_2]}\boldsymbol{\beta}_2.$$

步骤2：单位化.
$$\boldsymbol{\gamma}_i=\frac{\boldsymbol{\beta}_i}{\|\boldsymbol{\beta}_i\|},i=1,2,3.$$

3. 正交矩阵

（1）正交矩阵的定义

对实方阵 $\boldsymbol{A}$，如果满足 $\boldsymbol{A}\boldsymbol{A}^{\mathrm{T}}=\boldsymbol{E}$（或 $\boldsymbol{A}^{\mathrm{T}}\boldsymbol{A}=\boldsymbol{E}$），则称 $\boldsymbol{A}$ 为正交矩阵.

（2）正交矩阵的性质

1）$\boldsymbol{A}$ 是正交矩阵的充要条件是 $\boldsymbol{A}^{-1}=\boldsymbol{A}^{\mathrm{T}}$；

2）如果 $\boldsymbol{A}$ 是正交矩阵，即 $\boldsymbol{A}\boldsymbol{A}^{\mathrm{T}}=\boldsymbol{A}^{\mathrm{T}}\boldsymbol{A}=\boldsymbol{E}$，则 $|\boldsymbol{A}|=\pm1$.

证明　若 $\boldsymbol{A}$ 是正交矩阵，则有 $\boldsymbol{A}^{\mathrm{T}}\boldsymbol{A}=\boldsymbol{E}$，所以 $|\boldsymbol{A}\boldsymbol{A}^{\mathrm{T}}|=|\boldsymbol{E}|$. 因此有 $|\boldsymbol{A}|\cdot|\boldsymbol{A}^{\mathrm{T}}|=1$，即 $|\boldsymbol{A}|^2=1$，从而 $|\boldsymbol{A}|=\pm1$.

（3）当 $\boldsymbol{A}$，$\boldsymbol{B}$ 是同阶正交矩阵时，$\boldsymbol{AB}$ 也是正交矩阵

证明　由已知
$$\boldsymbol{A}\boldsymbol{A}^{\mathrm{T}}=\boldsymbol{A}^{\mathrm{T}}\boldsymbol{A}=\boldsymbol{E},\ \boldsymbol{B}\boldsymbol{B}^{\mathrm{T}}=\boldsymbol{B}^{\mathrm{T}}\boldsymbol{B}=\boldsymbol{E},$$
所以
$$\begin{aligned}(\boldsymbol{AB})(\boldsymbol{AB})^{\mathrm{T}}&=(\boldsymbol{AB})(\boldsymbol{B}^{\mathrm{T}}\boldsymbol{A}^{\mathrm{T}})\\&=\boldsymbol{A}(\boldsymbol{B}\boldsymbol{B}^{\mathrm{T}})\boldsymbol{A}^{\mathrm{T}}=\boldsymbol{AEA}^{\mathrm{T}}=\boldsymbol{E}.\end{aligned}$$
即 $(\boldsymbol{AB})(\boldsymbol{AB})^{\mathrm{T}}=\boldsymbol{E}$，于是 $\boldsymbol{AB}$ 是正交矩阵.

（4）一个矩阵 $\boldsymbol{A}$ 是正交矩阵的充要条件是 $\boldsymbol{A}$ 的列（行）向量组为规范正交组

证明　（以列向量为例）不妨设 $\boldsymbol{A}$ 是 n 阶矩阵，按列分块为 $\boldsymbol{A}=(\boldsymbol{\alpha}_1,\boldsymbol{\alpha}_2,\cdots,\boldsymbol{\alpha}_n)$. 由于 $\boldsymbol{A}$ 是正交矩阵，所以
$$\begin{aligned}\boldsymbol{A}^{\mathrm{T}}\boldsymbol{A}&=\begin{pmatrix}\boldsymbol{\alpha}_1^{\mathrm{T}}\\\boldsymbol{\alpha}_2^{\mathrm{T}}\\\vdots\\\boldsymbol{\alpha}_n^{\mathrm{T}}\end{pmatrix}(\boldsymbol{\alpha}_1,\boldsymbol{\alpha}_2,\cdots,\boldsymbol{\alpha}_n)\\&=\begin{pmatrix}\boldsymbol{\alpha}_1^{\mathrm{T}}\boldsymbol{\alpha}_1&\boldsymbol{\alpha}_1^{\mathrm{T}}\boldsymbol{\alpha}_2&\cdots&\boldsymbol{\alpha}_1^{\mathrm{T}}\boldsymbol{\alpha}_n\\\boldsymbol{\alpha}_2^{\mathrm{T}}\boldsymbol{\alpha}_1&\boldsymbol{\alpha}_2^{\mathrm{T}}\boldsymbol{\alpha}_2&\cdots&\boldsymbol{\alpha}_2^{\mathrm{T}}\boldsymbol{\alpha}_n\\\vdots&\vdots&&\vdots\\\boldsymbol{\alpha}_n^{\mathrm{T}}\boldsymbol{\alpha}_1&\boldsymbol{\alpha}_n^{\mathrm{T}}\boldsymbol{\alpha}_2&\cdots&\boldsymbol{\alpha}_n^{\mathrm{T}}\boldsymbol{\alpha}_n\end{pmatrix}=\begin{pmatrix}1&&&\\&1&&\\&&\ddots&\\&&&1\end{pmatrix}.\end{aligned}$$

从而$[\boldsymbol{\alpha}_i,\boldsymbol{\alpha}_j]=\boldsymbol{\alpha}_i^{\mathrm{T}}\boldsymbol{\alpha}_j=0(i\neq j,i,j=1,2,\cdots,n)$，而且$\|\boldsymbol{\alpha}_i\|=\sqrt{\boldsymbol{\alpha}_i^{\mathrm{T}}\boldsymbol{\alpha}_i}=1(i=1,2,\cdots,n)$. 结论得证.

类似可证 $\boldsymbol{A}$ 的行向量组为规范正交组.

[例如]若 $\boldsymbol{A}=\begin{pmatrix}\frac{1}{\sqrt{2}} & 0 & \frac{1}{\sqrt{2}}\\ 0 & 1 & 0\\ \frac{1}{\sqrt{2}} & 0 & x\end{pmatrix}$ 是正交矩阵，则 $x=-\frac{1}{\sqrt{2}}$.

事实上，记 $\boldsymbol{A}=(\boldsymbol{\alpha}_1,\boldsymbol{\alpha}_2,\boldsymbol{\alpha}_3)$，则由其第一列与第三列正交，可得

$$[\boldsymbol{\alpha}_1,\boldsymbol{\alpha}_3]=\frac{1}{\sqrt{2}}\times\frac{1}{\sqrt{2}}+\frac{1}{\sqrt{2}}x=0,$$

所以 $x=-\frac{1}{\sqrt{2}}$.

3.3.2　向量组的线性表示与线性相关性

1. 向量组的线性组合与线性表示

(1) 线性组合的概念

定义　设向量 $\boldsymbol{\alpha}_1,\boldsymbol{\alpha}_2,\cdots,\boldsymbol{\alpha}_s$ 均为 n 维向量，对任意给定的一组数 $k_1,k_2,\cdots,k_s$，表达式

$$k_1\boldsymbol{\alpha}_1+k_2\boldsymbol{\alpha}_2+\cdots+k_s\boldsymbol{\alpha}_s$$

称为向量组 $\boldsymbol{\alpha}_1,\boldsymbol{\alpha}_2,\cdots,\boldsymbol{\alpha}_s$ 的一个线性组合，数 $k_1,k_2,\cdots,k_s$ 称为组合系数.

(2) 线性表示

定义　对于向量组 $\boldsymbol{\alpha}_1,\boldsymbol{\alpha}_2,\cdots,\boldsymbol{\alpha}_s$ 和向量 $\boldsymbol{\beta}$，如果存在一组数 $k_1,k_2,\cdots,k_s$ 使

$$\boldsymbol{\beta}=k_1\boldsymbol{\alpha}_1+k_2\boldsymbol{\alpha}_2+\cdots+k_s\boldsymbol{\alpha}_s, \tag{3.1}$$

则称向量 $\boldsymbol{\beta}$ 可由向量组 $\boldsymbol{\alpha}_1,\boldsymbol{\alpha}_2,\cdots,\boldsymbol{\alpha}_s$ 线性表示，或说 $\boldsymbol{\beta}$ 是 $\boldsymbol{\alpha}_1,\boldsymbol{\alpha}_2,\cdots,\boldsymbol{\alpha}_s$ 的线性组合.

例如，设 $\boldsymbol{\alpha}_1=\begin{pmatrix}1\\0\end{pmatrix}$，$\boldsymbol{\alpha}_2=\begin{pmatrix}-1\\3\end{pmatrix}$，$\boldsymbol{\beta}=\begin{pmatrix}-1\\6\end{pmatrix}$，则 $\boldsymbol{\beta}=\boldsymbol{\alpha}_1+2\boldsymbol{\alpha}_2$，即 $\boldsymbol{\beta}$ 是向量组 $\boldsymbol{\alpha}_1$，$\boldsymbol{\alpha}_2$ 的线性组合.

定理 3.1　向量 $\boldsymbol{\beta}$ 能由向量组 $\boldsymbol{\alpha}_1,\boldsymbol{\alpha}_2,\cdots,\boldsymbol{\alpha}_s$ 线性表示的充要条件是矩阵 $\boldsymbol{A}=(\boldsymbol{\alpha}_1,\boldsymbol{\alpha}_2,\cdots,\boldsymbol{\alpha}_s)$ 的秩等于矩阵 $\boldsymbol{B}=(\boldsymbol{\alpha}_1,\boldsymbol{\alpha}_2,\cdots,\boldsymbol{\alpha}_s,\boldsymbol{\beta})$ 的秩.

证明　事实上，向量 $\boldsymbol{\beta}$ 能由向量组 $\boldsymbol{\alpha}_1,\boldsymbol{\alpha}_2,\cdots,\boldsymbol{\alpha}_s$ 线性表示，即线性方程组(3.1)有解，而式(3.1)的矩阵形式为

$$(\boldsymbol{\alpha}_1,\boldsymbol{\alpha}_2,\cdots,\boldsymbol{\alpha}_s)\begin{pmatrix}k_1\\k_2\\\vdots\\k_s\end{pmatrix}=\boldsymbol{\beta},$$

而线性方程组有解的条件为其系数矩阵的秩等于增广矩阵的秩，即 $r(\boldsymbol{\alpha}_1,\ \boldsymbol{\alpha}_2,\ \cdots,\ \boldsymbol{\alpha}_s)=r(\boldsymbol{\alpha}_1,\ \boldsymbol{\alpha}_2,\ \cdots,\ \boldsymbol{\alpha}_s,\ \boldsymbol{\beta})$，定理得证.

2. 向量组的等价

定义　如果向量组(Ⅰ)：$\boldsymbol{\alpha}_1,\boldsymbol{\alpha}_2,\cdots,\boldsymbol{\alpha}_s$ 中每个向量都可由向量组(Ⅱ)：$\boldsymbol{\beta}_1,\boldsymbol{\beta}_2,\cdots,\boldsymbol{\beta}_l$ 线性表示，则称向量组(Ⅰ)可由向量组(Ⅱ)线性表示. 如果两个向量组可以互相线性表示，则称这两个向量组等价.

注：1）向量组的等价满足反身性、对称性、传递性.

2）向量组 $\boldsymbol{\beta}_1,\boldsymbol{\beta}_2,\cdots,\boldsymbol{\beta}_l$ 可由 $\boldsymbol{\alpha}_1,\boldsymbol{\alpha}_2,\cdots,\boldsymbol{\alpha}_s$ 线性表示，即对每个 $\boldsymbol{\beta}_j(j=1,2,\cdots,l)$，存在一组数 $k_{1j},k_{2j},\cdots,k_{sj}$，使

$$\begin{cases}\boldsymbol{\beta}_1=k_{11}\boldsymbol{\alpha}_1+k_{21}\boldsymbol{\alpha}_2+\cdots+k_{s1}\boldsymbol{\alpha}_s,\\ \boldsymbol{\beta}_2=k_{12}\boldsymbol{\alpha}_1+k_{22}\boldsymbol{\alpha}_2+\cdots+k_{s2}\boldsymbol{\alpha}_s,\\ \qquad\vdots\\ \boldsymbol{\beta}_l=k_{1l}\boldsymbol{\alpha}_1+k_{2l}\boldsymbol{\alpha}_2+\cdots+k_{sl}\boldsymbol{\alpha}_s.\end{cases}\tag{3.2}$$

因此，$\boldsymbol{\beta}_1,\boldsymbol{\beta}_2,\cdots,\boldsymbol{\beta}_l$ 可由 $\boldsymbol{\alpha}_1,\boldsymbol{\alpha}_2,\cdots,\boldsymbol{\alpha}_s$ 线性表示，等价于存在 $s\times l$ 矩阵 $\boldsymbol{T}=(k_{ij})_{s\times l}$，使

$$(\boldsymbol{\beta}_1,\boldsymbol{\beta}_2,\cdots,\boldsymbol{\beta}_l)=(\boldsymbol{\alpha}_1,\boldsymbol{\alpha}_2,\cdots,\boldsymbol{\alpha}_s)\boldsymbol{T}.\tag{3.3}$$

这是一个非常重要的结论，它将向量组的线性表示与矩阵的乘法联系起来，读者应特别注意！另外，结合式(3.2)、式(3.3)可知，如果矩阵 $\boldsymbol{A}$ 乘以矩阵 $\boldsymbol{B}$ 得矩阵 $\boldsymbol{C}$，即满足 $\boldsymbol{C}=\boldsymbol{AB}$，则 $\boldsymbol{C}$ 的列向量可由左矩阵 $\boldsymbol{A}$ 的列向量线性表示.

此外，在 $\boldsymbol{C}=\boldsymbol{AB}$ 时，可得 $\boldsymbol{C}^{\mathrm{T}}=\boldsymbol{B}^{\mathrm{T}}\boldsymbol{A}^{\mathrm{T}}$. 由上面讨论可知，$\boldsymbol{C}^{\mathrm{T}}$ 的列向量可由左矩阵 $\boldsymbol{B}^{\mathrm{T}}$ 的列向量线性表示，亦即 $\boldsymbol{C}$ 的行向量可由右矩阵 $\boldsymbol{B}$ 的行向量线性表示.

例如，设 $\boldsymbol{A}=\begin{pmatrix}1&2\\3&-5\end{pmatrix}$，$\boldsymbol{B}=\begin{pmatrix}2&-1\\0&2\end{pmatrix}$，如果 $\boldsymbol{C}=\boldsymbol{AB}$，则 $\boldsymbol{C}=\begin{pmatrix}2&3\\6&-13\end{pmatrix}$. 将矩阵 $\boldsymbol{B}$，$\boldsymbol{C}$ 分别按行分块，记

$$\boldsymbol{B}=\begin{pmatrix}2&-1\\ \hdashline 0&2\end{pmatrix}=\begin{pmatrix}\boldsymbol{\alpha}_1\\ \boldsymbol{\alpha}_2\end{pmatrix},\quad \boldsymbol{C}=\begin{pmatrix}2&3\\ \hdashline 6&-13\end{pmatrix}=\begin{pmatrix}\boldsymbol{\beta}_1\\ \boldsymbol{\beta}_2\end{pmatrix},$$

则有

$$\boldsymbol{C}=\begin{pmatrix}\boldsymbol{\beta}_1\\ \boldsymbol{\beta}_2\end{pmatrix}=\left(\begin{array}{c:c}1&2\\ \hdashline 3&-5\end{array}\right)\begin{pmatrix}\boldsymbol{\alpha}_1\\ \boldsymbol{\alpha}_2\end{pmatrix},\ 即\begin{pmatrix}\boldsymbol{\beta}_1\\ \boldsymbol{\beta}_2\end{pmatrix}=\begin{pmatrix}\boldsymbol{\alpha}_1+2\boldsymbol{\alpha}_2\\ 3\boldsymbol{\alpha}_1-5\boldsymbol{\alpha}_2\end{pmatrix},$$

所以 $\boldsymbol{\beta}_1=\boldsymbol{\alpha}_1+2\boldsymbol{\alpha}_2$，$\boldsymbol{\beta}_2=3\boldsymbol{\alpha}_1-5\boldsymbol{\alpha}_2$.

定理 3.2　向量组(Ⅰ)：$\boldsymbol{\beta}_1,\boldsymbol{\beta}_2,\cdots,\boldsymbol{\beta}_l$ 可由向量组(Ⅱ)：$\boldsymbol{\alpha}_1,\boldsymbol{\alpha}_2,\cdots,\boldsymbol{\alpha}_s$ 线性表出的充要条件是矩阵$(\boldsymbol{\alpha}_1,\boldsymbol{\alpha}_2,\cdots,\boldsymbol{\alpha}_s)$的秩等于矩阵$(\boldsymbol{\alpha}_1,\boldsymbol{\alpha}_2,\cdots,\boldsymbol{\alpha}_s,\boldsymbol{\beta}_1,\boldsymbol{\beta}_2,\cdots,\boldsymbol{\beta}_l)$的秩.

推论　向量组(Ⅰ)：$\boldsymbol{\alpha}_1,\boldsymbol{\alpha}_2,\cdots,\boldsymbol{\alpha}_s$ 与向量组(Ⅱ)：$\boldsymbol{\beta}_1,\boldsymbol{\beta}_2,\cdots,\boldsymbol{\beta}_l$ 等价的充要条件是

$$r(\boldsymbol{\alpha}_1,\boldsymbol{\alpha}_2,\cdots,\boldsymbol{\alpha}_s)=r(\boldsymbol{\alpha}_1,\boldsymbol{\alpha}_2,\cdots,\boldsymbol{\alpha}_s,\boldsymbol{\beta}_1,\boldsymbol{\beta}_2,\cdots,\boldsymbol{\beta}_l)=r(\boldsymbol{\beta}_1,\boldsymbol{\beta}_2,\cdots,\boldsymbol{\beta}_l).$$

定理 3.3　若向量组(Ⅰ)：$\boldsymbol{\beta}_1,\boldsymbol{\beta}_2,\cdots,\boldsymbol{\beta}_l$ 可由向量组(Ⅱ)：$\boldsymbol{\alpha}_1,\boldsymbol{\alpha}_2,\cdots,\boldsymbol{\alpha}_s$ 线性表出，则矩阵$(\boldsymbol{\beta}_1,\boldsymbol{\beta}_2,\cdots,\boldsymbol{\beta}_l)$的秩不超过矩阵$(\boldsymbol{\alpha}_1,\boldsymbol{\alpha}_2,\cdots,\boldsymbol{\alpha}_s)$的秩.

证明：由于向量组(Ⅰ)：$\boldsymbol{\beta}_1,\boldsymbol{\beta}_2,\cdots,\boldsymbol{\beta}_l$ 可由向量组(Ⅱ)：$\boldsymbol{\alpha}_1,\boldsymbol{\alpha}_2,\cdots,\boldsymbol{\alpha}_s$ 线性表出，所以存在矩阵 $\boldsymbol{T}$，使

$$(\boldsymbol{\beta}_1,\boldsymbol{\beta}_2,\cdots,\boldsymbol{\beta}_l)=(\boldsymbol{\alpha}_1,\boldsymbol{\alpha}_2,\cdots,\boldsymbol{\alpha}_s)\boldsymbol{T}.$$

由矩阵乘积的秩不超过每一个因子的秩，可得

$$r(\boldsymbol{\beta}_1,\boldsymbol{\beta}_2,\cdots,\boldsymbol{\beta}_l)\leqslant r(\boldsymbol{\alpha}_1,\boldsymbol{\alpha}_2,\cdots,\boldsymbol{\alpha}_s).$$

3. 向量组的线性相关性

（1）向量组线性相关（无关）的概念

定义　对于 n 维向量 $\boldsymbol{\alpha}_1,\boldsymbol{\alpha}_2,\cdots,\boldsymbol{\alpha}_m$，如果存在一组不全为零的数 $k_1,k_2,\cdots,k_m$，使得

$$k_1\boldsymbol{\alpha}_1+k_2\boldsymbol{\alpha}_2+\cdots+k_m\boldsymbol{\alpha}_m=\mathbf{0},$$

则称 $\boldsymbol{\alpha}_1,\boldsymbol{\alpha}_2,\cdots,\boldsymbol{\alpha}_m$ 线性相关. 否则，称 $\boldsymbol{\alpha}_1,\boldsymbol{\alpha}_2,\cdots,\boldsymbol{\alpha}_m$ 线性无关.

说明：1）单个向量 $\boldsymbol{\alpha}$ 线性相关的充要条件是 $\boldsymbol{\alpha}=\mathbf{0}$；

2）两个向量 $\boldsymbol{\alpha},\boldsymbol{\beta}$ 线性相关的充要条件是二者的对应分量成比例，即 $\boldsymbol{\alpha}=k\boldsymbol{\beta}$，或者 $\boldsymbol{\beta}=t\boldsymbol{\alpha}$；

3）向量组 $\boldsymbol{\alpha}_1,\boldsymbol{\alpha}_2,\cdots,\boldsymbol{\alpha}_m$ 线性相关的充要条件是向量组中至少有一个向量是其余 $m-1$ 个向量的线性组合. 特别地，如果一个向量组含有零向量，则该向量组线性相关.

（2）向量组相关性的判别及其性质

由定义可知，向量组 $\boldsymbol{\alpha}_1,\boldsymbol{\alpha}_2,\cdots,\boldsymbol{\alpha}_m$ 线性相关$\Leftrightarrow k_1\boldsymbol{\alpha}_1+k_2\boldsymbol{\alpha}_2+\cdots+k_m\boldsymbol{\alpha}_m=\mathbf{0}$ 有非零解，即齐次方程组

$$(\boldsymbol{\alpha}_1,\boldsymbol{\alpha}_2,\cdots,\boldsymbol{\alpha}_m)\begin{pmatrix}k_1\\k_2\\\vdots\\k_m\end{pmatrix}=\mathbf{0}$$

有非零解. 由此可得：

定理 3.4　向量组 $\boldsymbol{\alpha}_1,\boldsymbol{\alpha}_2,\cdots,\boldsymbol{\alpha}_m$ 线性相关的充要条件是 $r(\boldsymbol{\alpha}_1,\boldsymbol{\alpha}_2,\cdots,\boldsymbol{\alpha}_m)<m$；向量组 $\boldsymbol{\alpha}_1,\boldsymbol{\alpha}_2,\cdots,\boldsymbol{\alpha}_m$ 线性无关的充要条件是 $r(\boldsymbol{\alpha}_1,\boldsymbol{\alpha}_2,\cdots,\boldsymbol{\alpha}_m)=m$.

结合此定理和矩阵秩的定义可得：

推论 1　n 个 n 维向量 $\boldsymbol{\alpha}_1,\boldsymbol{\alpha}_2,\cdots,\boldsymbol{\alpha}_n$ 线性相关$\Leftrightarrow$行列式 $|(\boldsymbol{\alpha}_1,\boldsymbol{\alpha}_2,\cdots,\boldsymbol{\alpha}_n)|=0$.

推论 2　如果向量组 $\boldsymbol{\alpha}_1,\boldsymbol{\alpha}_2,\cdots,\boldsymbol{\alpha}_m$ 线性无关，则 $\boldsymbol{\alpha}_1,\boldsymbol{\alpha}_2,\cdots,\boldsymbol{\alpha}_m$ 中每个向量都在同一位置增加一个分量所得的向量组 $\boldsymbol{\beta}_1,\boldsymbol{\beta}_2,\cdots,\boldsymbol{\beta}_m$ 线性无关.

[例如]向量组

$$\boldsymbol{\alpha}_1=\begin{pmatrix}1\\0\\0\end{pmatrix},\ \boldsymbol{\alpha}_2=\begin{pmatrix}1\\1\\0\end{pmatrix},\ \boldsymbol{\alpha}_3=\begin{pmatrix}1\\1\\1\end{pmatrix}$$

线性无关，则对任意数 a，b，c，向量组

$$\boldsymbol{\beta}_1=\begin{pmatrix}1\\0\\0\\a\end{pmatrix},\ \boldsymbol{\beta}_2=\begin{pmatrix}1\\1\\0\\b\end{pmatrix},\ \boldsymbol{\beta}_3=\begin{pmatrix}1\\1\\1\\c\end{pmatrix}$$

线性无关.

事实上，$\boldsymbol{\alpha}_1,\boldsymbol{\alpha}_2,\boldsymbol{\alpha}_3$ 线性无关，说明方程组

$$x_1\boldsymbol{\alpha}_1+x_2\boldsymbol{\alpha}_2+x_3\boldsymbol{\alpha}_3=\mathbf{0}\tag{1}$$

只有零解. 由于线性方程组

$$x_1\boldsymbol{\beta}_1+x_2\boldsymbol{\beta}_2+x_3\boldsymbol{\beta}_3=\mathbf{0} \tag{2}$$

与式(1)的前3个方程一样，所以式(2)也只有零解，从而$\boldsymbol{\beta}_1,\boldsymbol{\beta}_2,\boldsymbol{\beta}_3$线性无关.

推论2的逆否命题：如果$\boldsymbol{\alpha}_1,\boldsymbol{\alpha}_2,\cdots,\boldsymbol{\alpha}_m$中每个向量都增加一个分量所得的向量组$\boldsymbol{\beta}_1,\boldsymbol{\beta}_2,\cdots,\boldsymbol{\beta}_m$线性相关，则向量组$\boldsymbol{\alpha}_1,\boldsymbol{\alpha}_2,\cdots,\boldsymbol{\alpha}_m$线性相关.

由于一个矩阵乘以可逆矩阵时所得矩阵的秩与原矩阵的秩相同，所以有以下重要结果：

定理3.5 若向量组$\boldsymbol{\alpha}_1,\boldsymbol{\alpha}_2,\cdots,\boldsymbol{\alpha}_n$线性无关，且$(\boldsymbol{\beta}_1,\boldsymbol{\beta}_2,\cdots,\boldsymbol{\beta}_n)=(\boldsymbol{\alpha}_1,\boldsymbol{\alpha}_2,\cdots,\boldsymbol{\alpha}_n)\boldsymbol{T}$，则$\boldsymbol{\beta}_1,\boldsymbol{\beta}_2,\cdots,\boldsymbol{\beta}_n$线性无关的充要条件是$\boldsymbol{T}$可逆(即$|\boldsymbol{T}|\neq0$).

[例如]如果向量组$\boldsymbol{\alpha}_1,\boldsymbol{\alpha}_2$线性无关，如果$\boldsymbol{\beta}_1=\boldsymbol{\alpha}_1+2\boldsymbol{\alpha}_2$，$\boldsymbol{\beta}_2=\boldsymbol{\alpha}_1-3\boldsymbol{\alpha}_2$，则有

$$(\boldsymbol{\beta}_1,\boldsymbol{\beta}_2)=(\boldsymbol{\alpha}_1,\boldsymbol{\alpha}_2)\begin{pmatrix}1&1\\2&-3\end{pmatrix},$$

因为矩阵$\begin{pmatrix}1&1\\2&-3\end{pmatrix}$可逆，所以$r(\boldsymbol{\beta}_1,\boldsymbol{\beta}_2)=r(\boldsymbol{\alpha}_1,\boldsymbol{\alpha}_2)=2$. 由定理3.4知向量组$\boldsymbol{\beta}_1,\boldsymbol{\beta}_2$线性无关.

定理3.6 如果向量组$\boldsymbol{\alpha}_1,\boldsymbol{\alpha}_2,\cdots,\boldsymbol{\alpha}_m$线性相关，则向量组$\boldsymbol{\alpha}_1,\boldsymbol{\alpha}_2,\cdots,\boldsymbol{\alpha}_n,\boldsymbol{\alpha}_{n+1}$线性相关. 一般地，如果一个向量组的一部分线性相关，则该向量组整体线性相关.

证明 因为向量组$\boldsymbol{\alpha}_1,\boldsymbol{\alpha}_2,\cdots,\boldsymbol{\alpha}_m$线性相关，所以存在不全为零的数$k_1,k_2,\cdots,k_m$使得

$$k_1\boldsymbol{\alpha}_1+k_2\boldsymbol{\alpha}_2+\cdots+k_m\boldsymbol{\alpha}_m=\mathbf{0}. \tag{*}$$

由于数组$k_1,k_2,\cdots,k_m$，0仍不全为零，且由式(*)得

$$k_1\boldsymbol{\alpha}_1+k_2\boldsymbol{\alpha}_2+\cdots+k_m\boldsymbol{\alpha}_m+0\boldsymbol{\alpha}_{m+1}=\mathbf{0},$$

于是$\boldsymbol{\alpha}_1,\boldsymbol{\alpha}_2,\cdots,\boldsymbol{\alpha}_m$，$\alpha_{m+1}$线性相关.

推论 若$\boldsymbol{\alpha}_1,\boldsymbol{\alpha}_2,\cdots,\boldsymbol{\alpha}_m$线性无关，则它的任一个部分组$\boldsymbol{\alpha}_{i_1},\boldsymbol{\alpha}_{i_2},\cdots,\boldsymbol{\alpha}_{i_t}(t\leqslant m)$必线性无关.

[例如]设$\boldsymbol{A}$，$\boldsymbol{B}$分别为$m\times n$和$m\times k$矩阵，向量组(Ⅰ)是矩阵$\boldsymbol{A}$的列向量组，向量组(Ⅱ)是矩阵$(\boldsymbol{A},\boldsymbol{B})$的列向量组，则必有(　　).

A. 若(Ⅰ)线性无关，则(Ⅱ)线性无关　　B. 若(Ⅰ)线性无关，则(Ⅱ)线性相关

C. 若(Ⅱ)线性无关，则(Ⅰ)线性无关　　D. 若(Ⅱ)线性无关，则(Ⅰ)线性相关

这里结论C是正确的.

[分析]显然，向量组(Ⅰ)是(Ⅱ)的一部分. 如果(Ⅰ)线性相关，则(Ⅱ)必然线性相关. 这一结论的逆否命题是：若(Ⅱ)线性无关，则(Ⅰ)线性无关.

定理3.7 $n+1$个n维向量线性相关. 一般地，一组向量的个数多于它们的维数时，这组向量线性相关.

证明 设$\boldsymbol{\alpha}_1,\boldsymbol{\alpha}_2,\cdots,\boldsymbol{\alpha}_{n+1}$均为$n$维列向量，则矩阵$(\boldsymbol{\alpha}_1,\boldsymbol{\alpha}_2,\cdots,\boldsymbol{\alpha}_{n+1})$为$n\times(n+1)$矩阵. 由于矩阵的秩不超过其行数，所以有

$$r(\boldsymbol{\alpha}_1,\boldsymbol{\alpha}_2,\cdots,\boldsymbol{\alpha}_{n+1})\leqslant n<n+1,$$

结合定理3.4，可得$\boldsymbol{\alpha}_1,\boldsymbol{\alpha}_2,\cdots,\boldsymbol{\alpha}_{n+1}$线性相关.

定理3.8 设向量组$\boldsymbol{\alpha}_1,\boldsymbol{\alpha}_2,\cdots,\boldsymbol{\alpha}_m$线性无关，而且向量组$\boldsymbol{\alpha}_1,\boldsymbol{\alpha}_2,\cdots,\boldsymbol{\alpha}_m$，$\boldsymbol{\beta}$线性相关，则$\boldsymbol{\beta}$可由$\boldsymbol{\alpha}_1,\boldsymbol{\alpha}_2,\cdots,\boldsymbol{\alpha}_m$线性表示，而且表示方法唯一.

证明 (1) 因为向量组$\boldsymbol{\alpha}_1,\boldsymbol{\alpha}_2,\cdots,\boldsymbol{\alpha}_m$，$\boldsymbol{\beta}$线性相关，所以存在不全为零的数$k_1,k_2,\cdots,$

k_m, l，使

$$k_1\boldsymbol{\alpha}_1+k_2\boldsymbol{\alpha}_2+\cdots+k_m\boldsymbol{\alpha}_m+l\boldsymbol{\beta}=\mathbf{0}. \tag{1}$$

这里 $l\neq 0$，否则，$k_1,k_2,\cdots,k_m$ 不全为零，且有

$$k_1\boldsymbol{\alpha}_1+k_2\boldsymbol{\alpha}_2+\cdots+k_m\boldsymbol{\alpha}_m=\mathbf{0}.$$

与 $\boldsymbol{\alpha}_1,\boldsymbol{\alpha}_2,\cdots,\boldsymbol{\alpha}_m$ 线性无关相矛盾.

因此，由式(1)可得

$$\boldsymbol{\beta}=-\frac{1}{l}(k_1\boldsymbol{\alpha}_1+k_2\boldsymbol{\alpha}_2+\cdots+k_m\boldsymbol{\alpha}_m).$$

即 $\boldsymbol{\beta}$ 可由 $\boldsymbol{\alpha}_1,\boldsymbol{\alpha}_2,\cdots,\boldsymbol{\alpha}_m$ 线性表示.

(2) 唯一性　若 $\boldsymbol{\beta}$ 有两种不同的表达式，设

$$\boldsymbol{\beta}=x_1\boldsymbol{\alpha}_1+x_2\boldsymbol{\alpha}_2+\cdots+x_m\boldsymbol{\alpha}_m \text{ 且 } \boldsymbol{\beta}=y_1\boldsymbol{\alpha}_1+y_2\boldsymbol{\alpha}_2+\cdots+y_m\boldsymbol{\alpha}_m,$$

则有

$$(x_1-y_1)\boldsymbol{\alpha}_1+(x_2-y_2)\boldsymbol{\alpha}_2+\cdots+(x_m-y_m)\boldsymbol{\alpha}_m=\mathbf{0}. \tag{2}$$

由于 $\boldsymbol{\alpha}_1,\boldsymbol{\alpha}_2,\cdots,\boldsymbol{\alpha}_m$ 线性无关，所以组合系数 x_1-y_1，x_2-y_2，$\cdots$，x_m-y_m 全为0. 因此有 $x_i=y_i(i=1,2,\cdots,m)$. 唯一性得证.

推论　由定理3.7及定理3.8知，如果某个 n 维向量 $\boldsymbol{\beta}$ 不能由 n 个 n 维向量组成的向量组 $\boldsymbol{\alpha}_1,\boldsymbol{\alpha}_2,\cdots,\boldsymbol{\alpha}_n$ 线性表示，则 $\boldsymbol{\alpha}_1,\boldsymbol{\alpha}_2,\cdots,\boldsymbol{\alpha}_n$ 线性相关.

[例如]对3个三维向量 $\boldsymbol{\alpha}_1=(a_1,a_2,a_3)^{\mathrm{T}}$，$\boldsymbol{\alpha}_2=(b_1,b_2,b_3)^{\mathrm{T}}$，$\boldsymbol{\alpha}_3=(c_1,c_2,c_3)^{\mathrm{T}}$，如果存在向量 $\boldsymbol{\beta}=(p,q,r)^{\mathrm{T}}$，使 $\boldsymbol{\beta}$ 不能由 $\boldsymbol{\alpha}_1,\boldsymbol{\alpha}_2,\boldsymbol{\alpha}_3$ 线性表示，则 $\boldsymbol{\alpha}_1,\boldsymbol{\alpha}_2,\boldsymbol{\alpha}_3$ 线性相关.

证明　(反证)事实上，如果 $\boldsymbol{\alpha}_1,\boldsymbol{\alpha}_2,\boldsymbol{\alpha}_3$ 线性无关，由于4个三维向量构成的向量组 $\boldsymbol{\alpha}_1,\boldsymbol{\alpha}_2,\boldsymbol{\alpha}_3,\boldsymbol{\beta}$ 线性相关，结合定理3.8知，$\boldsymbol{\beta}$ 可由向量组 $\boldsymbol{\alpha}_1,\boldsymbol{\alpha}_2,\boldsymbol{\alpha}_3$ 线性表示. 得出矛盾.

3.3.3　向量组的极大无关组与向量组的秩

1. 极大无关组与秩的概念

定义　在向量组 $\boldsymbol{\alpha}_1,\boldsymbol{\alpha}_2,\cdots,\boldsymbol{\alpha}_s$ 中，如存在一个部分组 $\boldsymbol{\alpha}_{i_1},\boldsymbol{\alpha}_{i_2},\cdots,\boldsymbol{\alpha}_{i_r}(r\leqslant s)$ 线性无关，而其中任何 $r+1$ 个向量(如果还有的话)都线性相关，则称 $\boldsymbol{\alpha}_{i_1},\boldsymbol{\alpha}_{i_2},\cdots,\boldsymbol{\alpha}_{i_r}$ 是向量组 $\boldsymbol{\alpha}_1,\boldsymbol{\alpha}_2,\cdots,\boldsymbol{\alpha}_s$ 的一个极大线性无关组. 向量组 $\boldsymbol{\alpha}_1,\boldsymbol{\alpha}_2,\cdots,\boldsymbol{\alpha}_s$ 的极大线性无关组中包含向量的个数 r 称为向量组的秩.

注： 1) 只由零向量构成的向量组不存在极大线性无关组；一个线性无关的向量组的极大线性无关组就是该向量组自身；一个向量组 $\boldsymbol{\alpha}_1,\boldsymbol{\alpha}_2,\cdots,\boldsymbol{\alpha}_s$ 的极大无关组一般不是唯一的，但每个极大无关组所含向量的个数都是相同的，这个共同的个数 r 就是向量组的秩.

[例如]对向量组 $\boldsymbol{\alpha}_1=\begin{pmatrix}1\\2\end{pmatrix}$，$\boldsymbol{\alpha}_2=\begin{pmatrix}3\\2\end{pmatrix}$，$\boldsymbol{\alpha}_3=\begin{pmatrix}-1\\6\end{pmatrix}$，显然其中任何两个向量都线性无关，但是作为3个二维向量 $\boldsymbol{\alpha}_1,\boldsymbol{\alpha}_2,\boldsymbol{\alpha}_3$ 线性相关，所以

$$\boldsymbol{\alpha}_1,\boldsymbol{\alpha}_2;\qquad \boldsymbol{\alpha}_2,\boldsymbol{\alpha}_3;\qquad \boldsymbol{\alpha}_3,\boldsymbol{\alpha}_1$$

都可取为极大无关组，它的极大无关组含有两个向量，该向量组的秩为2.

2) 当一个向量组的秩为 r 时，说明其中有 r 个向量线性无关(当然存在 $r-1$ 个向量线性无关)，而且任意 $r+1$ 个向量(如果有的话)线性相关，但是不能保证其中任意 r 个向量线性无关.

2. 向量组极大无关组的等价定义

定理 3.9　(极大无关组的等价定义)在向量组(Ⅰ): $\boldsymbol{\alpha}_1,\boldsymbol{\alpha}_2,\cdots,\boldsymbol{\alpha}_s$ 中，如果其部分组(Ⅱ): $\boldsymbol{\alpha}_{i_1},\boldsymbol{\alpha}_{i_2},\cdots,\boldsymbol{\alpha}_{i_r}(r\leqslant s)$满足:

(1) $\boldsymbol{\alpha}_{i_1},\boldsymbol{\alpha}_{i_2},\cdots,\boldsymbol{\alpha}_{i_r}$线性无关;

(2) 向量组(Ⅰ)中任何一个向量都可由(Ⅱ)线性表示，则 $\boldsymbol{\alpha}_{i_1},\boldsymbol{\alpha}_{i_2},\cdots,\boldsymbol{\alpha}_{i_r}$ 是向量组 $\boldsymbol{\alpha}_1,\boldsymbol{\alpha}_2,\cdots,\boldsymbol{\alpha}_s$ 的一个极大线性无关组.

推论 1　任一向量组和它的任意极大无关组等价.

由此推论，结合向量组等价的对称性与传递性，可得:

推论 2　一个向量组的任意两个极大无关组等价.

3. 矩阵的行(列)向量组的秩

(1) 矩阵的行秩与列秩

矩阵的行(列)向量组的秩，分别称为矩阵的行秩(列秩).

(2) 矩阵的秩与其行(列)秩的关系

定理 3.10　设矩阵 $\boldsymbol{A}=(\boldsymbol{\alpha}_1,\boldsymbol{\alpha}_2,\cdots,\boldsymbol{\alpha}_s)$，则有矩阵 $\boldsymbol{A}$ 的秩等于它的行秩，也等于它的列秩.

由此定理，$r(\boldsymbol{\alpha}_1,\boldsymbol{\alpha}_2,\cdots,\boldsymbol{\alpha}_s)$ 既可看成矩阵 $(\boldsymbol{\alpha}_1,\boldsymbol{\alpha}_2,\cdots,\boldsymbol{\alpha}_s)$ 的秩，又可看成向量组 $\boldsymbol{\alpha}_1,\boldsymbol{\alpha}_2,\cdots,\boldsymbol{\alpha}_s$ 的秩.

(3) 矩阵的秩的三种理解方式

① 矩阵的秩等于其非零子式的最高阶数; ② 矩阵的秩等于其化成行阶梯形矩阵的非零行数; ③ 矩阵的秩等于其行(列)向量组的任意一个极大无关组所包含向量的个数.

[例如]已知 4×3 矩阵 $\boldsymbol{A}$ 的列向量组线性无关，则 $\boldsymbol{A}^{\mathrm{T}}$ 的秩等于 3.

事实上，由于 4×3 矩阵 $\boldsymbol{A}$ 的列向量组线性无关，所以 $\boldsymbol{A}$ 的秩为 3. 而 $\boldsymbol{A}^{\mathrm{T}}$ 的秩等于 $\boldsymbol{A}$ 的秩，从而 $\boldsymbol{A}^{\mathrm{T}}$ 的秩等于 3.

注: 若 $\boldsymbol{D}_r$ 是矩阵 $\boldsymbol{A}$ 的一个最高阶非零子式，则 $\boldsymbol{D}_r$ 所在的 r 列(行)即是 $\boldsymbol{A}$ 的列(行)向量组的一个最大无关组.

[例如]设三阶矩阵 $\boldsymbol{A}=(a_{ij})$不可逆，而且其元素 a_{12}的代数余子式不为 0，记 $\boldsymbol{A}=(\boldsymbol{\alpha}_1,\boldsymbol{\alpha}_2,\boldsymbol{\alpha}_3)$，则 $\boldsymbol{\alpha}_1$，$\boldsymbol{\alpha}_3$ 为矩阵 $\boldsymbol{A}$ 的列向量组的一个最大无关组.

4. 向量组的线性表示与向量组的秩

结合定理 3.3 与定理 3.10 可得:

定理 3.11　若向量组(Ⅰ): $\boldsymbol{\beta}_1,\boldsymbol{\beta}_2,\cdots,\boldsymbol{\beta}_l$ 可由向量组(Ⅱ): $\boldsymbol{\alpha}_1,\boldsymbol{\alpha}_2,\cdots,\boldsymbol{\alpha}_s$ 线性表出，则向量组 $\boldsymbol{\beta}_1,\boldsymbol{\beta}_2,\cdots,\boldsymbol{\beta}_l$ 的秩不超过向量组 $\boldsymbol{\alpha}_1,\boldsymbol{\alpha}_2,\cdots,\boldsymbol{\alpha}_s$ 的秩. 特别地，等价的向量组有相同的秩.

推论 1　若向量组 $\boldsymbol{\beta}_1,\boldsymbol{\beta}_2,\cdots,\boldsymbol{\beta}_l$ 可由向量组 $\boldsymbol{\alpha}_1,\boldsymbol{\alpha}_2,\cdots,\boldsymbol{\alpha}_s$ 线性表示，且 $\boldsymbol{\beta}_1,\boldsymbol{\beta}_2,\cdots,\boldsymbol{\beta}_l$ 线性无关，则 $l\leqslant s$.

推论 2　若向量组 $\boldsymbol{\beta}_1,\boldsymbol{\beta}_2,\cdots,\boldsymbol{\beta}_l$ 可由向量组 $\boldsymbol{\alpha}_1,\boldsymbol{\alpha}_2,\cdots,\boldsymbol{\alpha}_s$ 线性表出，且 $l>s$，则 $\boldsymbol{\beta}_1,\boldsymbol{\beta}_2,\cdots,\boldsymbol{\beta}_l$ 线性相关.

推论 3　如果两个向量组等价，则这两个向量组的秩相等 . 进而有: 两个等价的线性无关向量组所含向量的个数相同.

注: 1) 若同维数的向量组 $\boldsymbol{\alpha}_1,\boldsymbol{\alpha}_2,\cdots,\boldsymbol{\alpha}_n$ 与 $\boldsymbol{\beta}_1,\boldsymbol{\beta}_2,\cdots,\boldsymbol{\beta}_n$ 等价，则向量组 $\boldsymbol{\alpha}_1,\boldsymbol{\alpha}_2,\cdots,\boldsymbol{\alpha}_n$ 与

$\boldsymbol{\beta}_1,\boldsymbol{\beta}_2,\cdots,\boldsymbol{\beta}_n$ 的秩相等，从而作为同型矩阵 $\boldsymbol{A}=(\boldsymbol{\alpha}_1,\boldsymbol{\alpha}_2,\cdots,\boldsymbol{\alpha}_n)$ 与 $\boldsymbol{B}=(\boldsymbol{\beta}_1,\boldsymbol{\beta}_2,\cdots,\boldsymbol{\beta}_n)$ 的秩也相等，由此可得矩阵 $\boldsymbol{A}$ 与 $\boldsymbol{B}$ 等价.

但矩阵 $\boldsymbol{A}=(\boldsymbol{\alpha}_1,\boldsymbol{\alpha}_2,\cdots,\boldsymbol{\alpha}_n)$ 与 $\boldsymbol{B}=(\boldsymbol{\beta}_1,\boldsymbol{\beta}_2,\cdots,\boldsymbol{\beta}_n)$ 等价时，不能说明向量组 $\boldsymbol{\alpha}_1,\boldsymbol{\alpha}_2,\cdots,\boldsymbol{\alpha}_n$ 与 $\boldsymbol{\beta}_1,\boldsymbol{\beta}_2,\cdots,\boldsymbol{\beta}_n$ 等价. 事实上，由前面定理 3.2 的推论可知，当两个向量组秩相等时，这两个向量组不一定等价. 向量组 $\boldsymbol{\alpha}_1,\boldsymbol{\alpha}_2,\cdots,\boldsymbol{\alpha}_s$ 与向量组 $\boldsymbol{\beta}_1,\boldsymbol{\beta}_2,\cdots,\boldsymbol{\beta}_l$ 等价需要三秩相等，即

$$r(\boldsymbol{\alpha}_1,\boldsymbol{\alpha}_2,\cdots,\boldsymbol{\alpha}_s)=r(\boldsymbol{\alpha}_1,\boldsymbol{\alpha}_2,\cdots,\boldsymbol{\alpha}_s,\boldsymbol{\beta}_1,\boldsymbol{\beta}_2,\cdots,\boldsymbol{\beta}_l)=r(\boldsymbol{\beta}_1,\boldsymbol{\beta}_2,\cdots,\boldsymbol{\beta}_l).$$

[例如]向量组(Ⅰ)：$\boldsymbol{\alpha}_1=\begin{pmatrix}1\\0\end{pmatrix}$ 与向量组(Ⅱ)：$\boldsymbol{\beta}_1=\begin{pmatrix}0\\1\end{pmatrix}$ 的秩均为 1，但 $r(\boldsymbol{\alpha}_1)=r(\boldsymbol{\beta}_1)=1\neq r(\boldsymbol{\alpha}_1,\boldsymbol{\beta}_1)=2$，所以向量组(Ⅰ)与向量组(Ⅱ)不等价.（更直接的解释是向量组(Ⅰ)与向量组(Ⅱ)不能互相线性表示，从而不等价）.

2）如果向量组(Ⅰ)：$\boldsymbol{\beta}_1,\boldsymbol{\beta}_2,\cdots,\boldsymbol{\beta}_l$ 可由向量组(Ⅱ)：$\boldsymbol{\alpha}_1,\boldsymbol{\alpha}_2,\cdots,\boldsymbol{\alpha}_s$ 线性表示，而且向量组(Ⅰ)与向量组(Ⅱ)的秩相等，则向量组(Ⅰ)与向量组(Ⅱ)等价.

事实上，分别取向量组(Ⅰ)与向量组(Ⅱ)的极大无关组 $\boldsymbol{\beta}_{i_1},\boldsymbol{\beta}_{i_2},\cdots,\boldsymbol{\beta}_{i_r}$ 与 $\boldsymbol{\alpha}_{j_1},\boldsymbol{\alpha}_{j_2},\cdots,\boldsymbol{\alpha}_{j_r}$，由向量组(Ⅰ)可由向量组(Ⅱ)线性表示，可得 $\boldsymbol{\beta}_{i_1},\boldsymbol{\beta}_{i_2},\cdots,\boldsymbol{\beta}_{i_r}$ 可由 $\boldsymbol{\alpha}_{j_1},\boldsymbol{\alpha}_{j_2},\cdots,\boldsymbol{\alpha}_{j_r}$ 线性表示，从而存在 r 阶可逆矩阵 $\boldsymbol{C}$，使

$$(\boldsymbol{\beta}_{i_1},\boldsymbol{\beta}_{i_2},\cdots,\boldsymbol{\beta}_{i_r})=(\boldsymbol{\alpha}_{j_1},\boldsymbol{\alpha}_{j_2},\cdots,\boldsymbol{\alpha}_{j_r})\boldsymbol{C},$$

显然这里 $\boldsymbol{C}$ 是可逆的，因此

$$(\boldsymbol{\beta}_{i_1},\boldsymbol{\beta}_{i_2},\cdots,\boldsymbol{\beta}_{i_r})\boldsymbol{C}^{-1}=(\boldsymbol{\alpha}_{j_1},\boldsymbol{\alpha}_{j_2},\cdots,\boldsymbol{\alpha}_{j_r}).$$

以上两式说明向量组(Ⅰ)与向量组(Ⅱ)的极大无关组等价，所以向量组(Ⅰ)与向量组(Ⅱ)等价.

5. 向量组的秩及其极大无关组的求法

假设以向量组 $\boldsymbol{\alpha}_1,\boldsymbol{\alpha}_2,\cdots,\boldsymbol{\alpha}_n$ 为列作矩阵 $\boldsymbol{A}=(\boldsymbol{\alpha}_1,\boldsymbol{\alpha}_2,\cdots,\boldsymbol{\alpha}_n)$，则矩阵 $\boldsymbol{A}$ 的秩即为向量组 $\boldsymbol{\alpha}_1,\boldsymbol{\alpha}_2,\cdots,\boldsymbol{\alpha}_n$ 的秩.

又设对矩阵 $\boldsymbol{A}$ 施行初等行变换化为 $\boldsymbol{B}$，则 $\boldsymbol{A}$ 与 $\boldsymbol{B}$ 的列向量有相同的线性关系.

事实上，如果

$$\boldsymbol{A}=(\boldsymbol{\alpha}_1,\boldsymbol{\alpha}_2,\cdots,\boldsymbol{\alpha}_n)\xrightarrow{\text{行}}(\boldsymbol{\beta}_1,\boldsymbol{\beta}_2,\cdots,\boldsymbol{\beta}_n)=\boldsymbol{B},$$

则以 $\boldsymbol{A}$ 与 $\boldsymbol{B}$ 为系数矩阵的线性方程组 $\boldsymbol{AX}=\boldsymbol{0}$ 与 $\boldsymbol{BX}=\boldsymbol{0}$ 同解. 亦即

$$x_1\boldsymbol{\alpha}_1+x_2\boldsymbol{\alpha}_2+\cdots+x_n\boldsymbol{\alpha}_n=\boldsymbol{0}$$

与

$$x_1\boldsymbol{\beta}_1+x_2\boldsymbol{\beta}_2+\cdots+x_n\boldsymbol{\beta}_n=\boldsymbol{0}$$

同解.

基于此，可得利用初等行变换求列向量组的极大无关组的如下方法：

1）以所给的向量组为列作矩阵 $\boldsymbol{A}$；

2）对如上矩阵 $\boldsymbol{A}$ 施以初等行变换，化为行阶梯形矩阵 $\boldsymbol{B}$，则 $\boldsymbol{B}$ 的非零行数即为所求向量组的秩；

3）在行阶梯形矩阵 $\boldsymbol{B}$ 中，标出每个非零行的主元(即行阶梯形各非零行的第一个非零元)，则将主元所在的列对应原矩阵 $\boldsymbol{A}$ 的列向量，即得 $\boldsymbol{A}$ 的列向量组的一个极大无关组，(见

例 3-36).

3.3.4 向量空间

本部分内容仅对数 1 学生要求.

1. 向量空间的概念

定义 设 V 是 n 维向量的非空集合，且 V 中向量对于加法及数乘这两种运算封闭，则称 V 是向量空间.

[例如] 1) $V=\{\boldsymbol{\alpha}=(0,x_2,x_3,\cdots,x_n)^{\mathrm{T}}\mid x_i\in\mathbf{R},i=2,3,\cdots,n\}$ 是一个向量空间.

事实上，显然 V 为非空集合. 任取 V 的两个向量 $\boldsymbol{\alpha}=(0,x_2,x_3,\cdots,x_n)^{\mathrm{T}}$，$\boldsymbol{\beta}=(0,y_2,y_3,\cdots,y_n)^{\mathrm{T}}$ 及数 $k\in\mathbf{R}$，有

$$\boldsymbol{\alpha}+\boldsymbol{\beta}=(0,x_2+y_2,x_3+y_3,\cdots,x_n+y_n)^{\mathrm{T}}\in V,$$
$$k\boldsymbol{\alpha}=(0,kx_2,kx_3,\cdots,kx_n)^{\mathrm{T}}\in V,$$

即 V 对加法与数乘封闭，从而构成向量空间.

2) $W=\{\boldsymbol{\alpha}=(1,x_2,x_3,\cdots,x_n)^{\mathrm{T}}\mid x_i\in\mathbf{R},i=2,3,\cdots,n\}$ 不是向量空间.

事实上，任取 W 的两个向量 $\boldsymbol{\alpha}=(1,x_2,x_3,\cdots,x_n)^{\mathrm{T}}$，$\boldsymbol{\beta}=(1,y_2,y_3,\cdots,y_n)^{\mathrm{T}}$，有

$$\boldsymbol{\alpha}+\boldsymbol{\beta}=(2,x_2+y_2,x_3+y_3,\cdots,x_n+y_n)^{\mathrm{T}}\notin V,$$

即 W 对加法不封闭，所以不构成向量空间.

注：由向量组 $\boldsymbol{\alpha}_1,\boldsymbol{\alpha}_2,\cdots,\boldsymbol{\alpha}_m$ 的一切线性组合构成的集合

$$L=\{\lambda_1\boldsymbol{\alpha}_1+\lambda_2\boldsymbol{\alpha}_2+\cdots+\lambda_m\boldsymbol{\alpha}_m\mid\lambda_1,\lambda_2,\cdots,\lambda_m\in\mathbf{R}\}$$

按向量的加法与数乘构成向量空间，称为向量组 $\boldsymbol{\alpha}_1,\boldsymbol{\alpha}_2,\cdots,\boldsymbol{\alpha}_m$ 生成的向量空间.

2. 向量空间的基、维数与坐标

(1) 基与维数

定义 设 V 是向量空间，若 V 中有 r 个向量 $\boldsymbol{\alpha}_1,\boldsymbol{\alpha}_2,\cdots,\boldsymbol{\alpha}_r$ 线性无关，而且 V 中任一向量都可由这 r 个向量线性表出，则称 $\boldsymbol{\alpha}_1,\boldsymbol{\alpha}_2,\cdots,\boldsymbol{\alpha}_r$ 为向量空间 V 的一个基，r 称为该向量空间的维数，并称 V 为 r 维向量空间.

注：1) 由向量组极大无关组的等价定义可知，向量空间 V 的基实际上是 V 中向量的一个极大无关组. 向量空间 V 的维数即 V 中全体元素构成向量组的秩.

2) 对向量组 $\boldsymbol{\alpha}_1,\boldsymbol{\alpha}_2,\cdots,\boldsymbol{\alpha}_m$ 所生成的向量空间

$$L=\{\lambda_1\boldsymbol{\alpha}_1+\lambda_2\boldsymbol{\alpha}_2+\cdots+\lambda_m\boldsymbol{\alpha}_m\mid\lambda_1,\lambda_2,\cdots,\lambda_m\in\mathbf{R}\},$$

由基与维数的定义可知，向量组 $\boldsymbol{\alpha}_1,\boldsymbol{\alpha}_2,\cdots,\boldsymbol{\alpha}_m$ 的极大无关组是 L 的一个**基**，向量组 $\boldsymbol{\alpha}_1,\boldsymbol{\alpha}_2,\cdots,\boldsymbol{\alpha}_m$ 的秩等于向量空间 L 的**维数**.

3) 设 $\boldsymbol{\alpha}_1,\boldsymbol{\alpha}_2,\cdots,\boldsymbol{\alpha}_m$ 是向量空间 V 的基，如果 $\boldsymbol{\alpha}_1,\boldsymbol{\alpha}_2,\cdots,\boldsymbol{\alpha}_m$ 是两两正交的单位向量，则称 $\boldsymbol{\alpha}_1,\boldsymbol{\alpha}_2,\cdots,\boldsymbol{\alpha}_m$ 为 V 的规范正交基(或标准正交基).

(2) 向量的坐标

定义 设 $\boldsymbol{\alpha}_1,\boldsymbol{\alpha}_2,\cdots,\boldsymbol{\alpha}_n$ 是向量空间 V 的一个基，那么 $\forall\boldsymbol{\beta}\in V$，存在唯一的一组数 $x_1,x_2,\cdots,x_n$，使

$$\boldsymbol{\beta}=x_1\boldsymbol{\alpha}_1+x_2\boldsymbol{\alpha}_2+\cdots+x_n\boldsymbol{\alpha}_n,$$

称数组 $x_1,x_2,\cdots,x_n$ 为向量 $\boldsymbol{\beta}$ 在基 $\boldsymbol{\alpha}_1,\boldsymbol{\alpha}_2,\cdots,\boldsymbol{\alpha}_n$ 下的**坐标**. 记为 $(x_1,x_2,\cdots,x_n)$.

3. 基变换与坐标变换公式

定义　若 $\boldsymbol{\alpha}_1,\boldsymbol{\alpha}_2,\cdots,\boldsymbol{\alpha}_n$ 与 $\boldsymbol{\beta}_1,\boldsymbol{\beta}_2,\cdots,\boldsymbol{\beta}_n$ 是向量空间 V 的两组基，如果

$$(\boldsymbol{\beta}_1,\boldsymbol{\beta}_2,\cdots,\boldsymbol{\beta}_n)=(\boldsymbol{\alpha}_1,\boldsymbol{\alpha}_2,\cdots,\boldsymbol{\alpha}_n)\begin{pmatrix} c_{11} & c_{12} & \cdots & c_{1n} \\ c_{21} & c_{22} & \cdots & c_{2n} \\ \vdots & \vdots & & \vdots \\ c_{n1} & c_{n2} & \cdots & c_{nn} \end{pmatrix}\triangleq(\boldsymbol{\alpha}_1,\boldsymbol{\alpha}_2,\cdots,\boldsymbol{\alpha}_n)\boldsymbol{C},$$

则称 $\boldsymbol{C}$ 为由基 $\boldsymbol{\alpha}_1,\boldsymbol{\alpha}_2,\cdots,\boldsymbol{\alpha}_n$ 到基 $\boldsymbol{\beta}_1,\boldsymbol{\beta}_2,\cdots,\boldsymbol{\beta}_n$ 的过渡矩阵.

注：过渡矩阵 $\boldsymbol{C}$ 是可逆矩阵，并且 $\boldsymbol{C}$ 中的第 j 列就是向量 $\boldsymbol{\beta}_j$ 在基 $\boldsymbol{\alpha}_1,\boldsymbol{\alpha}_2,\cdots,\boldsymbol{\alpha}_n$ 下的坐标 $(j=1,2,\cdots,n)$.

定理 3.12　设从基 $\boldsymbol{\alpha}_1,\boldsymbol{\alpha}_2,\cdots,\boldsymbol{\alpha}_n$ 到基 $\boldsymbol{\beta}_1,\boldsymbol{\beta}_2,\cdots,\boldsymbol{\beta}_n$ 的过渡矩阵为 $\boldsymbol{C}$，即

$$(\boldsymbol{\beta}_1,\boldsymbol{\beta}_2,\cdots,\boldsymbol{\beta}_n)=(\boldsymbol{\alpha}_1,\boldsymbol{\alpha}_2,\cdots,\boldsymbol{\alpha}_n)\boldsymbol{C},$$

而且向量 $\boldsymbol{\gamma}$ 在基 $\boldsymbol{\alpha}_1,\boldsymbol{\alpha}_2,\boldsymbol{\alpha}_3$ 与基 $\boldsymbol{\beta}_1,\boldsymbol{\beta}_2,\boldsymbol{\beta}_3$ 下的坐标分别是 (x_1,x_2,x_3) 与 (y_1,y_2,y_3)，即

$$\boldsymbol{\gamma}=x_1\boldsymbol{\alpha}_1+x_2\boldsymbol{\alpha}_2+x_3\boldsymbol{\alpha}_3,\ \boldsymbol{\gamma}=y_1\boldsymbol{\beta}_1+y_2\boldsymbol{\beta}_2+y_3\boldsymbol{\beta}_3,$$

则有坐标变换公式

$$\begin{pmatrix} x_1 \\ x_2 \\ x_3 \end{pmatrix}=\boldsymbol{C}\begin{pmatrix} y_1 \\ y_2 \\ y_3 \end{pmatrix}\quad 或\quad \begin{pmatrix} y_1 \\ y_2 \\ y_3 \end{pmatrix}=\boldsymbol{C}^{-1}\begin{pmatrix} x_1 \\ x_2 \\ x_3 \end{pmatrix}.$$

3.4　题型归纳与解题指导

3.4.1　向量的内积与正交矩阵

1. 向量的运算

(1) 向量的内积与单位化

例 3.1　设 $\boldsymbol{\alpha}$ 与 $\boldsymbol{\beta}$ 的内积 $[\boldsymbol{\alpha},\boldsymbol{\beta}]=2$，$\|\boldsymbol{\beta}\|=2$，求 $[2\boldsymbol{\alpha}+\boldsymbol{\beta},-\boldsymbol{\beta}]$.

解　由内积的性质，可得

$$\begin{aligned}[2\boldsymbol{\alpha}+\boldsymbol{\beta},-\boldsymbol{\beta}]&=[2\boldsymbol{\alpha},-\boldsymbol{\beta}]+[\boldsymbol{\beta},-\boldsymbol{\beta}]\\&=-2\,[\boldsymbol{\alpha},\boldsymbol{\beta}]-[\boldsymbol{\beta},\boldsymbol{\beta}]\\&=-2\,[\boldsymbol{\alpha},\boldsymbol{\beta}]-\|\boldsymbol{\beta}\|^2=-8.\end{aligned}$$

例 3.2　设向量 $\boldsymbol{\alpha}=(1,0,-1,2)^{\mathrm{T}}$，$\boldsymbol{\beta}=(2,1,1,t)^{\mathrm{T}}$ 的内积等于 -3，

(1) 求参数 t；

(2) 分别将向量 $\boldsymbol{\alpha},\boldsymbol{\beta}$ 单位化.

解　(1) 因为向量 $\boldsymbol{\alpha}=(1,0,-1,2)^{\mathrm{T}}$，$\boldsymbol{\beta}=(2,1,1,t)^{\mathrm{T}}$ 的内积等于 -3，即

$$[\boldsymbol{\alpha},\boldsymbol{\beta}]=1\times2+0\times1+(-1)\times1+2\times t=-3,$$

所以 $t=-2$.

（2）由于

$$\|\boldsymbol{\alpha}\|=\sqrt{1^2+0^2+(-1)^2+2^2}=\sqrt{6},$$

$$\|\boldsymbol{\beta}\|=\sqrt{2^2+1^2+1^2+(-2)^2}=\sqrt{10},$$

单位化得

$$\frac{1}{\|\boldsymbol{\alpha}\|}\boldsymbol{\alpha}=\frac{1}{\sqrt{6}}(1,0,-1,2)^{\mathrm{T}},\ \frac{1}{\|\boldsymbol{\beta}\|}\boldsymbol{\beta}=\frac{1}{\sqrt{10}}(2,1,1,-2)^{\mathrm{T}}.$$

例 3.3 设向量 $\boldsymbol{\beta}=2\boldsymbol{\alpha}$，$\boldsymbol{\alpha}=(4,-1,2,-2)$，则下列向量是单位向量的是(　　).

A. $\frac{1}{3}\boldsymbol{\alpha}$　　B. $\frac{1}{5}\boldsymbol{\alpha}$　　C. $\frac{1}{9}\boldsymbol{\alpha}$　　D. $\frac{1}{25}\boldsymbol{\alpha}$

解 应选 B.

[分析]记 $\boldsymbol{\beta}=2\boldsymbol{\alpha}$，因为

$$\|\boldsymbol{\alpha}\|=\sqrt{4^2+(-1)^2+2^2+(-2)^2}=5,$$

所以

$$\frac{\boldsymbol{\beta}}{\|\boldsymbol{\beta}\|}=\frac{\boldsymbol{\alpha}}{\|\boldsymbol{\alpha}\|}=\frac{1}{5}\boldsymbol{\alpha}.$$

注：对于两个非零向量 $\boldsymbol{\alpha}$，$\boldsymbol{\beta}$ 如果 $\boldsymbol{\beta}=k\boldsymbol{\alpha}(k>0)$，由于

$$\frac{\boldsymbol{\beta}}{\|\boldsymbol{\beta}\|}=\frac{\boldsymbol{\beta}}{\sqrt{[\boldsymbol{\beta},\boldsymbol{\beta}]}}=\frac{k\boldsymbol{\alpha}}{\sqrt{[k\boldsymbol{\alpha},k\boldsymbol{\alpha}]}}=\frac{\boldsymbol{\alpha}}{\sqrt{[\boldsymbol{\alpha},\boldsymbol{\alpha}]}}=\frac{\boldsymbol{\alpha}}{\|\boldsymbol{\alpha}\|},$$

所以单位化时，可以不考虑前面的系数.

（2）向量的正交与施密特正交化

例 3.4 设 $\boldsymbol{\alpha}=\begin{pmatrix}-1\\1\\1\end{pmatrix}$ 与 $\boldsymbol{\beta}=\begin{pmatrix}1\\2\\t\end{pmatrix}$ 正交，则 $t=$________.

解 应填-1.

[分析]事实上，向量 $\boldsymbol{\alpha}$ 与 $\boldsymbol{\beta}$ 正交，即 $[\boldsymbol{\alpha},\boldsymbol{\beta}]=0$，即

$$(-1)\times1+1\times2+1\times t=0,$$

所以 $t=-1$.

例 3.5 设向量组 $\boldsymbol{\alpha}_1=(1,-1,-1,1)^{\mathrm{T}}$，$\boldsymbol{\alpha}_2=(1,1,0,0)^{\mathrm{T}}$，$\boldsymbol{\alpha}_3=(1,-1,2,0)^{\mathrm{T}}$. 求一个非零向量 $\boldsymbol{\alpha}_4$，使得 $\boldsymbol{\alpha}_4$ 与 $\boldsymbol{\alpha}_1,\boldsymbol{\alpha}_2,\boldsymbol{\alpha}_3$ 均正交.

解 $\boldsymbol{\alpha}_4=(x_1,x_2,x_3,x_4)^{\mathrm{T}}$，由 $\boldsymbol{\alpha}_4$ 与 $\boldsymbol{\alpha}_1,\boldsymbol{\alpha}_2,\boldsymbol{\alpha}_3$ 均正交，可得

$$\begin{cases}x_1-x_2-x_3+x_4=0,\\x_1+x_2=0,\\x_1-x_2+2x_3=0,\end{cases}\tag{$*$}$$

解之得一个基础解系 $(-1,1,1,3)^{\mathrm{T}}$. 取 $\boldsymbol{\alpha}_4=(-1,1,1,3)^{\mathrm{T}}$ 即可.

注：由于方程组($*$)的通解为 $k\boldsymbol{\alpha}_4$，所以 $k\boldsymbol{\alpha}_4(k\in\mathbf{R})$ 为全部与 $\boldsymbol{\alpha}_1,\boldsymbol{\alpha}_2,\boldsymbol{\alpha}_3$ 正交的向量.

例 3.6 （2021，数 1）已知 $\boldsymbol{\alpha}_1=\begin{pmatrix}1\\0\\1\end{pmatrix}$，$\boldsymbol{\alpha}_2=\begin{pmatrix}1\\2\\1\end{pmatrix}$，$\boldsymbol{\alpha}_3=\begin{pmatrix}3\\1\\2\end{pmatrix}$，记

$$\boldsymbol{\beta}_1=\boldsymbol{\alpha}_1,\ \boldsymbol{\beta}_2=\boldsymbol{\alpha}_2-k\boldsymbol{\beta}_1,\ \boldsymbol{\beta}_3=\boldsymbol{\alpha}_3-l_1\boldsymbol{\beta}_1-l_2\boldsymbol{\beta}_2,$$

若 $\boldsymbol{\beta}_1,\boldsymbol{\beta}_2,\boldsymbol{\beta}_3$ 两两正交，则 l_1，l_2 依次为(　　)

A. $\frac{5}{2}$，$\frac{1}{2}$　　B. $-\frac{5}{2}$，$\frac{1}{2}$　　C. $\frac{5}{2}$，$-\frac{1}{2}$　　D. $-\frac{5}{2}$，$-\frac{1}{2}$

解　应选 A.

[分析]**解法 1**　由题设知

$$\boldsymbol{\beta}_1=\boldsymbol{\alpha}_1=\begin{pmatrix}1\\0\\1\end{pmatrix},\ \boldsymbol{\beta}_2=\begin{pmatrix}1-k\\2\\1-k\end{pmatrix},\ \boldsymbol{\beta}_3=\boldsymbol{\alpha}_3-l_1\boldsymbol{\beta}_1-l_2\boldsymbol{\beta}_2=\begin{pmatrix}3-l_1-l_2+kl_2\\1-2l_2\\2-l_1-l_2+kl_2\end{pmatrix}.$$

由于 $\boldsymbol{\beta}_1,\boldsymbol{\beta}_2$ 正交，可得 $k=1$.

再由 $[\boldsymbol{\beta}_1,\boldsymbol{\beta}_3]=0$，$[\boldsymbol{\beta}_2,\boldsymbol{\beta}_3]=0$，可得

$$5-2l_1=0,\ 2(1-2l_2)=0.$$

从而，$l_1=\frac{5}{2}$，$l_2=\frac{1}{2}$.

解法 2　应用施密特正交化，可得

$$\boldsymbol{\beta}_1=\boldsymbol{\alpha}_1,$$

$$\boldsymbol{\beta}_2=\boldsymbol{\alpha}_2-\frac{[\boldsymbol{\alpha}_2,\boldsymbol{\beta}_1]}{[\boldsymbol{\beta}_1,\boldsymbol{\beta}_1]}\boldsymbol{\beta}_1=\begin{pmatrix}0\\2\\0\end{pmatrix},$$

$$\boldsymbol{\beta}_3=\boldsymbol{\alpha}_3-\frac{[\boldsymbol{\alpha}_3,\boldsymbol{\beta}_1]}{[\boldsymbol{\beta}_1,\boldsymbol{\beta}_1]}\boldsymbol{\beta}_1-\frac{[\boldsymbol{\alpha}_3,\boldsymbol{\beta}_2]}{[\boldsymbol{\beta}_2,\boldsymbol{\beta}_2]}\boldsymbol{\beta}_2=\boldsymbol{\alpha}_3-\frac{5}{2}\boldsymbol{\beta}_1-\frac{1}{2}\boldsymbol{\beta}_2,$$

由于向量组 $\boldsymbol{\beta}_1,\boldsymbol{\beta}_2,\boldsymbol{\alpha}_3$ 线性无关，由表法的唯一性可得 $l_1=\frac{5}{2}$，$l_2=\frac{1}{2}$.

2. 正交矩阵

例 3.7　已知 $\boldsymbol{P}$ 是三阶正交矩阵，向量 $\boldsymbol{\alpha}=\begin{pmatrix}1\\3\\2\end{pmatrix}$，$\boldsymbol{\beta}=\begin{pmatrix}1\\0\\2\end{pmatrix}$，则内积 $[\boldsymbol{P\alpha},\boldsymbol{P\beta}]=$________.

解　应填 5.

[分析]

$$\begin{aligned}[\boldsymbol{P\alpha},\boldsymbol{P\beta}]&=(\boldsymbol{P\alpha})^{\mathrm{T}}(\boldsymbol{P\beta})=(\boldsymbol{\alpha}^{\mathrm{T}}\boldsymbol{P}^{\mathrm{T}})\boldsymbol{P\beta}=\boldsymbol{\alpha}^{\mathrm{T}}(\boldsymbol{P}^{\mathrm{T}}\boldsymbol{P})\boldsymbol{\beta}\\&=\boldsymbol{\alpha}^{\mathrm{T}}\boldsymbol{E\beta}=1\times1+3\times0+2\times2=5.\end{aligned}$$

所以应填 5.

例 3.8　设 $\boldsymbol{A}$ 是正交矩阵，则下列矩阵中不是正交矩阵的是(　　).

A. $\boldsymbol{A}^{-1}$　　B. $2\boldsymbol{A}$　　C. $\boldsymbol{A}^2$　　D. $\boldsymbol{A}^{\mathrm{T}}$

解　应选 B.

[分析]$\boldsymbol{A}$ 是正交矩阵，即

$$\boldsymbol{A}^{\mathrm{T}}\boldsymbol{A}=\boldsymbol{E}.\qquad(*)$$

(1) 将式(*)两边取逆矩阵可得　$\boldsymbol{A}^{-1}(\boldsymbol{A}^{\mathrm{T}})^{-1}=\boldsymbol{E}$,

即 $A^{-1}(A^{-1})^{T}=E$，所以 A^{-1} 是正交矩阵.

(2)
$$\begin{aligned}(A^{2})^{T}A^{2}&=(AA)^{T}A^{2}=(A^{T}A^{T})(AA)\\&=A^{T}(A^{T}A)A=A^{T}EA=A^{T}A=E.\end{aligned}$$

所以 A^{2} 是正交矩阵.

(3) A 是正交矩阵，所以 $A^{-1}=A^{T}$，由(1)可得 A^{T} 是正交矩阵.

(4) $(2A)^{T}(2A)=4AA^{T}=4E\neq E$，所以 $2A$ 不是正交矩阵，应选 B.

例 3.9　设 A，B，$A+B$ 均为 n 阶正交矩阵，则有 $(A+B)^{-1}=A^{-1}+B^{-1}$.

证明　因为 A，B，$A+B$ 均为 n 阶正交矩阵，所以

$$A^{T}=A^{-1},\ B^{T}=B^{-1},\ (A+B)^{T}=(A+B)^{-1},$$

从而

$$(A+B)^{-1}=(A+B)^{T}=A^{T}+B^{T}=A^{-1}+B^{-1}.$$

例 3.10　已知 $A=\begin{pmatrix}a&\frac{1}{\sqrt{2}}&0\\\frac{1}{\sqrt{2}}&b&0\\0&0&1\end{pmatrix}$ 是正交矩阵，则 $a+b=$________.

解　应填 0.

[分析]由于 A 是正交矩阵，所以其列向量为两两正交的单位向量，特别地，其第一、二两列正交，由此可得

$$a\frac{1}{\sqrt{2}}+\frac{1}{\sqrt{2}}b+0\times0=0,$$

所以 $a+b=0$.

例 3.11　设 $A=(a_{ij})_{3\times3}$ 是实正交矩阵，且 $a_{11}=1$，$b=(1,0,0)^{T}$，则线性方程组 $AX=b$ 的解是________.

解　应填 $(1,0,0)^{T}$.

[分析]正交矩阵的行(列)向量都是单位向量. 因为 $A=(a_{ij})_{3\times3}$ 是实正交矩阵，且 $a_{11}=1$，所以可令

$$A=\begin{pmatrix}1&0&0\\0&a_{22}&a_{23}\\0&a_{32}&a_{33}\end{pmatrix},$$

根据正交矩阵的性质，有

$$A^{-1}=A^{T}=\begin{pmatrix}1&0&0\\0&a_{22}&a_{32}\\0&a_{23}&a_{33}\end{pmatrix},$$

所以线性方程组 $Ax=b$ 的解为

$$X=A^{-1}b=\begin{pmatrix}1&0&0\\0&a_{22}&a_{32}\\0&a_{23}&a_{33}\end{pmatrix}\begin{pmatrix}1\\0\\0\end{pmatrix}=\begin{pmatrix}1\\0\\0\end{pmatrix}.$$

例 3.12　已知 $\boldsymbol{A}$ 是 n 阶正交矩阵，即 $\boldsymbol{AA}^{\mathrm{T}}=\boldsymbol{E}$，$|\boldsymbol{A}|=-1$，证明 $|\boldsymbol{E}+\boldsymbol{A}|=0$.

证明　由 $\boldsymbol{AA}^{\mathrm{T}}=\boldsymbol{E}$，可得

$$\begin{aligned}|\boldsymbol{E}+\boldsymbol{A}|&=|\boldsymbol{AA}^{\mathrm{T}}+\boldsymbol{A}|=|\boldsymbol{A}(\boldsymbol{A}^{\mathrm{T}}+\boldsymbol{E})|\\&=|\boldsymbol{A}||\boldsymbol{A}^{\mathrm{T}}+\boldsymbol{E}^{\mathrm{T}}|=|\boldsymbol{A}||(\boldsymbol{A}+\boldsymbol{E})^{\mathrm{T}}|\\&=|\boldsymbol{A}||\boldsymbol{A}+\boldsymbol{E}|\end{aligned}$$

又因为 $|\boldsymbol{A}|=-1$，所以 $|\boldsymbol{E}+\boldsymbol{A}|=-|\boldsymbol{E}+\boldsymbol{A}|$，即 $|\boldsymbol{E}+\boldsymbol{A}|=0$.

3.4.2　向量的线性表示与向量组的等价问题

1. 向量的线性表示

例 3.13　设向量 $\boldsymbol{\beta}=(2,1,b)^{\mathrm{T}}$ 可由向量组 $\boldsymbol{\alpha}_1=(1,1,1)^{\mathrm{T}}$，$\boldsymbol{\alpha}_2=(2,3,a)^{\mathrm{T}}$ 线性表示，则(　　).

A. $a-b=4$　　B. $a+b=4$　　C. $a-b=0$　　D. $a+b=0$

解　应选 B.

[分析]事实上，$\boldsymbol{\beta}$ 可由向量组 $\boldsymbol{\alpha}_1$，$\boldsymbol{\alpha}_2$ 线性表出的充要条件是 $r(\boldsymbol{\alpha}_1,\boldsymbol{\alpha}_2)=r(\boldsymbol{\alpha}_1,\boldsymbol{\alpha}_2,\boldsymbol{\beta})$. 由

$$(\boldsymbol{\alpha}_1,\boldsymbol{\alpha}_2,\boldsymbol{\beta})=\left(\begin{array}{cc:c}1&2&2\\1&3&1\\1&a&b\end{array}\right)\rightarrow\left(\begin{array}{cc:c}1&2&2\\0&1&-1\\0&a-2&b-2\end{array}\right)\rightarrow\left(\begin{array}{cc:c}1&2&2\\0&1&-1\\0&0&b+a-4\end{array}\right),$$

可得 $a+b=4$.

例 3.14　设向量 $\boldsymbol{\alpha}_1=(1,1,1)^{\mathrm{T}}$，$\boldsymbol{\alpha}_2=(1,1,0)^{\mathrm{T}}$，$\boldsymbol{\alpha}_3=(1,0,0)^{\mathrm{T}}$，$\boldsymbol{\beta}=(0,1,1)^{\mathrm{T}}$，求 $\boldsymbol{\beta}$ 由 $\boldsymbol{\alpha}_1$，$\boldsymbol{\alpha}_2$，$\boldsymbol{\alpha}_3$ 线性表示的表达式.

解　令 $\boldsymbol{\beta}=x_1\boldsymbol{\alpha}_1+x_2\boldsymbol{\alpha}_2+x_3\boldsymbol{\alpha}_3$，即

$$(\boldsymbol{\alpha}_1,\boldsymbol{\alpha}_2,\boldsymbol{\alpha}_3)\begin{pmatrix}x_1\\x_2\\x_3\end{pmatrix}=\begin{pmatrix}0\\1\\1\end{pmatrix},$$

解此方程组可得

$$(x_1,x_2,x_3)^{\mathrm{T}}=(1,0,-1)^{\mathrm{T}}.$$

所以 $\boldsymbol{\beta}=\boldsymbol{\alpha}_1+0\boldsymbol{\alpha}_2-\boldsymbol{\alpha}_3$.

例 3.15　设 $\boldsymbol{\alpha}_1=(1,2,0)^{\mathrm{T}}$，$\boldsymbol{\alpha}_2=(1,a+2,-3a)^{\mathrm{T}}$，$\boldsymbol{\alpha}_3=(-1,-b-2,a+2b)^{\mathrm{T}}$，$\boldsymbol{\beta}=(1,3,-3)^{\mathrm{T}}$，试讨论当 a，b 为何值时，

(1) $\boldsymbol{\beta}$ 不能由 $\boldsymbol{\alpha}_1,\boldsymbol{\alpha}_2,\boldsymbol{\alpha}_3$ 线性表示；

(2) $\boldsymbol{\beta}$ 可由 $\boldsymbol{\alpha}_1,\boldsymbol{\alpha}_2,\boldsymbol{\alpha}_3$ 线性表示，但表达式不唯一，并求出表达式；

(3) $\boldsymbol{\beta}$ 可唯一由 $\boldsymbol{\alpha}_1,\boldsymbol{\alpha}_2,\boldsymbol{\alpha}_3$ 线性表示，并写出表达式.

解　设 $k_1\boldsymbol{\alpha}_1+k_2\boldsymbol{\alpha}_2+k_3\boldsymbol{\alpha}_3=\boldsymbol{\beta}$，则

$$\begin{cases}k_1+k_2-k_3=1,\\2k_1+(a+2)k_2-(b+2)k_3=3,\\-3ak_2+(a+2b)k_3=-3.\end{cases}\tag{$*$}$$

对该方程组的增广矩阵施以初等行变换，可得

$$\overline{\boldsymbol{A}}\to\left(\begin{array}{ccc|c}1&1&-1&1\\0&a&-b&1\\0&0&a-b&0\end{array}\right),$$

（1）当 $a=0$ 时，

如果 $b\neq0$，对 $\overline{\boldsymbol{A}}$ 做初等行变换，有

$$\overline{\boldsymbol{A}}\to\left(\begin{array}{ccc|c}1&1&-1&1\\0&0&-b&1\\0&0&0&-1\end{array}\right);$$

如果 $b=0$，对 $\overline{\boldsymbol{A}}$ 做初等行变换，有

$$\overline{\boldsymbol{A}}\to\left(\begin{array}{ccc|c}1&1&-1&1\\0&0&0&1\\0&0&0&0\end{array}\right).$$

以上两种情况方程组（$*$）均无解，$\boldsymbol{\beta}$ 不能由 $\boldsymbol{\alpha}_1,\boldsymbol{\alpha}_2,\boldsymbol{\alpha}_3$ 线性表示.

（2）当 $a\neq0$ 时，如果 $a=b$，对 $\overline{\boldsymbol{A}}$ 做初等行变换，有

$$\overline{\boldsymbol{A}}\to\left(\begin{array}{ccc|c}1&1&-1&1\\0&a&-a&1\\0&0&0&0\end{array}\right)\to\left(\begin{array}{ccc|c}1&0&0&1-\dfrac{1}{a}\\0&1&-1&\dfrac{1}{a}\\0&0&0&0\end{array}\right);$$

此时，$r(\boldsymbol{A})=r(\overline{\boldsymbol{A}})=2<3$，方程组（$*$）有无穷多解，其一般解为

$$\begin{cases}k_1=1-\dfrac{1}{a},\\k_2=\dfrac{1}{a}+k_3,\end{cases}\quad k_3\text{ 为自由未知量.}$$

所以

$$\boldsymbol{\beta}=\left(1-\frac{1}{a}\right)\boldsymbol{\alpha}_1+\left(\frac{1}{a}+k_3\right)\boldsymbol{\alpha}_2+k_3\boldsymbol{\alpha}_3.$$

（3）当 $a\neq0$ 时，如果 $a\neq b$，对 $\overline{\boldsymbol{A}}$ 做初等行变换，知 $r(\boldsymbol{A})=r(\overline{\boldsymbol{A}})=3$，此时方程组（$*$）有唯一解，

$$\begin{cases} k_1 = 1-\dfrac{1}{a}, \\ k_2 = \dfrac{1}{a}, \\ k_3 = 0, \end{cases}$$

所以
$$\boldsymbol{\beta} = \left(1-\frac{1}{a}\right)\boldsymbol{\alpha}_1 + \frac{1}{a}\boldsymbol{\alpha}_2.$$

注： 对含参数的问题讨论时，为了保证分析讨论严谨，一定要保证将母项所分成的各子项不能有交叉，即任意两类交集为空集，而且各子项的并集等于全集(母项)．还要注意每次分类只能有一个依据，而且分类不能越级．在如上分类中包含两级分类，具体层次如下：

$$\begin{cases} a=0\begin{cases} b=0, \\ b\neq 0, \end{cases} \\ a\neq 0\begin{cases} a=b, \\ a\neq b. \end{cases} \end{cases}$$

2. 向量组的等价

例 3.16　(2013，数 1)设 $\boldsymbol{A}$，$\boldsymbol{B}$，$\boldsymbol{C}$ 均为 n 阶矩阵．若 $\boldsymbol{AB}=\boldsymbol{C}$，且 $\boldsymbol{B}$ 可逆，则(　　)．

A. 矩阵 $\boldsymbol{C}$ 的行向量组与矩阵 $\boldsymbol{A}$ 的行向量组等价

B. 矩阵 $\boldsymbol{C}$ 的列向量组与矩阵 $\boldsymbol{A}$ 的列向量组等价

C. 矩阵 $\boldsymbol{C}$ 的行向量组与矩阵 $\boldsymbol{B}$ 的行向量组等价

D. 矩阵 $\boldsymbol{C}$ 的列向量组与矩阵 $\boldsymbol{B}$ 的列向量组等价

解　应选 B.

[分析]事实上，两个矩阵乘积的列向量是左矩阵列向量的线性组合．

由 $\boldsymbol{AB}=\boldsymbol{C}$，可得矩阵 $\boldsymbol{C}$ 的列向量组可由矩阵 $\boldsymbol{A}$ 的列向量组线性表示．

又因为 $\boldsymbol{B}$ 可逆，所以有 $\boldsymbol{A}=\boldsymbol{CB}^{-1}$，因此 $\boldsymbol{A}$ 作为 $\boldsymbol{C}$ 与 $\boldsymbol{B}^{-1}$ 的乘积，其列向量组可由左矩阵 $\boldsymbol{C}$ 的列向量组线性表示．

从而 B 正确．

选项 A、C、D 均可用反例给予否定(请读者自行给出)．

例 3.17　(2019，数 1，2，3)已知向量组

$$\text{I}: \boldsymbol{\alpha}_1=\begin{pmatrix}1\\1\\4\end{pmatrix}, \boldsymbol{\alpha}_2=\begin{pmatrix}1\\0\\4\end{pmatrix}, \boldsymbol{\alpha}_3=\begin{pmatrix}1\\2\\a^2+3\end{pmatrix}; \text{II}: \boldsymbol{\beta}_1=\begin{pmatrix}1\\1\\a+3\end{pmatrix}, \boldsymbol{\beta}_2=\begin{pmatrix}0\\2\\1-a\end{pmatrix}, \boldsymbol{\beta}_3=\begin{pmatrix}1\\3\\a^2+3\end{pmatrix}.$$

若向量组 Ⅰ 和向量组 Ⅱ 等价，求 a 的值，并将 $\boldsymbol{\beta}_3$ 用 $\boldsymbol{\alpha}_1,\boldsymbol{\alpha}_2,\boldsymbol{\alpha}_3$ 线性表示．

解　记 $\boldsymbol{A}=(\boldsymbol{\alpha}_1,\boldsymbol{\alpha}_2,\boldsymbol{\alpha}_3)$，$\boldsymbol{B}=(\boldsymbol{\beta}_1,\boldsymbol{\beta}_2,\boldsymbol{\beta}_3)$，

因为向量组 Ⅰ 与向量组 Ⅱ 等价，故

$$r(\boldsymbol{A})=r(\boldsymbol{A},\boldsymbol{B})=r(\boldsymbol{B}).$$

对$(\boldsymbol{A},\boldsymbol{B})$施以初等行变换，有

$$(\boldsymbol{A},\boldsymbol{B})=\left(\begin{array}{ccc:ccc}1&1&1&1&0&1\\1&0&2&1&2&3\\4&4&a^2+3&a+3&1-a&a^2+3\end{array}\right)\to\left(\begin{array}{ccc:ccc}1&1&1&1&0&1\\0&-1&1&0&2&2\\0&0&a^2-1&a-1&1-a&a^2-1\end{array}\right).$$

讨论：(1) 当 $a\neq\pm1$ 时，易知 $r(\boldsymbol{A})=r(\boldsymbol{B})=r(\boldsymbol{A},\boldsymbol{B})=3$，有向量组Ⅰ和向量组Ⅱ等价. 由

$$(\boldsymbol{A}\mid\boldsymbol{\beta}_3)\to\left(\begin{array}{ccc:c}1&1&1&1\\0&-1&1&2\\0&0&1&1\end{array}\right)\xrightarrow{\text{行}}\left(\begin{array}{ccc:c}1&0&0&1\\0&1&0&-1\\0&0&1&1\end{array}\right),$$

可知 $\boldsymbol{Ax}=\boldsymbol{\beta}_3$ 有唯一解 $(1,-1,1)^{\mathrm{T}}$，从而有 $\boldsymbol{\beta}_3=\boldsymbol{\alpha}_1-\boldsymbol{\alpha}_2+\boldsymbol{\alpha}_3$.

(2) 当 $a=-1$ 时，$r(\boldsymbol{A})=2$，$r(\boldsymbol{A},\boldsymbol{B})=3$，向量组Ⅰ和向量组Ⅱ不等价.

(3) 当 $a=1$ 时，$r(\boldsymbol{A})=r(\boldsymbol{B})=r(\boldsymbol{A},\boldsymbol{B})=2$，此时向量组Ⅰ和向量组Ⅱ等价.

由

$$(\boldsymbol{A}\mid\boldsymbol{\beta}_3)\to\left(\begin{array}{ccc:c}1&1&1&1\\0&1&-1&-2\\0&0&0&0\end{array}\right)\to\left(\begin{array}{ccc:c}1&0&2&3\\0&1&-1&-2\\0&0&0&0\end{array}\right),$$

可知 $\boldsymbol{Ax}=\boldsymbol{\beta}_3$ 有通解 $(3,-2,0)^{\mathrm{T}}+k(-2,1,1)^{\mathrm{T}}$，$k$ 为任意常数. 因此有

$$\boldsymbol{\beta}_3=(3-2k)\boldsymbol{\alpha}_1+(-2+k)\boldsymbol{\alpha}_2+k\boldsymbol{\alpha}_3,\ k\text{ 为任意常数.}$$

综上可知，当 $a\neq\pm1$ 时，向量组Ⅰ和向量组Ⅱ等价，此时，有 $\boldsymbol{\beta}_3=\boldsymbol{\alpha}_1-\boldsymbol{\alpha}_2+\boldsymbol{\alpha}_3$；如果 $a=1$，亦有Ⅰ和Ⅱ等价，此时 $\boldsymbol{\beta}_3=(3-2k)\boldsymbol{\alpha}_1+(-2+k)\boldsymbol{\alpha}_2+k\boldsymbol{\alpha}_3$，$k$ 为任意常数.

3.4.3 向量组的线性相关性及其判别方法

1. 向量组线性相关性的判别

方法 1 定义法

向量组 $\boldsymbol{\alpha}_1,\boldsymbol{\alpha}_2,\cdots,\boldsymbol{\alpha}_m$ 是否线性相关，等价于线性关系式 $k_1\boldsymbol{\alpha}_1+k_2\boldsymbol{\alpha}_2+\cdots+k_m\boldsymbol{\alpha}_m=\boldsymbol{0}$ 是否有非零解. 因此，只要由 $k_1\boldsymbol{\alpha}_1+k_2\boldsymbol{\alpha}_2+\cdots+k_m\boldsymbol{\alpha}_m=\boldsymbol{0}$，依据已知条件能得出 $k_1=k_2=\cdots=k_m=0$，即说明 $\boldsymbol{\alpha}_1,\boldsymbol{\alpha}_2,\cdots,\boldsymbol{\alpha}_m$ 线性无关.

方法 2 比较以向量组为列构成矩阵 $\boldsymbol{A}=(\boldsymbol{\alpha}_1,\boldsymbol{\alpha}_2,\cdots,\boldsymbol{\alpha}_n)$ 的秩与向量的个数 n 的大小关系.

方法 3 当向量组中向量的个数与向量的维数相同时，可根据行列式是否为零来判断.

方法 4 利用性质(主要包括定理 3.6~定理 3.8 等).

方法 5* 在后续章节中，读者还要注意如下两个基本事实，它们经常在证明线性无关时用作条件.

命题 1* 如果向量组 $\boldsymbol{\alpha}_1,\boldsymbol{\alpha}_2,\cdots,\boldsymbol{\alpha}_n$ 均为非零向量，而且两两正交，则 $\boldsymbol{\alpha}_1,\boldsymbol{\alpha}_2,\cdots,\boldsymbol{\alpha}_n$ 线性无关.

命题 2* 一个矩阵属于不同特征值的特征向量线性无关.

例 3.18 已知 $\boldsymbol{\alpha}_1,\boldsymbol{\alpha}_2,\boldsymbol{\alpha}_3$ 线性无关，证明：$2\boldsymbol{\alpha}_1+3\boldsymbol{\alpha}_2$，$\boldsymbol{\alpha}_2-\boldsymbol{\alpha}_3$，$\boldsymbol{\alpha}_1+\boldsymbol{\alpha}_2+\boldsymbol{\alpha}_3$ 线性无关.

证法 1 (利用定义)令

$$k_1(2\boldsymbol{\alpha}_1+3\boldsymbol{\alpha}_2)+k_2(\boldsymbol{\alpha}_2-\boldsymbol{\alpha}_3)+k_3(\boldsymbol{\alpha}_1+\boldsymbol{\alpha}_2+\boldsymbol{\alpha}_3)=\boldsymbol{0},$$

则有

$$(2k_1+k_3)\boldsymbol{\alpha}_1+(3k_1+k_2+k_3)\boldsymbol{\alpha}_2+(-k_2+k_3)\boldsymbol{\alpha}_3=\mathbf{0},$$

因为 $\boldsymbol{\alpha}_1,\boldsymbol{\alpha}_2,\boldsymbol{\alpha}_3$ 线性无关，由上式可得

$$\begin{cases}2k_1 \quad +k_3=0,\\3k_1+k_2+k_3=0,\\ \quad -k_2+k_3=0,\end{cases}$$

该齐次方程组系数行列式 $\begin{vmatrix}2&0&1\\3&1&1\\0&-1&1\end{vmatrix}=1\neq0$，所以有 $k_1=k_2=k_3=0$.

因此，向量组 $2\boldsymbol{\alpha}_1+3\boldsymbol{\alpha}_2$，$\boldsymbol{\alpha}_2-\boldsymbol{\alpha}_3$，$\boldsymbol{\alpha}_1+\boldsymbol{\alpha}_2+\boldsymbol{\alpha}_3$ 线性无关.

注：按定义证明一个向量组线性无关，一般先设出所证向量组对应的线性关系式，即所谓“证哪个向量组线性无关，令哪个向量组的线性组合为零”. 之后的处理方法要视题目所给的条件而定，只要向所给的条件靠拢就行了，最终是要证明出满足关系式的组合系数为零.

证法 2　（利用以其为列构成矩阵的秩等于向量的个数）

因为 $\boldsymbol{\alpha}_1,\boldsymbol{\alpha}_2,\boldsymbol{\alpha}_3$ 线性无关，所以 $r(\boldsymbol{\alpha}_1,\boldsymbol{\alpha}_2,\boldsymbol{\alpha}_3)=3$，又由于

$$(2\boldsymbol{\alpha}_1+3\boldsymbol{\alpha}_2,\boldsymbol{\alpha}_2-\boldsymbol{\alpha}_3,\boldsymbol{\alpha}_1+\boldsymbol{\alpha}_2+\boldsymbol{\alpha}_3)=(\boldsymbol{\alpha}_1,\boldsymbol{\alpha}_2,\boldsymbol{\alpha}_3)\begin{pmatrix}2&0&1\\3&1&1\\0&-1&1\end{pmatrix},$$

记 $\boldsymbol{K}=\begin{pmatrix}2&0&1\\3&1&1\\0&-1&1\end{pmatrix}$，由于 $|\boldsymbol{K}|=\begin{vmatrix}2&0&1\\3&1&1\\0&-1&1\end{vmatrix}=1\neq0$，所以 $\boldsymbol{K}$ 为可逆矩阵.

所以

$$r(2\boldsymbol{\alpha}_1+3\boldsymbol{\alpha}_2,\boldsymbol{\alpha}_2-\boldsymbol{\alpha}_3,\boldsymbol{\alpha}_1+\boldsymbol{\alpha}_2+\boldsymbol{\alpha}_3)=r(\boldsymbol{\alpha}_1,\boldsymbol{\alpha}_2,\boldsymbol{\alpha}_3)=3.$$

从而向量组 $2\boldsymbol{\alpha}_1+3\boldsymbol{\alpha}_2$，$\boldsymbol{\alpha}_2-\boldsymbol{\alpha}_3$，$\boldsymbol{\alpha}_1+\boldsymbol{\alpha}_2+\boldsymbol{\alpha}_3$ 线性无关.

例 3.19　设 $\boldsymbol{\beta}_1=\boldsymbol{\alpha}_1+\boldsymbol{\alpha}_2,\boldsymbol{\beta}_2=\boldsymbol{\alpha}_2+\boldsymbol{\alpha}_3,\boldsymbol{\beta}_3=\boldsymbol{\alpha}_3+\boldsymbol{\alpha}_4$，$\boldsymbol{\beta}_4=\boldsymbol{\alpha}_4+\boldsymbol{\alpha}_1$，证明向量组 $\boldsymbol{\beta}_1,\boldsymbol{\beta}_2,\boldsymbol{\beta}_3,\boldsymbol{\beta}_4$ 线性相关.

证法 1　（利用定义）观察可知

$$\boldsymbol{\beta}_1-\boldsymbol{\beta}_2+\boldsymbol{\beta}_3-\boldsymbol{\beta}_4=\mathbf{0},$$

由定义知 $\boldsymbol{\beta}_1,\boldsymbol{\beta}_2,\boldsymbol{\beta}_3,\boldsymbol{\beta}_4$ 线性相关.

证法 2　（利用以 $\boldsymbol{\beta}_1,\boldsymbol{\beta}_2,\boldsymbol{\beta}_3,\boldsymbol{\beta}_4$ 为列构成矩阵的秩小于其列数来证明）

因为

$$\boldsymbol{\beta}_1=\boldsymbol{\alpha}_1+\boldsymbol{\alpha}_2,\boldsymbol{\beta}_2=\boldsymbol{\alpha}_2+\boldsymbol{\alpha}_3,\boldsymbol{\beta}_3=\boldsymbol{\alpha}_3+\boldsymbol{\alpha}_4,\ \boldsymbol{\beta}_4=\boldsymbol{\alpha}_4+\boldsymbol{\alpha}_1,$$

所以

$$(\boldsymbol{\beta}_1,\boldsymbol{\beta}_2,\boldsymbol{\beta}_3,\boldsymbol{\beta}_4)=(\boldsymbol{\alpha}_1,\boldsymbol{\alpha}_2,\boldsymbol{\alpha}_3,\boldsymbol{\alpha}_4)\begin{pmatrix}1&0&0&1\\1&1&0&0\\0&1&1&0\\0&0&1&1\end{pmatrix}\triangleq(\boldsymbol{\alpha}_1,\boldsymbol{\alpha}_2,\boldsymbol{\alpha}_3,\boldsymbol{\alpha}_4)\boldsymbol{K},$$

因为 $|\boldsymbol{K}|=0$，所以 $r(\boldsymbol{\beta}_1,\boldsymbol{\beta}_2,\boldsymbol{\beta}_3,\boldsymbol{\beta}_4)\leqslant r(\boldsymbol{K})<4$. 从而 $\boldsymbol{\beta}_1,\boldsymbol{\beta}_2,\boldsymbol{\beta}_3,\boldsymbol{\beta}_4$ 线性相关.

注：当所给的向量组比较复杂时，相比较于证法 1 的观察，证法 2 更具一般性.

例 3.20　设向量组 $\boldsymbol{\alpha}_1,\boldsymbol{\alpha}_2,\boldsymbol{\alpha}_3$ 线性无关，则下列向量组线性无关的是(　　).

A. $\boldsymbol{\alpha}_1-\boldsymbol{\alpha}_2$，$\boldsymbol{\alpha}_2-\boldsymbol{\alpha}_3$，$\boldsymbol{\alpha}_3-\boldsymbol{\alpha}_1$　　B. $\boldsymbol{\alpha}_1+\boldsymbol{\alpha}_2$，$\boldsymbol{\alpha}_2+\boldsymbol{\alpha}_3$，$\boldsymbol{\alpha}_3+\boldsymbol{\alpha}_1$

C. $\boldsymbol{\alpha}_1-2\boldsymbol{\alpha}_2$，$\boldsymbol{\alpha}_2-2\boldsymbol{\alpha}_3$，$\boldsymbol{\alpha}_3-2\boldsymbol{\alpha}_1$　　D. $\boldsymbol{\alpha}_1+2\boldsymbol{\alpha}_2$，$\boldsymbol{\alpha}_2+2\boldsymbol{\alpha}_3$，$\boldsymbol{\alpha}_3+2\boldsymbol{\alpha}_1$

解　应选 D.

[分析]可通过矩阵的秩是否等于其列数判断.

对选项 A，由

$$(\boldsymbol{\alpha}_1-\boldsymbol{\alpha}_2,\boldsymbol{\alpha}_2-\boldsymbol{\alpha}_3,\boldsymbol{\alpha}_3-\boldsymbol{\alpha}_1)=(\boldsymbol{\alpha}_1,\boldsymbol{\alpha}_2,\boldsymbol{\alpha}_3)\begin{pmatrix}1&0&-1\\-1&1&0\\0&-1&1\end{pmatrix},$$

$$\triangleq(\boldsymbol{\alpha}_1,\boldsymbol{\alpha}_2,\boldsymbol{\alpha}_3)\boldsymbol{T}.$$

因为 $|\boldsymbol{T}|=0$，所以

$$r(\boldsymbol{\alpha}_1-\boldsymbol{\alpha}_2,\boldsymbol{\alpha}_2-\boldsymbol{\alpha}_3,\boldsymbol{\alpha}_3-\boldsymbol{\alpha}_1)\leqslant r(\boldsymbol{T})<3,$$

从而选项 A 线性相关.

同理，选项 B、C 线性相关.

对选项 D，由

$$(\boldsymbol{\alpha}_1+2\boldsymbol{\alpha}_2,\boldsymbol{\alpha}_2+2\boldsymbol{\alpha}_3,\boldsymbol{\alpha}_3+2\boldsymbol{\alpha}_1)=(\boldsymbol{\alpha}_1,\boldsymbol{\alpha}_2,\boldsymbol{\alpha}_3)\begin{pmatrix}1&0&2\\2&1&0\\0&2&1\end{pmatrix}$$

$$\triangleq(\boldsymbol{\alpha}_1,\boldsymbol{\alpha}_2,\boldsymbol{\alpha}_3)\boldsymbol{M}.$$

因为 $|\boldsymbol{M}|=9\neq0$，所以

$$r(\boldsymbol{\alpha}_1+2\boldsymbol{\alpha}_2,\boldsymbol{\alpha}_2+2\boldsymbol{\alpha}_3,\boldsymbol{\alpha}_3+2\boldsymbol{\alpha}_1)=r(\boldsymbol{\alpha}_1,\boldsymbol{\alpha}_2,\boldsymbol{\alpha}_3)=3,$$

从而选项 D 线性无关.

例 3.21　设向量组 $\boldsymbol{\alpha}_1,\boldsymbol{\alpha}_2,\boldsymbol{\alpha}_3$ 线性无关，且 $\boldsymbol{\beta}=k_1\boldsymbol{\alpha}_1+k_2\boldsymbol{\alpha}_2+k_3\boldsymbol{\alpha}_3$. 证明：若 $k_1\neq0$，则向量组 β，α_2，α_3 也线性无关.

证法 1　令 $t_1\boldsymbol{\beta}+t_2\boldsymbol{\alpha}_2+t_3\boldsymbol{\alpha}_3=\boldsymbol{0}$，将 $\boldsymbol{\beta}=k_1\boldsymbol{\alpha}_1+k_2\boldsymbol{\alpha}_2+k_3\boldsymbol{\alpha}_3$ 代入，整理得

$$t_1k_1\boldsymbol{\alpha}_1+(t_1k_2+t_2)\boldsymbol{\alpha}_2+(t_1k_3+t_3)\boldsymbol{\alpha}_3=\boldsymbol{0},$$

因为向量组 $\boldsymbol{\alpha}_1,\boldsymbol{\alpha}_2,\boldsymbol{\alpha}_3$ 线性无关，所以

$$\begin{cases}t_1k_1=0, & (1)\\ t_1k_2+t_2=0, & (2)\\ t_1k_3+t_3=0. & (3)\end{cases}$$

因为 $k_1\neq0$，由式(1)可得 $t_1=0$，代入式(2)、式(3)可得 $t_2=t_3=0$. 得证.

证法 2　(用矩阵)

因为向量组 $\boldsymbol{\alpha}_1,\boldsymbol{\alpha}_2,\boldsymbol{\alpha}_3$ 线性无关，所以 $r(\boldsymbol{\alpha}_1,\boldsymbol{\alpha}_2,\boldsymbol{\alpha}_3)=3$.

又因为

$$(\boldsymbol{\beta},\boldsymbol{\alpha}_2,\boldsymbol{\alpha}_3)=(\boldsymbol{\alpha}_1,\boldsymbol{\alpha}_2,\boldsymbol{\alpha}_3)\begin{pmatrix}k_1&0&0\\k_2&1&0\\k_3&0&1\end{pmatrix}$$

$$=(\boldsymbol{\alpha}_1,\boldsymbol{\alpha}_2,\boldsymbol{\alpha}_3)\boldsymbol{T}.$$

这里$|\boldsymbol{T}|=k_1\neq 0$，所以$r(\boldsymbol{\beta},\boldsymbol{\alpha}_2,\boldsymbol{\alpha}_3)=r(\boldsymbol{\alpha}_1,\boldsymbol{\alpha}_2,\boldsymbol{\alpha}_3)=3$.

由此可得，向量组$\boldsymbol{\beta},\boldsymbol{\alpha}_2,\boldsymbol{\alpha}_3$线性无关.

例 3.22　(数 1，2，3)设$\boldsymbol{\alpha}_1,\boldsymbol{\alpha}_2,\cdots,\boldsymbol{\alpha}_s$均为$n$维列向量，$\boldsymbol{A}$是$m\times n$矩阵，下列选项正确的是(　　).

A. 若$\boldsymbol{\alpha}_1,\boldsymbol{\alpha}_2,\cdots,\boldsymbol{\alpha}_s$线性相关，则$\boldsymbol{A\alpha}_1,\boldsymbol{A\alpha}_2,\cdots,\boldsymbol{A\alpha}_s$线性相关

B. 若$\boldsymbol{\alpha}_1,\boldsymbol{\alpha}_2,\cdots,\boldsymbol{\alpha}_s$线性相关，则$\boldsymbol{A\alpha}_1,\boldsymbol{A\alpha}_2,\cdots,\boldsymbol{A\alpha}_s$线性无关

C. 若$\boldsymbol{\alpha}_1,\boldsymbol{\alpha}_2,\cdots,\boldsymbol{\alpha}_s$线性无关，则$\boldsymbol{A\alpha}_1,\boldsymbol{A\alpha}_2,\cdots,\boldsymbol{A\alpha}_s$线性相关

D. 若$\boldsymbol{\alpha}_1,\boldsymbol{\alpha}_2,\cdots,\boldsymbol{\alpha}_s$线性无关，则$\boldsymbol{A\alpha}_1,\boldsymbol{A\alpha}_2,\cdots,\boldsymbol{A\alpha}_s$线性无关

解　应选 A.

[分析]**解法 1**　(用定义)若$\boldsymbol{\alpha}_1,\boldsymbol{\alpha}_2,\cdots,\boldsymbol{\alpha}_s$线性相关，则存在不全为零的数$k_1,k_2,\cdots,k_s$，使

$$k_1\boldsymbol{\alpha}_1+k_2\boldsymbol{\alpha}_2+\cdots+k_s\boldsymbol{\alpha}_s=\boldsymbol{0},$$

两边左乘矩阵$\boldsymbol{A}$可得$k_1\boldsymbol{A\alpha}_1+k_2\boldsymbol{A\alpha}_2+\cdots+k_s\boldsymbol{A\alpha}_s=\boldsymbol{0}$，即存在不全为零的数$k_1,k_2,\cdots,k_s$，使$k_1\boldsymbol{A\alpha}_1+k_2\boldsymbol{A\alpha}_2+\cdots+k_s\boldsymbol{A\alpha}_s=\boldsymbol{0}$，所以选项 A 正确. 当然选项 B 不正确.

选项 C、D 可使用$\boldsymbol{A}$的特殊情况排除. 事实上，对选项 C，当$\boldsymbol{A}$为单位矩阵$\boldsymbol{E}$时，$\boldsymbol{A\alpha}_1,\boldsymbol{A\alpha}_2,\cdots,\boldsymbol{A\alpha}_s$线性无关，所以选项 C 不正确；

对选项 D，取$\boldsymbol{A}$为零矩阵时，$\boldsymbol{A\alpha}_1,\boldsymbol{A\alpha}_2,\cdots,\boldsymbol{A\alpha}_s$线性相关，所以选项 D 不正确.

解法 2　(考察矩阵的秩与其列数的关系)若$\boldsymbol{\alpha}_1,\boldsymbol{\alpha}_2,\cdots,\boldsymbol{\alpha}_s$线性相关，由$(\boldsymbol{A\alpha}_1,\boldsymbol{A\alpha}_2,\cdots,\boldsymbol{A\alpha}_s)=\boldsymbol{A}(\boldsymbol{\alpha}_1,\boldsymbol{\alpha}_2,\cdots,\boldsymbol{\alpha}_s)$，可得

$$r(\boldsymbol{A\alpha}_1,\boldsymbol{A\alpha}_2,\cdots,\boldsymbol{A\alpha}_s)\leqslant(\boldsymbol{\alpha}_1,\boldsymbol{\alpha}_2,\cdots,\boldsymbol{\alpha}_s)<s$$

所以$\boldsymbol{A\alpha}_1,\boldsymbol{A\alpha}_2,\cdots,\boldsymbol{A\alpha}_s$线性相关.

例 3.23　设$\boldsymbol{\alpha}_1=\begin{pmatrix}0\\0\\c_1\end{pmatrix}$，$\boldsymbol{\alpha}_2=\begin{pmatrix}0\\1\\c_2\end{pmatrix}$，$\boldsymbol{\alpha}_3=\begin{pmatrix}1\\-1\\c_3\end{pmatrix}$，$\boldsymbol{\alpha}_4=\begin{pmatrix}-1\\1\\c_4\end{pmatrix}$，其中$c_1,c_2,c_3,c_4$为任意常数，则下列向量组线性相关的是(　　).

A. $\boldsymbol{\alpha}_1,\boldsymbol{\alpha}_2,\boldsymbol{\alpha}_3$　　B. $\boldsymbol{\alpha}_1,\boldsymbol{\alpha}_2,\boldsymbol{\alpha}_4$

C. $\boldsymbol{\alpha}_1,\boldsymbol{\alpha}_3,\boldsymbol{\alpha}_4$　　D. $\boldsymbol{\alpha}_2,\boldsymbol{\alpha}_3,\boldsymbol{\alpha}_4$

解　应选 C.

[分析]事实上，要讨论的向量组均含 3 个向量，而且维数皆为 3，可通过行列式是否为 0 来判断.

对任意常数c_1,c_2,c_3,c_4，选项 A、B、D 所对应的行列式依次为

$$|\boldsymbol{\alpha}_1,\boldsymbol{\alpha}_2,\boldsymbol{\alpha}_3|=-c_1,$$

$$|\boldsymbol{\alpha}_1,\boldsymbol{\alpha}_2,\boldsymbol{\alpha}_4|=c_1,$$

$$|\boldsymbol{\alpha}_2,\boldsymbol{\alpha}_3,\boldsymbol{\alpha}_4|=\begin{vmatrix}0&1&-1\\1&-1&1\\c_2&c_3&c_4\end{vmatrix}=-c_3-c_4,$$

这些均与相应参数取值有关. 只有选项 C 对应的行列式

$$|\boldsymbol{\alpha}_1,\boldsymbol{\alpha}_3,\boldsymbol{\alpha}_4|=\begin{vmatrix}0&1&-1\\0&-1&1\\c_1&c_3&c_4\end{vmatrix}=c_1(-1)^{3+1}\begin{vmatrix}1&-1\\-1&1\end{vmatrix}=0,$$

所以 $\boldsymbol{\alpha}_1,\boldsymbol{\alpha}_3,\boldsymbol{\alpha}_4$ 线性相关.

例 3.24 已知矩阵 $\boldsymbol{A}$ 为三阶方阵，$\boldsymbol{\alpha}_1,\boldsymbol{\alpha}_2,\boldsymbol{\alpha}_3$ 均为三维列向量($\boldsymbol{\alpha}_1\neq\boldsymbol{0}$)，而且 $\boldsymbol{A}\boldsymbol{\alpha}_1=\boldsymbol{\alpha}_1$，$\boldsymbol{A}\boldsymbol{\alpha}_2=\boldsymbol{\alpha}_1+\boldsymbol{\alpha}_2$，$\boldsymbol{A}\boldsymbol{\alpha}_3=\boldsymbol{\alpha}_2+\boldsymbol{\alpha}_3$，证明：向量组 $\boldsymbol{\alpha}_1,\boldsymbol{\alpha}_2,\boldsymbol{\alpha}_3$ 线性无关.

证明 令

$$k_1\boldsymbol{\alpha}_1+k_2\boldsymbol{\alpha}_2+k_3\boldsymbol{\alpha}_3=\boldsymbol{0}, \tag{1}$$

两边左乘 $\boldsymbol{A}$ 得

$$k_1\boldsymbol{A}\boldsymbol{\alpha}_1+k_2\boldsymbol{A}\boldsymbol{\alpha}_2+k_3\boldsymbol{A}\boldsymbol{\alpha}_3=\boldsymbol{0},$$

即

$$(k_1+k_2)\boldsymbol{\alpha}_1+(k_2+k_3)\boldsymbol{\alpha}_2+k_3\boldsymbol{\alpha}_3=\boldsymbol{0}, \tag{2}$$

式(2)−式(1)得

$$k_2\boldsymbol{\alpha}_1+k_3\boldsymbol{\alpha}_2=\boldsymbol{0}, \tag{3}$$

两端再左乘 $\boldsymbol{A}$ 得

$$k_2\boldsymbol{\alpha}_1+k_3(\boldsymbol{\alpha}_1+\boldsymbol{\alpha}_2)=\boldsymbol{0}, \tag{4}$$

式(4)−式(3)可得 $k_3\boldsymbol{\alpha}_1=\boldsymbol{0}$,

由于 $\boldsymbol{\alpha}_1\neq\boldsymbol{0}$，所以 $k_3=0$.

代入式(4)得 $k_2=0$. 再代入式(1)得 $k_1=0$. 结合定义知，向量组 $\boldsymbol{\alpha}_1,\boldsymbol{\alpha}_2,\boldsymbol{\alpha}_3$ 线性无关.

例 3.25 (2009，数 1，2，3)设

$$\boldsymbol{A}=\begin{pmatrix}1&-1&-1\\-1&1&1\\0&-4&-2\end{pmatrix},\ \boldsymbol{\xi}_1=\begin{pmatrix}-1\\1\\-2\end{pmatrix}.$$

(1) 求满足 $\boldsymbol{A}\boldsymbol{\xi}_2=\boldsymbol{\xi}_1$，$\boldsymbol{A}^2\boldsymbol{\xi}_3=\boldsymbol{\xi}_1$ 的所有向量 $\boldsymbol{\xi}_2,\boldsymbol{\xi}_3$；

(2) 对(1)中的任意向量 $\boldsymbol{\xi}_2,\boldsymbol{\xi}_3$，证明 $\boldsymbol{\xi}_1,\boldsymbol{\xi}_2,\boldsymbol{\xi}_3$ 线性无关.

解 (1) 对矩阵$(\boldsymbol{A},\boldsymbol{\xi}_1)$施以初等行变换

$$(\boldsymbol{A},\boldsymbol{\xi}_1)=\left(\begin{array}{ccc:c}1&-1&-1&-1\\-1&1&1&1\\0&-4&-2&-2\end{array}\right)\to\left(\begin{array}{ccc:c}1&0&-\frac{1}{2}&-\frac{1}{2}\\0&1&\frac{1}{2}&\frac{1}{2}\\0&0&0&0\end{array}\right),$$

可求得

$$\boldsymbol{\xi}_2=\left(-\frac{1}{2}+\frac{k}{2},\frac{1}{2}-\frac{k}{2},k\right)^{\mathrm{T}}$$，其中 k 为任意常数.

又因为 $\boldsymbol{A}^2=\begin{pmatrix}2&2&0\\-2&-2&0\\4&4&0\end{pmatrix}$，对矩阵$(\boldsymbol{A}^2,\boldsymbol{\xi}_1)$施以初等行变换

$$(\boldsymbol{A}^2,\boldsymbol{\xi}_1)=\left(\begin{array}{ccc:c}2&2&0&-1\\-2&-2&0&1\\4&4&0&-2\end{array}\right)\rightarrow\left(\begin{array}{ccc:c}1&1&0&-\frac{1}{2}\\0&0&0&0\\0&0&0&0\end{array}\right),$$

可求得 $\boldsymbol{\xi}_3=\left(-\frac{1}{2}-a,a,b\right)^{\mathrm{T}}$. 其中 a，b 为任意常数.

（2）**证法1** （用行列式） 由(1)知，

$$|\boldsymbol{\xi}_1,\boldsymbol{\xi}_2,\boldsymbol{\xi}_3|=\begin{vmatrix}-1&-\frac{1}{2}+\frac{k}{2}&-\frac{1}{2}-a\\1&\frac{1}{2}-\frac{k}{2}&a\\-2&k&b\end{vmatrix}=-\frac{1}{2}\neq0,$$

所以 $\boldsymbol{\xi}_1,\boldsymbol{\xi}_2,\boldsymbol{\xi}_3$ 线性无关.

证法2 （用定义） 由题设可得 $\boldsymbol{A}\boldsymbol{\xi}_1=\mathbf{0}$. 设存在 k_1,k_2,k_3 使得

$$k_1\boldsymbol{\xi}_1+k_2\boldsymbol{\xi}_2+k_3\boldsymbol{\xi}_3=\mathbf{0},\tag{1}$$

等式两端左乘 $\boldsymbol{A}$，得

$$k_2\boldsymbol{A}\boldsymbol{\xi}_2+k_3\boldsymbol{A}\boldsymbol{\xi}_3=\mathbf{0}，即\ k_2\boldsymbol{\xi}_1+k_3\boldsymbol{A}\boldsymbol{\xi}_3=\mathbf{0},\tag{2}$$

等式两端再左乘 $\boldsymbol{A}$，得

$$k_3\boldsymbol{A}^2\boldsymbol{\xi}_3=\mathbf{0}，即\ k_3\boldsymbol{\xi}_1=\mathbf{0},$$

于是 $k_3=0$，代入式(2)，得 $k_2\boldsymbol{\xi}_1=\mathbf{0}$，故 $k_2=0$. 将 $k_2=k_3=0$，代入式(1)，可得 $k_1=0$，从而 $\boldsymbol{\xi}_1,\boldsymbol{\xi}_2,\boldsymbol{\xi}_3$ 线性无关.

注*：在线性代数中常见的两类向量是线性方程组 $\boldsymbol{AX}=\boldsymbol{b}$（$\boldsymbol{b}$ 可以为 $\mathbf{0}$）的解向量与矩阵的特征向量($\boldsymbol{A\alpha}=\lambda\boldsymbol{\alpha}$)，所以在遇到这些向量向条件靠拢时，常考虑用相应的矩阵左乘所假设的线性关系式来进行变形.

例3.26 设向量 $\boldsymbol{\alpha}_1=(a_1,b_1,c_1)$，$\boldsymbol{\alpha}_2=(a_2,b_2,c_2)$，$\boldsymbol{\beta}_1=(a_1,b_1,c_1,d_1)$，$\boldsymbol{\beta}_2=(a_2,b_2,c_2,d_2)$，下列命题中正确的是(　　).

A. 若 $\boldsymbol{\alpha}_1$，$\boldsymbol{\alpha}_2$ 线性相关，则必有 $\boldsymbol{\beta}_1$，$\boldsymbol{\beta}_2$ 线性相关

B. 若 $\boldsymbol{\alpha}_1$，$\boldsymbol{\alpha}_2$ 线性无关，则必有 $\boldsymbol{\beta}_1$，$\boldsymbol{\beta}_2$ 线性无关

C. 若 $\boldsymbol{\beta}_1$，$\boldsymbol{\beta}_2$ 线性无关，则必有 $\boldsymbol{\alpha}_1$，$\boldsymbol{\alpha}_2$ 线性相关

D. 若 $\boldsymbol{\beta}_1$，$\boldsymbol{\beta}_2$ 线性相关，则必有 $\boldsymbol{\alpha}_1$，$\boldsymbol{\alpha}_2$ 线性无关

解 应选B.

[分析]事实上，向量组 $\boldsymbol{\beta}_1$，$\boldsymbol{\beta}_2$ 是由 $\boldsymbol{\alpha}_1$，$\boldsymbol{\alpha}_2$ 在后边添加一个分量所得，由本书定理3.4

的推论2，可得选项 B 正确.

选项 B 的逆否命题为：若$\boldsymbol{\beta}_1,\boldsymbol{\beta}_2$线性相关，则$\boldsymbol{\alpha}_1$，$\boldsymbol{\alpha}_2$线性相关，所以选项 D 错误.

取$\boldsymbol{\alpha}_1=(0,0,1)$，$\boldsymbol{\alpha}_2=(0,0,1)$，$\boldsymbol{\beta}_1=(0,0,1,0)$，$\boldsymbol{\beta}_2=(0,0,1,1)$可知选项 A 错误. 取$\boldsymbol{\alpha}_1=(0,0,1)$，$\boldsymbol{\alpha}_2=(0,1,0)$，$\boldsymbol{\beta}_1=(0,0,1,0)$，$\boldsymbol{\beta}_2=(0,1,0,1)$可知选项 C 错误.

例 3.27 如果向量$\boldsymbol{\beta}$可以由$\boldsymbol{\alpha}_1,\boldsymbol{\alpha}_2,\cdots\boldsymbol{\alpha}_s$线性表出，则表示方法唯一时，一定有向量组$\boldsymbol{\alpha}_1,\boldsymbol{\alpha}_2,\cdots,\boldsymbol{\alpha}_s$线性无关.

证明 设存在数$l_1,l_2,\cdots l_s$使

$$l_1\boldsymbol{\alpha}_1+l_2\boldsymbol{\alpha}_2+\cdots+l_s\boldsymbol{\alpha}_s=\boldsymbol{0}. \tag{1}$$

因已知$\boldsymbol{\beta}$可由$\boldsymbol{\alpha}_1,\boldsymbol{\alpha}_2,\cdots,\boldsymbol{\alpha}_s$线性表示，设

$$\boldsymbol{\beta}=k_1\boldsymbol{\alpha}_1+k_2\boldsymbol{\alpha}_2+\cdots k_s\boldsymbol{\alpha}_s. \tag{2}$$

式(1)、式(2)相加，可得到

$$\boldsymbol{\beta}=(k_1+l_1)\boldsymbol{\alpha}_1+(k_2+l_2)\boldsymbol{\alpha}_2+\cdots+(k_s+l_s)\boldsymbol{\alpha}_s, \tag{3}$$

由于$\boldsymbol{\beta}$由$\boldsymbol{\alpha}_1,\boldsymbol{\alpha}_2,\cdots,\boldsymbol{\alpha}_s$线性表示时表示方法唯一，由式(2)、式(3)可得$k_i+l_i=k_i(i=1,2,\cdots,s)$.

因此$l_1=l_2=\cdots l_s=0$，所以$\boldsymbol{\alpha}_1,\boldsymbol{\alpha}_2,\cdots,\boldsymbol{\alpha}_s$线性无关.

注[*]：读过本书第 4 章内容后，本例还可以这样理解：向量$\boldsymbol{\beta}$可以由$\boldsymbol{\alpha}_1,\boldsymbol{\alpha}_2,\cdots,\boldsymbol{\alpha}_s$线性表示，而且表示方法唯一，说明线性方程组$\boldsymbol{\beta}=k_1\boldsymbol{\alpha}_1+k_2\boldsymbol{\alpha}_2+\cdots+k_s\boldsymbol{\alpha}_s$，即

$$(\boldsymbol{\alpha}_1,\boldsymbol{\alpha}_2,\cdots,\boldsymbol{\alpha}_s)\begin{pmatrix}k_1\\k_2\\\vdots\\k_s\end{pmatrix}=\boldsymbol{\beta}$$

有唯一解，从而其系数矩阵的秩$r(\boldsymbol{\alpha}_1,\boldsymbol{\alpha}_2,\cdots,\boldsymbol{\alpha}_s)=s$，因此$\boldsymbol{\alpha}_1,\boldsymbol{\alpha}_2,\cdots,\boldsymbol{\alpha}_s$线性无关.

例 3.28 设n维列向量组$\boldsymbol{\alpha}_1,\boldsymbol{\alpha}_2,\cdots,\boldsymbol{\alpha}_n$线性无关，证明：

(1) 当$\boldsymbol{A}$为n阶可逆矩阵时，向量组$\boldsymbol{A\alpha}_1,\boldsymbol{A\alpha}_2,\cdots,\boldsymbol{A\alpha}_n$线性无关；

(2) 当$\boldsymbol{A}$为不可逆矩阵时，向量组$\boldsymbol{A\alpha}_1,\boldsymbol{A\alpha}_2,\cdots,\boldsymbol{A\alpha}_n$线性相关.

证明 (1) **证法 1**(用定义)令

$$k_1\boldsymbol{A\alpha}_1+k_2\boldsymbol{A\alpha}_2+\cdots+k_n\boldsymbol{A\alpha}_n=\boldsymbol{0},$$

因为$\boldsymbol{A}$可逆，两边左乘$\boldsymbol{A}^{-1}$可得

$$k_1\boldsymbol{\alpha}_1+k_2\boldsymbol{\alpha}_2+\cdots+k_n\boldsymbol{\alpha}_n=\boldsymbol{0},$$

又因为向量组$\boldsymbol{\alpha}_1,\boldsymbol{\alpha}_2,\cdots,\boldsymbol{\alpha}_n$线性无关，所以$k_1=k_2=\cdots=k_n=0$.

因此$\boldsymbol{A\alpha}_1,\boldsymbol{A\alpha}_2,\cdots,\boldsymbol{A\alpha}_n$线性无关.

证法 2 (用向量组的秩等于向量的个数来证明)

因为向量组$\boldsymbol{\alpha}_1,\boldsymbol{\alpha}_2,\cdots,\boldsymbol{\alpha}_n$线性无关，所以$r(\boldsymbol{\alpha}_1,\boldsymbol{\alpha}_2,\cdots,\boldsymbol{\alpha}_n)=n$. 所以，由

$$(\boldsymbol{A\alpha}_1,\boldsymbol{A\alpha}_2,\cdots,\boldsymbol{A\alpha}_n)=\boldsymbol{A}(\boldsymbol{\alpha}_1,\boldsymbol{\alpha}_2,\cdots,\boldsymbol{\alpha}_n)$$

可知，当$\boldsymbol{A}$可逆时，有

$$r(\boldsymbol{A\alpha}_1,\boldsymbol{A\alpha}_2,\cdots,\boldsymbol{A\alpha}_n)=r(\boldsymbol{\alpha}_1,\boldsymbol{\alpha}_2,\cdots,\boldsymbol{\alpha}_n)=n,$$

由此可知$\boldsymbol{A\alpha}_1,\boldsymbol{A\alpha}_2,\cdots,\boldsymbol{A\alpha}_n$线性无关.

（2）当$\boldsymbol{A}$不可逆时，有$r(\boldsymbol{A})<n$. 由于

$$(\boldsymbol{A\alpha}_1,\boldsymbol{A\alpha}_2,\cdots,\boldsymbol{A\alpha}_n)=\boldsymbol{A}(\boldsymbol{\alpha}_1,\boldsymbol{\alpha}_2,\cdots,\boldsymbol{\alpha}_n),$$

可得

$$r(\boldsymbol{A\alpha}_1,\boldsymbol{A\alpha}_2,\cdots,\boldsymbol{A\alpha}_n)=r[\boldsymbol{A}(\boldsymbol{\alpha}_1,\boldsymbol{\alpha}_2,\cdots,\boldsymbol{\alpha}_n)]\leqslant r(\boldsymbol{A})<n,$$

所以$\boldsymbol{A\alpha}_1,\boldsymbol{A\alpha}_2,\cdots,\boldsymbol{A\alpha}_n$线性相关.

例3.29　（2014，数1，2，3）设$\boldsymbol{\alpha}_1,\boldsymbol{\alpha}_2,\boldsymbol{\alpha}_3$均为三维向量，则对任意常数$k$，$l$，向量组$\boldsymbol{\alpha}_1+k\boldsymbol{\alpha}_3$，$\boldsymbol{\alpha}_2+l\boldsymbol{\alpha}_3$线性无关是向量组$\boldsymbol{\alpha}_1,\boldsymbol{\alpha}_2,\boldsymbol{\alpha}_3$线性无关的(　　).

A. 必要非充分条件　　B. 充分非必要条件

C. 充分且必要条件　　D. 既非充分也非必要条件

解　应选A.

[分析]首先，如果$\boldsymbol{\alpha}_1,\boldsymbol{\alpha}_2,\boldsymbol{\alpha}_3$线性无关，则矩阵$(\boldsymbol{\alpha}_1,\boldsymbol{\alpha}_2,\boldsymbol{\alpha}_3)$是可逆矩阵. 由

$$(\boldsymbol{\alpha}_1+k\boldsymbol{\alpha}_3,\boldsymbol{\alpha}_2+l\boldsymbol{\alpha}_3)=(\boldsymbol{\alpha}_1,\boldsymbol{\alpha}_2,\boldsymbol{\alpha}_3)\begin{pmatrix}1&0\\0&1\\k&l\end{pmatrix}=(\boldsymbol{\alpha}_1,\boldsymbol{\alpha}_2,\boldsymbol{\alpha}_3)\boldsymbol{A},$$

可得$r(\boldsymbol{\alpha}_1+k\boldsymbol{\alpha}_3,\boldsymbol{\alpha}_2+l\boldsymbol{\alpha}_3)=r(\boldsymbol{A})=2$，所以$\boldsymbol{\alpha}_1+k\boldsymbol{\alpha}_3$，$\boldsymbol{\alpha}_2+l\boldsymbol{\alpha}_3$线性无关. 必要性成立.

其次，取线性无关向量组$\boldsymbol{\alpha}_1,\boldsymbol{\alpha}_2$，并取$\boldsymbol{\alpha}_3=\boldsymbol{0}$，则对任意常数$k$，$l$，都有向量组$\boldsymbol{\alpha}_1+k\boldsymbol{\alpha}_3$，$\boldsymbol{\alpha}_2+l\boldsymbol{\alpha}_3$线性无关，但$\boldsymbol{\alpha}_1,\boldsymbol{\alpha}_2,\boldsymbol{\alpha}_3$线性相关，所以充分性不成立.

所以，选A.

例3.30　设$\boldsymbol{\alpha}_1,\boldsymbol{\alpha}_2,\boldsymbol{\alpha}_3$线性无关，向量$\boldsymbol{\beta}_1$可由$\boldsymbol{\alpha}_1,\boldsymbol{\alpha}_2,\boldsymbol{\alpha}_3$线性表示，而向量$\boldsymbol{\beta}_2$不能由$\boldsymbol{\alpha}_1$，$\boldsymbol{\alpha}_2,\boldsymbol{\alpha}_3$线性表示，则对于任意的常数$k$，有(　　).

A. $\boldsymbol{\alpha}_1,\boldsymbol{\alpha}_2,\boldsymbol{\alpha}_3$，$k\boldsymbol{\beta}_1+\boldsymbol{\beta}_2$线性无关　　B. $\boldsymbol{\alpha}_1,\boldsymbol{\alpha}_2,\boldsymbol{\alpha}_3$，$k\boldsymbol{\beta}_1+\boldsymbol{\beta}_2$线性相关

C. $\boldsymbol{\alpha}_1,\boldsymbol{\alpha}_2,\boldsymbol{\alpha}_3$，$\boldsymbol{\beta}_1+k\boldsymbol{\beta}_2$线性无关　　D. $\boldsymbol{\alpha}_1,\boldsymbol{\alpha}_2,\boldsymbol{\alpha}_3$，$\boldsymbol{\beta}_1+k\boldsymbol{\beta}_2$线性相关

解　应选A.

[分析]因为$\boldsymbol{\alpha}_1,\boldsymbol{\alpha}_2,\boldsymbol{\alpha}_3$线性无关，如果$\boldsymbol{\alpha}_1,\boldsymbol{\alpha}_2,\boldsymbol{\alpha}_3$，$k\boldsymbol{\beta}_1+\boldsymbol{\beta}_2$线性相关，则$k\boldsymbol{\beta}_1+\boldsymbol{\beta}_2$可由$\boldsymbol{\alpha}_1$，$\boldsymbol{\alpha}_2,\boldsymbol{\alpha}_3$线性表示. 令

$$k\boldsymbol{\beta}_1+\boldsymbol{\beta}_2=t_1\boldsymbol{\alpha}_1+t_2\boldsymbol{\alpha}_2+t_3\boldsymbol{\alpha}_3,$$

因为$\boldsymbol{\beta}_1$可由$\boldsymbol{\alpha}_1,\boldsymbol{\alpha}_2,\boldsymbol{\alpha}_3$线性表示，所以$\boldsymbol{\beta}_2=t_1\boldsymbol{\alpha}_1+t_2\boldsymbol{\alpha}_2+t_3\boldsymbol{\alpha}_3-k\boldsymbol{\beta}_1$是$\boldsymbol{\alpha}_1,\boldsymbol{\alpha}_2,\boldsymbol{\alpha}_3$的线性组合，与$\boldsymbol{\beta}_2$不能由$\boldsymbol{\alpha}_1,\boldsymbol{\alpha}_2,\boldsymbol{\alpha}_3$线性表示矛盾. 所以，选项A正确，选项B不正确.

因为$k=0$时，$\boldsymbol{\alpha}_1,\boldsymbol{\alpha}_2,\boldsymbol{\alpha}_3$，$\boldsymbol{\beta}_1+k\boldsymbol{\beta}_2$即为$\boldsymbol{\alpha}_1,\boldsymbol{\alpha}_2,\boldsymbol{\alpha}_3,\boldsymbol{\beta}_1$，由向量$\boldsymbol{\beta}_1$可由$\boldsymbol{\alpha}_1,\boldsymbol{\alpha}_2,\boldsymbol{\alpha}_3$线性表示知其线性相关，所以选项C错误.

由于$\boldsymbol{\beta}_1$可由$\boldsymbol{\alpha}_1,\boldsymbol{\alpha}_2,\boldsymbol{\alpha}_3$线性表示，所以当$k=1$时，向量$\boldsymbol{\beta}_1+k\boldsymbol{\beta}_2$不能由$\boldsymbol{\alpha}_1,\boldsymbol{\alpha}_2,\boldsymbol{\alpha}_3$线性表示(否则，$\boldsymbol{\beta}_2$可由$\boldsymbol{\alpha}_1,\boldsymbol{\alpha}_2,\boldsymbol{\alpha}_3$线性表示，与已知矛盾)，从而$\boldsymbol{\alpha}_1,\boldsymbol{\alpha}_2,\boldsymbol{\alpha}_3$，$\boldsymbol{\beta}_1+k\boldsymbol{\beta}_2$线性无关，此说明选项D错误.

例3.31　设$\boldsymbol{A}$，$\boldsymbol{B}$为满足$\boldsymbol{AB}=\boldsymbol{O}$的任意两个非零矩阵，则必有(　　).

A. $\boldsymbol{A}$的列向量组线性相关，$\boldsymbol{B}$的行向量组线性相关

B. $\boldsymbol{A}$的列向量组线性相关，$\boldsymbol{B}$的列向量组线性相关

C. $\boldsymbol{A}$的行向量组线性相关，$\boldsymbol{B}$的行向量组线性相关

D. $\boldsymbol{A}$ 的行向量组线性相关，$\boldsymbol{B}$ 的列向量组线性相关

解　应选 A.

[分析]设 $\boldsymbol{A}$，$\boldsymbol{B}$ 分别为 $m\times n$，$n\times s$ 矩阵，由于 $\boldsymbol{AB}=\boldsymbol{O}$，所以有

$$r(\boldsymbol{A})+r(\boldsymbol{B})\leqslant n.$$

又因为 $\boldsymbol{A}$，$\boldsymbol{B}$ 均为非零矩阵，所以 $r(\boldsymbol{A})\geqslant 1$，$r(\boldsymbol{B})\geqslant 1$. 结合上式可得 $r(\boldsymbol{A})<n$，$r(\boldsymbol{B})<n$. 于是矩阵 $\boldsymbol{A}$ 的列向量组线性相关，$\boldsymbol{B}$ 的行向量组线性相关.

例 3.32　设矩阵 $\boldsymbol{A}$ 是 $m\times n$ 矩阵，$\boldsymbol{B}$ 是 $n\times m$ 矩阵，$\boldsymbol{E}$ 为 m 阶单位矩阵，若 $\boldsymbol{AB}=\boldsymbol{E}$，证明矩阵 $\boldsymbol{B}$ 的列向量线性无关.

证法 1(用定义)　设 $\boldsymbol{B}=(\boldsymbol{\alpha}_1,\boldsymbol{\alpha}_2,\cdots,\boldsymbol{\alpha}_m)$，而且有数 $k_1,k_2,\cdots,k_m$，使

$$k_1\boldsymbol{\alpha}_1+k_2\boldsymbol{\alpha}_2+\cdots+k_m\boldsymbol{\alpha}_m=\boldsymbol{0},$$

即

$$(\boldsymbol{\alpha}_1,\boldsymbol{\alpha}_2,\cdots,\boldsymbol{\alpha}_m)\begin{pmatrix}k_1\\k_2\\\vdots\\k_m\end{pmatrix}=\boldsymbol{B}\begin{pmatrix}k_1\\k_2\\\vdots\\k_m\end{pmatrix}=\boldsymbol{0},$$

两端同时左乘 $\boldsymbol{A}$ 得

$$\boldsymbol{AB}\begin{pmatrix}k_1\\k_2\\\vdots\\k_m\end{pmatrix}=\boldsymbol{E}\begin{pmatrix}k_1\\k_2\\\vdots\\k_m\end{pmatrix}=\boldsymbol{0},$$

所以 $k_1=k_2=\cdots=k_m=0$. 从而 $\boldsymbol{\alpha}_1,\boldsymbol{\alpha}_2,\cdots,\boldsymbol{\alpha}_m$ 线性无关.

证法 2　(证明 $\boldsymbol{B}$ 的秩等于 $\boldsymbol{B}$ 的列数)

因为 $\boldsymbol{AB}=\boldsymbol{E}$，所以

$$r(\boldsymbol{B})\geqslant r(\boldsymbol{AB})=r(\boldsymbol{E})=m,$$

又因为 $r(\boldsymbol{B}_{n\times m})\leqslant m$，所以 $r(\boldsymbol{B}_{n\times m})=m$.

2. 利用向量组相关性确定参数

例 3.33　$\boldsymbol{\alpha}_1=(1,-1,0)^{\mathrm{T}}$，$\boldsymbol{\alpha}_2=(0,-2,1)^{\mathrm{T}}$，$\boldsymbol{\alpha}_3=(-1,1,t)^{\mathrm{T}}$ 线性相关，求 t.

解法 1　向量组 $\boldsymbol{\alpha}_1,\boldsymbol{\alpha}_2,\boldsymbol{\alpha}_3$ 线性相关的充要条件是 $r(\boldsymbol{\alpha}_1,\boldsymbol{\alpha}_2,\boldsymbol{\alpha}_3)<3$，由

$$(\boldsymbol{\alpha}_1,\boldsymbol{\alpha}_2,\boldsymbol{\alpha}_3)=\begin{pmatrix}1&0&-1\\-1&-2&1\\0&1&t\end{pmatrix}\to\begin{pmatrix}1&0&-1\\0&1&0\\0&0&t\end{pmatrix},$$

可得 $t=0$.

解法 2　向量组 $\boldsymbol{\alpha}_1,\boldsymbol{\alpha}_2,\boldsymbol{\alpha}_3$ 为 3 个三维向量，由定理 3.4 的推论 1 可知，其线性相关的充要条件是行列式 $|(\boldsymbol{\alpha}_1,\boldsymbol{\alpha}_2,\boldsymbol{\alpha}_3)|=0$. 即

$$|(\boldsymbol{\alpha}_1,\boldsymbol{\alpha}_2,\boldsymbol{\alpha}_3)|=\begin{vmatrix}1&0&-1\\-1&-2&1\\0&1&t\end{vmatrix}=-2t=0,$$

所以 $t=0$.

思考：(2005，数3)设向量组(2,1,1,1)，(2,1,a,a)，(3,2,1,a)，(4,3,2,1)线性相关，且 $a\neq1$，则 $a=$________.

例 3.34　设向量 $\boldsymbol{\beta}=(1,0,0)^{\mathrm{T}}$ 可由向量组 $\boldsymbol{\alpha}_1=(1,1,a)^{\mathrm{T}}$，$\boldsymbol{\alpha}_2=(1,a,1)^{\mathrm{T}}$，$\boldsymbol{\alpha}_3=(a,1,1)^{\mathrm{T}}$ 线性表示，而且表示方法唯一，求 α 的取值范围.

解　由于向量 $\boldsymbol{\beta}$ 可由向量组 $\boldsymbol{\alpha}_1,\boldsymbol{\alpha}_2,\boldsymbol{\alpha}_3$ 线性表示，且表示方法唯一，可得向量组 $\boldsymbol{\alpha}_1,\boldsymbol{\alpha}_2,\boldsymbol{\alpha}_3$ 线性无关. 所以应满足

$$|\boldsymbol{\alpha}_1,\boldsymbol{\alpha}_2,\boldsymbol{\alpha}_3|=\begin{vmatrix}1&1&a\\1&a&1\\a&1&1\end{vmatrix}=-(a+2)(a-1)^2\neq0,$$

于是 $a\neq-2$，且 $a\neq1$.

例 3.35　设向量组 $\boldsymbol{\alpha}_1=(1,0,1)^{\mathrm{T}}$，$\boldsymbol{\alpha}_2=(0,1,1)^{\mathrm{T}}$，$\boldsymbol{\alpha}_3=(1,3,5)^{\mathrm{T}}$ 不能由向量组 $\boldsymbol{\beta}_1=(1,1,1)^{\mathrm{T}}$，$\boldsymbol{\beta}_2=(1,2,3)^{\mathrm{T}}$，$\boldsymbol{\beta}_3=(3,4,a)^{\mathrm{T}}$ 线性表示.

(1) 求 a 的值.

(2) 将 $\boldsymbol{\beta}_1,\boldsymbol{\beta}_2,\boldsymbol{\beta}_3$ 用 $\boldsymbol{\alpha}_1,\boldsymbol{\alpha}_2,\boldsymbol{\alpha}_3$ 线性表示.

解　(1) 4个三维向量 $\boldsymbol{\beta}_1,\boldsymbol{\beta}_2,\boldsymbol{\beta}_3,\boldsymbol{\alpha}_i$ 线性相关($i=1,2,3$)，若 $\boldsymbol{\beta}_1,\boldsymbol{\beta}_2,\boldsymbol{\beta}_3$ 线性无关，则 $\boldsymbol{\alpha}_i$ 可由 $\boldsymbol{\beta}_1,\boldsymbol{\beta}_2,\boldsymbol{\beta}_3$ 线性表示($\boldsymbol{i}=1,2,3$)，与题设矛盾. 于是 $\boldsymbol{\beta}_1,\boldsymbol{\beta}_2,\boldsymbol{\beta}_3$ 线性相关，从而

$$|(\boldsymbol{\beta}_1,\boldsymbol{\beta}_2,\boldsymbol{\beta}_3)|\begin{pmatrix}1&1&3\\1&2&4\\1&3&a\end{pmatrix}=a-5=0,$$

于是，$a=5$，此时 $\boldsymbol{\alpha}_1$ 不能由 $\boldsymbol{\beta}_1,\boldsymbol{\beta}_2,\boldsymbol{\beta}_3$ 线性表示.

(2) 令 $\boldsymbol{A}=(\boldsymbol{\alpha}_1,\ \boldsymbol{\alpha}_2,\ \boldsymbol{\alpha}_3\ \vdots\ \boldsymbol{\beta}_1,\boldsymbol{\beta}_2,\boldsymbol{\beta}_3)$，对 $\boldsymbol{A}$ 施以初等行变换

$$\boldsymbol{A}=\left(\begin{array}{ccc:ccc}1&0&1&1&1&3\\0&1&3&1&2&4\\1&1&5&1&3&5\end{array}\right)\sim\left(\begin{array}{ccc:ccc}1&0&0&2&1&5\\0&1&0&4&2&10\\0&0&1&-1&0&-2\end{array}\right),$$

从而，$\boldsymbol{\beta}_1=2\boldsymbol{\alpha}_1+4\boldsymbol{\alpha}_2-\boldsymbol{\alpha}_3,\boldsymbol{\beta}_2=\boldsymbol{\alpha}_1+2\boldsymbol{\alpha}_2,\boldsymbol{\beta}_3=5\boldsymbol{\alpha}_1+10\boldsymbol{\alpha}_2-2\boldsymbol{\alpha}_3$.

3.4.4　向量组的秩与极大无关组的相关问题

1. 向量组的秩与极大线性无关组的求法

例 3.36　(2015，数1)已知向量组

$$\boldsymbol{\alpha}_1=(1,-1,0,5)^{\mathrm{T}},\ \boldsymbol{\alpha}_2=(2,0,1,4)^{\mathrm{T}},\ \boldsymbol{\alpha}_3=(3,1,2,3)^{\mathrm{T}},\ \boldsymbol{\alpha}_4=(4,2,3,a)^{\mathrm{T}},$$

其中 a 是参数. 求该向量组的秩与一个极大无关组，并将其余向量用该极大无关组线性表示.

解　以 $\boldsymbol{\alpha}_1,\boldsymbol{\alpha}_2,\boldsymbol{\alpha}_3,\boldsymbol{\alpha}_4$ 为列作矩阵，并施以初等行变换，可得

$$(\boldsymbol{\alpha}_1,\boldsymbol{\alpha}_2,\boldsymbol{\alpha}_3,\boldsymbol{\alpha}_4)=\begin{pmatrix}1&2&3&4\\-1&0&1&2\\0&1&2&3\\5&4&3&a\end{pmatrix}\sim\begin{pmatrix}1&2&3&4\\0&1&2&3\\0&0&0&a-2\\0&0&0&0\end{pmatrix},$$

讨论：当 $a=2$ 时，有

$$(\boldsymbol{\alpha}_1,\boldsymbol{\alpha}_2,\boldsymbol{\alpha}_3,\boldsymbol{\alpha}_4)\sim\begin{pmatrix}1&0&-1&-2\\0&1&2&3\\0&0&0&0\\0&0&0&0\end{pmatrix},$$

由于矩阵的初等行变换不改变列向量之间的线性关系，所以 $\boldsymbol{\alpha}_1,\boldsymbol{\alpha}_2$ 为 $\boldsymbol{\alpha}_1,\boldsymbol{\alpha}_2,\boldsymbol{\alpha}_3,\boldsymbol{\alpha}_4$ 的一个极大无关组，而且 $\boldsymbol{\alpha}_3=-\boldsymbol{\alpha}_1+2\boldsymbol{\alpha}_2$，$\boldsymbol{\alpha}_4=-2\boldsymbol{\alpha}_1+3\boldsymbol{\alpha}_2$.

当 $a\neq 2$ 时，由

$$(\boldsymbol{\alpha}_1,\boldsymbol{\alpha}_2,\boldsymbol{\alpha}_3,\boldsymbol{\alpha}_4)\sim\begin{pmatrix}1&2&3&4\\0&1&2&3\\0&0&0&a-2\\0&0&0&0\end{pmatrix}\sim\begin{pmatrix}1&0&-1&0\\0&1&2&0\\0&0&0&1\\0&0&0&0\end{pmatrix}$$

可知，$\boldsymbol{\alpha}_1,\boldsymbol{\alpha}_2,\boldsymbol{\alpha}_4$ 为 $\boldsymbol{\alpha}_1,\boldsymbol{\alpha}_2,\boldsymbol{\alpha}_3,\boldsymbol{\alpha}_4$ 的一个极大无关组，$\boldsymbol{\alpha}_3=-\boldsymbol{\alpha}_1+2\boldsymbol{\alpha}_2$.

注： 当 $a\neq 2$ 时，可以将第三行乘以 $\dfrac{1}{a-2}$ 即把 $a-2$ 变为1.

2. 涉及向量组与其极大无关组等价的问题

例 3.37　设向量组(Ⅰ)：$\boldsymbol{\alpha}_1,\boldsymbol{\alpha}_2,\cdots,\boldsymbol{\alpha}_m$，其秩为 r；向量组(Ⅱ)：$\boldsymbol{\alpha}_1,\boldsymbol{\alpha}_2,\cdots,\boldsymbol{\alpha}_m,\boldsymbol{\beta}$，其秩为 s，则 $r=s$ 是向量组(Ⅰ)与向量组(Ⅱ)等价的(　　).

A. 充分非必要条件　　　　B. 必要非充分条件

C. 充分必要条件　　　　　D. 既非充分也非必要条件

解　应选C.

[分析]首先，向量组(Ⅰ)与向量组(Ⅱ)等价，则二者的秩相等，所以 $r=s$ 是向量组Ⅰ与向量组Ⅱ等价的必要条件.

其次，一般来说，秩相等的向量组不一定等价. 但是 $\boldsymbol{\alpha}_1,\boldsymbol{\alpha}_2,\cdots,\boldsymbol{\alpha}_m$ 是 $\boldsymbol{\alpha}_1,\boldsymbol{\alpha}_2,\cdots,\boldsymbol{\alpha}_m,\boldsymbol{\beta}$ 的一部分. 当 $r=s$ 时，取向量组(Ⅰ)的极大无关组 $\boldsymbol{\alpha}_{i_1},\boldsymbol{\alpha}_{i_2},\cdots,\boldsymbol{\alpha}_{i_r}$，则 $\boldsymbol{\alpha}_{i_1},\boldsymbol{\alpha}_{i_2},\cdots,\boldsymbol{\alpha}_{i_r}$ 也是的向量组(Ⅱ)的一个极大无关组. 这样向量组(Ⅰ)与向量组(Ⅱ)都与它们的极大无关组 $\boldsymbol{\alpha}_{i_1},\boldsymbol{\alpha}_{i_2},\cdots,\boldsymbol{\alpha}_{i_r}$ 等价，所以向量组(Ⅰ)与向量组(Ⅱ)也等价.

3. 涉及向量组的秩与矩阵的秩之间的关系的问题

例 3.38　设向量组 $\boldsymbol{\alpha}_1=(1,2,-1)^{\mathrm{T}}$，$\boldsymbol{\alpha}_2=(0,-4,5)^{\mathrm{T}}$，$\boldsymbol{\alpha}_3=(2,0,t)^{\mathrm{T}}$ 的秩为2，则 $t=$ ________.

解　应填3.

[分析]事实上，记 $\boldsymbol{A}=(\boldsymbol{\alpha}_1,\boldsymbol{\alpha}_2,\boldsymbol{\alpha}_3)$，由 $\boldsymbol{\alpha}_1,\boldsymbol{\alpha}_2,\boldsymbol{\alpha}_3$ 的秩为2，可知 $r(\boldsymbol{A})=2$，由

$$A=\begin{pmatrix}1&0&2\\2&-4&0\\-1&5&t\end{pmatrix}\to\begin{pmatrix}1&0&2\\0&1&1\\0&0&t-3\end{pmatrix},$$

可知 $t=3$.

例 3.39　(2017，数 1，3)已知 $A=\begin{pmatrix}1&0&1\\1&1&2\\0&1&1\end{pmatrix}$，$\boldsymbol{\alpha}_1,\boldsymbol{\alpha}_2,\boldsymbol{\alpha}_3$ 为线性无关的三维列向量，则向量组 $A\boldsymbol{\alpha}_1,A\boldsymbol{\alpha}_2,A\boldsymbol{\alpha}_3$ 的秩为________.

解　应填 2.

[分析]向量组的秩等于以其为列构成矩阵$(A\boldsymbol{\alpha}_1,A\boldsymbol{\alpha}_2,A\boldsymbol{\alpha}_3)$的秩. 由于

$$(A\boldsymbol{\alpha}_1,A\boldsymbol{\alpha}_2,A\boldsymbol{\alpha}_3)=A(\boldsymbol{\alpha}_1,\boldsymbol{\alpha}_2,\boldsymbol{\alpha}_3),$$

而 $\boldsymbol{\alpha}_1,\boldsymbol{\alpha}_2,\boldsymbol{\alpha}_3$ 线性无关，所以矩阵$(\boldsymbol{\alpha}_1,\boldsymbol{\alpha}_2,\boldsymbol{\alpha}_3)$是可逆矩阵，从而 $r(A\boldsymbol{\alpha}_1,A\boldsymbol{\alpha}_2,A\boldsymbol{\alpha}_3)=r(A)$.

由于

$$A=\begin{pmatrix}1&0&1\\1&1&2\\0&1&1\end{pmatrix}\sim\begin{pmatrix}1&0&1\\0&1&1\\0&0&0\end{pmatrix},$$

所以 $r(A)=2$，从而向量组 $A\boldsymbol{\alpha}_1,A\boldsymbol{\alpha}_2,A\boldsymbol{\alpha}_3$ 的秩为 2.

例 3.40　设 n 维向量 $\boldsymbol{\alpha}_1,\boldsymbol{\alpha}_2,\cdots,\boldsymbol{\alpha}_m(m<n)$ 线性无关，则 n 维向量 $\boldsymbol{\beta}_1,\boldsymbol{\beta}_2,\cdots,\boldsymbol{\beta}_m$ 线性无关的充要条件是(　　).

A. $\boldsymbol{\alpha}_1,\boldsymbol{\alpha}_2,\cdots,\boldsymbol{\alpha}_m$ 可由 $\boldsymbol{\beta}_1,\boldsymbol{\beta}_2,\cdots,\boldsymbol{\beta}_m$ 线性表示

B. $\boldsymbol{\beta}_1,\boldsymbol{\beta}_2,\cdots,\boldsymbol{\beta}_m$ 可由 $\boldsymbol{\alpha}_1,\boldsymbol{\alpha}_2,\cdots,\boldsymbol{\alpha}_m$ 线性表示

C. $\boldsymbol{\alpha}_1,\boldsymbol{\alpha}_2,\cdots,\boldsymbol{\alpha}_m$ 与 $\boldsymbol{\beta}_1,\boldsymbol{\beta}_2,\cdots,\boldsymbol{\beta}_m$ 等价

D. $(\boldsymbol{\alpha}_1,\boldsymbol{\alpha}_2,\cdots,\boldsymbol{\alpha}_m)$与$(\boldsymbol{\beta}_1,\boldsymbol{\beta}_2,\cdots,\boldsymbol{\beta}_m)$等价

解　应选 D.

[分析]事实上，因为 $\boldsymbol{\alpha}_1,\boldsymbol{\alpha}_2,\cdots,\boldsymbol{\alpha}_m(m<n)$ 线性无关，所以向量组 $\boldsymbol{\alpha}_1,\boldsymbol{\alpha}_2,\cdots,\boldsymbol{\alpha}_m$ 的秩为 m，从而矩阵$(\boldsymbol{\alpha}_1,\boldsymbol{\alpha}_2,\cdots,\boldsymbol{\alpha}_m)$的秩为 m.

(1) 如果 $\boldsymbol{\beta}_1,\boldsymbol{\beta}_2,\cdots,\boldsymbol{\beta}_m$ 线性无关，则矩阵$(\boldsymbol{\beta}_1,\boldsymbol{\beta}_2,\cdots,\boldsymbol{\beta}_m)$的秩为 m，所以矩阵$(\boldsymbol{\alpha}_1,\boldsymbol{\alpha}_2,\cdots,\boldsymbol{\alpha}_m)$与$(\boldsymbol{\beta}_1,\boldsymbol{\beta}_2,\cdots,\boldsymbol{\beta}_m)$的秩相等，因此矩阵$(\boldsymbol{\alpha}_1,\boldsymbol{\alpha}_2,\cdots,\boldsymbol{\alpha}_m)$与$(\boldsymbol{\beta}_1,\boldsymbol{\beta}_2,\cdots,\boldsymbol{\beta}_m)$等价.

(2) 若矩阵$(\boldsymbol{\alpha}_1,\boldsymbol{\alpha}_2,\cdots,\boldsymbol{\alpha}_m)$与$(\boldsymbol{\beta}_1,\boldsymbol{\beta}_2,\cdots,\boldsymbol{\beta}_m)$等价，则作为矩阵二者的秩相等，即

$$r(\boldsymbol{\beta}_1,\boldsymbol{\beta}_2,\cdots,\boldsymbol{\beta}_m)=r(\boldsymbol{\alpha}_1,\boldsymbol{\alpha}_2,\cdots,\boldsymbol{\alpha}_m)=m,$$

所以向量组 $\boldsymbol{\beta}_1,\boldsymbol{\beta}_2,\cdots,\boldsymbol{\beta}_m$ 线性无关.

3.4.5　涉及向量空间的相关问题

该节要求数 1 学生掌握.

1. 向量空间的概念

例 3.41　**证明**：$V=\{\boldsymbol{\alpha}\mid A\boldsymbol{\alpha}=\mathbf{0}\}$按向量的加法和数乘构成向量空间(称为齐次线性方程组

$\boldsymbol{Ax}=\boldsymbol{0}$ 的解空间)，但非齐次线性方程组 $\boldsymbol{Ax}=\boldsymbol{b}$ 的解向量的集合不能构成向量空间.

证明　(1) 显然，$\boldsymbol{0}\in V$，所以 $V\neq\varnothing$.

任取 V 的两个向量 $\boldsymbol{\alpha},\boldsymbol{\beta}$ 及数 $k\in\mathbf{R}$，由于

$$\boldsymbol{A\alpha}=\boldsymbol{0},\ \boldsymbol{A\beta}=\boldsymbol{0},$$

可得

$$\boldsymbol{A}(\boldsymbol{\alpha}+\boldsymbol{\beta})=\boldsymbol{0},\ \boldsymbol{A}(k\boldsymbol{\alpha})=\boldsymbol{0},$$

即 $\boldsymbol{\alpha}+\boldsymbol{\beta}\in V$，$k\boldsymbol{\alpha}\in V$，所以 V 对加法与数乘封闭，从而构成向量空间.

(2) 记非齐次线性方程组 $\boldsymbol{Ax}=\boldsymbol{b}$ 的解向量的集合为 W，即

$$W=\{\boldsymbol{\xi}\mid \boldsymbol{A\xi}=\boldsymbol{b},\boldsymbol{b}\neq\boldsymbol{0}\}.$$

任取 $\boldsymbol{\xi}_1$，$\boldsymbol{\xi}_2\in W$，即 $\boldsymbol{A\xi}_i=\boldsymbol{b}(i=1,2)$，所以

$$\boldsymbol{A}(\boldsymbol{\xi}_1+\boldsymbol{\xi}_2)=\boldsymbol{A\xi}_1+\boldsymbol{A\xi}_2=2\boldsymbol{b}\neq\boldsymbol{b}.$$

因此 $\boldsymbol{\xi}_1+\boldsymbol{\xi}_2\notin W$，此说明 $\boldsymbol{Ax}=\boldsymbol{b}$ 的解集 W 对加法不封闭，从而不能构成向量空间.

注： 作为本例的特例，三维空间过原点的平面上的点构成的集合(如 $V=\{(x,y,z)\mid x+2y-3z=0\}$)可构成向量空间，但不过原点的平面(如 $V=\{(x,y,z)\mid x+2y-3z=6\}$)不能构成向量空间.

2. 向量空间的基、维数与坐标，过渡矩阵

例 3.42　(仅数 1 要求)设 $\boldsymbol{\alpha}_1=(1,2,-1,0)^{\mathrm{T}}$，$\boldsymbol{\alpha}_2=(1,1,0,2)^{\mathrm{T}}$，$\boldsymbol{\alpha}_3=(2,1,1,a)^{\mathrm{T}}$. 如果由 $\boldsymbol{\alpha}_1,\boldsymbol{\alpha}_2,\boldsymbol{\alpha}_3$ 生成的向量空间维数为 2，则 $a=$________.

解　应填 6.

[分析]由 $\boldsymbol{\alpha}_1,\boldsymbol{\alpha}_2,\boldsymbol{\alpha}_3$ 生成的向量空间维数为 2，可知向量组 $\boldsymbol{\alpha}_1,\boldsymbol{\alpha}_2,\boldsymbol{\alpha}_3$ 的秩为 2，由

$$(\boldsymbol{\alpha}_1,\boldsymbol{\alpha}_2,\boldsymbol{\alpha}_3)=\begin{pmatrix}1&1&2\\2&1&1\\-1&0&1\\0&2&a\end{pmatrix}\sim\begin{pmatrix}1&1&2\\0&-1&-3\\0&0&a-6\\0&0&0\end{pmatrix},$$

可得 $a=6$.

例 3.43　(仅数 1 要求)设 $\boldsymbol{\alpha}_1,\boldsymbol{\alpha}_2,\boldsymbol{\alpha}_3$ 是三维向量空间 $\mathbf{R}^3$ 的一组基，则由基 $\boldsymbol{\alpha}_1,\frac{1}{2}\boldsymbol{\alpha}_2,\frac{1}{3}\boldsymbol{\alpha}_3$，到基 $\boldsymbol{\alpha}_1+\boldsymbol{\alpha}_2$，$\boldsymbol{\alpha}_2+\boldsymbol{\alpha}_3$，$\boldsymbol{\alpha}_3+\boldsymbol{\alpha}_1$ 的过渡矩阵为(　　).

A. $\begin{pmatrix}1&0&1\\2&2&0\\0&3&3\end{pmatrix}$　　B. $\begin{pmatrix}1&2&0\\0&2&3\\1&0&3\end{pmatrix}$

C. $\begin{pmatrix}\frac{1}{2}&\frac{1}{4}&-\frac{1}{6}\\-\frac{1}{2}&\frac{1}{4}&\frac{1}{6}\\\frac{1}{2}&-\frac{1}{4}&\frac{1}{6}\end{pmatrix}$　　D. $\begin{pmatrix}\frac{1}{2}&-\frac{1}{2}&\frac{1}{2}\\\frac{1}{4}&\frac{1}{4}&-\frac{1}{4}\\-\frac{1}{6}&-\frac{1}{6}&\frac{1}{6}\end{pmatrix}$

解　应选 A.

[分析]由

$$(\boldsymbol{\alpha}_1+\boldsymbol{\alpha}_2,\boldsymbol{\alpha}_2+\boldsymbol{\alpha}_3,\boldsymbol{\alpha}_3+\boldsymbol{\alpha}_1)=\left(\boldsymbol{\alpha}_1,\frac{1}{2}\boldsymbol{\alpha}_2,\frac{1}{3}\boldsymbol{\alpha}_3\right)\begin{pmatrix}1&0&1\\2&2&0\\0&3&3\end{pmatrix},$$

根据过渡矩阵的定义，可知 A 是正确的.

例 3.44　(2019，数 1)设向量组 $\boldsymbol{\alpha}_1=(1,2,1)^{\mathrm{T}}$，$\boldsymbol{\alpha}_2=(1,3,2)^{\mathrm{T}}$，$\boldsymbol{\alpha}_3=(1,a,3)^{\mathrm{T}}$ 为 $\mathbf{R}^3$ 的一个基，$\boldsymbol{\beta}=(1,1,1)^{\mathrm{T}}$ 在这个基下的坐标为$(b,c,1)^{\mathrm{T}}$.

(1) 求 a，b，c；

(2) 证明：$\boldsymbol{\alpha}_2,\boldsymbol{\alpha}_3,\boldsymbol{\beta}$ 为 $\mathbf{R}^3$ 的一个基，并求 $\boldsymbol{\alpha}_2,\boldsymbol{\alpha}_3,\boldsymbol{\beta}$ 到 $\boldsymbol{\alpha}_1,\boldsymbol{\alpha}_2,\boldsymbol{\alpha}_3$ 的过渡矩阵.

解　(1) 由题设知 $\boldsymbol{\beta}=b\boldsymbol{\alpha}_1+c\boldsymbol{\alpha}_2+\boldsymbol{\alpha}_3$，所以

$$\begin{cases}b+c+1=1,\\2b+3c+a=1,\\b+2c+3=1,\end{cases}$$

解得 $a=3$，$b=2$，$c=-2$.

(2) 因为 $|\boldsymbol{\alpha}_2,\boldsymbol{\alpha}_3,\boldsymbol{\beta}|=\begin{vmatrix}1&1&1\\3&3&1\\2&3&1\end{vmatrix}=2\neq0$，所以 $\boldsymbol{\alpha}_2,\boldsymbol{\alpha}_3,\boldsymbol{\beta}$ 线性无关. 又 $\mathbf{R}^3$ 的维数为 3，从而 $\boldsymbol{\alpha}_2,\boldsymbol{\alpha}_3,\boldsymbol{\beta}$ 可构成向量空间 $\mathbf{R}^3$ 的一个基.

又令 $\boldsymbol{\alpha}_2,\boldsymbol{\alpha}_3,\boldsymbol{\beta}$ 到 $\boldsymbol{\alpha}_1,\boldsymbol{\alpha}_2,\boldsymbol{\alpha}_3$ 的过渡矩阵为 $\boldsymbol{T}$，则有

$$(\boldsymbol{\alpha}_1,\boldsymbol{\alpha}_2,\boldsymbol{\alpha}_3)=(\boldsymbol{\alpha}_2,\boldsymbol{\alpha}_3,\boldsymbol{\beta})\boldsymbol{T},$$

所以

$$\boldsymbol{T}=(\boldsymbol{\alpha}_2,\boldsymbol{\alpha}_3,\boldsymbol{\beta})^{-1}(\boldsymbol{\alpha}_1,\boldsymbol{\alpha}_2,\boldsymbol{\alpha}_3)=\begin{pmatrix}1&1&0\\-\frac{1}{2}&0&1\\\frac{1}{2}&0&0\end{pmatrix}.$$

习　题　三

A. 基础训练

1. 设向量 $\boldsymbol{\alpha}_1=(-1,4)$，$\boldsymbol{\alpha}_2=(1,-2)$，$\boldsymbol{\alpha}_3=(3,-8)$，若有常数 a，b 使 $a\boldsymbol{\alpha}_1-b\boldsymbol{\alpha}_2-\boldsymbol{\alpha}_3=\mathbf{0}$，则有 $a=$________，$b=$________.

2. 设 $\boldsymbol{\alpha}_1=(1,1,-1)$，$\boldsymbol{\alpha}_2=(1,2,-1)$，则 $\boldsymbol{\alpha}_2-\dfrac{[\boldsymbol{\alpha}_2,\boldsymbol{\alpha}_1]}{[\boldsymbol{\alpha}_1,\boldsymbol{\alpha}_1]}\boldsymbol{\alpha}_1=$________.

3. 设向量组 $\boldsymbol{\alpha}_1=(1,0,3)$，$\boldsymbol{\alpha}_2=(2,5,-1)$，$\boldsymbol{\alpha}_3=(5,10,1)$与向量组 $\boldsymbol{\beta}_1,\boldsymbol{\beta}_2,\boldsymbol{\beta}_3$ 等价，则向

量组$\boldsymbol{\beta}_1,\boldsymbol{\beta}_2,\boldsymbol{\beta}_3$的秩为________.

4. 设向量组$\boldsymbol{\alpha}=(1,0,1)^{\mathrm{T}},\boldsymbol{\beta}=(2,k,-1)^{\mathrm{T}}$，$\boldsymbol{\gamma}=(-1,1,-4)^{\mathrm{T}}$线性相关，则$k=$________.

5.（仅数1要求）从$\mathbf{R}^2$的基$\boldsymbol{\alpha}_1=\begin{pmatrix}1\\0\end{pmatrix}$，$\boldsymbol{\alpha}_2=\begin{pmatrix}1\\-1\end{pmatrix}$到基$\boldsymbol{\beta}_1=\begin{pmatrix}1\\1\end{pmatrix}$，$\boldsymbol{\beta}_2=\begin{pmatrix}1\\2\end{pmatrix}$的过渡矩阵为________.

6.（2010，数1）设$\boldsymbol{\alpha}_1=(1,2,-1,0)^{\mathrm{T}}$，$\boldsymbol{\alpha}_2=(1,1,0,2)^{\mathrm{T}}$，$\boldsymbol{\alpha}_3=(2,1,1,a)^{\mathrm{T}}$. 如果由$\boldsymbol{\alpha}_1,\boldsymbol{\alpha}_2,\boldsymbol{\alpha}_3$生成的向量空间维数为2，则$a=$________.

7. 设$\boldsymbol{\beta}$可由向量$\boldsymbol{\alpha}_1=(1,0,0)$，$\boldsymbol{\alpha}_2=(0,0,1)$线性表示，则下列向量中$\boldsymbol{\beta}$只能是(　　).

A. $(2,1,1)$　　B. $(-3,0,2)$　　C. $(1,1,0)$　　D. $(0,-1,0)$

8. 设向量组$\boldsymbol{\alpha}_1=(1,2)^{\mathrm{T}}$，$\boldsymbol{\alpha}_2=(0,2)^{\mathrm{T}}$，$\boldsymbol{\beta}=(5,6)^{\mathrm{T}}$，则(　　).

A. $\boldsymbol{\alpha}_1,\boldsymbol{\alpha}_2,\boldsymbol{\beta}$线性无关　　B. $\boldsymbol{\beta}$可由$\boldsymbol{\alpha}_1,\boldsymbol{\alpha}_2$线性表示，但表示法不唯一

C. $\boldsymbol{\beta}$不能由$\boldsymbol{\alpha}_1,\boldsymbol{\alpha}_2$线性表示　　D. $\boldsymbol{\beta}$可由$\boldsymbol{\alpha}_1,\boldsymbol{\alpha}_2$线性表示，且表示法唯一

9. 设$\boldsymbol{\alpha}_1,\boldsymbol{\alpha}_2,\cdots,\boldsymbol{\alpha}_k$是$n$维列向量，则$\boldsymbol{\alpha}_1,\boldsymbol{\alpha}_2,\cdots,\boldsymbol{\alpha}_k$线性无关的充分必要条件是(　　).

A. 向量组$\boldsymbol{\alpha}_1,\boldsymbol{\alpha}_2,\cdots,\boldsymbol{\alpha}_k$中任意$k-1$个向量线性无关

B. 存在一组不全为0的数$l_1,l_2,\cdots,l_k$，使$l_1\boldsymbol{\alpha}_1+l_2\boldsymbol{\alpha}_2+\cdots+l_k\boldsymbol{\alpha}_k\neq\mathbf{0}$

C. 向量组$\boldsymbol{\alpha}_1,\boldsymbol{\alpha}_2,\cdots,\boldsymbol{\alpha}_k$中存在一个向量不能由其余向量线性表示

D. 向量组$\boldsymbol{\alpha}_1,\boldsymbol{\alpha}_2,\cdots,\boldsymbol{\alpha}_k$中任意一个向量都不能由其余向量线性表示

10. 向量组$\boldsymbol{\alpha}_1=(1,2,0)$，$\boldsymbol{\alpha}_2=(2,4,0)$，$\boldsymbol{\alpha}_3=(3,6,0)$，$\boldsymbol{\alpha}_4=(4,9,0)$的极大线性无关组为(　　).

A. $\boldsymbol{\alpha}_1,\boldsymbol{\alpha}_4$　　B. $\boldsymbol{\alpha}_1,\boldsymbol{\alpha}_3$　　C. $\boldsymbol{\alpha}_1,\boldsymbol{\alpha}_2$　　D. $\boldsymbol{\alpha}_2,\boldsymbol{\alpha}_3$

11. 设$\boldsymbol{A}$是n阶矩阵，且$|\boldsymbol{A}|=0$，则(　　).

A. $\boldsymbol{A}$中必有两行元素对应成比例

B. $\boldsymbol{A}$中任一行向量是其余各行向量的线性组合

C. $\boldsymbol{A}$中必有一列向量可由其余的列向量线性表出

D. 方程组$\boldsymbol{Ax}=\boldsymbol{b}$必有无穷多解

12. 已知向量组$\boldsymbol{\alpha}_1=(1,0,2)$，$\boldsymbol{\alpha}_2=(2,0,-3)$，$\boldsymbol{\alpha}_3=(1,2,1)$，$\boldsymbol{\alpha}_4=(0,0,-7)$，则任何一个三维向量$\boldsymbol{\beta}=(a,b,c)$都可表为下列向量组中的一个的线性组合，此向量组为(　　).

A. $\boldsymbol{\alpha}_1,\boldsymbol{\alpha}_2$　　B. $\boldsymbol{\alpha}_1,\boldsymbol{\alpha}_2,\boldsymbol{\alpha}_3$　　C. $\boldsymbol{\alpha}_1,\boldsymbol{\alpha}_2,\boldsymbol{\alpha}_4$　　D. $\boldsymbol{\alpha}_3,\boldsymbol{\alpha}_4$

13. 设$\boldsymbol{\alpha}_1,\boldsymbol{\alpha}_2,\boldsymbol{\alpha}_3$线性无关，问：当$k$取何值时，向量组$\boldsymbol{\alpha}_2+\boldsymbol{\alpha}_1$，$k\boldsymbol{\alpha}_3+\boldsymbol{\alpha}_2$，$\boldsymbol{\alpha}_1+\boldsymbol{\alpha}_3$也线性无关？

14. 若向量组$\boldsymbol{\alpha}_1=\begin{pmatrix}1\\1\\1\end{pmatrix}$，$\boldsymbol{\alpha}_2=\begin{pmatrix}1\\-1\\3\end{pmatrix}$，$\boldsymbol{\alpha}_3=\begin{pmatrix}2\\6\\-k\end{pmatrix}$，$\boldsymbol{\alpha}_4=\begin{pmatrix}-2\\0\\-2k\end{pmatrix}$的秩为2，求$k$的值.

15. 设向量组$\boldsymbol{\alpha}_1=(2,1,3,1)^{\mathrm{T}}$，$\boldsymbol{\alpha}_2=(1,2,0,1)^{\mathrm{T}}$，$\boldsymbol{\alpha}_3=(-1,1,-3,0)^{\mathrm{T}}$，$\boldsymbol{\alpha}_4=(1,1,1,1)^{\mathrm{T}}$，求向量组的秩及一个极大线性无关组，并将其余向量用所求极大线性无关组线性表示.

16. 设向量组$\boldsymbol{\alpha}_1,\boldsymbol{\alpha}_2,\cdots,\boldsymbol{\alpha}_k$线性无关，$1<j\leqslant k$. 证明：$\boldsymbol{\alpha}_1+\boldsymbol{\alpha}_j,\boldsymbol{\alpha}_2,\cdots,\boldsymbol{\alpha}_k$线性无关.

B. 综合练习

1. 设 $\boldsymbol{P}$ 为 n 阶正交矩阵，$\boldsymbol{x}$ 是 n 维向量，向量 $\boldsymbol{x}$ 的长度 $\|\boldsymbol{x}\|=2$，则 $\|\boldsymbol{Px}\|=$________.

2. 设 $\boldsymbol{\alpha}_1,\boldsymbol{\alpha}_2,\boldsymbol{\alpha}_3,\boldsymbol{\alpha}_4$ 是一个四维向量组，若已知 $\boldsymbol{\alpha}_4$ 可以表为 $\boldsymbol{\alpha}_1,\boldsymbol{\alpha}_2,\boldsymbol{\alpha}_3$ 的线性组合，且表示法唯一，则向量组 $\boldsymbol{\alpha}_1,\boldsymbol{\alpha}_2,\boldsymbol{\alpha}_3,\boldsymbol{\alpha}_4$ 的秩为________.

3. 如果任意三维向量可由向量组 $\boldsymbol{\alpha}_1=(1,2,a)^{\mathrm{T}}$，$\boldsymbol{\alpha}_2=(-1,-2,5)^{\mathrm{T}}$，$\boldsymbol{\alpha}_3=(1,3,5)^{\mathrm{T}}$ 线性表示，则参数 a 的取值范围是________.

4. 已知矩阵 $\boldsymbol{A}=\begin{pmatrix}1&2&5\\2&a&7\\1&3&2\end{pmatrix}$，$\boldsymbol{B}=\begin{pmatrix}1&0&3\\2&0&1\\1&3&2\end{pmatrix}$，$r(\boldsymbol{AB})=2$，则 $a=$________.

5. 设向量组 $\boldsymbol{\alpha}_1=(1,0,0)^{\mathrm{T}}$，$\boldsymbol{\alpha}_2=(0,1,0)^{\mathrm{T}}$，且 $\boldsymbol{\beta}_1=\boldsymbol{\alpha}_1-\boldsymbol{\alpha}_2$，$\boldsymbol{\beta}_2=\boldsymbol{\alpha}_2$，则向量组 $\boldsymbol{\beta}_1,\boldsymbol{\beta}_2$ 的秩为________.

6. (仅数 1 要求)实向量空间 $V=\{(x_1,x_2,x_3)\mid x_1+3x_3=0\}$ 的维数是(　　).

A. 0　　B. 1　　C. 2　　D. 3

7. (仅数 1 要求)设 $\boldsymbol{A}$ 为五阶方阵，且 $r(\boldsymbol{A})=2$，则线性空间 $W=\{\boldsymbol{x}\mid \boldsymbol{Ax}=\boldsymbol{0}\}$ 的维数是________.

8. 若 $\boldsymbol{\beta}=(1,3,0)^{\mathrm{T}}$ 不能由 $\boldsymbol{\alpha}_1=(a,1,1)^{\mathrm{T}}$，$\boldsymbol{\alpha}_2=(1,a,1)^{\mathrm{T}}$，$\boldsymbol{\alpha}_3=(1,1,a)^{\mathrm{T}}$ 线性表示，则 $a=$________.

9. 设三维列向量 $\boldsymbol{\alpha}_1,\boldsymbol{\alpha}_2$ 线性无关，非零向量组 $\boldsymbol{\beta}_1,\boldsymbol{\beta}_2,\boldsymbol{\beta}_3$ 与 $\boldsymbol{\alpha}_1,\boldsymbol{\alpha}_2$ 正交，则向量组 $\boldsymbol{\beta}_1,\boldsymbol{\beta}_2,\boldsymbol{\beta}_3$ 的秩为________.

10. 已知 $\boldsymbol{Q}=\begin{pmatrix}1&2&3\\2&4&t\\3&6&9\end{pmatrix}$，$\boldsymbol{P}$ 是三阶非零矩阵，且 $\boldsymbol{PQ}=\boldsymbol{O}$，则(　　).

A. 当 $t=6$ 时，$r(\boldsymbol{P})=1$　　B. 当 $t=6$ 时，$r(\boldsymbol{P})=2$

C. 当 $t\neq6$ 时，$r(\boldsymbol{P})=1$　　D. 当 $t\neq6$ 时，$r(\boldsymbol{P})=2$

11. 证明：如果 $\boldsymbol{\alpha}=(a_1,a_2\cdots,a_n)\neq\boldsymbol{0}$，则 $\boldsymbol{T}=\boldsymbol{E}-\dfrac{2}{\boldsymbol{\alpha}\boldsymbol{\alpha}^{\mathrm{T}}}\boldsymbol{\alpha}^{\mathrm{T}}\boldsymbol{\alpha}$ 是正交矩阵.

12. 设 $\boldsymbol{A}$ 为 n 阶矩阵，$\boldsymbol{\beta}$ 为 n 维列向量，如果满足 $\boldsymbol{A\beta}\neq\boldsymbol{0}$，但 $\boldsymbol{A}^2\boldsymbol{\beta}=\boldsymbol{0}$，证明：$\boldsymbol{\beta}$，$\boldsymbol{A\beta}$ 线性无关.

13. 设向量组

$$\boldsymbol{\alpha}_1=(1,1,1,3)^{\mathrm{T}},\ \boldsymbol{\alpha}_2=(-1,-3,5,1)^{\mathrm{T}},\ \boldsymbol{\alpha}_3=(3,2,-1,p+2)^{\mathrm{T}},\ \boldsymbol{\alpha}_4=(-2,-6,10,p)^{\mathrm{T}},$$

问 p 为何值时，该向量组线性相关？并在此时求出它的秩和一个极大线性无关组.

14. (2006，数 3)设四维向量组 $\boldsymbol{\alpha}_1=(1+a,1,1,1)^{\mathrm{T}}$，$\boldsymbol{\alpha}_2=(2,2+a,2,2)^{\mathrm{T}}$，$\boldsymbol{\alpha}_3=(3,3,3+a,3)^{\mathrm{T}}$，$\boldsymbol{\alpha}_4=(4,4,4,4+a)^{\mathrm{T}}$，问 a 为何值时，$\boldsymbol{\alpha}_1,\boldsymbol{\alpha}_2,\boldsymbol{\alpha}_3,\boldsymbol{\alpha}_4$ 线性相关？当 $\boldsymbol{\alpha}_1,\boldsymbol{\alpha}_2,\boldsymbol{\alpha}_3,\boldsymbol{\alpha}_4$ 线性相关时，求其一个极大线性无关组，并将其余向量用该极大无关组线性表出.

15*. 设 $\boldsymbol{\alpha}_i=(a_{i1},a_{i2},\cdots,a_{in})(i=1,2,\cdots,r;\ r<n)$ 是实 n 维向量，且 $\boldsymbol{\alpha}_1,\boldsymbol{\alpha}_2,\cdots,\boldsymbol{\alpha}_r$ 线性无关，已知 $\boldsymbol{\beta}=(b_1,b_2,\cdots,b_n)^{\mathrm{T}}$ 是线性方程组

$$\begin{cases} a_{11}x_1+a_{12}x_2+\cdots+a_{1n}x_n=0, \\ a_{21}x_1+a_{22}x_2+\cdots+a_{2n}x_n=0, \\ \qquad\vdots \\ a_{r1}x_1+a_{r2}x_2+\cdots+a_{rn}x_n=0 \end{cases}$$

的非零解向量. 证明：$\boldsymbol{\alpha}_1,\boldsymbol{\alpha}_2,\cdots,\boldsymbol{\alpha}_r,\boldsymbol{\beta}$ 线性无关.

16. 已知三维向量组（Ⅰ）$\boldsymbol{\alpha}_1,\boldsymbol{\alpha}_2$ 与向量组（Ⅱ）$\boldsymbol{\beta}_1,\boldsymbol{\beta}_2$ 都线性无关. 证明：存在三维非零向量 $\boldsymbol{\gamma}$，使 $\boldsymbol{\gamma}$ 既可由 $\boldsymbol{\alpha}_1,\boldsymbol{\alpha}_2$ 线性表示，又可由 $\boldsymbol{\beta}_1,\boldsymbol{\beta}_2$ 线性表示.

第 4 章 线性方程组

4.1 大纲要求

1. 会用克拉默法则.

2. 理解齐次线性方程组有非零解的充分必要条件及非齐次线性方程组有解的充分必要条件.

3. 理解齐次线性方程组的基础解系、通解、解空间的概念(解空间仅数学 1 要求)；掌握齐次线性方程组的基础解系和通解的求法.

4. 理解非齐次线性方程组解的结构及通解的概念.

5. 掌握初等变换求解线性方程组的方法.

4.2 重点与难点

线性方程组的求解方法、解的性质、有解的判别、解的结构等是本章重点. 难点是如何确定抽象的线性方程组的通解. 用克拉默法则解方程组一般比较麻烦，但它在理论上是重要的，尤其对含有参数的线性方程组解的情况的讨论时很具有理论价值. 使用克拉默法则时，要求注意方程个数等于未知量个数，而且系数行列式不等于零的条件.

4.3 内容解析

4.3.1 线性方程组的表达形式与解向量

线性方程组的三种表达形式、解向量

(1) 线性方程组的一般式

$$\begin{cases} a_{11}x_1+a_{12}x_2+\cdots+a_{1n}x_n=b_1, \\ a_{21}x_1+a_{22}x_2+\cdots+a_{2n}x_n=b_2, \\ \qquad\vdots \\ a_{m1}x_1+a_{m2}x_2+\cdots+a_{mn}x_n=b_m. \end{cases} \tag{1}$$

当 $b_1,b_2,\cdots,b_m$ 不全为零时，称式(1)为非齐次线性方程组；当 $b_1,b_2,\cdots,b_m$ 全为零时，称式(1)为齐次线性方程组.

(2) 矩阵式

记 $\boldsymbol{A}=(a_{ij})_{m\times n}$，$\boldsymbol{x}=\begin{pmatrix}x_1\\x_2\\\vdots\\x_n\end{pmatrix}$，$\boldsymbol{b}=\begin{pmatrix}b_1\\b_2\\\vdots\\b_m\end{pmatrix}$，则式(1)的矩阵形式为

$$\boldsymbol{Ax}=\boldsymbol{b}. \tag{2}$$

(3) 向量式

记 $\boldsymbol{A}=(\boldsymbol{\alpha}_1,\boldsymbol{\alpha}_2,\cdots,\boldsymbol{\alpha}_n)$，则式(2)为

$$(\boldsymbol{\alpha}_1,\boldsymbol{\alpha}_2,\cdots,\boldsymbol{\alpha}_n)\begin{pmatrix}x_1\\x_2\\\vdots\\x_n\end{pmatrix}=\begin{pmatrix}b_1\\b_2\\\vdots\\b_m\end{pmatrix},$$

即

$$x_1\boldsymbol{\alpha}_1+x_2\boldsymbol{\alpha}_2+\cdots+x_n\boldsymbol{\alpha}_n=\boldsymbol{b}. \tag{3}$$

式(3)称为方程组的向量式.

[例如]当 $\boldsymbol{A}=\begin{pmatrix}1&3&-1\\2&5&6\end{pmatrix}$，$\boldsymbol{b}=\begin{pmatrix}5\\1\end{pmatrix}$ 时，线性方程组 $\boldsymbol{Ax}=\boldsymbol{b}$ 的向量式为

$$x_1\begin{pmatrix}1\\2\end{pmatrix}+x_2\begin{pmatrix}3\\5\end{pmatrix}+x_3\begin{pmatrix}-1\\6\end{pmatrix}=\begin{pmatrix}5\\1\end{pmatrix}.$$

(4) 解向量

定义　若向量 $\boldsymbol{\xi}$ 满足 $\boldsymbol{A\xi}=\boldsymbol{b}$，则 $\boldsymbol{\xi}$ 称为线性方程组 $\boldsymbol{Ax}=\boldsymbol{b}$ 的**解向量**.

按如上定义，方程组的解向量总是以列向量的形式给出.

[例如]设 $\boldsymbol{\eta}_1,\boldsymbol{\eta}_2$ 是非齐次线性方程组 $\boldsymbol{Ax}=\boldsymbol{b}$ 的两个解，则 $\frac{1}{2}(\boldsymbol{\eta}_1+\boldsymbol{\eta}_2)$ 仍然是 $\boldsymbol{Ax}=\boldsymbol{b}$ 的解向量.

事实上，$\boldsymbol{\eta}_1,\boldsymbol{\eta}_2$ 是非齐次线性方程组 $\boldsymbol{Ax}=\boldsymbol{b}$ 的两个解，即是说 $\boldsymbol{A}\eta_i=\boldsymbol{b}(i=1,2)$，所以

$$\boldsymbol{A}\left[\frac{1}{2}(\boldsymbol{\eta}_1+\boldsymbol{\eta}_2)\right]=\frac{1}{2}(\boldsymbol{b}+\boldsymbol{b})=\boldsymbol{b}.$$

注： 齐次线性方程组 $\boldsymbol{Ax}=\boldsymbol{0}$ 总有解向量 $\boldsymbol{\xi}=(0,0,\cdots,0)^{\mathrm{T}}$，称为零解. 非齐次线性方程组一定没有零解.

(5) 同解与公共解

如果两个方程组解的集合相同，则称它们是同解方程组.

如果一个解向量 $\boldsymbol{\alpha}$ 既是方程组(Ⅰ)的解，又是方程组(Ⅱ)的解，则称 $\boldsymbol{\alpha}$ 是方程组(Ⅰ)与方程组(Ⅱ)的公共解.

4.3.2 齐次线性方程组解的结构

1. 齐次线性方程组 $\boldsymbol{Ax}=\boldsymbol{0}$ 解的结构

（1）解的性质

1）若 $\boldsymbol{A\xi}=\boldsymbol{0}$，则对任意常数 k，有 $\boldsymbol{A}(k\boldsymbol{\xi})=\boldsymbol{0}$；

2）若 $\boldsymbol{A\xi}_1=\boldsymbol{0}$，$\boldsymbol{A\xi}_2=\boldsymbol{0}$，则 $\boldsymbol{A}(\boldsymbol{\xi}_1+\boldsymbol{\xi}_2)=\boldsymbol{0}$.

由此说明，如果 $\boldsymbol{\xi}_1,\boldsymbol{\xi}_2$ 均为 $\boldsymbol{AX}=\boldsymbol{0}$ 的解，则其任意线性组合 $k_1\boldsymbol{\xi}_1+k_2\boldsymbol{\xi}_2$ 仍为 $\boldsymbol{AX}=\boldsymbol{0}$ 的解. 这一性质可以推广到多个解的情形.

（2）齐次线性方程组的基础解系

定义　当齐次线性方程组 $\boldsymbol{Ax}=\boldsymbol{0}$ 有非零解时，其全体解向量的极大无关组称为 $\boldsymbol{Ax}=\boldsymbol{0}$ 的**基础解系**.

齐次线性方程组基础解系的求法：当齐次线性方程组 $\boldsymbol{Ax}=\boldsymbol{0}$ 有非零解时，可用以下步骤求其基础解系.

1）先将系数矩阵 $\boldsymbol{A}$ 利用初等行变换化为行阶梯形，进而化成行最简形（记为 $\boldsymbol{B}$）；

2）选取自由未知量：在行最简形 $\boldsymbol{B}$ 中，取每行首非零元 1 为主元，主元所在的列以外的列为自由未知量（自由未知量的个数等于 $n-r(\boldsymbol{A})$）；

3）写出方程组的一般解，并给自由未知量赋值，可得基础解系.

注：在写出一般解后，也可以先补上自由未知量，先写出通解，再写出基础解系（见例 4.10）.

（3）齐次线性方程组解的结构

一方面，齐次线性方程组的任一解可由其基础解系（解的极大无关组）线性表示；另一方面，由解的性质可知，基础解系的线性组合也一定是其解. 因此，若 $\boldsymbol{\eta}_1,\boldsymbol{\eta}_2,\cdots,\boldsymbol{\eta}_{n-r}$ 是 $\boldsymbol{Ax}=\boldsymbol{0}$ 的基础解系，那么

$$k_1\boldsymbol{\eta}_1+k_2\boldsymbol{\eta}_2+\cdots+k_{n-r}\boldsymbol{\eta}_{n-r}\quad(k_1,k_2,\cdots,k_{n-r}\text{为任意常数，}r=r(\boldsymbol{A}))$$

是 $\boldsymbol{Ax}=\boldsymbol{0}$ 的通解.

注：1）在 $\boldsymbol{Ax}=\boldsymbol{0}$ 有非零解时，基础解系中包含解向量的个数是 $n-r(\boldsymbol{A})$，这也是方程组自由未知量的个数.

2）齐次线性方程组 $\boldsymbol{Ax}=\boldsymbol{0}$ 的任何 $n-r(\boldsymbol{A})$ 个线性无关的解都构成其解集的极大无关组，即基础解系. 也就是说，如果 $\boldsymbol{\eta}_1,\boldsymbol{\eta}_2,\cdots,\boldsymbol{\eta}_{n-r}$ 是 $\boldsymbol{Ax}=\boldsymbol{0}$ 的解，且 $\boldsymbol{\eta}_1,\boldsymbol{\eta}_2,\cdots,\boldsymbol{\eta}_{n-r}$ 线性无关，则 $\boldsymbol{\eta}_1,\boldsymbol{\eta}_2,\cdots,\boldsymbol{\eta}_{n-r}$ 是 $\boldsymbol{Ax}=\boldsymbol{0}$ 的一个基础解系（这里 r 是矩阵 $\boldsymbol{A}$ 的秩）.

[例如]如果 $\boldsymbol{\alpha}_1,\boldsymbol{\alpha}_2$ 是齐次线性方程组 $\boldsymbol{Ax}=\boldsymbol{0}$ 的基础解系，那么 $\boldsymbol{\alpha}_1,\boldsymbol{\alpha}_1+\boldsymbol{\alpha}_2$ 也是 $\boldsymbol{Ax}=\boldsymbol{0}$ 的基础解系.

事实上，因为 $\boldsymbol{\alpha}_1,\boldsymbol{\alpha}_2$ 是齐次线性方程组 $\boldsymbol{Ax}=\boldsymbol{0}$ 的基础解系，所以 $\boldsymbol{Ax}=\boldsymbol{0}$ 解集的秩为 2. 又因为

$$(\boldsymbol{\alpha}_1,\boldsymbol{\alpha}_1+\boldsymbol{\alpha}_2)=(\boldsymbol{\alpha}_1,\boldsymbol{\alpha}_2)\begin{pmatrix}1&1\\0&1\end{pmatrix},$$

这里 $\boldsymbol{\alpha}_1,\boldsymbol{\alpha}_2$ 线性无关，矩阵 $\begin{pmatrix}1&1\\0&1\end{pmatrix}$ 可逆，所以 $\boldsymbol{\alpha}_1,\boldsymbol{\alpha}_1+\boldsymbol{\alpha}_2$ 线性无关.

又由题设 $\boldsymbol{A\alpha}_i=\boldsymbol{0}(i=1,2)$，可知 $\boldsymbol{\alpha}_1,\boldsymbol{\alpha}_1+\boldsymbol{\alpha}_2$ 是方程组 $\boldsymbol{Ax}=\boldsymbol{0}$ 的解，所以其构成齐次线性方程组 $\boldsymbol{Ax}=\boldsymbol{0}$ 的一个基础解系.

说明：由于解向量的任意线性组合仍是该齐次线性方程组的解向量，因此全部解构成一个向量空间，称为该方程组的解空间. 基础解系是解空间的基，解空间的维数是 $n-r(\boldsymbol{A})$.（数学1要求学生掌握解空间的这些知识）

2. 齐次线性方程组有非零解的条件

定理 4.1　设 $\boldsymbol{A}$ 是 $m\times n$ 矩阵，则齐次线性方程组 $\boldsymbol{Ax}=\boldsymbol{0}$ 有非零解的充要条件是 $r(\boldsymbol{A})<n$.

特别地，有：

定理 4.2　如果 $\boldsymbol{A}$ 是 n 阶矩阵，则齐次线性方程组 $\boldsymbol{Ax}=\boldsymbol{0}$ 有非零解的充要条件是 $|\boldsymbol{A}|=0$.

定理 4.3　如果线性方程组 $\boldsymbol{A}_{m\times n}\boldsymbol{x}=\boldsymbol{0}$ 的方程个数 m 少于未知量个数 n，则该方程组有非零解.

注：齐次线性方程组是否有非零解，关键在于系数矩阵的秩是否小于未知数的个数. 这里要注意，定理4.2要求 $\boldsymbol{A}$ 是方阵；定理4.3仅是有非零解的一个充分条件，使用时不要混淆.

4.3.3 非齐次线性方程组解的结构

1. 线性方程组 $\boldsymbol{Ax}=\boldsymbol{b}$ 有解的条件

定理 4.4　设 $\boldsymbol{A}$ 是 $m\times n$ 矩阵，则线性方程组 $\boldsymbol{Ax}=\boldsymbol{b}$ 有解的充要条件是系数矩阵 $\boldsymbol{A}$ 的秩等于增广矩阵 $\overline{\boldsymbol{A}}=(\boldsymbol{A},\boldsymbol{b})$ 的秩，即 $r(\boldsymbol{A})=r(\overline{\boldsymbol{A}})$.

在方程组 $\boldsymbol{Ax}=\boldsymbol{b}$ 有解时，

(1) $\boldsymbol{Ax}=\boldsymbol{b}$ 有唯一解 $\Leftrightarrow r(\boldsymbol{A})=n$；

(2) $\boldsymbol{Ax}=\boldsymbol{b}$ 有无穷多解 $\Leftrightarrow r(\boldsymbol{A})<n$.

注：线性方程组 $\boldsymbol{Ax}=\boldsymbol{b}$ 有解与向量的线性表示有如下的关系：当方程组 $\boldsymbol{Ax}=\boldsymbol{b}$ 有解 $\boldsymbol{x}=(x_1,x_2,\cdots,x_n)^{\mathrm{T}}$ 时，记 $\boldsymbol{A}=(\boldsymbol{\alpha}_1,\boldsymbol{\alpha}_2,\cdots,\boldsymbol{\alpha}_n)$，则 $\boldsymbol{b}$ 可由 $\boldsymbol{A}$ 的列向量 $\boldsymbol{\alpha}_1,\boldsymbol{\alpha}_2,\cdots,\boldsymbol{\alpha}_n$ 线性表出为

$$\boldsymbol{b}=x_1\boldsymbol{\alpha}_1+x_2\boldsymbol{\alpha}_2+\cdots+x_n\boldsymbol{\alpha}_n.$$

2. 非齐次线性方程组 $\boldsymbol{Ax}=\boldsymbol{b}$ 解的结构

(1) 解的性质

1) 设 $\boldsymbol{\xi}_1$，$\boldsymbol{\xi}_2$ 是非齐次线性方程组 $\boldsymbol{Ax}=\boldsymbol{b}$ 的解，则 $\boldsymbol{\xi}_1-\boldsymbol{\xi}_2$ 是对应的齐次线性方程组 $\boldsymbol{Ax}=\boldsymbol{0}$ 的解；

2) 设 $\boldsymbol{\xi}$ 是非齐次线性方程组 $\boldsymbol{Ax}=\boldsymbol{b}$ 的解，$\boldsymbol{\eta}$ 是对应的齐次线性方程组 $\boldsymbol{Ax}=\boldsymbol{0}$ 的解，则 $\boldsymbol{\xi}+\boldsymbol{\eta}$ 仍为非齐次线性方程组 $\boldsymbol{Ax}=\boldsymbol{b}$ 的解.

(2) 解的结构

定理 4.5　如果 n 元线性方程组 $\boldsymbol{Ax}=\boldsymbol{b}$ 有解，设 $\boldsymbol{\xi}_1,\boldsymbol{\xi}_2,\cdots,\boldsymbol{\xi}_{n-r}$ 是相应的齐次线性方程组 $\boldsymbol{Ax}=\boldsymbol{0}$ 的基础解系，$\boldsymbol{\eta}^*$ 是 $\boldsymbol{Ax}=\boldsymbol{b}$ 的一个特解，则非齐次线性方程组 $\boldsymbol{Ax}=\boldsymbol{b}$ 的通解为

$$\boldsymbol{\eta}^*+k_1\boldsymbol{\xi}_1+k_2\boldsymbol{\xi}_2+\cdots+k_{n-r}\boldsymbol{\xi}_{n-r}\text{（这里 }r=r(\boldsymbol{A})\text{，}k_1,k_2,\cdots,k_{n-r}\text{为任意常数）}.$$

(3) 非齐次线性方程组 $\boldsymbol{Ax}=\boldsymbol{b}$ 的通解的求法

对具体方程组，求其通解的过程实际上是将其增广矩阵通过初等行变换化为行最简形的过程. 分如下三步：

1）将增广矩阵 $\overline{A}=(\boldsymbol{A},\boldsymbol{b})$ 化为行最简形；

2）据如上行最简形写出 $\boldsymbol{Ax}=\boldsymbol{b}$ 的一般解，并取自由未知量为0，得特解 $\boldsymbol{\eta}^*$；

3）写出对应齐次线性方程组的基础解系 $\boldsymbol{\xi}_1,\boldsymbol{\xi}_2,\cdots,\boldsymbol{\xi}_{n-r}$，可得 $\boldsymbol{Ax}=\boldsymbol{b}$ 的通解

$$\boldsymbol{\eta}^*+k_1\boldsymbol{\xi}_1+k_2\boldsymbol{\xi}_2+\cdots+k_{n-r}\boldsymbol{\xi}_{n-r}.$$

对于抽象的方程组，需根据题目条件寻找满足 $\boldsymbol{Ax}=\boldsymbol{b}$ 的特解 $\boldsymbol{\eta}^*$，再找出矩阵 $\boldsymbol{A}$ 的秩 $r(\boldsymbol{A})$，根据 $n-r(\boldsymbol{A})$ 的个数寻找 $\boldsymbol{Ax}=\boldsymbol{0}$ 的基础解系 $\boldsymbol{\xi}_1,\boldsymbol{\xi}_2,\cdots,\boldsymbol{\xi}_{n-r}$.

4.3.4 关于克拉默法则的应用

克拉默(Cramer)法则适用于方程个数等于未知量个数，而且系数行列式不等于零的情形，使用这种方法解方程组一般比较麻烦，不过，在对含参数的线性方程组解的情况进行讨论时，往往较为简便. 系统学习过方程组理论后，归纳起来，应注意几个充要条件.

1. 非齐次线性方程组

定理4.6　非齐次线性方程组

$$\begin{cases}a_{11}x_1+a_{12}x_2+\cdots+a_{1n}x_n=b_1,\\a_{21}x_1+a_{22}x_2+\cdots+a_{2n}x_n=b_2,\\\qquad\vdots\\a_{n1}x_1+a_{n2}x_2+\cdots+a_{nn}x_n=b_n\end{cases}\tag{1}$$

有唯一解的充要条件是式(1)的系数行列式 $D=|(a_{ij})_{n\times n}|\neq 0$. 而且唯一解可表示为

$$x_j=\frac{D_j}{D},\ j=1,2,\cdots,n.$$

其中 $D_j(j=1,2,\cdots,n)$ 是把系数行列式 $D=|(a_{ij})_{n\times n}|$ 的第 j 列的元素依次用方程组右端的常数项代替后所得的 n 阶行列式，即

$$D_j=\begin{vmatrix}a_{11}&\cdots&a_{1,j-1}&b_1&a_{1,j+1}&\cdots&a_{1n}\\\vdots&&\vdots&\vdots&\vdots&&\vdots\\a_{n1}&\cdots&a_{n,j-1}&b_n&a_{n,j+1}&\cdots&a_{nn}\end{vmatrix}\ (j=1,2,\cdots,n).$$

由于一个线性方程组的解只有三种状态，即无解、唯一解、无穷多解，由定理4.6可得：

推论　如果线性方程组(1)无解，或有无穷多解，则其系数行列式 $D=|(a_{ij})_{n\times n}|=0$.

注：该推论表明，对应于系数行列式 $D=|(a_{ij})_{n\times n}|=0$ 存在无解或者有无穷多解两种可能，所以在方程组(1)系数含有参数，且已知式(1)无解，或者有无穷多解时，用 $D=|(a_{ij})_{n\times n}|=0$ 求出的参数要注意检验其具体是哪一种情形.

2. 齐次线性方程组

定理4.7　齐次线性方程组

$$\begin{cases}a_{11}x_1+a_{12}x_2+\cdots+a_{1n}x_n=0,\\a_{21}x_1+a_{22}x_2+\cdots+a_{2n}x_n=0,\\\qquad\vdots\\a_{n1}x_1+a_{n2}x_2+\cdots+a_{nn}x_n=0.\end{cases}\tag{2}$$

只有零解$(0,0,\cdots,0)^{\mathrm{T}}$的充要条件是其系数行列式$|(a_{ij})_{n\times n}|\neq 0$.

推论　齐次线性方程组(2)有非零解的充要条件是其系数行列式$D=|(a_{ij})_{n\times n}|=0$.

4.4 题型归纳与解题指导

4.4.1 解向量的判定

例 4.1　设$\boldsymbol{\alpha}_1$、$\boldsymbol{\alpha}_2$是非齐次线性方程组$\boldsymbol{Ax}=\boldsymbol{b}$的解，$\boldsymbol{\beta}$是对应齐次线性方程组$\boldsymbol{Ax}=\boldsymbol{0}$的解，则$\boldsymbol{Ax}=\boldsymbol{b}$一定有一个解是(　　).

A. $\boldsymbol{\alpha}_1+\boldsymbol{\alpha}_2$　　B. $\boldsymbol{\alpha}_1-\boldsymbol{\alpha}_2$

C. $\boldsymbol{\beta}+\boldsymbol{\alpha}_1+\boldsymbol{\alpha}_2$　　D. $\frac{1}{3}\boldsymbol{\alpha}_1+\frac{2}{3}\boldsymbol{\alpha}_2-\boldsymbol{\beta}$

解　应选 D.

[分析]事实上，由于题设$\boldsymbol{\alpha}_1$、$\boldsymbol{\alpha}_2$是非齐次线性方程组$\boldsymbol{Ax}=\boldsymbol{b}$的解，$\boldsymbol{\beta}$是对应齐次线性方程组$\boldsymbol{Ax}=\boldsymbol{0}$的解，所以

$$\boldsymbol{A\alpha}_i=\boldsymbol{b}(i=1,2),\ \boldsymbol{A\beta}=\boldsymbol{0},$$

从而有

$$\boldsymbol{A}(\boldsymbol{\alpha}_1+\boldsymbol{\alpha}_2)=2\boldsymbol{b},$$
$$\boldsymbol{A}(\boldsymbol{\alpha}_1-\boldsymbol{\alpha}_2)=\boldsymbol{0},$$
$$\boldsymbol{A}(\boldsymbol{\beta}+\boldsymbol{\alpha}_1+\boldsymbol{\alpha}_2)=\boldsymbol{A\beta}+\boldsymbol{A\alpha}_1+\boldsymbol{A\alpha}_2=\boldsymbol{0}+\boldsymbol{b}+\boldsymbol{b}=2\boldsymbol{b},$$
$$\boldsymbol{A}\left(\frac{1}{3}\boldsymbol{\alpha}_1+\frac{2}{3}\boldsymbol{\alpha}_2-\boldsymbol{\beta}\right)=\frac{1}{3}\boldsymbol{A\alpha}_1+\frac{2}{3}\boldsymbol{A\alpha}_2-\boldsymbol{A\beta}=\frac{1}{3}\boldsymbol{b}+\frac{2}{3}\boldsymbol{b}-\boldsymbol{0}=\boldsymbol{b}.$$

故选 D.

例 4.2　设$\boldsymbol{\eta}_1,\boldsymbol{\eta}_2,\cdots,\boldsymbol{\eta}_t$是非齐次线性方程组$\boldsymbol{Ax}=\boldsymbol{b}$的$t$个解，证明：$\boldsymbol{\eta}_1,\boldsymbol{\eta}_2,\cdots,\boldsymbol{\eta}_t$的线性组合$\boldsymbol{x}=k_1\boldsymbol{\eta}_1+k_2\boldsymbol{\eta}_2+\cdots+k_t\boldsymbol{\eta}_t$是$\boldsymbol{Ax}=\boldsymbol{b}$的解的充要条件是$k_1+k_2+\cdots+k_t=1$.

证明　$\boldsymbol{x}=k_1\boldsymbol{\eta}_1+k_2\boldsymbol{\eta}_2+\cdots+k_t\boldsymbol{\eta}_t$是$\boldsymbol{Ax}=\boldsymbol{b}$的解的充要条件是

$$\boldsymbol{A}(k_1\boldsymbol{\eta}_1+k_2\boldsymbol{\eta}_2+\cdots+k_t\boldsymbol{\eta}_t)=\boldsymbol{b}.\tag{*}$$

由于$\boldsymbol{\eta}_1,\boldsymbol{\eta}_2,\cdots,\boldsymbol{\eta}_t$是非齐次线性方程组$\boldsymbol{Ax}=\boldsymbol{b}$的$t$个解，即$\boldsymbol{A\eta}_i=\boldsymbol{b}$，$i=1,2,\cdots,t$，所以

$$\boldsymbol{A}(k_1\boldsymbol{\eta}_1+k_2\boldsymbol{\eta}_2+\cdots+k_t\boldsymbol{\eta}_t)=(k_1+k_2+\cdots+k_t)\boldsymbol{b},$$

从而式(*)等价于$(k_1+k_2+\cdots+k_t)\boldsymbol{b}=\boldsymbol{b}$，即$k_1+k_2+\cdots+k_t=1$.

例 4.3　设$\boldsymbol{A}$是实$m\times n$矩阵，证明齐次线性方程组$\boldsymbol{Ax}=\boldsymbol{0}$与$\boldsymbol{A}^{\mathrm{T}}\boldsymbol{Ax}=\boldsymbol{0}$同解.

证明　首先，设$\boldsymbol{x}$是线性方程组$\boldsymbol{Ax}=\boldsymbol{0}$的一个解，即$\boldsymbol{Ax}=\boldsymbol{0}$，则

$$(\boldsymbol{A}^{\mathrm{T}}\boldsymbol{A})\boldsymbol{x}=\boldsymbol{A}^{\mathrm{T}}(\boldsymbol{Ax})=\boldsymbol{A}^{\mathrm{T}}\boldsymbol{0}=\boldsymbol{0},$$

所以$\boldsymbol{x}$也是线性方程组$\boldsymbol{A}^{\mathrm{T}}\boldsymbol{Ax}=\boldsymbol{0}$的解.

其次，如果$\boldsymbol{x}$是线性方程组$\boldsymbol{A}^{\mathrm{T}}\boldsymbol{Ax}=\boldsymbol{0}$的解，即

$$(\boldsymbol{A}^{\mathrm{T}}\boldsymbol{A})\boldsymbol{x}=\boldsymbol{0},$$

则$\boldsymbol{x}^{\mathrm{T}}(\boldsymbol{A}^{\mathrm{T}}\boldsymbol{A})\boldsymbol{x}=0$，即$(\boldsymbol{Ax})^{\mathrm{T}}(\boldsymbol{Ax})=0$，从而$\boldsymbol{Ax}=\boldsymbol{0}$. 于是$\boldsymbol{x}$也是线性方程组$\boldsymbol{Ax}=\boldsymbol{0}$的解.

注：本题的直接推论是 $r(\boldsymbol{A}^{\mathrm{T}}\boldsymbol{A})=r(\boldsymbol{A})$，此结论可作为公式使用. 据此公式，可得

$$r(\boldsymbol{A}^{\mathrm{T}}\boldsymbol{A})=r(\boldsymbol{A})=r(\boldsymbol{A}^{\mathrm{T}})=r(\boldsymbol{A}\boldsymbol{A}^{\mathrm{T}}).$$

例 4.4　(2021，数 2)设三阶矩阵 $\boldsymbol{A}=(\boldsymbol{\alpha}_1,\boldsymbol{\alpha}_2,\boldsymbol{\alpha}_3)$，$\boldsymbol{B}=(\boldsymbol{\beta}_1,\boldsymbol{\beta}_2,\boldsymbol{\beta}_3)$，如果向量组 $\boldsymbol{\alpha}_1,\boldsymbol{\alpha}_2,\boldsymbol{\alpha}_3$ 可由向量组 $\boldsymbol{\beta}_1,\boldsymbol{\beta}_2,\boldsymbol{\beta}_3$ 线性表示，则有(　　).

A. $\boldsymbol{AX}=\boldsymbol{0}$ 的解均为 $\boldsymbol{BX}=\boldsymbol{0}$ 的解　　B. $\boldsymbol{A}^{\mathrm{T}}\boldsymbol{X}=\boldsymbol{0}$ 的解均为 $\boldsymbol{B}^{\mathrm{T}}\boldsymbol{X}=\boldsymbol{0}$ 的解

C. $\boldsymbol{BX}=\boldsymbol{0}$ 的解均为 $\boldsymbol{AX}=\boldsymbol{0}$ 的解　　D. $\boldsymbol{B}^{\mathrm{T}}\boldsymbol{X}=\boldsymbol{0}$ 的解均为 $\boldsymbol{A}^{\mathrm{T}}\boldsymbol{X}=\boldsymbol{0}$ 的解

解　应选 D.

事实上，向量组 $\boldsymbol{\alpha}_1,\boldsymbol{\alpha}_2,\boldsymbol{\alpha}_3$ 可由向量组 $\boldsymbol{\beta}_1,\boldsymbol{\beta}_2,\boldsymbol{\beta}_3$ 线性表示，即存在矩阵 $\boldsymbol{C}$，使得 $\boldsymbol{A}=\boldsymbol{BC}$，所以有 $\boldsymbol{A}^{\mathrm{T}}=\boldsymbol{C}^{\mathrm{T}}\boldsymbol{B}^{\mathrm{T}}$. 如果向量 $\boldsymbol{\xi}$ 是方程组 $\boldsymbol{B}^{\mathrm{T}}\boldsymbol{X}=\boldsymbol{0}$ 的解，即 $\boldsymbol{B}^{\mathrm{T}}\boldsymbol{\xi}=\boldsymbol{0}$，则必有

$$\boldsymbol{A}^{\mathrm{T}}\boldsymbol{\xi}=\boldsymbol{C}^{\mathrm{T}}\boldsymbol{B}^{\mathrm{T}}\boldsymbol{\xi}=\boldsymbol{C}^{\mathrm{T}}\boldsymbol{0}=\boldsymbol{0}.$$

因此选项 D 正确.

4.4.2　齐次线性方程组基础解系与通解的求法

1. 基础解系

(1) 涉及基础解系概念的问题

例 4.5　设 $\boldsymbol{A}=\begin{pmatrix}1&2&1&2\\0&1&x&-x\\1&3&x+1&x\end{pmatrix}$，而且齐次线性方程组 $\boldsymbol{Ax}=\boldsymbol{0}$ 的基础解系由两个向量构成，求 x.

解　由齐次线性方程组 $\boldsymbol{Ax}=\boldsymbol{0}$ 的基础解系由两个向量构成，可知 $4-r(\boldsymbol{A})=2$，从而 $r(\boldsymbol{A})=2$. 对系数矩阵 $\boldsymbol{A}$ 做初等行变换，有

$$\boldsymbol{A}=\begin{pmatrix}1&2&1&2\\0&1&x&-x\\1&3&x+1&x\end{pmatrix}\to\begin{pmatrix}1&2&1&2\\0&1&x&-x\\0&1&x&x-2\end{pmatrix}\to\begin{pmatrix}1&2&1&2\\0&1&x&x\\0&0&0&2x-2\end{pmatrix}.$$

于是有 $x=1$.

例 4.6　设 $m\times n$ 矩阵 $\boldsymbol{A}$ 的秩 $r(\boldsymbol{A})=n-3(n>3)$，$\boldsymbol{\alpha}$，$\boldsymbol{\beta}$，$\boldsymbol{\gamma}$ 是齐次线性方程组 $\boldsymbol{Ax}=\boldsymbol{0}$ 的三个线性无关的解向量，则方程组 $\boldsymbol{Ax}=\boldsymbol{0}$ 的基础解系为(　　).

A. $\boldsymbol{\alpha}$，$\boldsymbol{\beta}$，$\boldsymbol{\alpha}+\boldsymbol{\beta}$　　B. $\boldsymbol{\beta}$，$\boldsymbol{\gamma}$，$\boldsymbol{\gamma}-\boldsymbol{\beta}$

C. $\boldsymbol{\alpha}-\boldsymbol{\beta}$，$\boldsymbol{\beta}-\boldsymbol{\gamma}$，$\boldsymbol{\gamma}-\boldsymbol{\alpha}$　　D. $\boldsymbol{\alpha}$，$\boldsymbol{\alpha}+\boldsymbol{\beta}$，$\boldsymbol{\alpha}+\boldsymbol{\beta}+\boldsymbol{\gamma}$

解　应选 D.

[分析]事实上，由于 n 元方程组 $\boldsymbol{AX}=\boldsymbol{0}$ 的系数矩阵 $\boldsymbol{A}$ 的秩 $r(\boldsymbol{A})=n-3$，所以其基础解系含向量的个数 $n-r(\boldsymbol{A})=3$，即它的每个基础解系均应该含有三个线性无关的解.

可以验证题给的选项 A、B、C 都是线性相关的. 由于 $\boldsymbol{\alpha}$，$\boldsymbol{\beta}$，$\boldsymbol{\gamma}$ 是齐次线性方程组 $\boldsymbol{Ax}=\boldsymbol{0}$ 的解向量，所以 $\boldsymbol{\alpha}$，$\boldsymbol{\alpha}+\boldsymbol{\beta}$，$\boldsymbol{\alpha}+\boldsymbol{\beta}+\boldsymbol{\gamma}$ 均为 $\boldsymbol{Ax}=\boldsymbol{0}$ 的解.

又因为 $\boldsymbol{\alpha}$，$\boldsymbol{\beta}$，$\boldsymbol{\gamma}$ 线性无关，所以 $r(\boldsymbol{\alpha},\boldsymbol{\beta},\boldsymbol{\gamma})=3$. 考虑到

$$(\boldsymbol{\alpha},\boldsymbol{\alpha}+\boldsymbol{\beta},\boldsymbol{\alpha}+\boldsymbol{\beta}+\boldsymbol{\gamma})=(\boldsymbol{\alpha},\boldsymbol{\beta},\boldsymbol{\gamma})\begin{pmatrix}1&1&1\\0&1&1\\0&0&1\end{pmatrix}\triangleq(\boldsymbol{\alpha},\boldsymbol{\beta},\boldsymbol{\gamma})\boldsymbol{T},$$

这里 $\boldsymbol{T}=\begin{pmatrix}1&1&1\\0&1&1\\0&0&1\end{pmatrix}$ 是可逆矩阵，所以 $r(\boldsymbol{\alpha},\boldsymbol{\alpha}+\boldsymbol{\beta},\boldsymbol{\alpha}+\boldsymbol{\beta}+\boldsymbol{\gamma})=r(\boldsymbol{\alpha},\boldsymbol{\beta},\boldsymbol{\gamma})=3$，从而向量组 $\boldsymbol{\alpha}$，$\boldsymbol{\alpha}+\boldsymbol{\beta}$，$\boldsymbol{\alpha}+\boldsymbol{\beta}+\boldsymbol{\gamma}$ 线性无关，可以构成方程组 $\boldsymbol{Ax}=\boldsymbol{0}$ 的基础解系.

例 4.7　已知 $\boldsymbol{\eta}_1,\boldsymbol{\eta}_2,\boldsymbol{\eta}_3,\boldsymbol{\eta}_4$ 是 $\boldsymbol{Ax}=\boldsymbol{0}$ 的基础解系，则此方程组的基础解系还可选用(　　).

A. $\boldsymbol{\eta}_1+\boldsymbol{\eta}_2,\boldsymbol{\eta}_2+\boldsymbol{\eta}_3,\boldsymbol{\eta}_3+\boldsymbol{\eta}_4,\boldsymbol{\eta}_4+\boldsymbol{\eta}_1$　　B. $\boldsymbol{\eta}_1,\boldsymbol{\eta}_2,\boldsymbol{\eta}_3,\boldsymbol{\eta}_4$ 的等价向量组 $\boldsymbol{\alpha}_1,\boldsymbol{\alpha}_2,\boldsymbol{\alpha}_3,\boldsymbol{\alpha}_4$

C. $\boldsymbol{\eta}_1,\boldsymbol{\eta}_2,\boldsymbol{\eta}_3,\boldsymbol{\eta}_4$ 的等秩向量组 $\boldsymbol{\alpha}_1,\boldsymbol{\alpha}_2,\boldsymbol{\alpha}_3,\boldsymbol{\alpha}_4$　　D. $\boldsymbol{\eta}_1+\boldsymbol{\eta}_2,\boldsymbol{\eta}_2+\boldsymbol{\eta}_3,\boldsymbol{\eta}_3-\boldsymbol{\eta}_4,\boldsymbol{\eta}_4-\boldsymbol{\eta}_1$

解　应选 B.

[分析]事实上，由 $(\boldsymbol{\eta}_1+\boldsymbol{\eta}_2)-(\boldsymbol{\eta}_2+\boldsymbol{\eta}_3)+(\boldsymbol{\eta}_3+\boldsymbol{\eta}_4)-(\boldsymbol{\eta}_4+\boldsymbol{\eta}_1)=\boldsymbol{0}$，可得选项 A 向量组线性相关.

对于选项 B，由于向量组 $\boldsymbol{\alpha}_1,\boldsymbol{\alpha}_2,\boldsymbol{\alpha}_3,\boldsymbol{\alpha}_4$ 与基础解系 $\boldsymbol{\eta}_1,\boldsymbol{\eta}_2,\boldsymbol{\eta}_3,\boldsymbol{\eta}_4$ 等价时，向量组 $\boldsymbol{\alpha}_1,\boldsymbol{\alpha}_2,\boldsymbol{\alpha}_3,\boldsymbol{\alpha}_4$ 是 $\boldsymbol{Ax}=\boldsymbol{0}$ 的解向量，而且 $\boldsymbol{\alpha}_1,\boldsymbol{\alpha}_2,\boldsymbol{\alpha}_3,\boldsymbol{\alpha}_4$ 的秩为 4，所以可构成基础解系.

在选项 C 中，虽然由 $\boldsymbol{\alpha}_1,\boldsymbol{\alpha}_2,\boldsymbol{\alpha}_3,\boldsymbol{\alpha}_4$ 与基础解系 $\boldsymbol{\eta}_1,\boldsymbol{\eta}_2,\boldsymbol{\eta}_3,\boldsymbol{\eta}_4$ 等秩，可得 $\boldsymbol{\alpha}_1,\boldsymbol{\alpha}_2,\boldsymbol{\alpha}_3,\boldsymbol{\alpha}_4$ 线性无关，但不能保证 $\boldsymbol{\alpha}_1,\boldsymbol{\alpha}_2,\boldsymbol{\alpha}_3,\boldsymbol{\alpha}_4$ 是 $\boldsymbol{Ax}=\boldsymbol{0}$ 的解向量，所以不能确定其为基础解系.

对于选项 D，由于

$$(\boldsymbol{\eta}_1+\boldsymbol{\eta}_2,\boldsymbol{\eta}_2+\boldsymbol{\eta}_3,\boldsymbol{\eta}_3-\boldsymbol{\eta}_4,\boldsymbol{\eta}_4-\boldsymbol{\eta}_1)=(\boldsymbol{\eta}_1,\boldsymbol{\eta}_2,\boldsymbol{\eta}_3,\boldsymbol{\eta}_4)\begin{pmatrix}1&0&0&-1\\1&1&0&0\\0&1&1&0\\0&0&-1&1\end{pmatrix}\triangleq(\boldsymbol{\eta}_1,\boldsymbol{\eta}_2,\boldsymbol{\eta}_3,\boldsymbol{\eta}_4)\boldsymbol{T},$$

这里 $|\boldsymbol{T}|=\begin{vmatrix}1&0&0&-1\\1&1&0&0\\0&1&1&0\\0&0&-1&1\end{vmatrix}=0$，可得 $r(\boldsymbol{\eta}_1+\boldsymbol{\eta}_2,\boldsymbol{\eta}_2+\boldsymbol{\eta}_3,\boldsymbol{\eta}_3-\boldsymbol{\eta}_4,\boldsymbol{\eta}_4-\boldsymbol{\eta}_1)\leqslant r(\boldsymbol{T})\leqslant 3$，所以选项 D 向量组线性相关. 不能构成基础解系.

因此只有 B 正确.

注：要证明一个向量组是所给方程组的基础解系，首先要说明向量组中的每个向量都是解；其次要说明其线性无关；最后，它包含向量的个数应为 $n-r(\boldsymbol{A})$.

例 4.8　(2011，数 1，2)设 $\boldsymbol{A}=(\boldsymbol{\alpha}_1,\boldsymbol{\alpha}_2,\boldsymbol{\alpha}_3,\boldsymbol{\alpha}_4)$ 是四阶矩阵，$\boldsymbol{A}^*$ 是 $\boldsymbol{A}$ 的伴随矩阵. 若 $(1,0,1,0)^{\mathrm{T}}$ 是方程组 $\boldsymbol{AX}=\boldsymbol{0}$ 的一个基础解系，则 $\boldsymbol{A}^*\boldsymbol{X}=\boldsymbol{0}$ 的一个基础解系可为(　　).

A. $\boldsymbol{\alpha}_1,\boldsymbol{\alpha}_3$　　B. $\boldsymbol{\alpha}_1,\boldsymbol{\alpha}_2$　　C. $\boldsymbol{\alpha}_1,\boldsymbol{\alpha}_2,\boldsymbol{\alpha}_3$　　D. $\boldsymbol{\alpha}_2,\boldsymbol{\alpha}_3,\boldsymbol{\alpha}_4$

解　应选 D.

[分析]由题设，显见线性方程组 $\boldsymbol{AX}=\boldsymbol{0}$ 含 4 个变量. 又由于 $(1,0,1,0)^{\mathrm{T}}$ 是 $\boldsymbol{AX}=\boldsymbol{0}$ 的一个基础解系，所以 $4-r(\boldsymbol{A})=1$，即 $r(\boldsymbol{A})=3$，进而有 $r(\boldsymbol{A}^*)=1$. 因此 $\boldsymbol{A}^*\boldsymbol{X}=\boldsymbol{0}$ 的每个基础解系都含有 $4-r(\boldsymbol{A}^*)=3$ 个向量，据此可排除选项 A、B.

又由 $(1,0,1,0)^{\mathrm{T}}$ 是方程组 $\boldsymbol{AX}=\boldsymbol{0}$ 的一个基础解系，可得

$$A\begin{pmatrix}1\\0\\1\\0\end{pmatrix}=(\boldsymbol{\alpha}_1,\boldsymbol{\alpha}_2,\boldsymbol{\alpha}_3,\boldsymbol{\alpha}_4)\begin{pmatrix}1\\0\\1\\0\end{pmatrix}=\mathbf{0},$$

即 $\boldsymbol{\alpha}_1+\boldsymbol{\alpha}_3=\mathbf{0}$，所以选项 C 向量组 $\boldsymbol{\alpha}_1,\boldsymbol{\alpha}_2,\boldsymbol{\alpha}_3$ 线性相关.

使用排除法，$\boldsymbol{A}^*\boldsymbol{X}=\mathbf{0}$ 的一个基础解系只可能为选项 D.

(2) 已知基础解系反求齐次线性方程组的问题

例 4.9　求一个以 $\boldsymbol{\alpha}_1,\boldsymbol{\alpha}_2,\cdots,\boldsymbol{\alpha}_{n-r}(r=r(\boldsymbol{A}))$ 为基础解系的 n 元线性方程组 $\boldsymbol{Ax}=\mathbf{0}$.

解　假设 $\boldsymbol{A}$ 是 $m\times n$ 矩阵，依次以该基础解系 $\boldsymbol{\alpha}_1,\boldsymbol{\alpha}_2,\cdots,\boldsymbol{\alpha}_{n-r}$ 的向量为行构成矩阵

$$\boldsymbol{B}=\begin{pmatrix}\boldsymbol{\alpha}_1^{\mathrm{T}}\\ \vdots\\ \boldsymbol{\alpha}_{n-r}^{\mathrm{T}}\end{pmatrix}_{(n-r)\times n}.$$

显见$(r(\boldsymbol{B})=n-r)$. 如果线性方程组

$$\begin{pmatrix}\boldsymbol{\alpha}_1^{\mathrm{T}}\\ \vdots\\ \boldsymbol{\alpha}_{n-r}^{\mathrm{T}}\end{pmatrix}\boldsymbol{x}=\mathbf{0}$$

的一个基础解系为 $\boldsymbol{\beta}_1,\boldsymbol{\beta}_2,\cdots,\boldsymbol{\beta}_r$，则有

$$\boldsymbol{B}(\boldsymbol{\beta}_1,\boldsymbol{\beta}_2,\cdots,\boldsymbol{\beta}_r)=(\boldsymbol{B\beta}_1,\boldsymbol{B\beta}_2,\cdots,\boldsymbol{B\beta}_r)=\mathbf{0}.$$

取转置得

$$\begin{pmatrix}\boldsymbol{\beta}_1^{\mathrm{T}}\\ \vdots\\ \boldsymbol{\beta}_r^{\mathrm{T}}\end{pmatrix}\boldsymbol{B}^{\mathrm{T}}=\mathbf{0},$$

令 $\boldsymbol{A}=\begin{pmatrix}\boldsymbol{\beta}_1^{\mathrm{T}}\\ \vdots\\ \boldsymbol{\beta}_r^{\mathrm{T}}\end{pmatrix}$，则有

$$\boldsymbol{A}(\boldsymbol{\alpha}_1,\boldsymbol{\alpha}_2,\cdots,\boldsymbol{\alpha}_{n-r})=\begin{pmatrix}\boldsymbol{\beta}_1^{\mathrm{T}}\\ \vdots\\ \boldsymbol{\beta}_r^{\mathrm{T}}\end{pmatrix}(\boldsymbol{\alpha}_1,\boldsymbol{\alpha}_2,\cdots,\boldsymbol{\alpha}_{n-r})=\begin{pmatrix}0\\ \vdots\\ 0\end{pmatrix}.$$

即 $\boldsymbol{A\alpha}_j=\mathbf{0}(j=1,2,\cdots,n-r)$，于是 $\boldsymbol{\alpha}_1,\boldsymbol{\alpha}_2,\cdots,\boldsymbol{\alpha}_{n-r}(r=r(\boldsymbol{A}))$ 为 $\boldsymbol{Ax}=\mathbf{0}$ 的一个基础解系.

2. 齐次线性方程组的基础解系与通解的求法

(1) 具体方程组

具体方程组求通解可归结为利用消元法化系数矩阵为行最简形的过程. 可先求基础解系，再求通解；也可针对一般解补全自由未知量，直接写出通解.

例 4.10 设 $A=\begin{pmatrix}1&3&0&-2\\2&6&1&1\\3&9&1&-1\\-1&-3&-1&-3\end{pmatrix}$，求齐次线性方程组 $Ax=0$ 的一个基础解系与通解.

解法 1 对系数矩阵施以初等行变换，有

$$A\to B=\begin{pmatrix}1&3&0&-2\\0&0&1&5\\0&0&0&0\\0&0&0&0\end{pmatrix},$$

则主元对应的变量 x_1，x_3 不是自由未知量，剩下的 x_2，x_4 为自由未知量. 可得方程组 $Ax=0$ 的一般解为

$$\begin{cases}x_1=-3x_2+2x_4,\\x_3=\qquad\ -5x_4.\end{cases}$$

分别取自由未知量 x_2，x_4 为 1，0 和 0，1(注意在解向量中放对相应的位置)，即得基础解系

$$\xi_1=\begin{pmatrix}-3\\1\\0\\0\end{pmatrix},\ \xi_2=\begin{pmatrix}2\\0\\-5\\1\end{pmatrix}.$$

从而方程组通解为 $k_1\xi_1+k_2\xi_2$，k_1，k_2 为任意常数.

解法 2 在解法 1 求得的一般解中，补上自由未知量，将其解改写为

$$\begin{cases}x_1=-3x_2+2x_4,\\x_2=\quad x_2,\\x_3=\qquad\ -5x_4,\\x_4=\qquad\quad x_4.\end{cases}$$

令 $x_2=k_1$，$x_4=k_2$，可得通解

$$\begin{pmatrix}x_1\\x_2\\x_3\\x_4\end{pmatrix}=k_1\begin{pmatrix}-3\\1\\0\\0\end{pmatrix}+k_2\begin{pmatrix}2\\0\\-5\\1\end{pmatrix}\triangleq k_1\xi_1+k_2\xi_2,\ k_1,\ k_2 \text{ 为任意常数}.$$

这里 ξ_1，ξ_2 为方程组的基础解系.

注： 1）齐次线性方程组的基础解系不唯一，与自由未知量的选取有关. 使用赋值法求基础解系时，如果只有一个自由未知量，则只要赋值为 1；多个自由未知量时，每次给一个自由未知量赋值为 1，其余自由未知量均赋值为 0，即可得到一个基础解系(这样既保证了求得的向量个数为 $n-r(A)$，又保证了所得解向量线性无关).

2）在解方程组时，按照标准程序我们总是将行最简形的各行的首非零元对应的未知量选作非自由未知量，初学者应该熟练掌握这一方法. 不过有时化行最简形比较困难，我们也可选

择其他未知量为非自由未知量(见例 4.22 解法 2). 本题中，由行阶梯形特征可知，除变量 x_1, x_3 外，其实 x_1,x_4;x_2,x_3;x_2,x_4 甚至 x_3,x_4 都可选作非自由未知量，但可以看到，x_1,x_2 不能同时选作非自由的未知量(它们在阶梯形中的地位相同)，因此自由未知量选取有多种方法. 但习惯上我们都选取主元对应的未知量为非自由的未知量这一标准程序.

例 4.11　已知线性方程组 $\boldsymbol{Ax}=\boldsymbol{0}$ 的系数矩阵为

$$\boldsymbol{A}=\begin{pmatrix}0&1&0\\0&0&1\\0&0&0\end{pmatrix},$$

则 $\boldsymbol{Ax}=\boldsymbol{0}$ 的通解为________.

解　应填 $c(1,0,0)^{\mathrm{T}}$, c 为任意常数

[分析]方程组系数矩阵的秩为 2，主元对应未知量 x_2,x_3 为非自由未知量，x_1 为自由未知量. 方程组一般解为

$$\begin{cases}x_2=0x_1,\\x_3=0x_1.\end{cases}$$

令 $x_1=c$，得通解 $\boldsymbol{x}=c(1,0,0)^{\mathrm{T}}$, c 为任意常数.

例 4.12　已知线性方程组 $\boldsymbol{Ax}=\boldsymbol{0}$ 的系数矩阵 $\boldsymbol{A}$ 经初等行变换化为 $\begin{pmatrix}0&1&1\\0&0&0\\0&0&0\end{pmatrix}$，则 $\boldsymbol{Ax}=\boldsymbol{0}$ 的通解为________.

解　应填 $c_1\begin{pmatrix}1\\0\\0\end{pmatrix}+c_2\begin{pmatrix}0\\-1\\1\end{pmatrix}$，$c_1$，$c_2$ 为任意常数

[分析]方程组系数矩阵的秩为 1，主元对应未知量 $\boldsymbol{x}_2$ 为非自由未知量，$\boldsymbol{x}_1$，$\boldsymbol{x}_3$ 为自由未知量. 方程组一般解为 $x_2=0x_1-x_3$.
令 $x_1=c_1$，$x_3=c_2$，得通解

$$\begin{cases}x_1=c_1,\\x_2=0c_1-c_2,\\x_3=\qquad c_2.\end{cases}$$

即

$$\boldsymbol{x}=c_1\begin{pmatrix}1\\0\\0\end{pmatrix}+c_2\begin{pmatrix}0\\-1\\1\end{pmatrix},\ c_1,\ c_2 \text{ 为任意常数.}$$

(2) 抽象方程组

抽象的齐次线性方程组求通解的过程实际上是寻找基础解系的过程，这一过程比较机械. 首先要知道未知量的个数；其次要根据题设条件求出系数矩阵的秩，进而得到基础解系中包含向量的个数 $n-r(\boldsymbol{A})$；最后找 $n-r(\boldsymbol{A})$ 个线性无关的解即可. 在具体讨论中，把握好 $n-r(\boldsymbol{A})$

是解题的关键.

例 4.13　设 $\boldsymbol{A}$ 为三阶矩阵，且 $r(\boldsymbol{A})=2$，若 $\boldsymbol{\alpha}_1$，$\boldsymbol{\alpha}_2$ 为齐次线性方程组 $\boldsymbol{Ax}=\boldsymbol{0}$ 的两个不同的解. k 为任意常数，则方程组 $\boldsymbol{Ax}=\boldsymbol{0}$ 的通解一定为(　　).

A. $k\boldsymbol{\alpha}_1$　　　　B. $k\boldsymbol{\alpha}_2$

C. $k\dfrac{\boldsymbol{\alpha}_1+\boldsymbol{\alpha}_2}{2}$，$k$ 为任意常数　　　　D. $k\dfrac{\boldsymbol{\alpha}_1-\boldsymbol{\alpha}_2}{2}$，$k$ 为任意常数

解　应选 D.

[分析]由 $\boldsymbol{A}$ 为三阶矩阵，可知方程组 $\boldsymbol{Ax}=\boldsymbol{0}$ 的未知量个数为 3.

又因为 $r(\boldsymbol{A})=2$，所以 $\boldsymbol{Ax}=\boldsymbol{0}$ 有非零解，而且基础解系中包含向量的个数为 1.

选项 A、B、C 中出现的向量 $\boldsymbol{\alpha}_1$、$\boldsymbol{\alpha}_2$、$\dfrac{\boldsymbol{\alpha}_1+\boldsymbol{\alpha}_2}{2}$每一个都可能是零向量，所以都不能保证可取作基础解系.

而题设 $\boldsymbol{\alpha}_1$，$\boldsymbol{\alpha}_2$ 为齐次线性方程组 $\boldsymbol{Ax}=\boldsymbol{0}$ 的两个不同的解，所以$\dfrac{\boldsymbol{\alpha}_1-\boldsymbol{\alpha}_2}{2}$一定为 $\boldsymbol{Ax}=\boldsymbol{0}$ 的一个非零解，因此其可构成基础解系，可知选项 D 正确.

例 4.14　设 n 阶矩阵 $\boldsymbol{A}$ 的各行元素之和为 0，且 $\boldsymbol{A}$ 的秩为 $n-1$，求齐次线性方程组 $\boldsymbol{Ax}=\boldsymbol{0}$ 的通解.

解　因为 $\boldsymbol{A}$ 的秩为 $n-1$，所以 $\boldsymbol{Ax}=\boldsymbol{0}$ 的一个基础解系仅包含一个向量. 又 n 阶矩阵 $\boldsymbol{A}$ 的各行元素之和为 0，即

$$\boldsymbol{A}\begin{pmatrix}1\\ \vdots\\ 1\end{pmatrix}=\begin{pmatrix}0\\ \vdots\\ 0\end{pmatrix}.$$

所以$(1,1,\cdots,1)^{\mathrm{T}}$ 为线性方程组 $\boldsymbol{Ax}=\boldsymbol{0}$ 的一个线性无关的解，从而可构成基础解系. 因此通解为 $k(1,1,\cdots,1)^{\mathrm{T}}$，$k$ 为任意常数.

例 4.15　(2019，数 1)设 $\boldsymbol{A}=(\boldsymbol{\alpha}_1,\boldsymbol{\alpha}_2,\boldsymbol{\alpha}_3)$ 为三阶矩阵，$\boldsymbol{\alpha}_1,\boldsymbol{\alpha}_2$ 线性无关，而且 $\boldsymbol{\alpha}_3=-\boldsymbol{\alpha}_1+2\boldsymbol{\alpha}_2$，则线性方程组 $\boldsymbol{Ax}=\boldsymbol{0}$ 的通解为________.

解　应填 $k(1,-2,1)^{\mathrm{T}}$，k 为常数.

[分析]由 $\boldsymbol{\alpha}_1,\boldsymbol{\alpha}_2$ 线性无关可得 $r(\boldsymbol{A})\geqslant 2$；又由 $\boldsymbol{\alpha}_3=-\boldsymbol{\alpha}_1+2\boldsymbol{\alpha}_2$，可知 $\boldsymbol{A}$ 的列向量线性相关，所以 $r(\boldsymbol{A})\leqslant 2$，因此有 $r(\boldsymbol{A})=2$，这说明三元线性方程组 $\boldsymbol{Ax}=\boldsymbol{0}$ 的基础解系中仅包含一个向量.

由题设 $\boldsymbol{\alpha}_3=-\boldsymbol{\alpha}_1+2\boldsymbol{\alpha}_2$，可得

$$\boldsymbol{A}\begin{pmatrix}1\\ -2\\ 1\end{pmatrix}=\boldsymbol{\alpha}_1-2\boldsymbol{\alpha}_2+\boldsymbol{\alpha}_3=\boldsymbol{0},$$

于是$(1,-2,1)^{\mathrm{T}}$ 为 $\boldsymbol{Ax}=\boldsymbol{0}$ 的一个基础解系，故 $\boldsymbol{Ax}=\boldsymbol{0}$ 的通解为 $k(1,-2,1)^{\mathrm{T}}$，k 为常数.

例 4.16　(2020，数 1，2)设四阶矩阵 $\boldsymbol{A}$ 不可逆，a_{12}的代数余子式 $A_{12}\neq 0$，$\boldsymbol{\alpha}_1,\boldsymbol{\alpha}_2,\boldsymbol{\alpha}_3,\boldsymbol{\alpha}_4$ 为 $\boldsymbol{A}$ 的列向量组，$\boldsymbol{A}^*$ 为 $\boldsymbol{A}$ 的伴随矩阵，则线性方程组 $\boldsymbol{A}^*\boldsymbol{x}=\boldsymbol{0}$ 的通解为(　　).

A. $\boldsymbol{x}=k_1\boldsymbol{\alpha}_1+k_2\boldsymbol{\alpha}_2+k_3\boldsymbol{\alpha}_3$，其中 k_1，k_2，k_3 为任意常数

B. $\boldsymbol{x}=k_1\boldsymbol{\alpha}_1+k_2\boldsymbol{\alpha}_2+k_3\boldsymbol{\alpha}_4$，其中 k_1，k_2，k_3 为任意常数

C. $\boldsymbol{x}=k_1\boldsymbol{\alpha}_1+k_2\boldsymbol{\alpha}_3+k_3\boldsymbol{\alpha}_4$，其中 k_1，k_2，k_3 为任意常数

D. $\boldsymbol{x}=k_1\boldsymbol{\alpha}_2+k_2\boldsymbol{\alpha}_3+k_3\boldsymbol{\alpha}_4$，其中 k_1，k_2，k_3 为任意常数

解　应选 C.

[分析]四阶矩阵 $\boldsymbol{A}$ 不可逆，所以 $r(\boldsymbol{A})\leqslant 3$.

又由 a_{12}的代数余子式 $A_{12}\neq 0$，可知 $r(\boldsymbol{A})=3$，进而 $r(\boldsymbol{A}^*)=1$，所以线性方程组 $\boldsymbol{A}^*\boldsymbol{x}=\boldsymbol{0}$ 的一个基础解系含有 3 个向量.

由于 $\boldsymbol{A}^*\boldsymbol{A}=|\boldsymbol{A}|\boldsymbol{E}=\boldsymbol{0}$，所以矩阵 $\boldsymbol{A}$ 的列向量均为线性方程组 $\boldsymbol{A}^*\boldsymbol{X}=\boldsymbol{0}$ 的解向量. 考虑到 a_{12}的代数余子式 $A_{12}\neq 0$，而且矩阵 $\boldsymbol{A}$ 不可逆，所以矩阵 $\boldsymbol{A}_{12}$为矩阵 $\boldsymbol{A}$ 的最高阶非零子式，从而其所在的列 $\boldsymbol{\alpha}_1,\boldsymbol{\alpha}_3,\boldsymbol{\alpha}_4$ 为矩阵 $\boldsymbol{A}$ 的列向量组的一个极大无关组，它可构成线性方程组 $\boldsymbol{A}^*\boldsymbol{x}=\boldsymbol{0}$ 的一个基础解系，从而选 C.

例 4.17　已知三阶矩阵 $\boldsymbol{A}$ 的第一行是 (a,b,c)，a，b，c 不全为零，矩阵 $\boldsymbol{B}=\begin{pmatrix}1&2&3\\2&4&6\\3&6&k\end{pmatrix}$，($k$ 为常数)，且 $\boldsymbol{AB}=\boldsymbol{O}$，求线性方程组 $\boldsymbol{Ax}=\boldsymbol{0}$ 的通解.

解　由于 $\boldsymbol{AB}=\boldsymbol{O}$，故 $r(\boldsymbol{A})+r(\boldsymbol{B})\leqslant 3$，又由 a，b，c 不全为零，可知 $r(\boldsymbol{A})\geqslant 1$.

当 $k\neq 9$ 时，$r(\boldsymbol{B})=2$，于是 $r(\boldsymbol{A})=1$.

当 $k=9$ 时，$r(\boldsymbol{B})=1$，于是 $r(\boldsymbol{A})=1$ 或 $r(\boldsymbol{A})=2$.

对于 $k\neq 9$，由于 $\boldsymbol{AB}=\boldsymbol{O}$，可得

$$\boldsymbol{A}\begin{pmatrix}1\\2\\3\end{pmatrix}=\boldsymbol{0},\ \boldsymbol{A}\begin{pmatrix}3\\6\\k\end{pmatrix}=\boldsymbol{0}.$$

由于 $\boldsymbol{\eta}_1=(1,2,3)^{\mathrm{T}}$，$\boldsymbol{\eta}_2=(3,6,k)^{\mathrm{T}}$ 线性无关，故 $\boldsymbol{\eta}_1$，$\boldsymbol{\eta}_2$ 为 $\boldsymbol{Ax}=\boldsymbol{0}$ 的一个基础解系，于是 $\boldsymbol{Ax}=\boldsymbol{0}$ 的通解为

$$\boldsymbol{x}=c_1\boldsymbol{\eta}_1+c_2\boldsymbol{\eta}_2，其中 c_1，c_2 为任意常数.$$

对于 $k=9$，分别就 $r(\boldsymbol{A})=2$ 和 $r(\boldsymbol{A})=1$ 讨论.

若 $r(\boldsymbol{A})=2$，则 $\boldsymbol{Ax}=\boldsymbol{0}$ 的基础解系由一个向量组成，又因为 $\boldsymbol{A}\begin{pmatrix}1\\2\\3\end{pmatrix}=\boldsymbol{0}$，所以 $\boldsymbol{Ax}=\boldsymbol{0}$ 的通解为 $\boldsymbol{x}=c_1(1,2,3)^{\mathrm{T}}$，其中 c_1 为任意常数，

若 $r(\boldsymbol{A})=1$，则 $\boldsymbol{Ax}=\boldsymbol{0}$ 的基础解系由两个向量组成. 又因为 $\boldsymbol{A}$ 的第一行为 (a,b,c)，a,b,c 不全为零，所以 $\boldsymbol{Ax}=\boldsymbol{0}$ 等价于 $ax_1+bx_2+cx_3=0$. 不妨设 $a\neq 0$，则 $\boldsymbol{\eta}_1=(-b,a,0)^{\mathrm{T}}$，$\boldsymbol{\eta}_2=(-c,0,a)^{\mathrm{T}}$ 是 $\boldsymbol{Ax}=\boldsymbol{0}$ 的两个线性无关的解，故 $\boldsymbol{Ax}=\boldsymbol{0}$ 的通解为 $\boldsymbol{x}=c_1\boldsymbol{\eta}_1+c_2\boldsymbol{\eta}_2$，其中 c_1，c_2 为任意常数.

4.4.3 齐次线性方程组存在非零解的条件

n 元齐次线性方程组 $\boldsymbol{Ax}=\boldsymbol{0}$ 必有零解，当说其有非零解时，其实是说它有无穷多解. 判断 $\boldsymbol{Ax}=\boldsymbol{0}$ 是否有非零解主要是看其是否有自由未知量，即是否有 $r(\boldsymbol{A})<n$. 当 $\boldsymbol{A}$ 是 n 阶方阵时，

也可看$|\boldsymbol{A}|$是否为零.

例 4.18　如果方程组$\begin{cases}3x_1+kx_2-x_3=0,\\ \quad 4x_2-x_3=0,\\ \quad 4x_2+kx_3=0\end{cases}$有非零解，则 $k=$________.

解　应填-1.

[分析]本题方程组的方程与未知量个数均为3，其有非零解的条件为系数行列式等于0，即

$$\begin{vmatrix}3 & k & -1\\ 0 & 4 & -1\\ 0 & 4 & k\end{vmatrix}=12(k+1)=0,$$

所以 $k=-1$.

例 4.19　设$\boldsymbol{A}$为$m\times n$矩阵，则n元齐次线性方程组$\boldsymbol{Ax}=\boldsymbol{0}$存在非零解的充要条件是(　　).

A. $\boldsymbol{A}$的行向量组线性相关　　B. $\boldsymbol{A}$的列向量组线性相关

C. $\boldsymbol{A}$的行向量组线性无关　　D. $\boldsymbol{A}$的列向量组线性无关

解　应选 B.

[分析]事实上，n元齐次线性方程组$\boldsymbol{Ax}=\boldsymbol{0}$存在非零解的充要条件是$r(\boldsymbol{A})<n$，即矩阵$\boldsymbol{A}$的列向量线性相关.

例 4.20　设$\boldsymbol{A}$是$m\times n$矩阵，$\boldsymbol{B}$是$n\times m$矩阵，则线性方程组$(\boldsymbol{AB})\boldsymbol{X}=\boldsymbol{0}$(　　).

A. $m>n$时有非零解　　B. $n>m$时有非零解

C. $m>n$时仅有零解　　D. $n>m$时仅有零解

解　应选 A.

[分析]事实上，$\boldsymbol{A}$是$m\times n$矩阵，$\boldsymbol{B}$是$n\times m$矩阵，则$\boldsymbol{AB}$是m阶矩阵，从而线性方程组$(\boldsymbol{AB})\boldsymbol{X}=\boldsymbol{0}$未知量个数为$m$. 当$m>n$时，有

$$r(\boldsymbol{AB})\leqslant r(\boldsymbol{A})\leqslant n<m,$$

即线性方程组$(\boldsymbol{AB})\boldsymbol{X}=\boldsymbol{0}$的系数矩阵的秩少于未知量的个数，所以该方程组有非零解.

例 4.21　齐次线性方程组$\begin{cases}\lambda x_1+x_2+\lambda^2x_3=0\\ x_1+\lambda x_2+x_3=0\\ x_1+x_2+\lambda x_3=0\end{cases}$的系数矩阵记为$\boldsymbol{A}$，若存在三阶非零矩阵$\boldsymbol{B}$使得$\boldsymbol{AB}=\boldsymbol{O}$，则(　　).

A. $\lambda=-2$，且$|\boldsymbol{B}|=0$　　B. $\lambda=-2$，且$|\boldsymbol{B}|\neq0$

C. $\lambda=1$，且$|\boldsymbol{B}|=0$　　D. $\lambda=1$，且$|\boldsymbol{B}|\neq0$

解　应选 C.

事实上，如果$|\boldsymbol{B}|\neq0$，即$\boldsymbol{B}$可逆，则由$\boldsymbol{AB}=\boldsymbol{O}$可得$\boldsymbol{A}=\boldsymbol{O}$，与

$$\boldsymbol{A}=\begin{pmatrix}\lambda & 1 & \lambda^2\\ 1 & \lambda & 1\\ 1 & 1 & \lambda\end{pmatrix}$$

矛盾，所以 $|\boldsymbol{B}|=0$. 因此选项 B、D 错误.

又矩阵 $\boldsymbol{B}$ 使得 $\boldsymbol{AB}=\boldsymbol{O}$，所以矩阵 $\boldsymbol{B}$ 的列向量均为齐次线性方程组 $\boldsymbol{AX}=\boldsymbol{0}$ 的解. 考虑到 $\boldsymbol{B}$ 为非零矩阵，所以 $\boldsymbol{AX}=\boldsymbol{0}$ 有非零解. 而当 $\lambda=-2$ 时，

$$|\boldsymbol{A}|=\begin{vmatrix}-2&1&4\\1&-2&1\\1&1&-2\end{vmatrix}=9\neq0,$$

此时线性方程组 $\boldsymbol{AX}=\boldsymbol{0}$ 只有零解，所以选项 A 错误.

注： 1）由 $\boldsymbol{AB}=\boldsymbol{O}$，可得矩阵 $\boldsymbol{B}$ 的列向量均为齐次线性方程组 $\boldsymbol{AX}=\boldsymbol{0}$ 的解，这一结论大家必须重视.

2）当 $\boldsymbol{AB}=\boldsymbol{O}$ 时，有 $r(\boldsymbol{A})+r(\boldsymbol{B})\leqslant3$，本题中 $\boldsymbol{B}\neq\boldsymbol{O}$，即 $r(\boldsymbol{B})\geqslant1$，所以 $r(\boldsymbol{A})\leqslant2$，但 $\lambda=-2$ 时，$r(\boldsymbol{A})=3$，因此也可按此思路排除选项 A.

例 4.22　设齐次线性方程组为

$$\begin{cases}(1+a)x_1+x_2+x_3+x_4=0,\\2x_1+(2+a)x_2+2x_3+2x_4=0,\\3x_1+3x_2+(3+a)x_3+3x_4=0,\\4x_1+4x_2+4x_3+(4+a)x_4=0,\end{cases}$$

试问 a 取何值时，该方程组有非零解？并在有非零解时求出其通解.

解法 1　对线性方程组的系数矩阵 $\boldsymbol{A}$ 做初等行变换，有

$$\begin{pmatrix}1+a&1&1&1\\2&2+a&2&2\\3&3&3+a&3\\4&4&4&4+a\end{pmatrix}\xrightarrow[i=2,3,4]{r_i-ir_1}\begin{pmatrix}1+a&1&1&1\\-2a&a&0&0\\-3a&0&a&0\\-4a&0&0&a\end{pmatrix}=\boldsymbol{B}.$$

当 $a=0$ 时，$r(\boldsymbol{A})=1<4$（未知量个数），故方程组有非零解，其同解方程组为

$$x_1+x_2+x_3+x_4=0,$$

由此得基础解系为

$$\boldsymbol{\eta}_1=(-1,1,0,0)^{\mathrm{T}},\ \boldsymbol{\eta}_2=(-1,0,1,0)^{\mathrm{T}},\ \boldsymbol{\eta}_3=(-1,0,0,1)^{\mathrm{T}}.$$

于是线性方程组的通解为

$$\boldsymbol{x}=k_1\boldsymbol{\eta}_1+k_2\boldsymbol{\eta}_2+k_3\boldsymbol{\eta}_3,k_1,k_2,k_3\text{ 为任意常数}.$$

当 $a\neq0$ 时，对矩阵 $\boldsymbol{B}$ 做初等行变换，有

$$\boldsymbol{B}\to\begin{pmatrix}10&1&1&1\\-2&1&0&0\\-3&0&1&0\\-4&0&0&1\end{pmatrix}\to\begin{pmatrix}0&0&0&0\\-2&1&0&0\\-3&0&1&0\\-4&0&0&1\end{pmatrix},$$

可知时，$r(\boldsymbol{A})=3<4$（未知量个数），故方程组也有非零解，其同解方程组为

$$\begin{cases}-2x_1+x_2=0,\\-3x_1+x_3=0,\\-4x_1+x_4=0,\end{cases}$$

由此得基础解系为 $\boldsymbol{\eta}=(1,2,3,4)^{\mathrm{T}}$. 其通解为 $\boldsymbol{x}=k\boldsymbol{\eta}$, 其中 k 为任意常数.

解法 2 方程组的系数行列式为

$$|\boldsymbol{A}|=\begin{vmatrix}1+a & 1 & 1 & 1\\ 2 & 2+a & 2 & 2\\ 3 & 3 & 3+a & 3\\ 4 & 4 & 4 & 4+a\end{vmatrix}=(a+10)a^3.$$

当 $|\boldsymbol{A}|=0$, 即 $a=0$ 或 $a=-10$ 时, 方程组有非零解.

当 $a=0$ 时, 对系数矩阵 $\boldsymbol{A}$ 做初等行变换, 有

$$\boldsymbol{A}=\begin{pmatrix}1 & 1 & 1 & 1\\ 2 & 2 & 2 & 2\\ 3 & 3 & 3 & 3\\ 4 & 4 & 4 & 4\end{pmatrix}\rightarrow\begin{pmatrix}1 & 1 & 1 & 1\\ 0 & 0 & 0 & 0\\ 0 & 0 & 0 & 0\\ 0 & 0 & 0 & 0\end{pmatrix},$$

故方程组的同解方程组为 $x_1+x_2+x_3+x_4=0$, 由此得基础解系为

$$\boldsymbol{\eta}_1=(-1,1,0,0)^{\mathrm{T}},\ \boldsymbol{\eta}_2=(-1,0,1,0)^{\mathrm{T}},\ \boldsymbol{\eta}_3=(-1,0,0,1)^{\mathrm{T}}.$$

于是线性方程组的通解为

$$\boldsymbol{x}=k_1\boldsymbol{\eta}_1+k_2\boldsymbol{\eta}_2+k_3\boldsymbol{\eta}_3, k_1,k_2,k_3\ \text{为任意常数}.$$

当 $a=-10$ 时, 对系数矩阵 $\boldsymbol{A}$ 做初等行变换, 有

$$\boldsymbol{A}=\begin{pmatrix}-9 & 1 & 1 & 1\\ 2 & -8 & 2 & 2\\ 3 & 3 & -7 & 3\\ 4 & 4 & 4 & -6\end{pmatrix}\rightarrow\begin{pmatrix}-9 & 1 & 1 & 1\\ 20 & -10 & 0 & 0\\ 30 & 0 & -10 & 0\\ 40 & 0 & 0 & -10\end{pmatrix}\rightarrow\begin{pmatrix}0 & 0 & 0 & 0\\ 2 & -1 & 0 & 0\\ 3 & 0 & -1 & 0\\ 4 & 0 & 0 & -1\end{pmatrix},$$

故方程组的同解方程组为

$$\begin{cases}-2x_1+x_2=0,\\ -3x_1+x_3=0,\\ -4x_1+x_4=0,\end{cases}$$

由此得基础解系为 $\boldsymbol{\eta}=(1,2,3,4)^{\mathrm{T}}$. 其通解为 $\boldsymbol{x}=k\boldsymbol{\eta}$, 其中 k 为任意常数.

注: 一般情况下, 对方程个数不等于未知量个数的方程组, 需化系数矩阵为阶梯形, 通过比较系数矩阵的秩与未知量的个数来确定其是否有非零解, 而对于方程个数等于未知量个数的线性方程组, 通过看其系数行列式是否为 0 确定它是否有非零解往往比较简捷.

4.4.4 非齐次线性方程组的通解的求法

1. 具体方程组求解问题

例 4.23 求线性方程组 $\begin{cases}-x_1-x_2-x_3-x_4=-1,\\ \quad\ -x_2-2x_3-2x_4=-1,\\ -x_1-2x_2-3x_3-3x_4=-2\end{cases}$ 的通解.

解 对增广矩阵施行初等行变换得

$$\left(\begin{array}{cccc|c}-1&-1&-1&-1&-1\\0&-1&-2&-2&-1\\-1&-2&-3&-3&-2\end{array}\right)\to\left(\begin{array}{cccc|c}-1&-1&-1&-1&-1\\0&-1&-2&-2&-1\\0&-1&-2&-2&-1\end{array}\right)\to$$

$$\left(\begin{array}{cccc|c}1&1&1&1&1\\0&1&2&2&1\\0&0&0&0&0\end{array}\right)\to\left(\begin{array}{cccc|c}1&0&-1&-1&0\\0&1&2&2&1\\0&0&0&0&0\end{array}\right)$$

所以方程组的一般解为

$$\begin{cases}x_1=x_3+x_4,\\x_2=1-2x_3-2x_4,\end{cases}$$

取自由未知量 x_3，x_4 为 0，得特解 $\boldsymbol{\eta}^*=(0,1,0,0)^{\mathrm{T}}$. 由于对应齐次线性方程组的一般解为

$$\begin{cases}x_1=x_3+x_4,\\x_2=-2x_3-2x_4,\end{cases}$$

分别取自由未知量 x_3，x_4 为 1，0；0，1，可得基础解系

$$\boldsymbol{\xi}_1=(1,-2,1,0)^{\mathrm{T}},\ \boldsymbol{\xi}_2=(1,-2,0,1)^{\mathrm{T}}.$$

从而方程组的通解为 $\boldsymbol{x}=c_1\boldsymbol{\xi}_1+c_2\boldsymbol{\xi}_2+\boldsymbol{\eta}^*$，$c_1$，$c_2$ 为任意常数.

注： 在求对应齐次线性方组的基础解系时，不要误用非齐次线性方程组的一般解来赋值，必须将其中的常数项变为 0.

例 4.24　求线性方程组 $\begin{cases}x_1+2x_2-x_3=2,\\2x_1+4x_2+3x_3=9,\\3x_1+6x_2-3x_3=6\end{cases}$ 的通解.

解　对增广矩阵施以初等行变换

$$\left(\begin{array}{ccc|c}1&2&-1&2\\2&4&3&9\\3&6&-3&6\end{array}\right)\to\left(\begin{array}{ccc|c}1&2&-1&1\\0&0&5&5\\0&0&0&0\end{array}\right)\to\left(\begin{array}{ccc|c}1&2&0&2\\0&0&1&1\\0&0&0&0\end{array}\right)$$

所以方程组的一般解为

$$\begin{cases}x_1=2-2x_2,\\x_3=1,\end{cases}$$

令 $x_2=c$，得通解

$$\boldsymbol{x}=\begin{pmatrix}2\\0\\1\end{pmatrix}+c\begin{pmatrix}-2\\1\\0\end{pmatrix}.$$

例 4.25　三元方程组 $x_1+x_3=1$ 的通解为________.

解　方程组的一般解为 $x_1=1-0x_2-x_3$，令 $x_2=c_1$，$x_3=c_2$，可得

$$\begin{cases}x_1=1-0c_1-c_2\\x_2=\quad c_1\\x_3=\quad\quad c_2,\end{cases}$$

从而方程组的通解为$\begin{pmatrix} x_1 \\ x_2 \\ x_3 \end{pmatrix} = \begin{pmatrix} 1 \\ 0 \\ 0 \end{pmatrix} + c_1 \begin{pmatrix} 0 \\ 1 \\ 0 \end{pmatrix} + c_2 \begin{pmatrix} -1 \\ 0 \\ 1 \end{pmatrix}$，$c_1$，$c_2$ 为任意常数.

注： 自由未知量系数为 0 时，为避免出错，往往带着 0 系数将该项写出来.

例 4.26　设线性方程组为

$$\begin{cases} x_1 - x_2 + 2x_3 + x_4 = 1, \\ 2x_1 - x_2 + x_3 + 2x_4 = 3, \\ x_1 - x_3 + x_4 = 2, \\ 3x_1 - x_2 + 3x_4 = 5. \end{cases}$$

（1）求方程组的通解；

（2）求方程组满足 $x_1 = x_2$ 的全部解.

解　（1）对方程组增广矩阵施以初等行变换

$$\left(\begin{array}{cccc:c} 1 & -1 & 2 & 1 & 1 \\ 2 & -1 & 1 & 2 & 3 \\ 1 & 0 & -1 & 1 & 2 \\ 3 & -1 & 0 & 3 & 5 \end{array}\right) \to \left(\begin{array}{cccc:c} 1 & 0 & -1 & 1 & 2 \\ 0 & 1 & -3 & 0 & 1 \\ 0 & 0 & 0 & 0 & 0 \\ 0 & 0 & 0 & 0 & 0 \end{array}\right),$$

原方程组的通解为

$$\begin{cases} x_1 - x_3 + x_4 = 2, \\ x_2 - 3x_3 = 1. \end{cases}$$

令 $x_3 = k_1$，$x_4 = k_2$，可得方程组的通解为

$$\begin{pmatrix} x_1 \\ x_2 \\ x_3 \\ x_4 \end{pmatrix} = \begin{pmatrix} 2 \\ 1 \\ 0 \\ 0 \end{pmatrix} + k_1 \begin{pmatrix} 1 \\ 3 \\ 1 \\ 0 \end{pmatrix} + k_2 \begin{pmatrix} -1 \\ 0 \\ 0 \\ 1 \end{pmatrix}，k_1，k_2 \text{ 为任意常数.}$$

（2）由(1)可得 $x_1 = 2 + k_1 - k_2$，$x_2 = 1 + 3k_1$.

当 $x_1 = x_2$ 时，有 $2 + k_1 - k_2 = 1 + 3k_1$，即 $1 - 2k_1 = k_2$，所以此时解为

$$\begin{pmatrix} x_1 \\ x_2 \\ x_3 \\ x_4 \end{pmatrix} = \begin{pmatrix} 2 \\ 1 \\ 0 \\ 0 \end{pmatrix} + k_1 \begin{pmatrix} 1 \\ 3 \\ 1 \\ 0 \end{pmatrix} + (1 - 2k_1) \begin{pmatrix} -1 \\ 0 \\ 0 \\ 1 \end{pmatrix}$$

$$= \begin{pmatrix} 1 + 3k_1 \\ 1 + 3k_1 \\ k_1 \\ 1 - 2k_1 \end{pmatrix}，k_1 \text{ 为任意常数.}$$

2. 抽象方程组求解问题

例 4.27　已知 $\boldsymbol{\beta}_1, \boldsymbol{\beta}_2$ 是 $\boldsymbol{Ax} = \boldsymbol{b}$ 的两个不同的解，$\boldsymbol{\alpha}_1, \boldsymbol{\alpha}_2$ 是相应齐次方程组 $\boldsymbol{Ax} = \boldsymbol{0}$ 的基础解

系，k_1,k_2 是任意常数，则 $\boldsymbol{Ax}=\boldsymbol{b}$ 的通解是(　　).

A. $k_1\boldsymbol{\alpha}_1+k_2(\boldsymbol{\alpha}_1+\boldsymbol{\alpha}_2)+\dfrac{\boldsymbol{\beta}_1-\boldsymbol{\beta}_2}{2}$　　B. $k_1\boldsymbol{\alpha}_1+k_2(\boldsymbol{\alpha}_1-\boldsymbol{\alpha}_2)+\dfrac{\boldsymbol{\beta}_1+\boldsymbol{\beta}_2}{2}$

C. $k_1\boldsymbol{\alpha}_1+k_2(\boldsymbol{\beta}_1+\boldsymbol{\beta}_2)+\dfrac{\boldsymbol{\beta}_1-\boldsymbol{\beta}_2}{2}$　　D. $k_1\boldsymbol{\alpha}_1+k_2(\boldsymbol{\beta}_1-\boldsymbol{\beta}_2)+\dfrac{\boldsymbol{\beta}_1+\boldsymbol{\beta}_2}{2}$

解　应选 B.

[分析]已知 $\boldsymbol{\beta}_1,\boldsymbol{\beta}_2$ 是 $\boldsymbol{Ax}=\boldsymbol{b}$ 的两个不同的解，所以$\dfrac{\boldsymbol{\beta}_1+\boldsymbol{\beta}_2}{2}$是 $\boldsymbol{Ax}=\boldsymbol{b}$ 的一个特解，这样可以排除 A，C 两个选项.

又因为 $\boldsymbol{\alpha}_1,\boldsymbol{\alpha}_2$ 是相应齐次方程组 $\boldsymbol{Ax}=\boldsymbol{0}$ 的基础解系，所以 $\boldsymbol{\alpha}_1$，$\boldsymbol{\alpha}_1-\boldsymbol{\alpha}_2$ 是 $\boldsymbol{Ax}=\boldsymbol{0}$ 的两个解. 考虑到

$$(\boldsymbol{\alpha}_1,\boldsymbol{\alpha}_1-\boldsymbol{\alpha}_2)=(\boldsymbol{\alpha}_1,\boldsymbol{\alpha}_2)\begin{pmatrix}1 & 1\\ 0 & -1\end{pmatrix},$$

可得 $r(\boldsymbol{\alpha}_1,\boldsymbol{\alpha}_1-\boldsymbol{\alpha}_2)=r(\boldsymbol{\alpha}_1,\boldsymbol{\alpha}_2)=2$，即 $\boldsymbol{\alpha}_1$，$\boldsymbol{\alpha}_1-\boldsymbol{\alpha}_2$ 是 $\boldsymbol{Ax}=\boldsymbol{0}$ 的两个线性无关的解，从而也可构成基础解系，因此选项 B 正确. 选项 D 中，$\boldsymbol{\alpha}_1,\boldsymbol{\beta}_1-\boldsymbol{\beta}_2$ 也是 $\boldsymbol{Ax}=\boldsymbol{0}$ 的两个解，但不能保证线性无关，所以它不一定能构成 $\boldsymbol{Ax}=\boldsymbol{0}$ 的基础解系.

例 4.28　(2011，数 3)设 $\boldsymbol{A}$ 为 4×3 矩阵，$\boldsymbol{\eta}_1,\boldsymbol{\eta}_1,\boldsymbol{\eta}_3$ 是非齐次线性方程组 $\boldsymbol{AX}=\boldsymbol{\beta}$ 的 3 个线性无关的解，k_1，k_2 为任意常数，则 $\boldsymbol{AX}=\boldsymbol{\beta}$ 的通解为(　　).

A. $\dfrac{\boldsymbol{\eta}_1+\boldsymbol{\eta}_2}{2}+k_1(\boldsymbol{\eta}_2-\boldsymbol{\eta}_1)$　　B. $\dfrac{\boldsymbol{\eta}_2+\boldsymbol{\eta}_3}{2}+k_1(\boldsymbol{\eta}_3-\boldsymbol{\eta}_1)+k_2(\boldsymbol{\eta}_2-\boldsymbol{\eta}_1)$

C. $\dfrac{\boldsymbol{\eta}_2-\boldsymbol{\eta}_3}{2}+k_2(\boldsymbol{\eta}_2-\boldsymbol{\eta}_1)$　　D. $\dfrac{\boldsymbol{\eta}_2-\boldsymbol{\eta}_1}{2}+k_2(\boldsymbol{\eta}_2-\boldsymbol{\eta}_1)+k_3(\boldsymbol{\eta}_3-\boldsymbol{\eta}_1)$

解　应选 B.

[分析]事实上，$\boldsymbol{\eta}_1,\boldsymbol{\eta}_2,\boldsymbol{\eta}_3$ 是非齐次线性方程组 $\boldsymbol{AX}=\boldsymbol{\beta}$ 的 3 个线性无关的解，那么 $\boldsymbol{\eta}_2-\boldsymbol{\eta}_1$，$\boldsymbol{\eta}_3-\boldsymbol{\eta}_1$ 是对应齐次线性方程组 $\boldsymbol{Ax}=\boldsymbol{0}$ 的线性无关解. 此时可排除选项 A、C. 又因为$\dfrac{\boldsymbol{\eta}_2+\boldsymbol{\eta}_3}{2}$是 $\boldsymbol{AX}=\boldsymbol{\beta}$ 的特解，所以选 B.

注：若 $\boldsymbol{\eta}_1,\boldsymbol{\eta}_2,\boldsymbol{\eta}_3$ 是 $\boldsymbol{Ax}=\boldsymbol{\beta}(\boldsymbol{b}\neq\boldsymbol{0})$ 的线性无关解，则矩阵$(\boldsymbol{\eta}_1,\boldsymbol{\eta}_2,\boldsymbol{\eta}_3)$是可逆矩阵. 由于

$$(\boldsymbol{\eta}_2-\boldsymbol{\eta}_1,\boldsymbol{\eta}_3-\boldsymbol{\eta}_1)=(\boldsymbol{\eta}_1,\boldsymbol{\eta}_2,\boldsymbol{\eta}_3)\begin{pmatrix}-1 & -1\\ 1 & 0\\ 0 & 1\end{pmatrix},$$

所以 $r(\boldsymbol{\eta}_2-\boldsymbol{\eta}_1,\boldsymbol{\eta}_3-\boldsymbol{\eta}_1)=r\begin{pmatrix}-1 & -1\\ 1 & 0\\ 0 & 1\end{pmatrix}=2$. 因此 $\boldsymbol{\eta}_2-\boldsymbol{\eta}_1$，$\boldsymbol{\eta}_3-\boldsymbol{\eta}_1$ 是对应齐次线性方程组 $\boldsymbol{Ax}=\boldsymbol{0}$ 的线性无关解. 这一结论经常用到，读者应该熟悉.

例 4.29　设四元线性方程组 $\boldsymbol{Ax}=\boldsymbol{b}$ 的三个解 $\boldsymbol{\alpha}_1,\boldsymbol{\alpha}_2,\boldsymbol{\alpha}_3$，已知 $\boldsymbol{\alpha}_1=(1,2,3,4)^{\mathrm{T}}$，$\boldsymbol{\alpha}_2+\boldsymbol{\alpha}_3=(3,5,7,9)^{\mathrm{T}}$，$r(\boldsymbol{A})=3$，则方程组 $\boldsymbol{Ax}=\boldsymbol{b}$ 的通解为________.

解　应填 $\boldsymbol{\alpha}_1+k(1,1,1,1)^{\mathrm{T}}$，$k$ 为任意常数.

[分析]事实上，因为 $r(\boldsymbol{A})=3$，所以对应的四元齐次线性方程组 $\boldsymbol{AX}=\boldsymbol{0}$ 的基础解系含有一个向量. 因为 $\boldsymbol{\alpha}_1,\boldsymbol{\alpha}_2,\boldsymbol{\alpha}_3$ 是 $\boldsymbol{Ax}=\boldsymbol{b}$ 的三个解，所以

$$\boldsymbol{A}[(\boldsymbol{\alpha}_2+\boldsymbol{\alpha}_3)-2\boldsymbol{\alpha}_1]=(\boldsymbol{b}+\boldsymbol{b})-2\boldsymbol{b}=\boldsymbol{0},$$

从而$(\boldsymbol{\alpha}_2+\boldsymbol{\alpha}_3)-2\boldsymbol{\alpha}_1=(1,1,1,1)^{\mathrm{T}}$ 为齐次线性方程组 $\boldsymbol{AX}=\boldsymbol{0}$ 的一个基础解系，因此方程组 $\boldsymbol{Ax}=\boldsymbol{b}$ 的通解为 $\boldsymbol{\alpha}_1+k(1,1,1,1)^{\mathrm{T}}$，$k$ 为任意常数.

例 4.30　已知 $\boldsymbol{\alpha}_1=(0,1,0)^{\mathrm{T}}$，$\boldsymbol{\alpha}_2=(-3,2,2)^{\mathrm{T}}$ 是线性方程组

$$\begin{cases} x_1-x_2+2x_3=-1, \\ 3x_1+x_2+4x_3=1, \\ ax_1+bx_2+cx_3=d \end{cases}$$

的两个解，求此方程组的通解.

解　题设线性方程组的系数矩阵 $\boldsymbol{A}=\begin{pmatrix} 1 & -1 & 2 \\ 3 & 1 & 4 \\ a & b & c \end{pmatrix}$ 的第一、二行线性无关，所以 $r(\boldsymbol{A})\geqslant 2$. 又因为 $\boldsymbol{\alpha}_1,\boldsymbol{\alpha}_2$ 是线性方程组的两个不同的解，所以 $r(\boldsymbol{A})<3$. 综合可得 $r(\boldsymbol{A})=2$.

这样 $\boldsymbol{\alpha}_1-\boldsymbol{\alpha}_2=(3,-1,-2)^{\mathrm{T}}$ 为所给方程组对应的齐次线性方程组的一个基础解系，所以通解为 $\boldsymbol{\alpha}_1+k(3,-1,-2)^{\mathrm{T}}$，$k$ 为任意常数.

注：解题中也可选 $\boldsymbol{\alpha}_2$ 为特解. 另外，在确定 $r(\boldsymbol{A})=2$ 后，也可舍去第三个方程，通过方程组的前两个方程求解. 总之，不要花时间将解 $\boldsymbol{\alpha}_1,\boldsymbol{\alpha}_2$ 代入方程组去求出方程组中的 a、b、c、d，因为不可能通过两个条件确定这些系数.

例 4.31　设$(\boldsymbol{\alpha}_1,\boldsymbol{\alpha}_2,\boldsymbol{\alpha}_3,\boldsymbol{\alpha}_4)$为四阶正交矩阵，若矩阵 $\boldsymbol{B}=\begin{pmatrix} \alpha_1^{\mathrm{T}} \\ \alpha_2^{\mathrm{T}} \\ \alpha_3^{\mathrm{T}} \end{pmatrix}$，$\boldsymbol{\beta}=\begin{pmatrix} 1 \\ 1 \\ 1 \end{pmatrix}$，$k$ 为任意常数，则线性方程组 $\boldsymbol{BX}=\boldsymbol{\beta}$ 的通解为 $\boldsymbol{x}=($　　$)$.

A. $\boldsymbol{\alpha}_2+\boldsymbol{\alpha}_3+\boldsymbol{\alpha}_4+k\boldsymbol{\alpha}_1$　　B. $\boldsymbol{\alpha}_1+\boldsymbol{\alpha}_3+\boldsymbol{\alpha}_4+k\boldsymbol{\alpha}_2$

C. $\boldsymbol{\alpha}_1+\boldsymbol{\alpha}_2+\boldsymbol{\alpha}_4+k\boldsymbol{\alpha}_3$　　D. $\boldsymbol{\alpha}_1+\boldsymbol{\alpha}_2+\boldsymbol{\alpha}_3+k\boldsymbol{\alpha}_4$

解　应选 D.

[分析]事实上，由$(\boldsymbol{\alpha}_1,\boldsymbol{\alpha}_2,\boldsymbol{\alpha}_3,\boldsymbol{\alpha}_4)$为四阶正交矩阵，可知其列向量线性无关(当然有 $\boldsymbol{\alpha}_1$，$\boldsymbol{\alpha}_2,\boldsymbol{\alpha}_3$ 线性无关)，所以 $r(\boldsymbol{B})=3$，从而 $\boldsymbol{BX}=\boldsymbol{0}$ 的基础解系只有一个向量.

又因为$(\boldsymbol{\alpha}_1,\boldsymbol{\alpha}_2,\boldsymbol{\alpha}_3,\boldsymbol{\alpha}_4)$正交时，有 $\boldsymbol{\alpha}_1,\boldsymbol{\alpha}_2,\boldsymbol{\alpha}_3,\boldsymbol{\alpha}_4$ 为两两正交的单位向量，所以

$$\boldsymbol{B\alpha}_4=\begin{pmatrix} \boldsymbol{\alpha}_1^{\mathrm{T}} \\ \boldsymbol{\alpha}_2^{\mathrm{T}} \\ \boldsymbol{\alpha}_3^{\mathrm{T}} \end{pmatrix}\boldsymbol{\alpha}_4=\begin{pmatrix} \boldsymbol{\alpha}_1^{\mathrm{T}}\boldsymbol{\alpha}_4 \\ \boldsymbol{\alpha}_2^{\mathrm{T}}\boldsymbol{\alpha}_4 \\ \boldsymbol{\alpha}_3^{\mathrm{T}}\boldsymbol{\alpha}_4 \end{pmatrix}=\begin{pmatrix} 0 \\ 0 \\ 0 \end{pmatrix},$$

可得 $\boldsymbol{\alpha}_4$ 为 $\boldsymbol{BX}=\boldsymbol{0}$ 的一个非零解，所以可取其为 $\boldsymbol{BX}=\boldsymbol{0}$ 的一个基础解系.

考虑到，

$$\boldsymbol{B}(\boldsymbol{\alpha}_1+\boldsymbol{\alpha}_2+\boldsymbol{\alpha}_3)=\begin{pmatrix}\boldsymbol{\alpha}_1^{\mathrm{T}}\\ \boldsymbol{\alpha}_2^{\mathrm{T}}\\ \boldsymbol{\alpha}_3^{\mathrm{T}}\end{pmatrix}(\boldsymbol{\alpha}_1+\boldsymbol{\alpha}_2+\boldsymbol{\alpha}_3)=\begin{pmatrix}1\\1\\1\end{pmatrix},$$

所以 $\boldsymbol{BX}=\boldsymbol{\beta}$ 有特解 $\boldsymbol{\alpha}_1+\boldsymbol{\alpha}_2+\boldsymbol{\alpha}_3$.

综上可得，$\boldsymbol{BX}=\boldsymbol{\beta}$ 的通解为 $\boldsymbol{x}=\boldsymbol{\alpha}_1+\boldsymbol{\alpha}_2+\boldsymbol{\alpha}_3+k\boldsymbol{\alpha}_4$.

4.4.5 非齐次线性方程组有解的条件及解个数的判定

1. 方程组是否有解问题

例 4.32　已知线性方程组

$$\begin{cases}x_1-x_2=a_1,\\ x_2-x_3=a_2,\\ x_3-x_1=a_3.\end{cases}$$

讨论常数 a_1,a_2,a_3 满足什么条件时，方程组有解.

解　将方程组的增广矩阵$(\boldsymbol{A},\boldsymbol{b})$的第一、二行加到第三行得

$$\left(\begin{array}{ccc:c}1&-1&0&a_1\\0&1&-1&a_2\\-1&0&1&a_3\end{array}\right)\rightarrow\left(\begin{array}{ccc:c}1&-1&0&a_1\\0&1&-1&a_2\\0&0&0&a_3+a_2+a_1\end{array}\right),$$

可见 $r(\boldsymbol{A},\boldsymbol{b})=r(\boldsymbol{A})$ 的充要条件是 $a_3+a_2+a_1=0$ 时，方程组有解.

例 4.33　设线性方程组 $\begin{cases}x_1+a_1x_2+a_1^2x_3=a_1^3,\\ x_1+a_2x_2+a_2^2x_3=a_2^3,\\ x_1+a_3x_2+a_3^2x_3=a_3^3,\\ x_1+a_4x_2+a_4^2x_3=a_4^3,\end{cases}$ 证明若 a_1,a_2,a_3,a_4 互不相同，则方程组无解.

证法 1　原方程组增广矩阵的行列式 $\begin{vmatrix}1&a_1&a_1^2&a_1^3\\1&a_2&a_2^2&a_2^3\\1&a_3&a_3^2&a_3^3\\1&a_4&a_4^2&a_4^3\end{vmatrix}=\prod(a_i-a_j)\,4\geqslant i>j\geqslant 1\neq 0$(因为 a_1,a_2,a_3,a_4 两两不相等)，

所以 $r(\overline{A})=4$，但是系数矩阵 $\boldsymbol{A}$ 为 4×3，所以 $r(A)\leqslant 3$，即 $r(\boldsymbol{A})\neq r(\overline{\boldsymbol{A}})$，从而方程组无解.

证法 2　对原方程组的增广矩阵进行初等变换得

$$\begin{pmatrix}1&a_1&a_1^2&a_1^3\\1&a_2&a_2^2&a_2^3\\1&a_3&a_3^2&a_3^3\\1&a_4&a_4^2&a_4^3\end{pmatrix}\rightarrow\cdots\rightarrow\begin{pmatrix}1&a_1&a_1^2&a_1^3\\0&1&a_2+a_1&a_2^2+a_2a_1+a_1^2\\0&0&1&a_3+a_2+a_1\\0&0&0&a_4-a_3\end{pmatrix},$$

因为 $a_4 \neq a_3$，所以 $r(\boldsymbol{A}) \neq r(\overline{\boldsymbol{A}})$，从而原方程组无解.

例 4.34　对于 n 元方程组，下列命题正确的是(　　).

A. 如果 $\boldsymbol{Ax}=\boldsymbol{0}$ 只有零解，则 $\boldsymbol{Ax}=\boldsymbol{b}$ 有唯一解

B. 如果 $\boldsymbol{Ax}=\boldsymbol{0}$ 有非零解，则 $\boldsymbol{Ax}=\boldsymbol{b}$ 有无穷多解

C. 如果 $\boldsymbol{Ax}=\boldsymbol{b}$ 有两个不同的解，则 $\boldsymbol{Ax}=\boldsymbol{0}$ 有无穷多解

D. $\boldsymbol{Ax}=\boldsymbol{b}$ 有唯一解的充要条件是 $r(\boldsymbol{A})=n$

解　应选 C.

[分析]选项 A 错误. 因为 $\boldsymbol{Ax}=\boldsymbol{0}$ 只有零解，只能说明其系数矩阵的秩等于未知量的个数 n，此时如果 $\boldsymbol{Ax}=\boldsymbol{b}$ 有解，则必有唯一解. 但此时作为非齐次线性方程组 $\boldsymbol{Ax}=\boldsymbol{b}$ 不一定有解.

同理，如果 $\boldsymbol{Ax}=\boldsymbol{0}$ 有非零解，则 $\boldsymbol{Ax}=\boldsymbol{b}$ 可能无解，也可能有无穷多解，因此选项 B 也错误.

如果 $\boldsymbol{Ax}=\boldsymbol{b}$ 有两个不同的解，说明 $\boldsymbol{Ax}=\boldsymbol{b}$ 有无穷多解，因此 $r(\boldsymbol{A})<n$，所以 $\boldsymbol{Ax}=\boldsymbol{0}$ 有非零解. 此说明 C 选项正确.

在 D 选项中，必要性是正确的. 即如 $\boldsymbol{Ax}=\boldsymbol{b}$ 有唯一解，可得 $r(\boldsymbol{A})=n$，但是当 $r(\boldsymbol{A})=n$ 时，同样不能保证 $\boldsymbol{Ax}=\boldsymbol{b}$ 有解.

注：对非齐次线方程组，首先考虑其是否有解，然后才考虑其解的个数.

例 4.35　设 $\boldsymbol{A}$ 是 n 阶矩阵，$\boldsymbol{\alpha}$ 是 n 维列向量. 若 $r\begin{pmatrix}\boldsymbol{A} & \boldsymbol{\alpha}\\ \boldsymbol{\alpha}^{\mathrm{T}} & 0\end{pmatrix}=r(\boldsymbol{A})$. 则线性方程组(　　).

A. $\boldsymbol{AX}=\boldsymbol{\alpha}$ 必有无穷多解

B. $\boldsymbol{AX}=\boldsymbol{\alpha}$ 必有唯一解

C. $\begin{pmatrix}\boldsymbol{A} & \boldsymbol{\alpha}\\ \boldsymbol{\alpha}^{\mathrm{T}} & 0\end{pmatrix}\begin{pmatrix}\boldsymbol{X}\\ y\end{pmatrix}=\boldsymbol{0}$ 仅有零解

D. $\begin{pmatrix}\boldsymbol{A} & \boldsymbol{\alpha}\\ \boldsymbol{\alpha}^{\mathrm{T}} & 0\end{pmatrix}\begin{pmatrix}\boldsymbol{X}\\ y\end{pmatrix}=\boldsymbol{0}$ 必有非零解

解　应选 D.

[分析]事实上，选项 C、D 均为齐次线性方程组，二者必有一个答案正确. 由

$$r\begin{pmatrix}\boldsymbol{A} & \boldsymbol{\alpha}\\ \boldsymbol{\alpha}^{\mathrm{T}} & 0\end{pmatrix}=r(\boldsymbol{A})\leqslant n<n+1,$$

可得含有 $n+1$ 个未知量的齐次线性方程组

$$\begin{pmatrix}\boldsymbol{A} & \boldsymbol{\alpha}\\ \boldsymbol{\alpha}^{\mathrm{T}} & 0\end{pmatrix}\begin{pmatrix}\boldsymbol{X}\\ y\end{pmatrix}=\boldsymbol{0}$$

必有非零解. 所以选项 D 正确，选项 C 错误.

又由题设知

$$r(\boldsymbol{A})\leqslant r(\boldsymbol{A},\boldsymbol{\alpha})\leqslant r\begin{pmatrix}\boldsymbol{A} & \boldsymbol{\alpha}\\ \boldsymbol{\alpha}^{\mathrm{T}} & 0\end{pmatrix}=r(\boldsymbol{A}),$$

因此 $r(\boldsymbol{A})=r(\boldsymbol{A},\boldsymbol{\alpha})$，可以说明 $\boldsymbol{AX}=\boldsymbol{\alpha}$ 有解，但不知道 $r(\boldsymbol{A})$ 与未知量 n 的关系，从而不能确定方程组 $\boldsymbol{AX}=\boldsymbol{\alpha}$ 解的个数.

2. 方程组解的个数与参数的确定

例 4.36　已知方程组$\begin{pmatrix}1&2&1\\2&3&a+2\\1&a&-2\end{pmatrix}\begin{pmatrix}x_1\\x_2\\x_3\end{pmatrix}=\begin{pmatrix}1\\3\\0\end{pmatrix}$无解，求 a 的值.

解法 1　对增广矩阵施以初等行变换

$$\left(\begin{array}{ccc:c}1&2&1&1\\2&3&a+2&3\\1&a&-2&0\end{array}\right)\to\left(\begin{array}{ccc:c}1&2&1&1\\0&-1&a&1\\0&a-2&-3&-1\end{array}\right)\to\left(\begin{array}{ccc:c}1&2&1&1\\0&-1&a&1\\0&0&(a+1)(a-3)&a-3\end{array}\right)$$

由方程组无解，可得 $a=-1$.

解法 2　由于原方程组无解，可得其系数行列式为 0，即

$$\begin{vmatrix}1&2&1\\2&3&a+2\\1&a&-2\end{vmatrix}=-(a-3)(a+1)=0,$$

于是有 $a=3$，或 $a=-1$.

但当 $a=3$ 时，对增广矩阵施以初等行变换，有

$$(\boldsymbol{A},\boldsymbol{b})=\left(\begin{array}{ccc:c}1&2&1&1\\2&3&5&3\\1&3&-2&0\end{array}\right)\to\left(\begin{array}{ccc:c}1&2&1&1\\0&-1&3&1\\0&0&0&0\end{array}\right),$$

此时，$r(\boldsymbol{A},\boldsymbol{b})=r(\boldsymbol{A})=2<3$(未知量个数)，方程组有无穷多解，故 $a=3$ 应舍去.

注：行列式等于 0 是无解的必要条件，因此用行列式等于 0 来处理类似问题时需检验.

例 4.37　(2019，数 3)$\boldsymbol{A}=\begin{pmatrix}1&0&-1\\1&1&-1\\0&1&a^2-1\end{pmatrix}$，$\boldsymbol{b}=\begin{pmatrix}0\\1\\a\end{pmatrix}$，$\boldsymbol{Ax}=\boldsymbol{b}$ 有无穷多解，则 $a=$________.

解　应填 1.

[分析]事实上，由于

$$(\boldsymbol{A},\boldsymbol{b})=\left(\begin{array}{ccc:c}1&0&-1&0\\1&1&-1&1\\0&1&a^2-1&a\end{array}\right)\to\left(\begin{array}{ccc:c}1&0&-1&0\\0&1&0&1\\0&0&a^2-1&a-1\end{array}\right),$$

而方程组 $\boldsymbol{Ax}=\boldsymbol{b}$ 有无穷多解，所以只能 $r(\boldsymbol{A})=r(\boldsymbol{A},\boldsymbol{b})<3$.

因此 $a^2-1=0$，而且 $a-1=0$，可得 $a=1$.

例 4.38　(2015，数 3)设矩阵 $\boldsymbol{A}=\begin{pmatrix}1&1&1\\1&2&a\\1&4&a^2\end{pmatrix}$，$\boldsymbol{b}=\begin{pmatrix}1\\d\\d^2\end{pmatrix}$. 若集合 $\Omega=\{1,2\}$，则线性方程组 $\boldsymbol{AX}=\boldsymbol{b}$ 有无穷多解的充要条件为(　　).

A. $a\notin\Omega$，$d\notin\Omega$　　　　B. $a\notin\Omega$，$d\in\Omega$

C. $a\in\Omega$, $d\notin\Omega$ D. $a\in\Omega$, $d\in\Omega$

解 应选 D.

[分析]由

$$(\boldsymbol{A},\boldsymbol{b})=\begin{pmatrix}1&1&1&\vdots&1\\1&2&a&\vdots&d\\1&4&a^2&\vdots&d^2\end{pmatrix}\overset{行}{\sim}\begin{pmatrix}1&1&1&\vdots&1\\0&1&a-1&\vdots&d-1\\0&0&(a-1)(a-2)&\vdots&(d-1)(d-2)\end{pmatrix},$$

结合方程组有无穷多解，可得 $r(\boldsymbol{A})=r(\boldsymbol{A},\boldsymbol{b})<3$. 所以有 $a=1$ 或 2，而且 $d=1$ 或 2.

注： 方程组 $\boldsymbol{AX}=\boldsymbol{b}$ 的系数行列式是一个范德蒙德行列式，$\boldsymbol{AX}=\boldsymbol{b}$ 有无穷多解的必要条件是 $|\boldsymbol{A}|=0$，读者也可以沿着这一思路自行分析.

例 4.39 (2010，数 1，2，3)设 $\boldsymbol{A}=\begin{pmatrix}\lambda&1&1\\0&\lambda-1&0\\1&1&\lambda\end{pmatrix}$，$\boldsymbol{b}=\begin{pmatrix}a\\1\\1\end{pmatrix}$. 已知线性方程组 $\boldsymbol{AX}=\boldsymbol{b}$ 存在两个不同的解.

(1) 求 λ，a；

(2) 求方程组 $\boldsymbol{AX}=\boldsymbol{b}$ 的通解.

解 (1) 令 $\boldsymbol{\eta}_1,\boldsymbol{\eta}_2$ 是 $\boldsymbol{AX}=\boldsymbol{b}$ 的两个不同的解，则 $\boldsymbol{\eta}_1-\boldsymbol{\eta}_2$ 是 $\boldsymbol{AX}=\boldsymbol{0}$ 的一个非零解，所以有

$$|\boldsymbol{A}|=\begin{vmatrix}\lambda&1&1\\0&\lambda-1&0\\1&1&\lambda\end{vmatrix}=(\lambda-1)^2(\lambda+1).$$

可得 $\lambda=1$ 或 $\lambda=-1$.

当 $\lambda=1$ 时，因为 $r(\boldsymbol{A})\neq r(\boldsymbol{A},\boldsymbol{b})$，所以 $\boldsymbol{AX}=\boldsymbol{b}$ 无解，舍去.

当 $\lambda=-1$ 时，对 $\boldsymbol{AX}=\boldsymbol{b}$ 的增广矩阵施以初等行变换得

$$(\boldsymbol{A}\,\vdots\,\boldsymbol{b})=\begin{pmatrix}-1&1&1&\vdots&a\\0&-2&0&\vdots&1\\1&1&-1&\vdots&1\end{pmatrix}\sim\begin{pmatrix}-1&1&1&\vdots&a\\0&-2&0&\vdots&1\\0&0&0&\vdots&a+2\end{pmatrix}=\boldsymbol{B},$$

结合 $\boldsymbol{AX}=\boldsymbol{b}$ 有解，可得 $a=-2$.

综上可得，$\lambda=-1$，$a=-2$.

(2) 当 $\lambda=-1$，$a=-2$ 时，

$$\boldsymbol{B}=\begin{pmatrix}1&0&-1&\vdots&\dfrac{3}{2}\\0&1&0&\vdots&-\dfrac{1}{2}\\0&0&0&\vdots&0\end{pmatrix}$$

所以 $\boldsymbol{AX}=\boldsymbol{b}$ 的通解为

$$\boldsymbol{x}=\frac{1}{2}(3,-1,0)^{\mathrm{T}}+k(1,0,1)^{\mathrm{T}}，k\text{ 为任意常数}.$$

例 4.40　已知 $\boldsymbol{\xi}_1=(-9,1,2,11)^{\mathrm{T}}$，$\boldsymbol{\xi}_2=(1,-5,13,0)^{\mathrm{T}}$，$\boldsymbol{\xi}_3=(-7,-9,24,11)^{\mathrm{T}}$ 是方程组

$$\begin{cases}a_1x_1+a_2x_2+a_3x_3+a_4x_4=d_1,\\3x_1+b_2x_2+2x_3+b_4x_4=d_2,\\9x_1+4x_2+x_3+c_4x_4=d_3\end{cases}$$

的三个解，求此方程组的通解.

[分析]求 $\boldsymbol{Ax}=\boldsymbol{b}$ 的通解关键是求 $\boldsymbol{Ax}=\boldsymbol{0}$ 的基础解系，为此，先要确定 $r(\boldsymbol{A})$，以确定基础解系中向量的个数.

解　$\boldsymbol{A}$ 是 3×4 矩阵，$r(\boldsymbol{A})\leqslant 3$，由于 $\boldsymbol{A}$ 中第二、三两行不成比例，故 $r(\boldsymbol{A})\geqslant 2$，又因

$$\boldsymbol{\eta}_1=\boldsymbol{\xi}_1-\boldsymbol{\xi}_2=(-10,6,-11,11)^{\mathrm{T}},\quad \boldsymbol{\eta}_2=\boldsymbol{\xi}_2-\boldsymbol{\xi}_3=(8,4,-11,-11)^{\mathrm{T}}$$

是 $\boldsymbol{Ax}=\boldsymbol{0}$ 的两个线性无关的解，所以 $4-r(\boldsymbol{A})\geqslant 2$，因此 $r(\boldsymbol{A})=2$，所以 $\boldsymbol{\xi}_1+k_1\boldsymbol{\eta}_1+k_2\boldsymbol{\eta}_2$ 是通解.

注： 由于 $\boldsymbol{\xi}_1-\boldsymbol{\xi}_2$，$\boldsymbol{\xi}_1-\boldsymbol{\xi}_3$ 或 $\boldsymbol{\xi}_3-\boldsymbol{\xi}_1$，$\boldsymbol{\xi}_3-\boldsymbol{\xi}_2$ 等都可构成基础解系，$\boldsymbol{\xi}_1,\boldsymbol{\xi}_2,\boldsymbol{\xi}_3$ 都是特解，因此本题答案不唯一.

例 4.41　(2016，数 2，3)设 $\boldsymbol{A}=\begin{pmatrix}1&1&1-a\\1&0&a\\a+1&1&a+1\end{pmatrix},\boldsymbol{\beta}=\begin{pmatrix}0\\1\\2a-2\end{pmatrix}$，且方程组 $\boldsymbol{AX}=\boldsymbol{\beta}$ 无解，

(1) 求 a 的值；

(2) 求方程组 $\boldsymbol{A}^{\mathrm{T}}\boldsymbol{AX}=\boldsymbol{A}^{\mathrm{T}}\boldsymbol{\beta}$ 的通解.

解　(1) 对$(\boldsymbol{A}\mid\boldsymbol{\beta})$施以初等行变换

$$\left(\begin{array}{ccc|c}1&1&1-a&0\\1&0&a&1\\a+1&1&a+1&2a-2\end{array}\right)\sim\left(\begin{array}{ccc|c}1&1&1-a&0\\0&-1&2a-1&1\\0&0&-a^2+2a&a-2\end{array}\right),$$

由于方程组无解，所以$-a^2+2a=0$，且 $a-2\neq 0$，从而 $a=0$.

(2) 对增广矩阵施以初等行变换

$$(\boldsymbol{A}^{\mathrm{T}}\boldsymbol{A}\mid\boldsymbol{A}^{\mathrm{T}}\boldsymbol{\beta})=\left(\begin{array}{ccc|c}3&2&2&-1\\2&2&2&-2\\2&2&2&-2\end{array}\right)\sim\left(\begin{array}{ccc|c}1&0&0&1\\0&1&1&-2\\0&0&0&0\end{array}\right),$$

所以 $\boldsymbol{A}^{\mathrm{T}}\boldsymbol{AX}=\boldsymbol{A}^{\mathrm{T}}\boldsymbol{\beta}$ 的通解为

$$\boldsymbol{X}=\begin{pmatrix}1\\-2\\0\end{pmatrix}+c\begin{pmatrix}0\\-1\\1\end{pmatrix},\ c\text{ 为任意常数.}$$

4.4.6 克拉默法则的应用

克拉默法则解方程组一般较为麻烦，读者应注意观察一些特殊的情况. 不过，对于含有参数，而且方程个数等于未知量个数的方程组，讨论时使用克拉默法则往往是简便的.

例 4.42　设 $i\neq j$ 时 $a_i\neq a_j(i,j=1,2,\cdots,n)$，则线性方程组

$$\begin{cases}x_1+a_1x_2+a_1^2x_3+\cdots+a_1^{n-1}x_n=a_1,\\x_1+a_2x_2+a_2^2x_3+\cdots+a_2^{n-1}x_n=a_2,\\\quad\vdots\\x_1+a_nx_2+a_n^2x_3+\cdots+a_n^{n-1}x_n=a_n\end{cases}$$

的解为________.

解　应填$(0,1,0,\cdots,0)^{\mathrm{T}}$.

[分析]事实上，方程组的系数行列式为范德蒙德行列式的转置，其值为

$$D=\begin{vmatrix}1&a_1&\cdots&a_1^{n-1}\\1&a_2&\cdots&a_2^{n-1}\\\vdots&\vdots&&\vdots\\1&a_n&\cdots&a_n^{n-1}\end{vmatrix}=\prod_{n\geqslant i\geqslant j\geqslant 1}(a_i-a_j)\neq 0,$$

依次将常数项替换系数行列式的各列，可得

$$D_1=\begin{vmatrix}a_1&a_1&\cdots&a_1^{n-1}\\a_2&a_2&\cdots&a_2^{n-1}\\\vdots&\vdots&&\vdots\\a_n&a_n&\cdots&a_n^{n-1}\end{vmatrix}=0,$$

$$D_2=\begin{vmatrix}1&a_1&\cdots&a_1^{n-1}\\1&a_2&\cdots&a_2^{n-1}\\\vdots&\vdots&&\vdots\\1&a_n&\cdots&a_n^{n-1}\end{vmatrix}=D,$$

同理

$$D_3=\cdots=D_n=0.$$

由克拉默法则，方程组有唯一解$\left(\frac{D_1}{D},\frac{D_2}{D},\cdots,\frac{D_n}{D}\right)^{\mathrm{T}}=(0,1,0,\cdots,0)^{\mathrm{T}}$.

例 4.43　设 n 元线性方程组 $\boldsymbol{AX}=\boldsymbol{b}$，其中

$$\boldsymbol{A}=\begin{pmatrix}2a&1&&&&\\a^2&2a&1&&&\\&a^2&2a&1&&\\&&a^2&\ddots&\ddots&\\&&&\ddots&2a&1\\&&&&a^2&2a\end{pmatrix},\ X=\begin{pmatrix}x_1\\x_2\\\vdots\\x_n\end{pmatrix},\ b=\begin{pmatrix}1\\0\\\vdots\\0\end{pmatrix}.$$

(1) 证明行列式$|\boldsymbol{A}|=(n+1)a^n$；

(2) 当 a 为何值时，该线性方程组有唯一解，并求 x_1.

证明　(1) 证法 1　记

$$D_n = |\boldsymbol{A}| = \begin{vmatrix} 2a & 1 & & & & \\ a^2 & 2a & 1 & & & \\ & a^2 & 2a & 1 & & \\ & & a^2 & \ddots & \ddots & \\ & & & \ddots & 2a & 1 \\ & & & & a^2 & 2a \end{vmatrix},$$

以下用数学归纳法证明 $D_n=(n+1)a^n$.

当 $n=1$ 时，$D_1=2a=(1+1)a$，结论成立.

当 $n=2$ 时，$D_2=\begin{vmatrix} 2a & 1 \\ a^2 & 2a \end{vmatrix}=3a^2=(2+1)a^2$，结论成立.

假设结论对小于 n 的情况结论成立，将 D_n 按第一列展开得

$$\begin{aligned} D_n &= 2aD_{n-1}-a^2D_{n-2} \\ &= 2ana^{n-1}-a^2(n-1)a^{n-2} \\ &= (n+1)a^n. \end{aligned}$$

证法 2　化为上三角形(略)

(2) **解**　当 $a\neq 0$ 时，方程组系数行列式 $D_n\neq 0$，故方程组有唯一解.

将 D_n 第一列换成方程组的常数项构成的列向量 $\boldsymbol{b}$，得

$$D_1=\begin{vmatrix} 1 & 1 & & & & \\ 0 & 2a & 1 & & & \\ & a^2 & 2a & \ddots & & \\ & & \ddots & \ddots & 1 & \\ & & & a^2 & 2a & 1 \\ & & & & a^2 & 2a \end{vmatrix}=\begin{vmatrix} 2a & 1 & & & \\ a^2 & 2a & 1 & & \\ & \ddots & \ddots & \ddots & \\ & & a^2 & 2a & 1 \\ & & & a^2 & 2a \end{vmatrix}=D_{n-1}=na^{n-1},$$

由克拉默法则，得

$$x_1=\frac{D_1}{D_n}=\frac{n}{(n+1)a}.$$

例 4.44　(2012，数 1，2，3)设 $\boldsymbol{A}=\begin{pmatrix} 1 & a & 0 & 0 \\ 0 & 1 & a & 0 \\ 0 & 0 & 1 & a \\ a & 0 & 0 & 1 \end{pmatrix}, \boldsymbol{\beta}=\begin{pmatrix} 1 \\ -1 \\ 0 \\ 0 \end{pmatrix}$,

(1) 计算 $|\boldsymbol{A}|$;

(2) 当实数 a 为何值时，$\boldsymbol{Ax}=\boldsymbol{\beta}$ 有无穷多解，并求出其通解.

解　(1) $|\boldsymbol{A}|=\begin{vmatrix} 1 & a & 0 & 0 \\ 0 & 1 & a & 0 \\ 0 & 0 & 1 & a \\ a & 0 & 0 & 1 \end{vmatrix}=1\begin{vmatrix} 1 & a & \\ & 1 & a \\ & & 1 \end{vmatrix}+a(-1)^{4+1}=\begin{vmatrix} a & 0 & 0 \\ 1 & a & 0 \\ 0 & 1 & a \end{vmatrix}$

$=1-a^4$.

(2) 当 $\boldsymbol{Ax}=\boldsymbol{\beta}$ 有无穷多解时，$|\boldsymbol{A}|=0$，从而 $a=\pm1$.

由于 $a=1$ 时，

$$(\boldsymbol{A}\vdots\boldsymbol{\beta})=\left(\begin{array}{cccc:c}1&1&&&1\\&1&1&&-1\\&&1&1&0\\1&&&1&0\end{array}\right)\sim\left(\begin{array}{cccc:c}1&1&&&1\\&1&1&&-1\\&&1&1&0\\0&&&0&-2\end{array}\right),$$

此时方程组无解.

当 $a=-1$ 时，

$$(\boldsymbol{A}\vdots\boldsymbol{\beta})=\left(\begin{array}{cccc:c}1&-1&0&0&1\\0&1&-1&0&-1\\0&0&1&-1&0\\-1&0&0&1&0\end{array}\right)\to\left(\begin{array}{cccc:c}1&0&0&-1&0\\0&1&0&-1&-1\\0&0&1&-1&0\\0&0&0&0&0\end{array}\right),$$

此时，$r(\boldsymbol{A})=r(\boldsymbol{A},\boldsymbol{\beta})<4$（未知量个数），所以 $a=-1$ 时，方程组有无穷多解，其通解为 $(0,-1,0,0)^{\mathrm{T}}+k(1,1,1,1)^{\mathrm{T}}$，$k$ 为任意常数.

4.4.7 线性方程组的解与矩阵的秩

读者应注意齐次线性方程组有非零解时，其系数矩阵的秩小于未知量的个数，非齐次线性方程组有解时系数矩阵的秩等于增广矩阵的秩；同解的方程组系数矩阵的秩相同等结论.

例 4.45 设 $\boldsymbol{A}$ 是 n 阶方阵，若对任意的 n 维向量 $\boldsymbol{x}$ 均满足 $\boldsymbol{Ax}=\boldsymbol{0}$，则(　　).

A. $\boldsymbol{A}=\boldsymbol{O}$　　B. $\boldsymbol{A}=\boldsymbol{E}$　　C. $r(\boldsymbol{A})=n$　　D. $0<r(\boldsymbol{A})<n$

解 应选 A.

[分析]事实上，设 $\boldsymbol{E}$ 为 n 阶单位矩阵，将 $\boldsymbol{E}$ 按列分块，记 $\boldsymbol{E}=(\boldsymbol{e}_1,\boldsymbol{e}_2,\cdots,\boldsymbol{e}_n)$，由于对任意的 n 维向量 $\boldsymbol{x}$ 均满足 $\boldsymbol{Ax}=\boldsymbol{0}$，所以 $\boldsymbol{Ae}_i=\boldsymbol{0}(i=1,2,\cdots,n)$.

于是有

$$\boldsymbol{A}=\boldsymbol{AE}=\boldsymbol{A}(\boldsymbol{e}_1,\boldsymbol{e}_2,\cdots,\boldsymbol{e}_n)=(\boldsymbol{Ae}_1,\boldsymbol{Ae}_2,\cdots,\boldsymbol{Ae}_n)=\boldsymbol{O}.$$

注： 也可从基础解系所含向量的个数考虑. 事实上，任意的 n 维向量 $\boldsymbol{x}$ 均满足 $\boldsymbol{Ax}=\boldsymbol{0}$，所以 $\boldsymbol{Ax}=\boldsymbol{0}$ 有 n 个线性无关的解，此说明 $n-r(\boldsymbol{A})=n$，所以 $r(\boldsymbol{A})=0$，即 $\boldsymbol{A}=\boldsymbol{O}$.

例 4.46 已知 $\boldsymbol{A}$ 为三阶矩阵，$\boldsymbol{\xi}_1$，$\boldsymbol{\xi}_2$ 为齐次线性方程组 $\boldsymbol{Ax}=\boldsymbol{0}$ 的基础解系，则 $r(\boldsymbol{A})=$ ________.

解 应填 1.

事实上，$\boldsymbol{A}$ 为三阶矩阵，所以线性方程组 $\boldsymbol{Ax}=\boldsymbol{0}$ 的未知量个数为 3. 由于题设 $\boldsymbol{\xi}_1$，$\boldsymbol{\xi}_2$ 为 $\boldsymbol{Ax}=\boldsymbol{0}$ 的基础解系，所以 $n-r(\boldsymbol{A})=2$. 从而 $r(\boldsymbol{A})=1$，此说明 $|\boldsymbol{A}|=0$.

例 4.47 若 $\boldsymbol{A}$、$\boldsymbol{B}$ 为五阶方阵，且 $\boldsymbol{Ax}=\boldsymbol{0}$ 只有零解，且 $r(\boldsymbol{B})=3$，则 $r(\boldsymbol{AB})=$ ________.

解 应填 3.

[分析]事实上，$\boldsymbol{A}$ 为五阶方阵，线性方程组 $\boldsymbol{Ax}=\boldsymbol{0}$ 只有零解，说明 $r(\boldsymbol{A})=5$，即矩阵 $\boldsymbol{A}$ 可逆. 所以 $r(\boldsymbol{AB})=r(\boldsymbol{B})=3$.

例 4.48　设 $A=\begin{pmatrix}a_{11}&a_{12}\\a_{21}&a_{22}\\a_{31}&a_{32}\end{pmatrix}$，$b=\begin{pmatrix}b_1\\b_2\\b_3\end{pmatrix}$，若非齐次线性方程组 $Ax=b$ 有解，则增广矩阵 $\overline{A}=(A,b)$ 的行列式 $|\overline{A}|=$________.

解　应填0.

[分析]事实上，由于 A 是3×2矩阵，其秩 $r(A)\leqslant 2$. 而非齐次线性方程组 $Ax=b$ 有解，说明

$$r(\overline{A})=r(A)\leqslant 2.$$

考虑到增广矩阵 $\overline{A}$ 是三阶，所以 $\overline{A}$ 的行列式 $|\overline{A}|=0$.

例 4.49　(2019，数2，3)设 A 是四阶矩阵，A^* 是 A 的伴随矩阵，若线性方程组 $AX=0$ 的基础解系中只有两个向量，则 A^* 的秩是(　　).

A. 0　　B. 1　　C. 2　　D. 3

解　应选A.

[分析]事实上，因为四元线性方程组 $AX=0$ 的基础解系中只有两个向量，所以 $r(A)=2$. 于是有 $r(A^*)=0$.

例 4.50　设 $A=\begin{pmatrix}1&-1&0\\2&2&\lambda\\3&1&-3\end{pmatrix}$，而且三阶非零矩阵 B 满足 $AB=O$，求参数 λ.

解　因为 $AB=O$，所以 B 的列向量均为线性方程组 $AX=0$ 的解. 由于 $B\neq O$，所以方程组 $AX=0$ 有非零解，从而

$$|A|=\begin{vmatrix}1&-1&0\\2&2&\lambda\\3&1&-3\end{vmatrix}=-4\lambda-12=0,$$

从而 $\lambda=-3$.

注：本题也可直接由 $AB=O$ 得出 $r(A)+r(B)\leqslant 3$，进而结合 $B\neq O$ 可得 $r(A)<3$，即 $|A|=0$.

例 4.51　设 A 是 n 阶非零矩阵，证明：$r(A^n)=r(A^{n+1})$.

证明　首先，$A^nx=0$ 的解都是 $A^{n+1}x=0$ 的解；

其次，$A^{n+1}x=0$ 的解也是 $A^nx=0$ 的解. 事实上，如果 x_0 是 $A^{n+1}x=0$ 的非零解，但不是 $A^nx=0$ 的非零解. 令

$$k_0x_0+k_1Ax_0+\cdots+k_nA^nx_0=0,$$

以 A^n 左乘上式两端可得 $k_0A^nx_0=0$，所以 $k_0=0$. 代入上式，再以 A^{n-1} 左乘上式两端可得 $k_1A^nx_0=0$，从而 $k_1=0$. 以此类推，可得 $k_2=k_3=\cdots=k_n=0$. 这样有 $n+1$ 个 n 维向量 $x_0,Ax_0,\cdots,A^nx_0$ 线性无关，得出矛盾.

综上所述，线性方程组 $A^nx=0$ 与 $A^{n+1}x=0$ 同解，所以 $r(A^n)=r(A^{n+1})$.

4.4.8　方程组的解与向量相关性的证明

例 4.52　若 $\alpha_1,\alpha_2,\alpha_3$ 是 $Ax=b(b\neq 0)$ 的线性无关解，证明：$\alpha_2-\alpha_1$，$\alpha_3-\alpha_1$ 是对应齐次线

性方程组 $\boldsymbol{Ax}=\boldsymbol{0}$ 的线性无关解.

证明 因为 $\boldsymbol{\alpha}_1,\boldsymbol{\alpha}_2,\boldsymbol{\alpha}_3$ 是 $\boldsymbol{Ax}=\boldsymbol{b}$ 的解，所以 $\boldsymbol{A\alpha}_i=\boldsymbol{b}$，$i=1,2,3$.

于是
$$\boldsymbol{A}(\boldsymbol{\alpha}_2-\boldsymbol{\alpha}_1)=\boldsymbol{b}-\boldsymbol{b}=\boldsymbol{0},\ \boldsymbol{A}(\boldsymbol{\alpha}_3-\boldsymbol{\alpha}_1)=\boldsymbol{b}-\boldsymbol{b}=\boldsymbol{0},$$
从而 $\boldsymbol{\alpha}_2-\boldsymbol{\alpha}_1$，$\boldsymbol{\alpha}_3-\boldsymbol{\alpha}_1$ 是对应齐次线性方程组 $\boldsymbol{Ax}=\boldsymbol{0}$ 的解. 又令
$$k_1(\boldsymbol{\alpha}_2-\boldsymbol{\alpha}_1)+k_2(\boldsymbol{\alpha}_3-\boldsymbol{\alpha}_1)=\boldsymbol{0},$$
则
$$-(k_1+k_2)\boldsymbol{\alpha}_1+k_1\boldsymbol{\alpha}_2+k_2\boldsymbol{\alpha}_3=\boldsymbol{0}.$$

由于 $\boldsymbol{\alpha}_1,\boldsymbol{\alpha}_2,\boldsymbol{\alpha}_3$ 线性无关，所以 $k_1=k_2=0$，从而 $\boldsymbol{\alpha}_2-\boldsymbol{\alpha}_1$，$\boldsymbol{\alpha}_3-\boldsymbol{\alpha}_1$ 线性无关.

例 4.53 设 $\boldsymbol{\eta}$ 为 n 元非齐次线性方程组 $\boldsymbol{Ax}=\boldsymbol{b}$ 的一个解，$\boldsymbol{\xi}_1,\boldsymbol{\xi}_2,\cdots,\boldsymbol{\xi}_{n-r}$ 是其导出组 $\boldsymbol{Ax}=\boldsymbol{0}$ 的一个基础解系. 证明：

(1) $\boldsymbol{\eta},\boldsymbol{\xi}_1,\boldsymbol{\xi}_2,\cdots,\boldsymbol{\xi}_{n-r}$ 线性无关；

(2) $\boldsymbol{\eta},\boldsymbol{\eta}+\boldsymbol{\xi}_1,\boldsymbol{\eta}+\boldsymbol{\xi}_2,\cdots,\boldsymbol{\eta}+\boldsymbol{\xi}_{n-r}$ 线性无关，并且 $\boldsymbol{Ax}=\boldsymbol{b}$ 的任意解都可由 $\boldsymbol{\eta},\boldsymbol{\eta}+\boldsymbol{\xi}_1,\boldsymbol{\eta}+\boldsymbol{\xi}_2,\cdots,\boldsymbol{\eta}+\boldsymbol{\xi}_{n-r}$ 线性表示.

证明 (1) 因为 $\boldsymbol{\xi}_1,\boldsymbol{\xi}_2,\cdots,\boldsymbol{\xi}_{n-r}$ 是 $\boldsymbol{Ax}=\boldsymbol{0}$ 的一个基础解系，所以 $\boldsymbol{\xi}_1,\boldsymbol{\xi}_2,\cdots,\boldsymbol{\xi}_{n-r}$ 线性无关. 又 $\boldsymbol{\eta}$ 为非齐次线性方程组 $\boldsymbol{Ax}=\boldsymbol{b}$ 的一个解，所以 $\boldsymbol{\eta}$ 不能由 $\boldsymbol{\xi}_1,\boldsymbol{\xi}_2,\cdots,\boldsymbol{\xi}_{n-r}$ 线性表示，从而 $\boldsymbol{\eta},\boldsymbol{\xi}_1,\boldsymbol{\xi}_2,\cdots,\boldsymbol{\xi}_{n-r}$ 线性无关.

(2) 由于
$$\begin{aligned}(\boldsymbol{\eta},\boldsymbol{\eta}+\boldsymbol{\xi}_1,\boldsymbol{\eta}+\boldsymbol{\xi}_2,\cdots,\boldsymbol{\eta}+\boldsymbol{\xi}_{n-r})&=(\boldsymbol{\eta},\boldsymbol{\xi}_1,\boldsymbol{\xi}_2,\cdots,\boldsymbol{\xi}_{n-r})\begin{pmatrix}1&1&1&\cdots&1\\0&1&0&\cdots&0\\0&0&1&\cdots&0\\\vdots&\vdots&\vdots&&\vdots\\0&0&0&\cdots&1\end{pmatrix}\\&=(\boldsymbol{\eta},\boldsymbol{\xi}_1,\boldsymbol{\xi}_2,\cdots,\boldsymbol{\xi}_{n-r})\boldsymbol{T}.\end{aligned}$$
这里 $|\boldsymbol{T}|=1\neq0$，而且由(1)知 $\boldsymbol{\eta},\boldsymbol{\xi}_1,\boldsymbol{\xi}_2,\cdots,\boldsymbol{\xi}_{n-r}$ 线性无关，所以
$$r(\boldsymbol{\eta},\boldsymbol{\eta}+\boldsymbol{\xi}_1,\boldsymbol{\eta}+\boldsymbol{\xi}_2,\cdots,\boldsymbol{\eta}+\boldsymbol{\xi}_{n-r})=r(\boldsymbol{\eta},\boldsymbol{\xi}_1,\boldsymbol{\xi}_2,\cdots,\boldsymbol{\xi}_{n-r})=n-r+1,$$
从而 $\boldsymbol{\eta},\boldsymbol{\eta}+\boldsymbol{\xi}_1,\boldsymbol{\eta}+\boldsymbol{\xi}_2,\cdots,\boldsymbol{\eta}+\boldsymbol{\xi}_{n-r}$ 线性无关.

又设 $\boldsymbol{\gamma}$ 为 $\boldsymbol{Ax}=\boldsymbol{b}$ 的任意解，则 $\boldsymbol{\gamma}-\boldsymbol{\eta}$ 为其导出组 $\boldsymbol{Ax}=\boldsymbol{0}$ 的一个解，从而 $\boldsymbol{\gamma}-\boldsymbol{\eta}$ 可由 $\boldsymbol{Ax}=\boldsymbol{0}$ 的基础解系 $\boldsymbol{\xi}_1,\boldsymbol{\xi}_2,\cdots,\boldsymbol{\xi}_{n-r}$ 线性表示.

令
$$\boldsymbol{\gamma}-\boldsymbol{\eta}=k_1\boldsymbol{\xi}_1+k_2\boldsymbol{\xi}_2+\cdots+k_{n-r}\boldsymbol{\xi}_{n-r},$$
则
$$\boldsymbol{\gamma}=(1-k_1-k_2-\cdots-k_r)\boldsymbol{\eta}+k_1(\boldsymbol{\eta}+\boldsymbol{\xi}_1)+k_2(\boldsymbol{\eta}+\boldsymbol{\xi}_2)+\cdots+k_{n-r}(\boldsymbol{\eta}+\boldsymbol{\xi}_{n-r}).$$

即 $\boldsymbol{Ax}=\boldsymbol{b}$ 的任意解都可由 $\boldsymbol{\eta},\boldsymbol{\eta}+\boldsymbol{\xi}_1,\boldsymbol{\eta}+\boldsymbol{\xi}_2,\cdots,\boldsymbol{\eta}+\boldsymbol{\xi}_{n-r}$ 线性表示.

注： 由向量组极大无关组的等价定义可知，当非齐次线性方程组 $\boldsymbol{Ax}=\boldsymbol{b}$ 有无穷多解时，$\boldsymbol{\eta}$，$\boldsymbol{\eta}+\boldsymbol{\xi}_1,\boldsymbol{\eta}+\boldsymbol{\xi}_2,\cdots,\boldsymbol{\eta}+\boldsymbol{\xi}_{n-r}$ 构成其全部解的一个极大无关组.

例 4.54 设 $\boldsymbol{A}$，$\boldsymbol{B}$ 均为 n 阶矩阵，向量组 $\boldsymbol{\alpha}_1,\boldsymbol{\alpha}_2,\cdots,\boldsymbol{\alpha}_{t_1}$ 与 $\boldsymbol{\beta}_1,\boldsymbol{\beta}_2,\cdots,\boldsymbol{\beta}_{t_2}$ 分别是齐次线性方程组 $\boldsymbol{AX}=\boldsymbol{0}$ 与 $\boldsymbol{BX}=\boldsymbol{0}$ 的基础解系，而且对任意 n 阶矩阵 $\boldsymbol{C}$，$\boldsymbol{D}$，都有 $r(\boldsymbol{CA}+\boldsymbol{DB})=n$.

证明：$r\begin{pmatrix}\boldsymbol{A}\\ \boldsymbol{B}\end{pmatrix}=n$，而且 $\boldsymbol{\alpha}_1,\boldsymbol{\alpha}_2,\cdots,\boldsymbol{\alpha}_{t_1},\boldsymbol{\beta}_1,\boldsymbol{\beta}_2,\cdots,\boldsymbol{\beta}_{t_2}$ 线性无关.

证明　首先，显然有 $r\begin{pmatrix}\boldsymbol{A}\\ \boldsymbol{B}\end{pmatrix}\leqslant n$. 又因为

$$(\boldsymbol{CA}+\boldsymbol{DB})=(\boldsymbol{C},\boldsymbol{D})\begin{pmatrix}\boldsymbol{A}\\ \boldsymbol{B}\end{pmatrix},$$

所以

$$r\begin{pmatrix}\boldsymbol{A}\\ \boldsymbol{B}\end{pmatrix}\geqslant r(\boldsymbol{CA}+\boldsymbol{DB})=n.$$

从而 $r\begin{pmatrix}\boldsymbol{A}\\ \boldsymbol{B}\end{pmatrix}=n$.

其次，令 $k_1\boldsymbol{\alpha}_1+k_2\boldsymbol{\alpha}_2+\cdots+k_{t_1}\boldsymbol{\alpha}_{t_1}+l_1\boldsymbol{\beta}_1+l_2\boldsymbol{\beta}_2+\cdots+l_{t_2}\boldsymbol{\beta}_{t_2}=\boldsymbol{0}$，则有

$$k_1\boldsymbol{\alpha}_1+k_2\boldsymbol{\alpha}_2+\cdots+k_{t_1}\boldsymbol{\alpha}_{t_1}=-l_1\boldsymbol{\beta}_1-l_2\boldsymbol{\beta}_2-\cdots-l_{t_2}\boldsymbol{\beta}_{t_2}=\boldsymbol{\gamma}, \tag{$*$}$$

因此有 $\boldsymbol{\gamma}$ 是方程组 $\boldsymbol{AX}=\boldsymbol{0}$ 与 $\boldsymbol{BX}=\boldsymbol{0}$ 的公共解，从而

$$\begin{pmatrix}\boldsymbol{A}\\ \boldsymbol{B}\end{pmatrix}\boldsymbol{\gamma}=\begin{pmatrix}\boldsymbol{A\gamma}\\ \boldsymbol{B\gamma}\end{pmatrix}=\boldsymbol{0}.$$

又由 $r\begin{pmatrix}\boldsymbol{A}\\ \boldsymbol{B}\end{pmatrix}=n$ 知，$\begin{pmatrix}\boldsymbol{A}\\ \boldsymbol{B}\end{pmatrix}\boldsymbol{X}=\boldsymbol{0}$ 只有零解，所以 $\boldsymbol{\gamma}=\boldsymbol{0}$.

结合式($*$)可知，$k_1=k_2=\cdots=k_{t_1}=l_1=l_2=\cdots l_{t_2}=0$. 命题得证.

4.4.9　涉及两个方程组解之间关系的问题

这类问题一般包括两个方程组同解、有公共解、一个方程组的解都是另一个方程组的解等.

例 4.55　(2020，农学)设方程组(Ⅰ)：$\begin{cases}x_1+2x_2+x_3=0,\\ 2x_1+3x_2+x_3=-1,\\ x_2+x_3=1,\end{cases}$ 方程组(Ⅱ)：$ax_1+bx_2+2x_3=2$.

(1) 求方程组(Ⅰ)的通解；

(2) 如果方程组(Ⅰ)的解均为方程组(Ⅱ)的解，求 a，b 的值，并判断两个方程组是否同解.

解　(1) 对方程组(Ⅰ)的增广矩阵施以初等行变换，得

$$\left(\begin{array}{ccc:c}1&2&1&0\\ 2&3&1&-1\\ 0&1&1&1\end{array}\right)\to\left(\begin{array}{ccc:c}1&0&-1&-2\\ 0&1&1&1\\ 0&0&0&0\end{array}\right),$$

所以，方程组(Ⅰ)的通解为

$$\boldsymbol{x}=(-2,1,0)^{\mathrm{T}}+k(1,-1,1)^{\mathrm{T}},\ k\text{ 为任意常数}.$$

(2) 由于方程组(Ⅰ)的解均为方程组(Ⅱ)的解，所以对任意常数 k，方程组(Ⅰ)的解 $\boldsymbol{x}=(-2+k,1-k,k)^{\mathrm{T}}$ 满足方程组(Ⅱ)，即有 $a(-2+k)+b(1-k)+2k=2$，
亦即

$$(-2a+b-2)+k(a-b+2)=0,$$

由 k 的任意性，可得 $\begin{cases}-2a+b-2=0,\\ a-b+2=0.\end{cases}$ 所以 $a=0$，$b=2$.

此时，方程组(Ⅱ)变为 $x_2+x_3=1$，可见，方程组(Ⅰ)与方程组(Ⅱ)的系数矩阵的秩分别为 2 和 1，所以方程组(Ⅰ)与方程组(Ⅱ)不同解.

例 4.56 设线性方程组

$$\begin{cases}x_1+x_2+x_3=0,\\ x_1+2x_2+ax_3=0,\\ x_1+4x_2+a^2x_3=0,\end{cases} \tag{1}$$

与方程

$$x_1+2x_2+x_3=a-1 \tag{2}$$

有公共解，求 a 的值及所有公共解.

解 显然，方程组(1)与方程(2)的公共解，即为如下联立方程组的解：

$$\begin{cases}x_1+x_2+x_3=0,\\ x_1+2x_2+ax_3=0,\\ x_1+4x_2+a^2x_3=0,\\ x_1+2x_2+x_3=a-1.\end{cases} \tag{3}$$

对方程组(3)的增广矩阵 $\overline{\boldsymbol{A}}$ 施以初等行变换，有

$$\overline{\boldsymbol{A}}=\left(\begin{array}{ccc:c}1&1&1&0\\1&2&a&0\\1&4&a^2&0\\1&2&1&a-1\end{array}\right)\to\left(\begin{array}{ccc:c}1&0&1&1-a\\0&1&0&a-1\\0&0&a-1&1-a\\0&0&0&(a-1)(a-2)\end{array}\right)=\boldsymbol{B}.$$

由于方程组(3)有解，故方程组(3)的系数矩阵的秩等于增广矩阵 $\overline{\boldsymbol{A}}$ 的秩，于是 $(a-1)(a-2)=0$，即 $a=1$，或 $a=2$.

当 $a=1$ 时，有

$$\boldsymbol{B}=\left(\begin{array}{ccc:c}1&0&1&0\\0&1&0&0\\0&0&0&0\\0&0&0&0\end{array}\right),$$

因此方程组(1)与方程(2)的公共解为

$$\boldsymbol{X}=k(-1,0,1)^{\mathrm{T}}，其中\ k\ 为任意常数.$$

当 $a=2$ 时，

$$B=\left(\begin{array}{ccc:c}1&0&1&-1\\0&1&0&1\\0&0&1&-1\\0&0&0&0\end{array}\right)\to\left(\begin{array}{ccc:c}1&0&0&0\\0&1&0&1\\0&0&1&-1\\0&0&0&0\end{array}\right),$$

因此方程组(1)与方程组(2)的公共解为$X=(0,1,-1)^{\mathrm{T}}$，k为任意常数.

例 4.57 已知线性方程组

$$\begin{cases}x_1+2x_2+3x_3=0,\\2x_1+3x_2+5x_3=0,\\x_1+x_2+ax_3=0\end{cases}\tag{1}$$

和

$$\begin{cases}x_1+bx_2+cx_3=0,\\2x_1+b^2x_2+(c+1)x_3=0\end{cases}\tag{2}$$

同解，求a，b，c的值.

解 方程组(2)的未知量个数多于方程的个数，故方程组(2)有无穷多个解. 因为方程组(1)与方程组(2)同解，所以方程组(1)的系数矩阵的秩小于3.

对方程组(1)的系数矩阵施以初等行变换，得

$$\begin{pmatrix}1&2&3\\2&3&5\\1&1&a\end{pmatrix}\to\begin{pmatrix}1&0&1\\0&1&1\\0&0&a-2\end{pmatrix},$$

从而$a=2$.

此时，对方程组(1)的系数矩阵施以初等行变换，有

$$\begin{pmatrix}1&2&3\\2&3&5\\1&1&a\end{pmatrix}\to\begin{pmatrix}1&0&1\\0&1&1\\0&0&0\end{pmatrix},$$

故$(-1,-1,1)^{\mathrm{T}}$是方程组(1)的一个基础解系.

将$x_1=-1$，$x_2=-1$，$x_3=1$代入方程组(2)可得$b=1$，$c=2$或$b=0$，$c=1$.

当$b=1$，$c=2$时，对方程组(2)的系数矩阵施以初等行变换，有

$$\begin{pmatrix}1&1&2\\2&1&3\end{pmatrix}\to\begin{pmatrix}1&0&1\\0&1&1\end{pmatrix}$$

故方程组(1)与方程组(2)同解.

当$b=0$，$c=1$时，对方程组(2)的系数矩阵可化为

$$\begin{pmatrix}1&0&1\\2&0&2\end{pmatrix}\to\begin{pmatrix}1&0&1\\0&0&0\end{pmatrix},$$

故方程组(1)与方程组(2)的解不同.

综合以上讨论，可得$a=2$，$b=1$，$c=2$.

例 4.58 已知n元齐次线性方程组$\boldsymbol{Ax}=\boldsymbol{0}$的解都是$\boldsymbol{Bx}=\boldsymbol{0}$的解，证明：矩阵$\boldsymbol{B}$的行向量

可由矩阵 $\boldsymbol{A}$ 的行向量线性表示.

证明　因为线性方程组 $\boldsymbol{Ax}=\boldsymbol{0}$ 的解都是 $\boldsymbol{Bx}=\boldsymbol{0}$ 的解，所以 $\boldsymbol{Ax}=\boldsymbol{0}$ 与 $\begin{pmatrix}\boldsymbol{A}\\ \boldsymbol{B}\end{pmatrix}\boldsymbol{x}=\boldsymbol{0}$ 同解. 因此有

$$n-r(\boldsymbol{A})=n-r\begin{pmatrix}\boldsymbol{A}\\ \boldsymbol{B}\end{pmatrix},$$

所以

$$r(\boldsymbol{A})=r\begin{pmatrix}\boldsymbol{A}\\ \boldsymbol{B}\end{pmatrix}，即 r(\boldsymbol{A}^{\mathrm{T}})=r(\boldsymbol{A}^{\mathrm{T}},\boldsymbol{B}^{\mathrm{T}}),$$

由定理 3.2 可知，$\boldsymbol{B}^{\mathrm{T}}$ 的列向量可由 $\boldsymbol{A}^{\mathrm{T}}$ 的列向量线性表示，即 $\boldsymbol{B}$ 的行向量可由矩阵 $\boldsymbol{A}$ 的行向量线性表示.

注：由本题结论可知，当齐次线性方程组 $\boldsymbol{Ax}=\boldsymbol{0}$ 与 $\boldsymbol{Bx}=\boldsymbol{0}$ 同解时，矩阵 $\boldsymbol{B}$ 的行向量可与 $\boldsymbol{A}$ 的行向量等价.

4.4.10　矩阵的秩与直线和平面的位置关系问题

本节仅对数学 1 有要求.

例 4.59　(2019，数 1) 如图 4-1 所示，有三个平面两两相交，交线相互平行，它们的方程

$$a_{i1}x+a_{i2}y+a_{i3}z=d_i，i=1,2,3$$

由它们组成的线性方程组的系数矩阵和增广矩阵分别记为 $\boldsymbol{A}$ 和 $\overline{\boldsymbol{A}}$，则(　　).

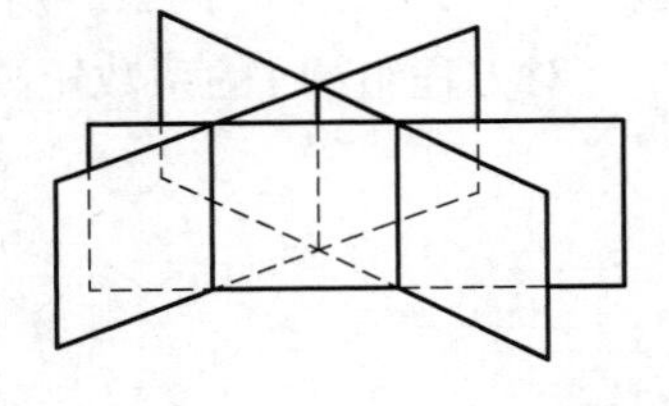

图　4-1

A. $r(\boldsymbol{A})=2$，$r(\overline{\boldsymbol{A}})=3$　　B. $r(\boldsymbol{A})=2$，$r(\overline{\boldsymbol{A}})=2$

C. $r(\boldsymbol{A})=1$，$r(\overline{\boldsymbol{A}})=2$　　D. $r(\boldsymbol{A})=1$，$r(\overline{\boldsymbol{A}})=1$

解　应选 A.

[分析] 由图 4-1 知，三个平面无公共点，因此方程组 $a_{i1}x+a_{i2}y+a_{i3}z=d_i$，$i=1,2,3$ 无解，所以 $r(\boldsymbol{A})<R(\overline{\boldsymbol{A}})\leqslant 3$.

而当 $r(\boldsymbol{A})\leqslant 1$ 时，三个平面相互平行，或重合，所以由三个平面两两相交，而且任意两个不平行可知，$r(\boldsymbol{A})\geqslant 2$.

综上可知，$r(\boldsymbol{A})=2$，$r(\overline{\boldsymbol{A}})=3$.

例 4.60　(2021，数 1) 已知直线 $l_1:\dfrac{x-a_2}{a_1}=\dfrac{x-b_2}{b_1}=\dfrac{x-c_2}{c_1}$ 与直线 $l_2:\dfrac{x-a_3}{a_2}=\dfrac{x-b_3}{b_2}=\dfrac{x-c_3}{c_2}$ 相交于一点，记向量 $\boldsymbol{\alpha}_i=\begin{pmatrix}a_i\\ b_i\\ c_i\end{pmatrix}$，$i=1,2,3$. 则(　　).

A. $\boldsymbol{\alpha}_1$ 可由 $\boldsymbol{\alpha}_2$，$\boldsymbol{\alpha}_3$ 线性表示　　B. $\boldsymbol{\alpha}_2$ 可由 $\boldsymbol{\alpha}_1$，$\boldsymbol{\alpha}_3$ 线性表示

C. $\boldsymbol{\alpha}_3$ 可由 $\boldsymbol{\alpha}_1$，$\boldsymbol{\alpha}_2$ 线性表示　　D. $\boldsymbol{\alpha}_1$，$\boldsymbol{\alpha}_2$，$\boldsymbol{\alpha}_3$ 线性无关

解　应选 C.

[分析]因为直线 l_1: $\frac{x-a_2}{a_1}=\frac{x-b_2}{b_1}=\frac{x-c_2}{c_1}$与直线 l_2: $\frac{x-a_3}{a_2}=\frac{x-b_3}{b_2}=\frac{x-c_3}{c_2}$相交于一点，而且点 $A(a_2,b_2,c_2)$与点 $B(a_3,b_3,c_3)$分别在直线 l_1 与直线 l_2 上，所以向量 $\boldsymbol{\alpha}_3-\boldsymbol{\alpha}_2=\overrightarrow{AB}$与直线 l_1 和直线 l_2 的方向向量共面(这里 $\boldsymbol{\alpha}_1$，$\boldsymbol{\alpha}_2$ 线性无关)，因此向量组 $\boldsymbol{\alpha}_3-\boldsymbol{\alpha}_2$，$\boldsymbol{\alpha}_1$，$\boldsymbol{\alpha}_2$ 线性相关，但由于 $\boldsymbol{\alpha}_1$，$\boldsymbol{\alpha}_2$ 线性无关，所以 $\boldsymbol{\alpha}_3-\boldsymbol{\alpha}_2$ 可由 $\boldsymbol{\alpha}_1$，$\boldsymbol{\alpha}_2$ 线性表示. 令

$$\boldsymbol{\alpha}_3-\boldsymbol{\alpha}_2=k_1\boldsymbol{\alpha}_1+k_2\boldsymbol{\alpha}_2,$$

可得 $\boldsymbol{\alpha}_3=k_1\boldsymbol{\alpha}_1+(k_2+1)\boldsymbol{\alpha}_2$，所以选项 C 正确.

例 4.61　设三个平面方程为 $a_{i1}x+a_{i2}y+a_{i3}z=b_i$，$i=1,2,3$，由它们所组成的线性方程组的系数矩阵与增广矩阵的秩都为 2，则这三个平面的位置关系为(　　).

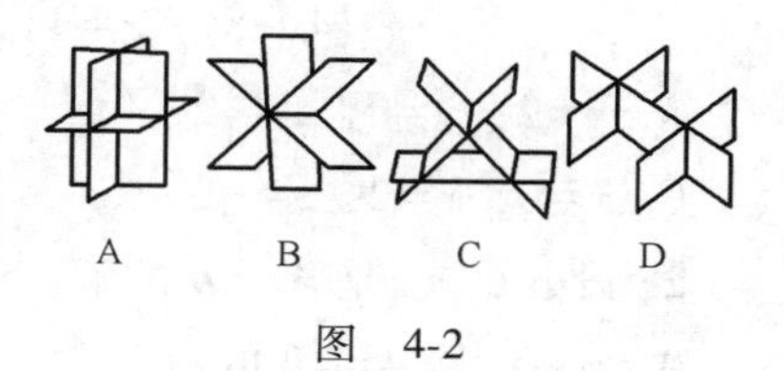

图　4-2

解　应选 B.

[分析]事实上，记三个平面方程所得方程组为 $\boldsymbol{AX}=\boldsymbol{b}$，由题设 $r(\boldsymbol{A})=r(\boldsymbol{A},\boldsymbol{b})=2<$未知量个数 3，说明该方程组有无穷多解. 即三个平面有公共点，而且交点不唯一，所以选 B.

例 4.62　已知平面上三条直线方程分别为

$$l_1: ax+2by+3c=0,$$
$$l_2: bx+2cy+3a=0,$$
$$l_3: cx+2ay+3b=0.$$

试证明这三条直线交于一点的充要条件是 $a+b+c=0$.

证明　题设的三条直线交于一点，即如下联立方程组有唯一解.

$$\begin{cases} ax+2by+3c=0, \\ bx+2cy+3a=0, \\ cx+2ay+3b=0. \end{cases}$$

记系数矩阵 $\boldsymbol{A}=\begin{pmatrix} a & 2b \\ b & 2c \\ c & 2a \end{pmatrix}$，增广矩阵 $\overline{\boldsymbol{A}}=\begin{pmatrix} a & 2b & -3c \\ b & 2c & -3a \\ c & 2a & -3b \end{pmatrix}$，所以有 $r(\boldsymbol{A})=r(\overline{\boldsymbol{A}})=2$.

因此，

$$|\overline{\boldsymbol{A}}|=\begin{vmatrix} a & 2b & -3c \\ b & 2c & -3a \\ c & 2a & -3b \end{vmatrix}=(a+b+c)\begin{vmatrix} 1 & 2 & -3 \\ b & 2c & -3a \\ c & 2a & -3b \end{vmatrix}$$

$$=(a+b+c)\begin{vmatrix} 1 & 2 & -3 \\ 0 & 2(c-b) & 3(b-a) \\ 0 & 2(a-c) & 3(c-b) \end{vmatrix}$$

$$=6(a+b+c)(a^2+b^2+c^2-ab-bc-ca)$$

$$=3(a+b+c)[(a-b)^2+(b-c)^2+(a-c)^2]=0.$$

由于$(a-b)^2+(b-c)^2+(a-c)^2\neq 0$，否则 $a=b=c$，与 $r(\boldsymbol{A})=2$ 矛盾.

所以这三条直线交于一点的充要条件是 $a+b+c=0$.

习　题　四

A. 基础训练

1. 线性方程组$\begin{cases}x+y+z=0,\\2x-5y-3z=10,\\4x+8y+2z=4\end{cases}$的解为(　　).

A. $x=2$，$y=0$，$z=-2$　　B. $x=-2$，$y=2$，$z=0$

C. $x=0$，$y=2$，$z=-2$　　D. $x=1$，$y=0$，$z=-1$

2. 设$\boldsymbol{\alpha}_1$，$\boldsymbol{\alpha}_2$是$\boldsymbol{Ax}=\boldsymbol{b}$的解，$\boldsymbol{\eta}$是对应齐次方程$\boldsymbol{Ax}=\boldsymbol{0}$的解，则(　　).

A. $\boldsymbol{\eta}+\boldsymbol{\alpha}_1$是$\boldsymbol{Ax}=\boldsymbol{0}$的解　　B. $\boldsymbol{\eta}+(\boldsymbol{\alpha}_1-\boldsymbol{\alpha}_2)$是$\boldsymbol{Ax}=\boldsymbol{0}$的解

C. $\boldsymbol{\alpha}_1+\boldsymbol{\alpha}_2$是$\boldsymbol{Ax}=\boldsymbol{b}$的解　　D. $\boldsymbol{\alpha}_1-\boldsymbol{\alpha}_2$是$\boldsymbol{Ax}=\boldsymbol{b}$的解

3. 已知方程组$\begin{cases}2x+ky=c_1,\\kx+2y=c_2\end{cases}$有唯一解，则$k$必满足(　　).

A. $k\neq2$而且$k\neq-2$　　B. $k\neq2$或-2　　C. $k=0$　　D. $k=2$或-2

4. 设$\boldsymbol{A}$是$m\times n$矩阵，已知$\boldsymbol{Ax}=\boldsymbol{0}$只有零解，则以下结论正确的是(　　).

A. $r(\boldsymbol{A})=m$　　B. $\boldsymbol{Ax}=\boldsymbol{b}$必有唯一解(其中$\boldsymbol{b}$是$m$维实向量)

C. $m\geqslant n$　　D. $\boldsymbol{Ax}=\boldsymbol{0}$存在基础解系

5. 要使$\boldsymbol{\xi}_1=(1,0,2)^{\mathrm{T}}$，$\boldsymbol{\xi}_2=(0,1,-1)^{\mathrm{T}}$都是线性方程组$\boldsymbol{Ax}=\boldsymbol{0}$的解，只要系数矩阵$\boldsymbol{A}$为(　　).

A. $(-2,1,1)$　　B. $\begin{pmatrix}2&0&-1\\0&1&1\end{pmatrix}$　　C. $\begin{pmatrix}-1&0&2\\0&1&-1\end{pmatrix}$　　D. $\begin{pmatrix}0&1&-1\\4&-2&-2\\0&1&1\end{pmatrix}$

6. 线性方程组$x_1+x_2+x_3=0$的一个基础解系是________.

7. 非齐次线性方程组$\boldsymbol{Ax}=\boldsymbol{b}$的增广矩阵经初等行变换化为$\left(\begin{array}{cccc:c}1&0&0&0&2\\0&1&0&0&2\\0&0&1&2&-2\end{array}\right)$，则方程组的通解是________.

8. 设$\boldsymbol{\alpha}_1$，$\boldsymbol{\alpha}_2$为n元线性方程组$\boldsymbol{Ax}=\boldsymbol{b}$的两个解，当$k_1\boldsymbol{\alpha}_1+k_2\boldsymbol{\alpha}_2$是线性方程组$\boldsymbol{Ax}=\boldsymbol{b}$的解时，系数$k_1$，$k_2$满足的关系式是________.

9. (2001，数2)设方程组$\begin{pmatrix}a&1&1\\1&a&1\\1&1&a\end{pmatrix}\begin{pmatrix}x_1\\x_2\\x_3\end{pmatrix}=\begin{pmatrix}1\\1\\-2\end{pmatrix}$有无穷多解，则$a=$________.

10. 设$\boldsymbol{\eta}_1$，$\boldsymbol{\eta}_2$是三元齐次线性方程组$\boldsymbol{Ax}=\boldsymbol{0}$的基础解系，则$r(\boldsymbol{A})=$________.

11. 设$\boldsymbol{\alpha}_1$，$\boldsymbol{\alpha}_2$为$\boldsymbol{Ax}=\boldsymbol{0}$的基础解系，$\boldsymbol{\beta}$为$\boldsymbol{Ax}=\boldsymbol{b}(\boldsymbol{b}\neq\boldsymbol{0})$的解，证明：$\boldsymbol{\alpha}_1+\boldsymbol{\beta}$，$\boldsymbol{\alpha}_2+\boldsymbol{\beta}$，$\boldsymbol{\beta}$线性无关.

12. 求以下齐次线性方程组的通解.

（1）$\begin{cases} x_1+x_2+x_3+x_4=0, \\ x_1+2x_2+4x_3+4x_4=0, \\ 2x_1+3x_2+5x_3+5x_4=0. \end{cases}$

（2）$\begin{cases} x_1+x_2-x_3+2x_4=0, \\ 2x_1+x_2\qquad-2x_4=0, \\ 3x_1+x_2+x_3-8x_4=0. \end{cases}$

13. 设方程组

$$\begin{cases} x_1+\lambda x_2+x_3=0, \\ \lambda x_1+x_2+x_3=0, \\ x_1+x_2+\lambda x_3=0 \end{cases}$$

有非零解，其中 $\lambda<0$，求参数 λ，并写出该方程组的通解.

14. 求以下线性方程组的通解.

（1）$\begin{cases} x_1+x_2\qquad\qquad=5, \\ 2x_1+x_2+x_3+2x_4=1, \\ 5x_1+3x_2+2x_3+2x_4=3; \end{cases}$

（2）$\begin{cases} x_1+x_2+x_3+x_4+x_5=7, \\ 3x_1+2x_2+x_3+x_4-3x_5=-2, \\ x_2+2x_3+2x_4+6x_5=23, \\ 5x_1+4x_2+3x_3+3x_4-x_5=12. \end{cases}$

15. 设四元方程组为$\begin{cases} x_1-x_2+3x_3+2x_4=3, \\ 2x_1-x_2+2x_3-x_4=2, \\ x_1-2x_2+7x_3+7x_4=t, \end{cases}$问 t 取何值时该方程组有解？并在有解时求其通解.

16. 问 a 为何值时，线性方程组$\begin{cases} x_1+2x_2+3x_3=4, \\ 2x_2+ax_3=2, \\ 2x_1+2x_2+3x_3=6 \end{cases}$有唯一解？有无穷多解？并在有无穷多解时求出其通解.

17. 设向量组 $\boldsymbol{\alpha}_1,\boldsymbol{\alpha}_2,\boldsymbol{\alpha}_3$ 是齐次线性方程组 $\boldsymbol{AX}=\boldsymbol{0}$ 的一个基础解系，向量组

$$\boldsymbol{\beta}_1=\boldsymbol{\alpha}_1-\boldsymbol{\alpha}_2,\ \boldsymbol{\beta}_2=\boldsymbol{\alpha}_1+2\boldsymbol{\alpha}_2,\ \boldsymbol{\beta}_3=\boldsymbol{\alpha}_1+2\boldsymbol{\alpha}_2+3\boldsymbol{\alpha}_3.$$

证明：向量组 $\boldsymbol{\beta}_1,\boldsymbol{\beta}_2,\boldsymbol{\beta}_3$ 可构成线性方程组 $\boldsymbol{AX}=\boldsymbol{0}$ 的一个基础解系.

18. 设矩阵 $\boldsymbol{A}$ 列满秩，矩阵 $\boldsymbol{B}$，$\boldsymbol{C}$ 满足 $\boldsymbol{AB}=\boldsymbol{C}$，证明：$\boldsymbol{BX}=\boldsymbol{0}$ 与 $\boldsymbol{CX}=\boldsymbol{0}$ 同解.

B. 综合练习

1. 设 $\boldsymbol{A}$ 为 n 阶矩阵，$\boldsymbol{B}$ 为 n 阶非零矩阵，若 $\boldsymbol{AB}=\boldsymbol{O}$，则 $|\boldsymbol{A}|=$________.

2. 设 $\boldsymbol{A}=\begin{pmatrix}1&-1&0&0\\0&1&-1&0\\0&0&1&-1\\-1&0&0&a\end{pmatrix}$，$\boldsymbol{\beta}=\begin{pmatrix}1\\2\\3\\b\end{pmatrix}$，若 $\boldsymbol{AX}=\boldsymbol{\beta}$ 有无穷多解，则(　　).

A. $a=1$，$b\neq6$　　B. $a\neq1$，$b\neq6$

C. $a=1$，$b=-6$　　D. $a\neq1$，$b=-6$

3. 对非齐次线性方程组 $\boldsymbol{A}_{m\times n}\boldsymbol{x}=\boldsymbol{b}$，设 $r(\boldsymbol{A})=r$，则(　　).

A. $r=m$ 时，方程组 $\boldsymbol{Ax}=\boldsymbol{b}$ 有解　　B. $r=n$ 时，方程组 $\boldsymbol{Ax}=\boldsymbol{b}$ 有唯一解

C. $m=n$ 时，方程组 $\boldsymbol{Ax}=\boldsymbol{b}$ 有唯一解　　D. $r<n$ 时，方程组 $\boldsymbol{Ax}=\boldsymbol{b}$ 有无穷多解

4. (2004，数3)设 n 阶矩阵 $\boldsymbol{A}$ 的伴随矩阵 $\boldsymbol{A}^*\neq\boldsymbol{O}$，若 $\boldsymbol{\xi}_1,\boldsymbol{\xi}_2,\boldsymbol{\xi}_3,\boldsymbol{\xi}_4$ 是齐次线性方程组 $\boldsymbol{AX}=\boldsymbol{b}$ 的互不相等的解，则对应齐次线性方程组 $\boldsymbol{AX}=\boldsymbol{0}$ 的基础解系(　　).

A. 不存在　　B. 仅含有一个非零向量

C. 含有两个线性无关的解向量　　D. 含有三个线性无关的解向量

5. (仅对数1要求)设 $\boldsymbol{\alpha}_i=(a_i,b_i,c_i)^{\mathrm{T}}$，$i=1,2,3$，则平面上三条直线 $a_1x+a_2y+a_3=0$，$b_1x+b_2y+b_3=0$，$c_1x+c_2y+c_3=0$ 交于一点的充分必要条件是(　　).

A. $|(\boldsymbol{\alpha}_1,\boldsymbol{\alpha}_2,\boldsymbol{\alpha}_3)|=0$　　B. $|(\boldsymbol{\alpha}_1,\boldsymbol{\alpha}_2,\boldsymbol{\alpha}_3)|\neq0$

C. $r(\boldsymbol{\alpha}_1,\boldsymbol{\alpha}_2,\boldsymbol{\alpha}_3)=r(\boldsymbol{\alpha}_1,\boldsymbol{\alpha}_2)$　　D. $\boldsymbol{\alpha}_1,\boldsymbol{\alpha}_2$ 线性无关，但 $\boldsymbol{\alpha}_1,\boldsymbol{\alpha}_1,\boldsymbol{\alpha}_3$ 线性相关

6. 已知 $\boldsymbol{A}=\begin{pmatrix}1&2&3\\-1&3&2\\2&-1&1\\0&5&5\end{pmatrix}$，求方程组 $\boldsymbol{A}^{\mathrm{T}}\boldsymbol{AX}=\boldsymbol{0}$ 的通解.

7. 设齐次线性方程组为

$$\begin{cases}ax_1+bx_2+bx_3+\cdots+bx_n=0,\\bx_1+ax_2+bx_3+\cdots+bx_n=0,\\\qquad\vdots\\bx_1+bx_2+bx_3+\cdots+ax_n=0.\end{cases}$$

其中 $a\neq0$，$b\neq0$，$n\geqslant2$. 试讨论 a，b 为何值时，方程组仅有零解、有无穷多解. 在有无穷多解时，求出全部解，并用基础解系表示全部解.

8. 已知 $\boldsymbol{A}=\begin{pmatrix}2&3\\1&0\end{pmatrix}$，$\boldsymbol{B}=\begin{pmatrix}-3&-1\\-2&1\end{pmatrix}$，$\boldsymbol{C}=\begin{pmatrix}0&-1&1\\1&2&0\end{pmatrix}$，$\boldsymbol{D}=\begin{pmatrix}1&2&0\\1&0&1\end{pmatrix}$，矩阵 $\boldsymbol{X}$ 满足方程 $\boldsymbol{AX}+\boldsymbol{BX}=\boldsymbol{D}-\boldsymbol{C}$，求 $\boldsymbol{X}$.

9. 已知线性方程组 $\begin{cases}x_1+x_2+\lambda x_3=-2,\\x_1+\lambda x_2+x_3=-2,\\\lambda x_1+x_2+x_3=\lambda-3.\end{cases}$

(1) 讨论 λ 为何值时，方程组无解、有唯一解、有无穷多个解；

(2) 在方程组有无穷多个解时，求出方程组的通解(并用其一个特解和导出组的基础解系

表示).

10. 设 $\boldsymbol{A}$，$\boldsymbol{B}$ 分别为 $m\times n$ 与 $n\times s$ 矩阵，证明：$\boldsymbol{BX}=\boldsymbol{0}$ 与 $\boldsymbol{ABX}=\boldsymbol{0}$ 同解的充要条件是 $r(\boldsymbol{AB})=r(\boldsymbol{B})$.

11. (2010，农学)设 $\boldsymbol{A}=\begin{pmatrix} a & 1 & 1 \\ 0 & a-1 & 0 \\ 1 & 1 & a \end{pmatrix}$，$\boldsymbol{\beta}=\begin{pmatrix} -2 \\ 1 \\ 1 \end{pmatrix}$. 已知线性方程组 $\boldsymbol{AX}=\boldsymbol{\beta}$ 有两个不同的解，求 a 的值和方程组 $\boldsymbol{AX}=\boldsymbol{\beta}$ 的通解.

12. (2009，农学)设 $\boldsymbol{A}=\begin{pmatrix} 1 & 2 & 1 \\ 1 & a+2 & a+1 \\ -1 & a-2 & 2a-3 \end{pmatrix}$，若存在三阶非零矩阵 $\boldsymbol{B}$，使得 $\boldsymbol{AB}=\boldsymbol{O}$.

(1) 求 a 的值；

(2) 求方程组 $\boldsymbol{AX}=\boldsymbol{0}$ 的通解.

13. 如果 $\boldsymbol{\xi}_1=(1,-1,2,3)^{\mathrm{T}}$，$\boldsymbol{\xi}_2=(-1,1,1,3)^{\mathrm{T}}$，$\boldsymbol{\xi}_3=(-1,0,0,3)^{\mathrm{T}}$ 是方程组 $\boldsymbol{AX}=\boldsymbol{b}$ 的三个不同的解，而且 $r(\boldsymbol{A})=2$，求方程组 $\boldsymbol{AX}=\boldsymbol{b}$ 的通解.

14. 三阶矩阵 $\boldsymbol{A}=(\boldsymbol{\alpha}_1,\boldsymbol{\alpha}_2,\boldsymbol{\alpha}_3)$ 的列向量 $\boldsymbol{\alpha}_1,\boldsymbol{\alpha}_2$ 线性无关，且 $\boldsymbol{\alpha}_3=\boldsymbol{\alpha}_1+2\boldsymbol{\alpha}_2$，若 $\boldsymbol{\beta}=\boldsymbol{\alpha}_1+\boldsymbol{\alpha}_2+\boldsymbol{\alpha}_3$，证明：求线性方程组 $\boldsymbol{AX}=\boldsymbol{\beta}$ 的通解.

15. 证明：设 $\boldsymbol{A}$，$\boldsymbol{B}$ 均为 $m\times n$ 矩阵，$r(\boldsymbol{A})=n-s$，$r(\boldsymbol{B})=n-r$，如果 $s+r>n$，证明：线性方程组 $\boldsymbol{AX}=\boldsymbol{0}$ 与 $\boldsymbol{BX}=\boldsymbol{0}$ 有非零的公共解.

16. 设 $\boldsymbol{A}=(a_{ij})$ 是 n 阶方阵，$\boldsymbol{A}^*$ 是 $\boldsymbol{A}$ 的伴随矩阵，而且 $A_{1n}\neq 0$，证明：非齐次线性方程组 $\boldsymbol{AX}=\boldsymbol{b}$ 有无穷多解的充要条件是 $\boldsymbol{b}$ 是 $\boldsymbol{A}^*\boldsymbol{X}=\boldsymbol{0}$ 的解.

第 5 章 n 阶矩阵的特征值与特征向量

5.1 大纲要求

1. 理解矩阵的特征值和特征向量的概念及性质，会求矩阵的特征值和特征向量.

2. 理解相似对角化的概念、性质及矩阵可相似对角化的条件，掌握矩阵相似对角化的方法.

3. 掌握实对称矩阵的特征值和特征向量的性质.

5.2 重点与难点

本章内容包括矩阵的特征值和特征向量的概念、性质，求矩阵的特征值和特征向量的方法；相似矩阵的概念、性质，以及矩阵相似对角化的条件. 计算特征值与矩阵对角化是本章核心与基础，前者要求读者注意对各种能找到矩阵特征值的情形进行总结，后者要注意三个问题：一是矩阵与对角矩阵相似的条件；二是与对角矩阵 $\boldsymbol{\Lambda}$ 相似时，如何求相似变换矩阵 $\boldsymbol{P}$ 及对角矩阵 $\boldsymbol{\Lambda}$；三是矩阵与对角矩阵 $\boldsymbol{\Lambda}$ 相似时，利用相似对角矩阵求矩阵的方幂、判断矩阵的秩等.

实对称矩阵的相似对角化问题是本章的又一重点，主要要求掌握其属于不同特征值的特征向量正交，并会将实对称矩阵利用正交矩阵相似对角化等.

5.3 内容解析

5.3.1 矩阵的特征值与特征向量

1. 矩阵的特征值与特征向量的概念及求法

(1) 基本概念

定义 设 $\boldsymbol{A}$ 是 n 阶矩阵，对于数 λ，如存在非零的 n 维列向量 $\boldsymbol{\alpha}$，使得

$$\boldsymbol{A\alpha}=\lambda\boldsymbol{\alpha}\quad(\boldsymbol{\alpha}\neq\boldsymbol{0}),\tag{1}$$

则称 $\boldsymbol{\alpha}$ 是矩阵 $\boldsymbol{A}$ 属于特征值 λ 的特征向量.

注： 由定义可见，特征向量是非零向量，这一点在论证过程中经常使用.

[例如]由定义可知，当 $\boldsymbol{\alpha}$ 是矩阵 $\boldsymbol{A}$ 属于特征值 λ 的特征向量时，由式(1)可得，对任意非零常数 k，都有 $\boldsymbol{A}(k\boldsymbol{\alpha})=\lambda(k\boldsymbol{\alpha})$，此说明 $k\boldsymbol{\alpha}(k\neq0)$ 均为矩阵 $\boldsymbol{A}$ 属于特征值 λ 的特征向量，因此属于同一个特征值的特征向量有无穷多个.

但是要注意，同一个特征向量不能属于两个不同的特征值. 事实上，如果向量 $\boldsymbol{\alpha}$ 是属于不同特征值 λ_1，λ_2 的特征向量，即 $\boldsymbol{A\alpha}=\lambda_1\boldsymbol{\alpha}$，$\boldsymbol{A\alpha}=\lambda_2\boldsymbol{\alpha}$，则有 $\lambda_1\boldsymbol{\alpha}=\lambda_2\boldsymbol{\alpha}$，所以 $(\lambda_1-\lambda_2)\boldsymbol{\alpha}=\boldsymbol{0}$，结合 $\boldsymbol{\alpha}\neq\boldsymbol{0}$，可得 $\lambda_1=\lambda_2$，得出矛盾.

(2) 矩阵的特征方程

λ 是矩阵 $\boldsymbol{A}$ 的特征值，等价于存在非零的 n 维列向量 $\boldsymbol{\alpha}$，使式(1)成立，即线性方程组

$$(\lambda\boldsymbol{E}-\boldsymbol{A})\boldsymbol{X}=\boldsymbol{0} \tag{2}$$

有非零解 $\boldsymbol{\alpha}$.

由于齐次线性方程组有非零解的充要条件是它的系数行列式等于0，所以 λ 是矩阵 $\boldsymbol{A}$ 的特征值的充要条件是 $|\lambda\boldsymbol{E}-\boldsymbol{A}|=0$.

这里 $|\lambda\boldsymbol{E}-\boldsymbol{A}|=0$ 称为矩阵 $\boldsymbol{A}$ 的特征方程. 因此 λ 是 n 阶矩阵 $\boldsymbol{A}$ 的特征值的充要条件是 λ 为 $\boldsymbol{A}$ 的特征方程的根. 对于具体的 n 阶数字矩阵 $\boldsymbol{A}$，其特征多项式 $f(\lambda)=|\lambda\boldsymbol{E}-\boldsymbol{A}|$ 是 λ 的 n 次多项式，从而重根按重数计算时，特征方程 $f(\lambda)=|\lambda\boldsymbol{E}-\boldsymbol{A}|=0$ 恰有 n 个根.

(3) 矩阵特征值与特征向量的求法

对数字矩阵 $\boldsymbol{A}$，先由特征方程 $|\lambda\boldsymbol{E}-\boldsymbol{A}|=0$ 求出每个特征值 λ_i，再解齐次线性方程组 $(\lambda_i\boldsymbol{E}-\boldsymbol{A})\boldsymbol{X}=\boldsymbol{0}$ 求出基础解系，该基础解系就是矩阵 $\boldsymbol{A}$ 对应于特征值 λ_i 的一组线性无关的特征向量，而 $(\lambda_i\boldsymbol{E}-\boldsymbol{A})\boldsymbol{X}=\boldsymbol{0}$ 的通解(除 $\boldsymbol{0}$ 向量外)，就是矩阵 $\boldsymbol{A}$ 属于 λ_i 的全部特征向量.

对于抽象矩阵，可根据定义 $\boldsymbol{A\alpha}=\lambda\boldsymbol{\alpha}$，或满足特征方程 $|\lambda\boldsymbol{E}-\boldsymbol{A}|=\boldsymbol{0}$ 等一些条件确定特征值的取值. 这是线性代数最重要的内容之一，读者阅读本书时应注意结合例题进行总结.

[例如]设向量 $\boldsymbol{\alpha}=(1,0,-2)^{\mathrm{T}}$ 是齐次线性方程组 $\boldsymbol{AX}=\boldsymbol{0}$ 的解，可得 $\boldsymbol{A\alpha}=\boldsymbol{0}$，换种写法即

$$\boldsymbol{A\alpha}=0\boldsymbol{\alpha},$$

所以此时矩阵 $\boldsymbol{A}$ 有特征值0，$\boldsymbol{\alpha}$ 为 $\boldsymbol{A}$ 属于特征值0的一个特征向量.

[再如] 设 $\boldsymbol{A}$ 是 n 阶方阵，由 $|6\boldsymbol{E}+2\boldsymbol{A}|=0$，可得 $|(-3)\boldsymbol{E}-\boldsymbol{A}|=0$. 类比特征方程 $|\lambda\boldsymbol{E}-\boldsymbol{A}|=0$ 的结构特征，可知 -3 是矩阵 $\boldsymbol{A}$ 的一个特征值.

2. 特征值与特征向量的性质

(1) 特征值的性质

性质1　设 $\boldsymbol{A}=(a_{ij})$ 为 n 阶矩阵，其特征值为 $\lambda_1,\lambda_2,\cdots,\lambda_n$，则有

$$\lambda_1+\lambda_2+\cdots+\lambda_n=a_{11}+a_{22}+\cdots+a_{nn},$$

$$\lambda_1\lambda_2\cdots\lambda_n=|\boldsymbol{A}|.$$

证明　根据行列式的定义，在特征多项式

$$|\lambda\boldsymbol{E}-\boldsymbol{A}|=\begin{vmatrix}\lambda-a_{11} & -a_{12} & \cdots & -a_{1n}\\ -a_{22} & \lambda-a_{22} & \cdots & -a_{2n}\\ \vdots & \vdots & & \vdots\\ -a_{n1} & -a_{n2} & \cdots & \lambda-a_{nn}\end{vmatrix}$$

的展开式中，有一项是主对角线上元素的乘积 $(\lambda-a_{11})(\lambda-a_{22})\cdots(\lambda-a_{nn})$，其余各项至多包含

$n-2$ 个主对角线上的元素，因此 λ 的 n 次与 $n-1$ 次项只能在 $(\lambda-a_{11})(\lambda-a_{22})\cdots(\lambda-a_{nn})$ 中出现，它们是

$$\lambda^n-(a_{11}+a_{22}+\cdots+a_{nn})\lambda^{n-1},$$

而在特征多项式 $f(\lambda)=|\lambda\boldsymbol{E}-\boldsymbol{A}|$ 中，令 $\lambda=0$ 得常数项 $|-\boldsymbol{A}|=(-1)^n|\boldsymbol{A}|$. 因此有

$$f(\lambda)=\lambda^n-(a_{11}+a_{22}+\cdots+a_{nn})\lambda^{n-1}+\cdots+(-1)^n|\boldsymbol{A}|.$$

又因为 $\boldsymbol{A}=(a_{ij})$ 的特征值为 $\lambda_1,\lambda_2,\cdots,\lambda_n$ 时，有

$$\begin{aligned}f(\lambda)&=(\lambda-\lambda_1)(\lambda-\lambda_2)\cdots(\lambda-\lambda_n)\\&=\lambda^n-(\lambda_1+\lambda_2+\cdots+\lambda_n)\lambda^{n-1}+\cdots+(-1)^n\lambda_1\lambda_2\cdots\lambda_n,\end{aligned}$$

比较系数可得

$$\lambda_1+\lambda_2+\cdots+\lambda_n=a_{11}+a_{22}+\cdots+a_{nn},$$
$$\lambda_1\lambda_2\cdots\lambda_n=|\boldsymbol{A}|.$$

注：这两条性质常用于确定矩阵的特征值，而且性质 $\lambda_1\lambda_2\cdots\lambda_n=|\boldsymbol{A}|$ 在证明矩阵可逆、求行列式的值等方面有着广泛的应用.

性质 2　如果 $\boldsymbol{\alpha}$ 是矩阵 $\boldsymbol{A}$ 属于 λ 的特征向量，即 $\boldsymbol{A\alpha}=\lambda\boldsymbol{\alpha}$，则

1）对任意的自然数 k，有 $\boldsymbol{A}^k\boldsymbol{\alpha}=\lambda^k\boldsymbol{\alpha}$，即 λ^k 是 $\boldsymbol{A}^k$ 的特征值，特征向量不变.

2）若 $f(\boldsymbol{A})$ 是 $\boldsymbol{A}$ 的一个多项式，则 $f(\boldsymbol{A})\boldsymbol{\alpha}=f(\lambda)\boldsymbol{\alpha}$，即 $f(\lambda)$ 是 $f(\boldsymbol{A})$ 的特征值，特征向量不变.

性质 3　如果 $\boldsymbol{\alpha}$ 是矩阵 $\boldsymbol{A}$ 属于 λ 的特征向量，即 $\boldsymbol{A\alpha}=\lambda\boldsymbol{\alpha}$，而且矩阵 $\boldsymbol{A}$ 是可逆矩阵，则 λ^{-1} 是 $\boldsymbol{A}^{-1}$ 的特征值，$\dfrac{|\boldsymbol{A}|}{\lambda}$ 是 $\boldsymbol{A}^*$ 的特征值.

（2）特征向量的性质

定理 5.1　如果 $\boldsymbol{\alpha}_1,\boldsymbol{\alpha}_2$ 都是矩阵 $\boldsymbol{A}$ 属于特征值 λ 的特征向量，则 $\boldsymbol{\alpha}_1,\boldsymbol{\alpha}_2$ 的非零的线性组合 $k_1\boldsymbol{\alpha}_1+k_2\boldsymbol{\alpha}_2$ 仍是 $\boldsymbol{A}$ 属于 λ 的特征向量.

证明　由于 $\boldsymbol{\alpha}_1,\boldsymbol{\alpha}_2$ 都是矩阵 $\boldsymbol{A}$ 属于特征值 λ 的特征向量，即

$$\boldsymbol{A\alpha}_i=\lambda\boldsymbol{\alpha}_i,\ \boldsymbol{\alpha}_i\neq\boldsymbol{0},\ i=1,2.$$

所以

$$\boldsymbol{A}(k_1\boldsymbol{\alpha}_1+k_2\boldsymbol{\alpha}_2)=\lambda(k_1\boldsymbol{\alpha}_1+k_2\boldsymbol{\alpha}_2).$$

结合 $k_1\boldsymbol{\alpha}_1+k_2\boldsymbol{\alpha}_2\neq\boldsymbol{0}$，由定义可知结论成立.

定理 5.2　设 $\lambda_1,\lambda_2,\cdots,\lambda_m$ 是矩阵 $\boldsymbol{A}$ 的 m 个不同特征值，$\boldsymbol{\alpha}_1,\boldsymbol{\alpha}_2,\cdots,\boldsymbol{\alpha}_m$ 依次为与之对应的特征向量，若 $\lambda_1,\lambda_2,\cdots,\lambda_m$ 互不相同，则 $\boldsymbol{\alpha}_1,\boldsymbol{\alpha}_2,\cdots,\boldsymbol{\alpha}_m$ 是线性无关的.

定理 5.3　设 λ_1，λ_2 是矩阵 $\boldsymbol{A}$ 的不同特征值，向量组 $\boldsymbol{\alpha}_1,\boldsymbol{\alpha}_2,\cdots,\boldsymbol{\alpha}_q$ 与 $\boldsymbol{\beta}_1,\boldsymbol{\beta}_2,\cdots,\boldsymbol{\beta}_r$ 分别是矩阵 $\boldsymbol{A}$ 对应于 λ_1 和 λ_2 的两组线性无关的特征向量，则向量组 $\boldsymbol{\alpha}_1,\boldsymbol{\alpha}_2,\cdots,\boldsymbol{\alpha}_q$，$\boldsymbol{\beta}_1,\boldsymbol{\beta}_2,\cdots,\boldsymbol{\beta}_r$ 线性无关.

证明　令

$$k_1\boldsymbol{\alpha}_1+k_2\boldsymbol{\alpha}_2+\cdots+k_q\boldsymbol{\alpha}_q+l_1\boldsymbol{\beta}_1+l_2\boldsymbol{\beta}_2+\cdots+l_r\boldsymbol{\beta}_r=\boldsymbol{0},$$

则有

$$k_1\boldsymbol{\alpha}_1+k_2\boldsymbol{\alpha}_2+\cdots+k_q\boldsymbol{\alpha}_q=-l_1\boldsymbol{\beta}_1-l_2\boldsymbol{\beta}_2-\cdots-l_r\boldsymbol{\beta}_r\triangleq\boldsymbol{\gamma},$$

如果 $\boldsymbol{\gamma}\neq\mathbf{0}$，则向量 $k_1\boldsymbol{\alpha}_1+k_2\boldsymbol{\alpha}_2+\cdots+k_q\boldsymbol{\alpha}_q$ 与 $-l_1\boldsymbol{\beta}_1-l_2\boldsymbol{\beta}_2-\cdots-l_r\boldsymbol{\beta}_r$ 分别为矩阵 $\boldsymbol{A}$ 属于不同特征值 λ_1，λ_2 的特征向量，由定理 5.2 知 $k_1\boldsymbol{\alpha}_1+k_2\boldsymbol{\alpha}_2+\cdots+k_q\boldsymbol{\alpha}_q$ 与 $-l_1\boldsymbol{\beta}_1-l_2\boldsymbol{\beta}_2-\cdots-l_r\boldsymbol{\beta}_r$ 线性无关，此与 $k_1\boldsymbol{\alpha}_1+k_2\boldsymbol{\alpha}_2+\cdots+k_q\boldsymbol{\alpha}_q=-l_1\boldsymbol{\beta}_1-l_2\boldsymbol{\beta}_2-\cdots-l_r\boldsymbol{\beta}_r$ 矛盾. 故有

$$k_1\boldsymbol{\alpha}_1+k_2\boldsymbol{\alpha}_2+\cdots+k_q\boldsymbol{\alpha}_q=-l_1\boldsymbol{\beta}_1-l_2\boldsymbol{\beta}_2-\cdots-l_r\boldsymbol{\beta}_r=\mathbf{0},$$

结合 $\boldsymbol{\alpha}_1,\boldsymbol{\alpha}_2,\cdots,\boldsymbol{\alpha}_q$ 与 $\boldsymbol{\beta}_1,\boldsymbol{\beta}_2,\cdots,\boldsymbol{\beta}_r$ 都是线性无关的向量组，可得

$$k_1=k_2=\cdots=k_q=l_1=l_2=\cdots=l_r=0.$$

命题得证.

注：n 阶矩阵 $\boldsymbol{A}$ 只有 n 个特征值，$\boldsymbol{A}$ 的特征向量虽有无穷多个，但线性无关的特征向量个数至多有 n 个.

定理 5.4　矩阵任意一个特征值的几何重数不超过代数重数.

对 n 阶矩阵 $\boldsymbol{A}$，设 λ_i 是 $\boldsymbol{A}$ 的 k 重特征值，则整数 k 称为特征值 λ_i 的代数重数. 此时线性方程组 $(\lambda_i\boldsymbol{E}-\boldsymbol{A})\boldsymbol{X}=\mathbf{0}$ 的基础解系所包含向量的个数 $n-r(\lambda_i\boldsymbol{E}-\boldsymbol{A})$ 称为 λ_i 的几何重数. 这里一定有 $n-r(\lambda_i\boldsymbol{E}-\boldsymbol{A})\leqslant k$. 这一事实证明较为烦琐，但了解这一事实非常必要.

[例如]设矩阵 $\boldsymbol{A}=\begin{pmatrix}1&1&2&2\\0&2&1&1\\0&0&3&1\\0&0&0&3\end{pmatrix}$，则 $\boldsymbol{A}$ 的线性无关的特征向量的个数是________.

解　应填 3.

[分析]事实上，易知 $|\lambda\boldsymbol{E}-\boldsymbol{A}|=(\lambda-1)(\lambda-2)(\lambda-3)^2$，所以矩阵 $\boldsymbol{A}$ 的特征值为 $\lambda_1=1$，$\lambda_2=2$，$\lambda_3=\lambda_4=3$.

由于 $\lambda_1=1$，$\lambda_2=2$ 均为单根，所以它们的线性无关的特征向量均只有一个. 对于特征值 3，由于 $r(3\boldsymbol{E}-\boldsymbol{A})=3$，所以在四元线性方程组 $(3\boldsymbol{E}-\boldsymbol{A})\boldsymbol{X}=\mathbf{0}$ 的任一基础解系均包含 1 个向量，从而 $\boldsymbol{A}$ 对应于特征值 3 的线性无关的特征向量也只能为 1 个.

综上可知，$\boldsymbol{A}$ 的任何四个特征向量至少有两个属于同一个特征值，这两个向量成倍数关系，因此它们线性相关. 又由于属于不同特征值的特征向量线性无关，所以矩阵 $\boldsymbol{A}$ 的线性无关的特征向量只有 1+1+1(=3)个.

5.3.2 相似矩阵与矩阵的对角化

1. 矩阵的相似

(1) 相似的概念

定义　设 $\boldsymbol{A}$，$\boldsymbol{B}$ 是 n 阶矩阵，如果存在可逆矩阵 $\boldsymbol{P}$，使得 $\boldsymbol{P}^{-1}\boldsymbol{A}\boldsymbol{P}=\boldsymbol{B}$，则称矩阵 $\boldsymbol{A}$ 相似于 $\boldsymbol{B}$.

由定义可知，矩阵的相似满足：

1) 反身性.

事实上，对于 n 阶矩阵 $\boldsymbol{A}$，单位矩阵 $\boldsymbol{E}$ 为可逆矩阵，取 $\boldsymbol{P}=\boldsymbol{E}$，则有 $\boldsymbol{P}^{-1}\boldsymbol{A}\boldsymbol{P}=\boldsymbol{E}^{-1}\boldsymbol{A}\boldsymbol{E}=\boldsymbol{A}$，即矩阵 $\boldsymbol{A}$ 相似于 $\boldsymbol{A}$.

2）对称性.

假设 $\boldsymbol{A}$ 相似于 $\boldsymbol{B}$，即 $\boldsymbol{P}^{-1}\boldsymbol{AP}=\boldsymbol{B}$，则 $\boldsymbol{A}=(\boldsymbol{P}^{-1})^{-1}\boldsymbol{BP}^{-1}$，所以 $\boldsymbol{B}$ 相似于 $\boldsymbol{A}$.

3）传递性.

设 $\boldsymbol{A}$ 相似于 $\boldsymbol{B}$，$\boldsymbol{B}$ 相似于 $\boldsymbol{C}$，即存在可逆矩阵 $\boldsymbol{P}$，$\boldsymbol{Q}$，使矩阵 $\boldsymbol{P}^{-1}\boldsymbol{AP}=\boldsymbol{B}$，$\boldsymbol{Q}^{-1}\boldsymbol{BQ}=\boldsymbol{C}$，则有

$$\boldsymbol{C}=\boldsymbol{Q}^{-1}\boldsymbol{BQ}=\boldsymbol{Q}^{-1}(\boldsymbol{P}^{-1}\boldsymbol{AP})\boldsymbol{Q}=(\boldsymbol{PQ})^{-1}\boldsymbol{A}(\boldsymbol{PQ}).$$

所以，$\boldsymbol{A}$ 相似于 $\boldsymbol{C}$.

（2）相似矩阵的性质

定理 5.5　设 $\boldsymbol{P}^{-1}\boldsymbol{AP}=\boldsymbol{B}$，这里 $\boldsymbol{A}=(a_{ij})_n$，$\boldsymbol{B}=(b_{ij})_n$，则有以下性质：

1）$|\lambda\boldsymbol{E}-\boldsymbol{A}|=|\lambda\boldsymbol{E}-\boldsymbol{B}|$，从而 $\boldsymbol{A}$，$\boldsymbol{B}$ 有相同的特征值，反之不真.

相似矩阵有相同的特征多项式教材上都有证明，这里只说明逆命题不成立. 举例如下：

令
$$\boldsymbol{A}=\begin{pmatrix}1&0\\0&1\end{pmatrix},\ \boldsymbol{B}=\begin{pmatrix}1&1\\0&1\end{pmatrix},$$

则

$$|\lambda\boldsymbol{E}-\boldsymbol{A}|=\begin{vmatrix}\lambda-1&0\\0&\lambda-1\end{vmatrix}=(\lambda-1)^2,$$

$$|\lambda\boldsymbol{E}-\boldsymbol{B}|=\begin{vmatrix}\lambda-1&-1\\0&\lambda-1\end{vmatrix}=(\lambda-1)^2.$$

这里 $|\lambda\boldsymbol{E}-\boldsymbol{A}|=|\lambda\boldsymbol{E}-\boldsymbol{B}|$，但对任意的可逆矩阵 $\boldsymbol{P}$，

$$\boldsymbol{P}^{-1}\boldsymbol{AP}=\begin{pmatrix}1&0\\0&1\end{pmatrix}\neq\boldsymbol{B}=\begin{pmatrix}1&1\\0&1\end{pmatrix}.$$

2）$\sum\limits_{i=1}^{n}a_{ii}=\sum\limits_{i=1}^{n}\lambda_i=\sum\limits_{i=1}^{n}b_{ii}$（即 $\boldsymbol{A}$，$\boldsymbol{B}$ 有相同的迹）.

这是由于当矩阵 $\boldsymbol{A}$，$\boldsymbol{B}$ 相似时，它们的特征值相同，结合特征值的和等于其主对角线上元素之和即得如上结论.

3）$r(\boldsymbol{A})=r(\boldsymbol{B})$.

由定义知，两个矩阵相似时，二者必等价，所以其秩相同.

4）$|\boldsymbol{A}|=|\boldsymbol{B}|$.

这里有两种解释：一是由 $\boldsymbol{P}^{-1}\boldsymbol{AP}=\boldsymbol{B}$ 两边取行列式即得 $|\boldsymbol{A}|=|\boldsymbol{B}|$；另一种解释是，既然相似矩阵的特征值相同，那么它们特征值的乘积当然相同，也就是行列式相同.

5）$\boldsymbol{P}^{-1}\boldsymbol{A}^n\boldsymbol{P}=\boldsymbol{B}^n$.

事实上，因为 $\boldsymbol{B}=\boldsymbol{P}^{-1}\boldsymbol{AP}$，所以

$$\boldsymbol{B}^n=(\boldsymbol{P}^{-1}\boldsymbol{AP})^k=(\boldsymbol{P}^{-1}\boldsymbol{AP})(\boldsymbol{P}^{-1}\boldsymbol{AP})\cdots(\boldsymbol{P}^{-1}\boldsymbol{AP})=\boldsymbol{P}^{-1}\boldsymbol{A}^n\boldsymbol{P},$$

即 $\boldsymbol{A}^n$ 与 $\boldsymbol{B}^n$ 相似.

注：这些都是矩阵 $\boldsymbol{A}$，$\boldsymbol{B}$ 相似的必要条件，不满足其中任何一条都可以说明两个矩阵不相似. 这些性质常常用来确定相似矩阵的参数、研究矩阵的秩、计算行列式，以及求矩阵的方幂等.

2. 矩阵的相似对角化

(1) 相似对角化的概念

如果 n 阶矩阵 $\boldsymbol{A}$ 与对角矩阵 $\boldsymbol{\Lambda}$ 相似，即存在可逆矩阵 $\boldsymbol{P}$，使 $\boldsymbol{P}^{-1}\boldsymbol{AP}=\boldsymbol{\Lambda}$，则称 $\boldsymbol{A}$ 可以相似对角化，简称为 $\boldsymbol{A}$ 可对角化，$\boldsymbol{\Lambda}$ 称为 $\boldsymbol{A}$ 的相似对角形.

(2) 矩阵能否相似对角化的判定

定理 5.6 n 阶矩阵 $\boldsymbol{A}$ 与对角矩阵相似的充要条件是 $\boldsymbol{A}$ 有 n 个线性无关的特征向量.

证明 $\boldsymbol{A}$ 与对角矩阵相似 $\Leftrightarrow$ 存在可逆矩阵 $\boldsymbol{P}=(\boldsymbol{\alpha}_1,\boldsymbol{\alpha}_2,\cdots,\boldsymbol{\alpha}_n)$，使

$$\boldsymbol{P}^{-1}\boldsymbol{AP}=\begin{pmatrix}\lambda_1 & & & \\ & \lambda_2 & & \\ & & \ddots & \\ & & & \lambda_n\end{pmatrix}\Leftrightarrow$$

$$\boldsymbol{A}(\boldsymbol{\alpha}_1,\boldsymbol{\alpha}_2,\cdots,\boldsymbol{\alpha}_n)=(\boldsymbol{\alpha}_1,\boldsymbol{\alpha}_2,\cdots,\boldsymbol{\alpha}_n)\begin{pmatrix}\lambda_1 & & & \\ & \lambda_2 & & \\ & & \ddots & \\ & & & \lambda_n\end{pmatrix}\Leftrightarrow$$

$$\boldsymbol{A}(\boldsymbol{\alpha}_1,\boldsymbol{\alpha}_2,\cdots,\boldsymbol{\alpha}_n)=(\lambda_1\boldsymbol{\alpha}_1,\lambda_2\boldsymbol{\alpha}_2,\cdots,\lambda_n\boldsymbol{\alpha}_n)\Leftrightarrow$$

$$\boldsymbol{A}\boldsymbol{\alpha}_i=\lambda_i\boldsymbol{\alpha}_i(i=1,2,\cdots,n).$$

由于矩阵 $\boldsymbol{P}=(\boldsymbol{\alpha}_1,\boldsymbol{\alpha}_2,\cdots,\boldsymbol{\alpha}_n)$ 是可逆矩阵，所以 $\boldsymbol{\alpha}_i\neq\boldsymbol{0}(i=1,2,\cdots,n)$，而且 $\boldsymbol{\alpha}_1,\boldsymbol{\alpha}_2,\cdots,\boldsymbol{\alpha}_n$ 线性无关，因此 $\boldsymbol{\alpha}_1,\boldsymbol{\alpha}_2,\cdots,\boldsymbol{\alpha}_n$ 是矩阵 $\boldsymbol{A}$ 的 n 个线性无关的特征向量. 命题得证.

结合此定理和定理 5.2，可得如下充分条件：

推论 1 如果 n 阶矩阵 $\boldsymbol{A}$ 有 n 个不同的特征值，则 $\boldsymbol{A}$ 可相似对角化.

注：$\boldsymbol{A}$ 有 n 个不同的特征值是 $\boldsymbol{A}$ 与对角矩阵相似的充分条件而非必要条件.

结合任意特征值的几何重数不超过代数重数，以及前述特征向量的性质，可得矩阵可对角化的如下充要条件：

推论 2 矩阵 $\boldsymbol{A}$ 可相似对角化的充要条件是其任一特征值 λ 的几何重数等于其代数重数. 即如果 λ 是 $\boldsymbol{A}$ 的 k 重特征值时，必有齐次方程组 $(\lambda\boldsymbol{E}-\boldsymbol{A})\boldsymbol{x}=\boldsymbol{0}$ 基础解系所含向量的个数等于 k，即 $r(\lambda\boldsymbol{E}-\boldsymbol{A})=n-k$.

注：$r(\lambda\boldsymbol{E}-\boldsymbol{A})=n-k$ 对于矩阵的单个特征值是永远成立的，因此，判断一个矩阵是否可相似对角化，只需针对特征方程的重根进行检验.

(3) 当矩阵 $\boldsymbol{A}$ 可对角化时，化 $\boldsymbol{A}$ 为对角矩阵 $\boldsymbol{\Lambda}$ 的步骤如下：

1) 先求出 $\boldsymbol{A}$ 的特征值 $\lambda_1,\lambda_2,\cdots,\lambda_n$(其中可能有相同的).

2) 对于每个特征值 λ_i，由 $(\lambda_i\boldsymbol{E}-\boldsymbol{A})\boldsymbol{x}=\boldsymbol{0}$ 求基础解系，这个基础解系构成 $\boldsymbol{A}$ 对应于 λ_i 的一组线性无关的特征向量；

3) 合并如上诸方程组的基础解系，并以其为列构造可逆矩阵 $\boldsymbol{P}=(\boldsymbol{X}_1,\boldsymbol{X}_2\cdots,\boldsymbol{X}_n)$，则 $\boldsymbol{P}^{-1}\boldsymbol{AP}=\mathrm{diag}(\lambda_1,\lambda_2,\cdots,\lambda_n)$.

这里要注意：如果 $\boldsymbol{P}^{-1}\boldsymbol{AP}=\boldsymbol{\Lambda}$，则 $\boldsymbol{\Lambda}$ 对角线上的元素是 $\boldsymbol{A}$ 的全部特征值，而且当 $\boldsymbol{P}=(\boldsymbol{X}_1,$

$X_2,\cdots,X_n$)时，P 的第 i 列为矩阵 A 对应于 λ_i 的特征向量($i=1,2,\cdots,n$).

5.3.3 实对称矩阵的对角化

1. 实对称矩阵的性质

(1) 实对称矩阵的特征值全是实数

[例如]设 n 阶实对称矩阵 A 满足 $A^3=E$，则矩阵 A 的特征值只能是________.

解 应填1.

[分析]假设 λ 是矩阵 A 的特征值，由于 $A^3=E$，可知 $\lambda^3=1$，即

$$(\lambda-1)(\lambda^2+\lambda+1)=0,$$

因为 $\lambda^2+\lambda+1=0$ 无实数根，所以矩阵 A 的实特征值只有1.

又 A 是实对称的，其特征值只能是实数，所以 A 的特征值只能是1.

注： 结合下面的定理5.7，进一步分析会发现 $A=E$. 请读者思考!

(2) 设 λ_1,λ_2 是实对称矩阵 A 的两个不同特征值，它们对应的特征向量分别为 $\boldsymbol{\alpha}_1,\boldsymbol{\alpha}_2$，则 $\boldsymbol{\alpha}_1,\boldsymbol{\alpha}_2$ 正交

注： 一般矩阵属于不同特征值的特征向量是线性无关的，而实对称矩阵属于不同特征值的特征向量正交(当然能保证线性无关).

2. 实对称矩阵的正交对角化

定理5.7 假设 A 为 n 阶实对称矩阵，则必有正交矩阵 P，使 $P^{-1}AP=P^{\mathrm{T}}AP=\Lambda$，其中 Λ 是由 A 的特征值构成的对角矩阵.

注： 此定理表明，实对称矩阵一定相似于对角矩阵，而且可以找到正交矩阵 P，使 $P^{-1}AP=P^{\mathrm{T}}AP=\Lambda$.

推论 对 n 阶实对称矩阵 A，如果 λ 是 A 的 k 重特征值，则 $n-r(\lambda E-A)=k$. 即对应于 k 重特征值 λ，必有 k 个线性无关的特征向量.

实对称矩阵 A 对角化的步骤如下：

1) 求出矩阵 A 的互不相同的特征值 $\lambda_1,\lambda_2,\cdots,\lambda_s$，设它们的重数依次为 $t_1,t_2,\cdots,t_s$，这里 $t_1+t_2+\cdots+t_s=n$;

2) 对每个特征值 λ_i，求线性方程组 $(A-\lambda_iE)X=\mathbf{0}$ 的基础解系，可得 t_i 个线性无关的特征向量;

3) 当 $t_i=1$ 时，即特征值 λ_i 是单根时，对求得的一个特征向量直接单位化；当 $t_i>1$ 时，对求得的 t_i 个线性无关的特征向量施以施密特正交化，再单位化，因为 $t_1+t_2+\cdots+t_s=n$，从而可得 n 个线性无关的单位特征向量;

4) 以上述两两正交的 n 个线性无关的单位特征向量为列构成矩阵 P，则 P 是正交矩阵，而且 $P^{-1}AP=P^{\mathrm{T}}AP=\Lambda$.

注： 1) 仅有实对称矩阵才能用正交相似于对角形.

事实上，如果存在正交矩阵 P，使 $P^{-1}AP=P^{\mathrm{T}}AP=\Lambda$，则有 $A=P\Lambda P^{\mathrm{T}}$，可见

$$A^{\mathrm{T}}=(P\Lambda P^{\mathrm{T}})^{\mathrm{T}}=P\Lambda P^{\mathrm{T}}=A.$$

所以矩阵 A 是对称的.

2）用正交矩阵化实对称矩阵为对角形的方法，与后边用正交变换化二次型为标准形相对应.

5.4 题型归纳与解题指导

5.4.1 矩阵的特征值与特征向量的求法

1. 数字型矩阵

例 5.1 求矩阵 $A=\begin{vmatrix}0&0&1\\6&1&-6\\1&0&0\end{vmatrix}$ 的特征值与特征向量.

解 $|\lambda E-A|=\begin{vmatrix}\lambda&0&-1\\-6&\lambda-1&6\\-1&0&\lambda\end{vmatrix}=(\lambda-1)^2(\lambda+1)$,

所以 A 的特征值为 $\lambda_1=-1$，$\lambda_2=\lambda_3=1$.

对特征值为 $\lambda_1=-1$，解方程组 $(-E-A)X=0$ 得基础解系 $\alpha_1=(-1,6,1)^T$，所以 A 对应于特征值-1 的全部特征向量为 $k_1\alpha_1$，$k_1\neq 0$.

对二重根 $\lambda_2=\lambda_3=1$，对方程组 $(E-A)X=0$ 的系数矩阵施以初等行变换，有

$$A-E=\begin{pmatrix}-1&0&1\\6&0&-6\\1&0&-1\end{pmatrix}\overset{r}{\sim}\begin{pmatrix}-1&0&1\\0&0&0\\0&0&0\end{pmatrix},$$

所以 $x_1=0x_2+x_3$，其一个基础解系为 $\alpha_2=(0,1,0)^T$，$\alpha_3=(1,0,1)^T$，所以 A 对应于特征值 1 的全部特征向量为 $k_2\alpha_2+k_3\alpha_3$，k_2，k_3 不全为零.

例 5.2 求矩阵 $A=\begin{pmatrix}-2&1&1\\1&-2&-1\\1&-1&-2\end{pmatrix}$ 的特征值与特征向量.

解

$$|\lambda E-A|=\begin{vmatrix}\lambda+2&-1&-1\\-1&\lambda+2&1\\-1&1&\lambda+2\end{vmatrix}\xlongequal{r_1+r_2}\begin{vmatrix}\lambda+1&\lambda+1&0\\-1&\lambda+2&1\\-1&1&\lambda+2\end{vmatrix}$$

$$=(\lambda+1)\begin{vmatrix}1&1&0\\1&-2-\lambda&-1\\1&-1&-2-\lambda\end{vmatrix}$$

$$=(\lambda+1)^2(\lambda+4).$$

所以 A 的特征值为 $\lambda_1=\lambda_2=-1$，$\lambda_3=-4$.

对二重根 $\lambda_1=\lambda_2=-1$，解方程组 $(-E-A)X=0$ 可得基础解系

$$\xi_1=(1,1,0)^T,\ \xi_2=(1,0,1)^T.$$

所以，A 属于-1 的全部特征向量为 $k_1\xi_1+k_2\xi_2$，k_1，k_2 不全为零.

对 $\lambda_3=-4$，解 $(-4\boldsymbol{E}-\boldsymbol{A})\boldsymbol{X}=\boldsymbol{0}$ 得基础解系 $\boldsymbol{\xi}_3=(-1,1,1)^{\mathrm{T}}$，所以，$\boldsymbol{A}$ 属于-4的全部特征向量为 $k_3\boldsymbol{\xi}_3$，$k_3\neq 0$.

注： 对数字矩阵求特征值时，要注意观察其特点. 在例 5.1 中，能直接将 $|\lambda\boldsymbol{E}-\boldsymbol{A}|$ 按第二列展开，属于比较简单的情形. 一般情况下，要注意先用行列式的性质提取出关于 λ 的一个一次因子，然后再进行计算(这样可以避免繁杂的因式分解). 本题中使用运算 r_1+r_2 将第 1 行第 3 列化 0，目的是为了找到一个可提取的因子(这里是 $\lambda+1$)，请读者认真体会.

例 5.3 求 n 阶矩阵 $\boldsymbol{A}=\begin{pmatrix} n & 1 & \cdots & 1 \\ 1 & n & \cdots & 1 \\ \vdots & \vdots & & \vdots \\ 1 & 1 & \cdots & n \end{pmatrix}$ 的特征值、特征向量($n\geqslant 3$).

解 由 $\boldsymbol{A}$ 的特征多项式

$$|\lambda\boldsymbol{E}-\boldsymbol{A}|=\begin{vmatrix} \lambda-n & -1 & \cdots & -1 \\ -1 & \lambda-n & \cdots & -1 \\ \vdots & \vdots & & \vdots \\ -1 & -1 & \cdots & \lambda-n \end{vmatrix} \xlongequal[i=2,3,\cdots,n]{r_1+r_i} \begin{vmatrix} \lambda-2n+1 & \lambda-2n+1 & \cdots & \lambda-2n+1 \\ -1 & \lambda-n & \cdots & -1 \\ \vdots & \vdots & & \vdots \\ -1 & -1 & \cdots & \lambda-n \end{vmatrix}$$

$$=[\lambda-(2n-1)]\begin{vmatrix} 1 & 1 & \cdots & 1 \\ -1 & \lambda-n & \cdots & -1 \\ \vdots & \vdots & & \vdots \\ -1 & -1 & \cdots & \lambda-n \end{vmatrix}$$

$$\xlongequal[i=2,3,\cdots,n]{r_i+r_1}[\lambda-(2n-1)]\begin{vmatrix} 1 & 1 & \cdots & 1 \\ 0 & \lambda-n+1 & \cdots & 0 \\ \vdots & \vdots & & \vdots \\ 0 & 0 & \cdots & \lambda-n+1 \end{vmatrix}$$

$$=(\lambda-2n+1)(\lambda-n+1)^{n-1}.$$

所以 $\boldsymbol{A}$ 的特征值为 $\lambda_1=\lambda_2=\cdots=\lambda_{n-1}=n-1$，$\lambda_n=2n-1$.

对于 $\lambda_1=\lambda_2=\cdots=\lambda_{n-1}=n-1$，齐次方程组 $[\boldsymbol{A}-(n-1)\boldsymbol{E}]\boldsymbol{x}=\boldsymbol{0}$ 与 $x_1+x_2+\cdots+x_n=0$ 同解，解之得基础解系

$$\boldsymbol{\xi}_1=(-1,1,0,\cdots,0)^{\mathrm{T}},\ \boldsymbol{\xi}_2=(-1,0,1,\cdots,0)^{\mathrm{T}},\cdots,\ \boldsymbol{\xi}_{n-1}=(-1,0,0,\cdots,1)^{\mathrm{T}},$$

所以 $\boldsymbol{A}$ 属于特征值 $n-1$ 的全部特征向量是 $k_1\boldsymbol{\xi}_1+k_2\boldsymbol{\xi}_2+\cdots+k_{n-1}\boldsymbol{\xi}_{n-1}$，$k_1,k_2,\cdots,k_{n-1}$不全为 0.

对于特征值 $\lambda_n=2n-1$，由于 $\boldsymbol{A}$ 的各行元素之和为 $2n-1$，即

$$\boldsymbol{A}\begin{pmatrix} 1 \\ \vdots \\ 1 \end{pmatrix}=(2n-1)\begin{pmatrix} 1 \\ \vdots \\ 1 \end{pmatrix},$$

由定义知，$\boldsymbol{\xi}_n=(1,1,\cdots,1)^{\mathrm{T}}$ 是 $\boldsymbol{A}$ 对应于 $\lambda_n=2n-1$ 的向量. 又由于 $\lambda_n=2n-1$ 是特征方程的单根，结合几何重数不超过代数重数可知，不存在 $\boldsymbol{A}$ 属于特征值 $\lambda_n=2n-1$ 的两个线性无关的特征向量，由此可知 $\boldsymbol{A}$ 属于 $\lambda_n=2n-1$ 的全部特征向量是 $t_1\boldsymbol{\xi}_n$($t_1\neq 0$).

注： 当 $\lambda_n=2n-1$ 时，对于齐次方程组 $(\lambda_n\boldsymbol{E}-\boldsymbol{A})\boldsymbol{x}=\boldsymbol{0}$ 的系数矩阵施以初等行变换可得

$$\begin{pmatrix} n-1 & -1 & -1 & \cdots & -1 & -1 \\ -1 & n-1 & -1 & \cdots & -1 & -1 \\ -1 & -1 & n-1 & \cdots & -1 & -1 \\ \vdots & \vdots & \vdots & & \vdots & \vdots \\ -1 & -1 & -1 & \cdots & -1 & n-1 \end{pmatrix} \to \begin{pmatrix} 0 & 0 & 0 & \cdots & 0 & 0 \\ -1 & 1 & 0 & \cdots & 0 & 0 \\ -1 & 0 & 1 & \cdots & 0 & 0 \\ \vdots & \vdots & \vdots & & \vdots & \vdots \\ -1 & 0 & 0 & \cdots & 1 & 0 \\ -1 & 0 & 0 & \cdots & 0 & 1 \end{pmatrix},$$

取 x_1 为自由未知量，得基础解系 $\boldsymbol{\xi}_n=(1,1,\cdots,1)^{\mathrm{T}}$. 同样可得矩阵 $\boldsymbol{A}$ 属于 $\lambda_n=2n-1$ 的全部特征向量是 $t_1\boldsymbol{\xi}_n(t_1\neq0)$. 但这一过程较为复杂.

2. 抽象矩阵

(1) 用定义求特征值

根据特征值与特征向量的定义，凡是满足 $\boldsymbol{A\alpha}=\lambda\boldsymbol{\alpha}$ 的非零向量 $\boldsymbol{\alpha}$ 都是矩阵 $\boldsymbol{A}$ 对应于特征值 λ 的特征向量.

例 5.4　已知 $\boldsymbol{\xi}$ 为矩阵 $\boldsymbol{A}$ 对应于特征值 λ 的特征向量，则 $\boldsymbol{C}^{-1}\boldsymbol{AC}$ 对应于 $\boldsymbol{\lambda}$ 的一个特征向量为________.

解　应填 $C^{-1}\xi$.

[分析]事实上，由已知可得 $\boldsymbol{A\xi}=\lambda\boldsymbol{\xi}$，所以

$$\boldsymbol{C}^{-1}\boldsymbol{AC}(\boldsymbol{C}^{-1}\boldsymbol{\xi})=\boldsymbol{C}^{-1}\boldsymbol{A\xi}=\boldsymbol{C}^{-1}(\lambda\boldsymbol{\xi})=\lambda(\boldsymbol{C}^{-1}\boldsymbol{\xi}),$$

由于 $\boldsymbol{\xi}$ 作为特征向量非零，所以 $\boldsymbol{C}^{-1}\boldsymbol{\xi}\neq\boldsymbol{0}$，于是 $\boldsymbol{C}^{-1}\boldsymbol{\xi}$ 为矩阵 $\boldsymbol{C}^{-1}\boldsymbol{AC}$ 对应于 λ 的一个特征向量.

例 5.5　设 $\boldsymbol{\alpha}_1,\boldsymbol{\alpha}_2$ 是线性方程组 $\boldsymbol{AX}=\lambda\boldsymbol{X}$ 的两个不同的解向量，则下列向量中必是 $\boldsymbol{A}$ 对应于 λ 的特征向量的是(　　).

A. $\boldsymbol{\alpha}_1$　　B. $\boldsymbol{\alpha}_2$　　C. $\boldsymbol{\alpha}_1+\boldsymbol{\alpha}_2$　　D. $\boldsymbol{\alpha}_1-\boldsymbol{\alpha}_2$

解　应选 D.

[分析]事实上，$\boldsymbol{\alpha}_1,\boldsymbol{\alpha}_2$ 是线性方程组 $\boldsymbol{AX}=\lambda\boldsymbol{X}$ 的两个不同的解向量，即 $\boldsymbol{A\alpha}_i=\lambda\boldsymbol{\alpha}_i(i=1,2)$，但 $\boldsymbol{\alpha}_1,\boldsymbol{\alpha}_2$ 中不能保证哪一个不是零向量，所以从必然性的角度考虑可排除选项 A、B. 同样，因为 $\boldsymbol{\alpha}_1+\boldsymbol{\alpha}_2$ 也可能是零向量，所以可排除选项 C.

结合 $\boldsymbol{A}(\boldsymbol{\alpha}_1-\boldsymbol{\alpha}_2)=\lambda(\boldsymbol{\alpha}_1-\boldsymbol{\alpha}_2)$，而且 $\boldsymbol{\alpha}_1-\boldsymbol{\alpha}_2\neq\boldsymbol{0}$，可知选项 D 正确.

例 5.6　已知 $\boldsymbol{A}$ 为三阶矩阵，非齐次线性方程组 $\boldsymbol{AX}=\boldsymbol{\beta}$ 有通解 $k_1\boldsymbol{\alpha}_1+k_2\boldsymbol{\alpha}_2+\boldsymbol{\beta}$，求矩阵 $\boldsymbol{A}$ 的特征值与特征向量.

解　由题设可得 $\boldsymbol{\beta}$ 为 $\boldsymbol{AX}=\boldsymbol{\beta}$ 的一个特解，即 $\boldsymbol{A\beta}=\boldsymbol{\beta}$，而且 $\boldsymbol{\alpha}_1,\boldsymbol{\alpha}_2$ 为对应齐次线性方程组 $\boldsymbol{AX}=\boldsymbol{0}$ 的基础解系，从而 $\boldsymbol{A\alpha}_1=\boldsymbol{0}=0\boldsymbol{\alpha}_1$，$\boldsymbol{A\alpha}_2=\boldsymbol{0}=0\boldsymbol{\alpha}_2$.

可见 $\boldsymbol{\beta}$ 为 $\boldsymbol{A}$ 对应于特征值 $\lambda_1=1$ 的一个特征向量；$\boldsymbol{\alpha}_1,\boldsymbol{\alpha}_2$ 是矩阵 $\boldsymbol{A}$ 属于特征值 0 的两个线性无关的特征向量.

所以矩阵 $\boldsymbol{A}$ 的特征值为 $\lambda_1=1$，$\lambda_2=\lambda_3=0$. 矩阵 $\boldsymbol{A}$ 对应于特征值 $\lambda_1=1$ 的特征向量为 $k\boldsymbol{\beta}(k\neq0)$；对应于二重特征值 $\lambda_2=\lambda_3=0$ 的特征向量为 $k_1\boldsymbol{\alpha}_1+k_2\boldsymbol{\alpha}_2$，$k_1$，$k_2$ 不全为 0.

注：在说明 0 是矩阵 $\boldsymbol{A}$ 的二重特征值时，考虑 $\boldsymbol{\alpha}_1,\boldsymbol{\alpha}_2$ 线性无关是必要的. 读者只要思考一下几何重数不超过代数重数即可理解.

例 5.7　矩阵 $\boldsymbol{A}$ 是二阶方阵，$\boldsymbol{\alpha}_1=(1,-1)^{\mathrm{T}}$ 是方程组 $\boldsymbol{AX}=\boldsymbol{0}$ 的解，而且 $\boldsymbol{A}$ 的各行元素之和

均为 2，求矩阵 $\boldsymbol{A}$ 的特征值与特征向量.

解　因为 $\boldsymbol{\alpha}_1=(1,-1)^{\mathrm{T}}$ 是方程组 $\boldsymbol{AX}=\boldsymbol{0}$ 的解，所以 $\boldsymbol{A}\alpha_1=\boldsymbol{0}=0\alpha_1$，于是 $\lambda_1=0$ 是矩阵 $\boldsymbol{A}$ 的一个特征值，$\boldsymbol{\alpha}_1=\begin{pmatrix}1\\-1\end{pmatrix}$ 为对应的一个线性无关的特征向量.

又由矩阵 $\boldsymbol{A}$ 的各行元素之和为 2，可知 $\boldsymbol{A}\begin{pmatrix}1\\1\end{pmatrix}=\begin{pmatrix}2\\2\end{pmatrix}$，即

$$\boldsymbol{A}\begin{pmatrix}1\\1\end{pmatrix}=2\begin{pmatrix}1\\1\end{pmatrix},$$

所以 $\lambda_2=2$ 是矩阵 $\boldsymbol{A}$ 的一个特征值，$\boldsymbol{\alpha}_2=\begin{pmatrix}1\\1\end{pmatrix}$ 为对应的一个线性无关的特征向量.

综上可知，矩阵 $\boldsymbol{A}$ 的特征值为 0，2，对应的全部特征向量分别为 $k_1\boldsymbol{\alpha}_1$ 与 $k_2\boldsymbol{\alpha}_2,k_1,k_2$ 为非零常数.

例 5.8　如果二阶矩阵 $\boldsymbol{A}$ 满足

$$\boldsymbol{A}\begin{pmatrix}1&-1\\3&1\end{pmatrix}=\begin{pmatrix}2&1\\6&-1\end{pmatrix},$$

求矩阵 $\boldsymbol{A}$ 的特征值与特征向量.

解　记矩阵 $\begin{pmatrix}1&-1\\3&1\end{pmatrix}=(\boldsymbol{\alpha}_1,\boldsymbol{\alpha}_2)$，由题设知 $\boldsymbol{A}(\boldsymbol{\alpha}_1,\boldsymbol{\alpha}_2)=(2\boldsymbol{\alpha}_1,-\boldsymbol{\alpha}_2)$，即

$$(\boldsymbol{A\alpha}_1,\boldsymbol{A\alpha}_2)=(2\boldsymbol{\alpha}_1,-\boldsymbol{\alpha}_2),$$

于是

$$\boldsymbol{A\alpha}_1=2\boldsymbol{\alpha}_1,\ \boldsymbol{A\alpha}_2=-\boldsymbol{\alpha}_2.$$

由定义可得，二阶矩阵 $\boldsymbol{A}$ 的特征值为 $\lambda_1=2$，$\lambda_2=-1$，其对应的一个线性无关的特征向量依次为 $\boldsymbol{\alpha}_1,\boldsymbol{\alpha}_2$. 因此矩阵 $\boldsymbol{A}$ 对应于特征值 $\lambda_1=2$ 的全部特征向量分别为 $k_1\boldsymbol{\alpha}_1$，k_1 为非零常数；对应于 $\lambda_2=-1$ 的全部特征向量为 $k_2\alpha_2$，k_2 为非零常数.

（2）结合特征方程的形式特征求特征值

这一方法是依据满足 $|\boldsymbol{A}-\lambda\boldsymbol{E}|=0$（或 $|\lambda\boldsymbol{E}-\boldsymbol{A}|=0$）的数字 λ 都是矩阵 $\boldsymbol{A}$ 的一个特征值.

例 5.9　设 $\boldsymbol{A}$ 为三阶矩阵，满足 $|\boldsymbol{A}-\boldsymbol{E}|=|\boldsymbol{A}+\boldsymbol{E}|=|\boldsymbol{A}-2\boldsymbol{E}|=0$，求矩阵的特征值.

解　由 $|\boldsymbol{A}-\boldsymbol{E}|=|\boldsymbol{A}+\boldsymbol{E}|=|\boldsymbol{A}-2\boldsymbol{E}|=0$，可得 1，−1，2 均满足矩阵 $\boldsymbol{A}$ 的特征方程 $|\boldsymbol{A}-\lambda\boldsymbol{E}|=0$. 所以矩阵 $\boldsymbol{A}$ 的特征值为 1，−1，2.

例 5.10　设 $\boldsymbol{A}$ 为二阶矩阵，而且满足 $r(\boldsymbol{A}-2\boldsymbol{E})+r(\boldsymbol{A}+3\boldsymbol{E})<2$，则矩阵 $\boldsymbol{A}$ 的特征值为________.

解　应填 2，−3.

[分析]事实上，由 $r(\boldsymbol{A}-2\boldsymbol{E})+r(\boldsymbol{A}+3\boldsymbol{E})<2$，可得 $r(\boldsymbol{A}-2\boldsymbol{E})<2$，而且 $r(\boldsymbol{A}+3\boldsymbol{E})<2$，所以有 $|\boldsymbol{A}-2\boldsymbol{E}|=0$，而且 $|\boldsymbol{A}-(-3)\boldsymbol{E}|=0$.

从而矩阵 $\boldsymbol{A}$ 的两个特征值为 2 与 −3.

（3）利用主对角元之和，或者行列式确定特征值

根据矩阵特征值的性质 1，可得 $|\boldsymbol{A}|=0$ 的充要条件是 $\boldsymbol{A}$ 有特征值 0. 由这一结论可知，不

满秩(降秩)的矩阵都具有特征值 0. 另外，一个矩阵 $\boldsymbol{A}$ 的主对角元之和(即 $\boldsymbol{A}$ 的迹，记为 $\mathrm{tr}(\boldsymbol{A})$)等于它的特征值之和，所以主对角元之和也常用来确定特征值.

例 5.11　设矩阵 $\boldsymbol{A}=\begin{pmatrix}1 & a & b\\ c & 2 & 0\\ d & 0 & 0\end{pmatrix}$ 有特征值 4,1，则矩阵 $\boldsymbol{A}$ 的另一特征值为________.

解　应填-2.

[分析]设矩阵的 $\boldsymbol{A}$ 的另一特征值为 λ，由于特征值之和等于其主对角线上元素之和，所以 $4+1+\lambda=1+2+0$，从而 $\lambda=-2$.

(4) 关于 $\boldsymbol{A}^{-1}$，$\boldsymbol{A}^*$ 和 $\boldsymbol{A}^k$，$f(\boldsymbol{A})$ 的特征值

1) 当矩阵 $\boldsymbol{A}$ 可逆时，如果 λ 是矩阵 $\boldsymbol{A}$ 的特征值，则 λ^{-1} 是 $\boldsymbol{A}^{-1}$ 的特征值，而且 $\dfrac{|\boldsymbol{A}|}{\lambda}$ 是伴随矩阵 $\boldsymbol{A}^*$ 的特征值.

例 5.12　已知三阶矩阵 $\boldsymbol{A}$ 有特征值 6，2，-1，则有：

(1) $\boldsymbol{A}$ 的逆矩阵 $\boldsymbol{A}^{-1}$ 的特征值为________;

(2) 伴随矩阵 $\boldsymbol{A}^*$ 的特征值为________.

解　(1) 矩阵 $\boldsymbol{A}$ 有特征值为 6，2，-1，其倒数 $\dfrac{1}{6}$，$\dfrac{1}{2}$，-1 为 $\boldsymbol{A}^{-1}$ 的全部特征值.

(2) 因为矩阵 $\boldsymbol{A}$ 的特征值为 6，2，-1，所以 $|\boldsymbol{A}|=6\times2\times(-1)=-12$.

从而当 λ 是矩阵 $\boldsymbol{A}$ 的特征值时，$-\dfrac{12}{\lambda}$ 是 $\boldsymbol{A}^*$ 的特征值. 由此可得 $\boldsymbol{A}$ 的伴随矩阵 $\boldsymbol{A}^*$ 的特征值为

$$\lambda_1=\frac{-12}{6}=-2,\ \lambda_2=\frac{-12}{2}=-6,\ \lambda_3=\frac{-12}{-1}=12.$$

例 5.13　设有四阶方阵 $\boldsymbol{A}$ 满足条件 $|\boldsymbol{A}+3\boldsymbol{E}|=0$，$\boldsymbol{A}\boldsymbol{A}^{\mathrm{T}}=2\boldsymbol{E}$，$|\boldsymbol{A}|<0$，$\boldsymbol{E}$ 为单位矩阵，求方阵 $\boldsymbol{A}$ 的伴随矩阵 $\boldsymbol{A}^*$ 的一个特征值.

解　由题设知

$$|\boldsymbol{A}-(-3)\boldsymbol{E}|=|\boldsymbol{A}+3\boldsymbol{E}|=0,$$

所以 $\boldsymbol{A}$ 有特征值-3.

又 $\boldsymbol{A}\boldsymbol{A}^{\mathrm{T}}=2\boldsymbol{E}$，两边取行列式可得

$$|\boldsymbol{A}\boldsymbol{A}^{\mathrm{T}}|=|\boldsymbol{A}||\boldsymbol{A}^{\mathrm{T}}|=|\boldsymbol{A}|^2=|2\boldsymbol{E}|=2^4=16,$$

而 $|\boldsymbol{A}|<0$，所以 $|\boldsymbol{A}|=-4$.

由于 λ 是 $\boldsymbol{A}$ 的特征值时，$\boldsymbol{A}^*$ 有特征值 $\dfrac{|\boldsymbol{A}|}{\lambda}$，于是可得 $\boldsymbol{A}^*$ 有特征值 $\dfrac{4}{3}$.

2) 矩阵多项式的特征值.

设 λ 是矩阵 $\boldsymbol{A}$ 的特征值，则有：

① λ^n 是 $\boldsymbol{A}^n$ 的特征值，相应的特征向量不变.

② λ_0+k，$(\lambda_0+k)^2$ 分别是矩阵 $\boldsymbol{A}+k\boldsymbol{E}$ 与 $(\boldsymbol{A}+k\boldsymbol{E})^2$ 的特征值，相应的特征向量不变. 一般地，如果 λ 是 $\boldsymbol{A}$ 的一个特征值，则对任意一元多项式 $f(x)=a_nx^n+a_{n-1}x^{n-1}+\cdots+a_1x+a_0$，有

$f(\lambda)$是矩阵$f(\boldsymbol{A})$的特征值.

例 5.14　已知三阶矩阵$\boldsymbol{A}$有特征值1，-1，2，$f(x)=x^3-3x+2$，求矩阵$f(\boldsymbol{A})$的特征值.

解　$\boldsymbol{A}$有特征值1，-1，2，$f(\boldsymbol{A})=\boldsymbol{A}^3-3\boldsymbol{A}+2\boldsymbol{E}$，所以$f(\boldsymbol{A})$的特征值为

$$\lambda_1=1^3-3\times1+2=0，\lambda_2=(-1)^3-3\times(-1)+2=4，\lambda_3=2^3-3\times2+2=4.$$

例 5.15　已知$\boldsymbol{A}^2=\boldsymbol{A}$，证明：$\boldsymbol{A}$的特征值只能是1或者0.

证明　设λ是$\boldsymbol{A}$的任一特征值，则$\lambda^2-\lambda$是矩阵$\boldsymbol{A}^2-\boldsymbol{A}$的特征值. 由于$\boldsymbol{A}^2-\boldsymbol{A}=\boldsymbol{O}$，所以$\lambda^2-\lambda=0$，因此，矩阵$\boldsymbol{A}$的特征值只能为0或者1.

注：许多矩阵都满足条件$\boldsymbol{A}^2=\boldsymbol{A}$，在这里我们只是求出这一类矩阵的特征值的取值范围，若想明确究竟有哪些特征值，则还需增加条件.

[例如]虽然如下三个矩阵

$$\boldsymbol{A}_1=\begin{pmatrix}0&\\&0\end{pmatrix}，\boldsymbol{A}_2=\begin{pmatrix}1&\\&1\end{pmatrix}，\boldsymbol{A}_3=\begin{pmatrix}1&\\&0\end{pmatrix}$$

都满足$\boldsymbol{A}^2=\boldsymbol{A}$，但$\boldsymbol{A}_1$的两个特征值都是0；$\boldsymbol{A}_2$的两个特征值都是1；$\boldsymbol{A}_3$有两个不同的特征值是1和0.

例 5.16　设n阶方阵$\boldsymbol{A}$满足$\boldsymbol{A}^k=\boldsymbol{O}$($k$为正整数)，则(　　).

A. $\boldsymbol{A}=\boldsymbol{O}$　　　　B. $\boldsymbol{A}$有一个不为零的实特征值

C. $\boldsymbol{A}$的特征值全为零　　　　D. $\boldsymbol{A}$有n个线性无关的特征向量

解　应选C.

[分析]假设λ是矩阵$\boldsymbol{A}$的特征值，则λ^k是$\boldsymbol{A}^k$的特征值. 由$\boldsymbol{A}^k=\boldsymbol{O}$可得$\lambda^k=0$，所以$\lambda=0$.

(5) 秩为1的矩阵的特征值

例 5.17　若三维列向量$\boldsymbol{\alpha}$，$\boldsymbol{\beta}$满足$\boldsymbol{\alpha}^{\mathrm{T}}\boldsymbol{\beta}=2$，其中$\boldsymbol{\alpha}^{\mathrm{T}}$为$\boldsymbol{\alpha}$的转置，则矩阵$\boldsymbol{\beta}\boldsymbol{\alpha}^{\mathrm{T}}$的非零特征值为________.

解　应填2.

[分析]事实上，记$\boldsymbol{A}=\boldsymbol{\beta}\boldsymbol{\alpha}^{\mathrm{T}}$，这里$\boldsymbol{\alpha}=(a_1,a_2,a_3)^{\mathrm{T}},\boldsymbol{\beta}=(b_1,b_2,b_3)^{\mathrm{T}}$，则有

$$\boldsymbol{A}\boldsymbol{\beta}=(\boldsymbol{\beta}\boldsymbol{\alpha}^{\mathrm{T}})\boldsymbol{\beta}=\boldsymbol{\beta}(\boldsymbol{\alpha}^{\mathrm{T}}\boldsymbol{\beta})=2\boldsymbol{\beta},$$

所以，矩阵$\boldsymbol{A}=\boldsymbol{\beta}\boldsymbol{\alpha}^{\mathrm{T}}$有非零特征值$\lambda_1=\boldsymbol{\alpha}^{\mathrm{T}}\boldsymbol{\beta}=2$.

又$r(\boldsymbol{A})=r(\boldsymbol{\beta}\boldsymbol{\alpha}^{\mathrm{T}})\leqslant r(\boldsymbol{\beta})\leqslant1<3$，所以矩阵$\boldsymbol{A}$有特征值$\lambda_2=0$.

设$\boldsymbol{A}$的另一特征值为λ_3，结合

$$\boldsymbol{A}=\boldsymbol{\beta}\boldsymbol{\alpha}^{\mathrm{T}}=\begin{pmatrix}b_1a_1&b_1a_2&b_1a_3\\b_2a_1&b_2a_2&b_2a_3\\b_3a_1&b_3a_2&b_3a_3\end{pmatrix},$$

可得

$$\lambda_1+\lambda_2+\lambda_3=\mathrm{tr}(\boldsymbol{A})=b_1a_1+b_2a_2+b_3a_3.$$

考虑到$b_1a_1+b_2a_2+b_3a_3=\boldsymbol{\alpha}^{\mathrm{T}}\boldsymbol{\beta}=\lambda_1$，所以$\lambda_3=0$.

注：一般地，当n阶矩阵$\boldsymbol{A}$的秩为1时，存在n维列向量$\boldsymbol{\alpha},\boldsymbol{\beta}$，使$\boldsymbol{A}=\boldsymbol{\beta}\boldsymbol{\alpha}^{\mathrm{T}}$. 此时矩阵$\boldsymbol{A}$的特征值为$\lambda_1=\boldsymbol{\alpha}^{\mathrm{T}}\boldsymbol{\beta}$，$\lambda_2=\cdots=\lambda_n=0$. 读者要熟悉这一结论(不必每次都加以推导).

（6）利用相似矩阵确定特征值

例 5.18　设 $\boldsymbol{A}$ 为二阶非零矩阵，$\boldsymbol{\alpha}_1,\boldsymbol{\alpha}_2$ 为线性无关的二维列向量，$\boldsymbol{A}\boldsymbol{\alpha}_1=\boldsymbol{0}$，$\boldsymbol{A}\boldsymbol{\alpha}_2=2\boldsymbol{\alpha}_1+\boldsymbol{\alpha}_2$，求矩阵 $\boldsymbol{A}$ 的非零特征值.

解　由 $\boldsymbol{A}\boldsymbol{\alpha}_1=\boldsymbol{0}$，$\boldsymbol{A}\boldsymbol{\alpha}_2=2\boldsymbol{\alpha}_1+\boldsymbol{\alpha}_2$ 可得

$$(\boldsymbol{A}\boldsymbol{\alpha}_1,\boldsymbol{A}\boldsymbol{\alpha}_2)=(\boldsymbol{0},2\boldsymbol{\alpha}_1+\boldsymbol{\alpha}_2),$$

即

$$\boldsymbol{A}(\boldsymbol{\alpha}_1,\boldsymbol{\alpha}_2)=(\boldsymbol{\alpha}_1,\boldsymbol{\alpha}_2)\begin{pmatrix}0&2\\0&1\end{pmatrix}.$$

令

$$\boldsymbol{P}=(\boldsymbol{\alpha}_1,\boldsymbol{\alpha}_2)\text{，则有 }\boldsymbol{AP}=\boldsymbol{P}\begin{pmatrix}0&2\\0&1\end{pmatrix}.$$

因为 $\boldsymbol{\alpha}_1,\boldsymbol{\alpha}_2$ 线性无关，所以矩阵 $\boldsymbol{P}$ 可逆，从而有 $\boldsymbol{P}^{-1}\boldsymbol{AP}=\begin{pmatrix}0&2\\0&1\end{pmatrix}$.

因此，矩阵 $\boldsymbol{A}$ 与 $\begin{pmatrix}0&2\\0&1\end{pmatrix}$ 的特征值相同，其非零特征值为 1.

例 5.19　已知二阶矩阵 $\boldsymbol{A}$ 满足 $(\boldsymbol{A}+\boldsymbol{E})^2=\boldsymbol{E}$，而且矩阵 $\boldsymbol{B}$ 与 $\boldsymbol{A}$ 相似，证明：$\boldsymbol{B}^2+2\boldsymbol{B}=\boldsymbol{O}$，而且矩阵 $\boldsymbol{B}$ 的特征值只能为 0 或 -2.

证明　因为 $(\boldsymbol{A}+\boldsymbol{E})^2=\boldsymbol{E}$，所以 $\boldsymbol{A}^2+2\boldsymbol{A}=\boldsymbol{O}$，又因为 $\boldsymbol{A}$ 与 $\boldsymbol{B}$ 相似，故存在可逆矩阵 $\boldsymbol{P}$ 使 $\boldsymbol{P}^{-1}\boldsymbol{AP}=\boldsymbol{B}$.

所以

$$\boldsymbol{B}^2+2\boldsymbol{B}=\boldsymbol{P}^{-1}(\boldsymbol{A}^2+2\boldsymbol{A})\boldsymbol{P}=\boldsymbol{O}.$$

因此，如果 λ 是矩阵 $\boldsymbol{B}$ 的特征值，由 $\boldsymbol{B}^2+2\boldsymbol{B}=\boldsymbol{O}$，可知 $\lambda^2+2\lambda=0$，从而 $\lambda=0$，或 $\lambda=-2$.

5.4.2　特征值与特征向量的应用

1. 利用特征值与特征向量确定参数

例 5.20　设 $\boldsymbol{A}=\begin{pmatrix}1&-1&1\\2&4&a\\-3&-3&5\end{pmatrix}$，设 6 是 $\boldsymbol{A}$ 的一个特征值，求 a 的值.

解　6 是 $\boldsymbol{A}$ 的一个特征值，因此有

$$|6\boldsymbol{E}-\boldsymbol{A}|=\begin{vmatrix}5&1&-1\\-2&2&-a\\3&3&1\end{vmatrix}=12(a+2)=0,$$

于是 $a=-2$.

例 5.21　设矩阵 $\begin{pmatrix}4&1&-2\\1&2&a\\3&1&-1\end{pmatrix}$ 的一个特征向量为 $\begin{pmatrix}1\\1\\2\end{pmatrix}$ 则 $a=$________.

解　应填 -1.

[分析]事实上，设 $(1,1,2)^{\mathrm{T}}$ 为 $\boldsymbol{A}$ 对应于特征值 λ 的特征向量，则

$$\begin{pmatrix}4&1&-2\\1&2&a\\3&1&-1\end{pmatrix}\begin{pmatrix}1\\1\\2\end{pmatrix}=\lambda\begin{pmatrix}1\\1\\2\end{pmatrix},$$

所以

$$\begin{pmatrix}1\\3+2a\\2\end{pmatrix}=\begin{pmatrix}\lambda\\\lambda\\2\lambda\end{pmatrix},$$

即$\begin{cases}\lambda=1,\\3+2a=\lambda,\end{cases}$ 于是 $\lambda=1$，$a=-1$.

2. 利用特征值计算行列式

例 5.22 设方阵 $\boldsymbol{A}$ 有一个特征值为 0，则 $|\boldsymbol{A}^3|=$________.

解 应填 0.

[分析]因为方阵 $\boldsymbol{A}$ 有一个特征值为 0，所以 $|\boldsymbol{A}|=0$，进而有 $|\boldsymbol{A}^3|=|\boldsymbol{A}|^3=0$.

例 5.23 （2015，数 1，3）设三阶矩阵 $\boldsymbol{A}$ 的特征值为 2，−2，1，$\boldsymbol{B}=\boldsymbol{A}^2-\boldsymbol{A}+\boldsymbol{E}$，其中 $\boldsymbol{E}$ 为三阶单位矩阵，求 $|\boldsymbol{B}|$.

解 依据三阶矩阵 $\boldsymbol{A}$ 的特征值为 2，−2，1，可得 $\boldsymbol{B}=\boldsymbol{A}^2-\boldsymbol{A}+\boldsymbol{E}$ 的特征值为

$$\lambda_1=2^2-2+1=3,\ \lambda_2=(-2)^2-(-2)+1=7,\ \lambda_3=1^2-1+1=1,$$

所以

$$|\boldsymbol{B}|=\lambda_1\lambda_2\lambda_3=3\times7\times1=21.$$

例 5.24 设 $\boldsymbol{\alpha}=(1,0,-1)^{\mathrm{T}}$，矩阵 $\boldsymbol{A}=\boldsymbol{\alpha}\boldsymbol{\alpha}^{\mathrm{T}}$，$n$ 为正整数，求 $|a\boldsymbol{E}-\boldsymbol{A}^n|$ 的值.

解法 1 由 $\boldsymbol{\alpha}=(1,0,-1)^{\mathrm{T}}$ 可得 $\boldsymbol{\alpha}^{\mathrm{T}}\boldsymbol{\alpha}=2$，结合例 5.17 可知，矩阵 $\boldsymbol{A}=\boldsymbol{\alpha}\boldsymbol{\alpha}^{\mathrm{T}}$ 的特征值为 2，0，0，于是 $\boldsymbol{A}^n$ 的特征值是 2^n，0，0，进而有 $a\boldsymbol{E}-\boldsymbol{A}^n$ 的特征值是 $a-2^n$，a，a. 所以

$$|a\boldsymbol{E}-\boldsymbol{A}^n|=a^2(a-2^n).$$

解法 2 同上，$\boldsymbol{A}$ 有特征值为 2，0，0. 又因为 $\boldsymbol{A}=\boldsymbol{\alpha}\boldsymbol{\alpha}^{\mathrm{T}}$ 为秩为 1 的实对称矩阵，所以存在正交可逆矩阵 $\boldsymbol{P}$，使

$$\boldsymbol{P}^{-1}\boldsymbol{A}\boldsymbol{P}=\begin{pmatrix}2&&\\&0&\\&&0\end{pmatrix},$$

于是

$$\boldsymbol{P}^{-1}\boldsymbol{A}^n\boldsymbol{P}=\begin{pmatrix}2&&\\&0&\\&&0\end{pmatrix}^n=\begin{pmatrix}2^n&&\\&0&\\&&0\end{pmatrix},$$

从而有

$$\boldsymbol{P}^{-1}(a\boldsymbol{E}-\boldsymbol{A}^n)\boldsymbol{P}=\begin{pmatrix}a-2^n&&\\&a&\\&&a\end{pmatrix},$$

因此，

$$|a\boldsymbol{E}-\boldsymbol{A}^n|=\begin{vmatrix}a-2^n&&\\&a&\\&&a\end{vmatrix}=a^2(a-2^n).$$

解法 3　由 $\boldsymbol{\alpha}=(1,0,-1)^{\mathrm{T}}$，可得 $\boldsymbol{\alpha}^{\mathrm{T}}\boldsymbol{\alpha}=2$，所以

$$\boldsymbol{A}^n=(\boldsymbol{\alpha}\boldsymbol{\alpha}^{\mathrm{T}})^n=\boldsymbol{\alpha}(\boldsymbol{\alpha}^{\mathrm{T}}\boldsymbol{\alpha})^{n-1}\boldsymbol{\alpha}^{\mathrm{T}}=2^{n-1}\boldsymbol{\alpha}\boldsymbol{\alpha}^{\mathrm{T}}=2^{n-1}\begin{pmatrix}1&0&-1\\0&0&0\\-1&0&1\end{pmatrix},$$

因此

$$|a\boldsymbol{E}-\boldsymbol{A}^n|=\begin{vmatrix}a-2^{n-1}&0&2^{n-1}\\0&a&0\\2^{n-1}&0&a-2^{n-1}\end{vmatrix}=a[(a-2^{n-1})^2-(2^{n-1})^2]=a^2(a-2^n).$$

3. 特征向量与向量的线性相关性的证明

这类题目要注意使用“矩阵属于不同特征值的特征向量线性无关”这一事实.

例 5.25　设三阶方阵 $\boldsymbol{A}$ 有三个不同的特征值 $\lambda_1,\lambda_2,\lambda_3$，对应的特征向量依次为 $\boldsymbol{\alpha}_1,\boldsymbol{\alpha}_2,\boldsymbol{\alpha}_3$，令 $\boldsymbol{\beta}=\boldsymbol{\alpha}_1+\boldsymbol{\alpha}_2+\boldsymbol{\alpha}_3$，证明：向量组 $\boldsymbol{\beta}_1,\boldsymbol{A\beta},\boldsymbol{A}^2\boldsymbol{\beta}$ 线性无关.

证明　因为 $\boldsymbol{\alpha}_1,\boldsymbol{\alpha}_2,\boldsymbol{\alpha}_3$ 分别是矩阵 $\boldsymbol{A}$ 属于特征值 $\lambda_1,\lambda_2,\lambda_3$ 的特征向量，所以 $\boldsymbol{A}\boldsymbol{\alpha}_i=\lambda_i\boldsymbol{\alpha}_i$ $(i=1,2,3)$，而且 $\boldsymbol{\alpha}_1,\boldsymbol{\alpha}_2,\boldsymbol{\alpha}_3$ 线性无关.

令

$$k_1\boldsymbol{\beta}+k_2\boldsymbol{A\beta}+k_3\boldsymbol{A}^2\boldsymbol{\beta}=\boldsymbol{0},\tag{1}$$

由于

$$\boldsymbol{A\beta}=\lambda_1\boldsymbol{\alpha}_1+\lambda_2\boldsymbol{\alpha}_2+\lambda_3\boldsymbol{\alpha}_3,\ \boldsymbol{A}^2\boldsymbol{\beta}=\lambda_1^2\boldsymbol{\alpha}_1+\lambda_2^2\boldsymbol{\alpha}_2+\lambda_3^2\boldsymbol{\alpha}_3,$$

所以代入式(1)可得

$$(k_1+k_2\lambda_1+k_3\lambda_1^2)\boldsymbol{\alpha}_1+(k_1+k_2\lambda_2+k_3\lambda_2^2)\boldsymbol{\alpha}_2+(k_1+k_2\lambda_3+k_3\lambda_3^2)\boldsymbol{\alpha}_3=\boldsymbol{0},$$

结合 $\boldsymbol{\alpha}_1,\boldsymbol{\alpha}_2,\boldsymbol{\alpha}_3$ 线性无关可得

$$\begin{cases}k_1+k_2\lambda_1+k_3\lambda_1^2=0,\\k_1+k_2\lambda_2+k_3\lambda_2^2=0,\\k_1+k_2\lambda_3+k_3\lambda_3^2=0.\end{cases}\tag{2}$$

由于关于 k_1,k_2,k_3 的齐次线性方程组(2)的系数行列式

$$\begin{vmatrix}1&\lambda_1&\lambda_1^2\\1&\lambda_2&\lambda_2^2\\1&\lambda_3&\lambda_3^2\end{vmatrix}=(\lambda_2-\lambda_1)(\lambda_3-\lambda_1)(\lambda_3-\lambda_2)\neq0,$$

所以有 $k_1=k_2=k_3=0$，从而向量组 $\boldsymbol{\beta},\boldsymbol{A\beta},\boldsymbol{A}^2\boldsymbol{\beta}$ 线性无关.

例 5.26　设二阶矩阵 $\boldsymbol{A}$ 的两个特征值为 $\lambda_1=1$，$\lambda_2=2$，其对应的特征向量依次为 $\boldsymbol{\alpha}_1,\boldsymbol{\alpha}_2$，令 $\boldsymbol{\beta}=\boldsymbol{\alpha}_1+\boldsymbol{\alpha}_2$，证明：向量组 $\boldsymbol{\beta}$，$\boldsymbol{A\beta}$ 线性无关.

证明　由题设 $\boldsymbol{A}\boldsymbol{\alpha}_1=\boldsymbol{\alpha}_1$，$\boldsymbol{A}\boldsymbol{\alpha}_2=2\boldsymbol{\alpha}_2$，所以 $\boldsymbol{A\beta}=\boldsymbol{\alpha}_1+2\boldsymbol{\alpha}_2$.

令

$$k\boldsymbol{\beta}+l\boldsymbol{A\beta}=\boldsymbol{0},$$

则有

$$(k+l)\boldsymbol{\alpha}_1+(k+2l)\boldsymbol{\alpha}_2=\mathbf{0},$$

由于 $\boldsymbol{\alpha}_1,\boldsymbol{\alpha}_2$ 属于两个不同的特征值，所以 $\boldsymbol{\alpha}_1,\boldsymbol{\alpha}_2$ 线性无关，可得

$$\begin{cases}k+l=0,\\k+2l=0,\end{cases}$$

因此 $k=l=0$. 证完.

例 5.27 设 λ_1,λ_2 是矩阵 $\boldsymbol{A}$ 的两个不同的特征值，对应的特征向量分别为 $\boldsymbol{\alpha}_1,\boldsymbol{\alpha}_2$，则 $\boldsymbol{\alpha}_1$, $\boldsymbol{A}(\boldsymbol{\alpha}_1+\boldsymbol{\alpha}_2)$ 线性无关的充分必要条件是(　　).

A. $\lambda_1\neq0$　　B. $\lambda_2\neq0$　　C. $\lambda_1=0$　　D. $\lambda_2=0$

证明 应选 B.

事实上，因为 $\boldsymbol{\alpha}_1,\boldsymbol{\alpha}_2$ 是矩阵 $\boldsymbol{A}$ 属于两个不同的特征值 λ_1,λ_2 的特征向量，所以 $\boldsymbol{\alpha}_1,\boldsymbol{\alpha}_2$ 线性无关，而且 $\boldsymbol{A}\boldsymbol{\alpha}_i=\lambda_i\boldsymbol{\alpha}_i$，$i=1,2$. 因此

$$(\boldsymbol{\alpha}_1,\boldsymbol{A}(\boldsymbol{\alpha}_1+\boldsymbol{\alpha}_2))=(\boldsymbol{\alpha}_1,\boldsymbol{\alpha}_2)\begin{pmatrix}1&\lambda_1\\0&\lambda_2\end{pmatrix}.$$

所以 $\boldsymbol{\alpha}_1,\boldsymbol{A}(\boldsymbol{\alpha}_1+\boldsymbol{\alpha}_2)$ 线性无关的充分必要条件是 $\begin{vmatrix}1&\lambda_1\\0&\lambda_2\end{vmatrix}=\lambda_2\neq0$

例 5.28 (2006，数 2，3)设 $\boldsymbol{A}$ 为三阶矩阵，$\boldsymbol{\alpha}_1,\boldsymbol{\alpha}_2$ 为 $\boldsymbol{A}$ 的分别属于特征值-1，1 的特征向量，向量 $\boldsymbol{\alpha}_3$ 满足 $\boldsymbol{A}\boldsymbol{\alpha}_3=\boldsymbol{\alpha}_2+\boldsymbol{\alpha}_3$. 证明：$\boldsymbol{\alpha}_1,\boldsymbol{\alpha}_2,\boldsymbol{\alpha}_3$ 线性无关.

证法 1 设存在数 k_1,k_2,k_3，使

$$k_1\boldsymbol{\alpha}_1+k_2\boldsymbol{\alpha}_2+k_3\boldsymbol{\alpha}_3=\mathbf{0},\tag{1}$$

用 $\boldsymbol{A}$ 左乘式(1)两端，并结合 $\boldsymbol{A}\boldsymbol{\alpha}_1=-\boldsymbol{\alpha}_1$，$\boldsymbol{A}\boldsymbol{\alpha}_2=\boldsymbol{\alpha}_2$ 得

$$-k_1\boldsymbol{\alpha}_1+(k_2+k_3)\boldsymbol{\alpha}_2+k_3\boldsymbol{\alpha}_3=\mathbf{0},\tag{2}$$

式(1)-式(2)得

$$2k_1\boldsymbol{\alpha}_1-k_3\boldsymbol{\alpha}_2=\mathbf{0},$$

由于 $\boldsymbol{\alpha}_1,\boldsymbol{\alpha}_2$ 为 $\boldsymbol{A}$ 的分别属于特征值-1，1 的特征向量，所以 $\boldsymbol{\alpha}_1,\boldsymbol{\alpha}_2$ 线性无关，从而有 $k_1=k_3=0$. 代入式(1)得 $k_2\boldsymbol{\alpha}_2=\mathbf{0}$，又 $\boldsymbol{\alpha}_2\neq\mathbf{0}$，所以 $k_2=0$. 于是可得 $\boldsymbol{\alpha}_1,\boldsymbol{\alpha}_2,\boldsymbol{\alpha}_3$ 线性无关.

证法 2 假设 $\boldsymbol{\alpha}_1,\boldsymbol{\alpha}_2,\boldsymbol{\alpha}_3$ 线性相关. 因为 $\boldsymbol{\alpha}_1,\boldsymbol{\alpha}_2$ 为 $\boldsymbol{A}$ 分别属于不同特征值-1，1 的特征向量，所以 $\boldsymbol{\alpha}_1,\boldsymbol{\alpha}_2$ 线性无关，从而 $\boldsymbol{\alpha}_3$ 可由 $\boldsymbol{\alpha}_1,\boldsymbol{\alpha}_2$ 线性表示.

令

$$\boldsymbol{\alpha}_3=k_1\boldsymbol{\alpha}_1+k_2\boldsymbol{\alpha}_2,$$

则有 $\boldsymbol{A}\boldsymbol{\alpha}_3=k_1\boldsymbol{A}\boldsymbol{\alpha}_1+k_2\boldsymbol{A}\boldsymbol{\alpha}_2$，从而有 $\boldsymbol{\alpha}_2+\boldsymbol{\alpha}_3=-k_1\boldsymbol{\alpha}_1+k_2\boldsymbol{\alpha}_2$，即

$$\boldsymbol{\alpha}_3=-k_1\boldsymbol{\alpha}_1+(k_2-1)\boldsymbol{\alpha}_2,$$

由于 $\boldsymbol{\alpha}_1,\boldsymbol{\alpha}_2$ 线性无关时，$\boldsymbol{\alpha}_3$ 由 $\boldsymbol{\alpha}_1,\boldsymbol{\alpha}_2$ 线性表示的表达式唯一，所以有 $k_1=-k_1$，$k_2=k_2-1$，矛盾，得证.

注：在向条件靠拢的过程中，读者要结合要证明的结论注意观察与思考. 如本题中，$\boldsymbol{A}\boldsymbol{\alpha}_2=\boldsymbol{\alpha}_2$，以及 $\boldsymbol{A}\boldsymbol{\alpha}_3=\boldsymbol{\alpha}_2+\boldsymbol{\alpha}_3$ 可以分别变形为 $(\boldsymbol{A}-\boldsymbol{E})\boldsymbol{\alpha}_2=\mathbf{0}$，$(\boldsymbol{A}-\boldsymbol{E})\boldsymbol{\alpha}_3=\boldsymbol{\alpha}_2$. 这样对式(1)两端都左乘 $\boldsymbol{A}-\boldsymbol{E}$ 可得 $-2k_1\boldsymbol{\alpha}_1+k_3\boldsymbol{\alpha}_2=\mathbf{0}$，结合 $\boldsymbol{\alpha}_1,\boldsymbol{\alpha}_2$ 线性无关可得 $k_1=k_3=0$，从而有 $k_2\boldsymbol{\alpha}_2=\mathbf{0}$，进而 $k_2=0$. 同样可证 $\boldsymbol{\alpha}_1,\boldsymbol{\alpha}_2,\boldsymbol{\alpha}_3$ 线性无关.

5.4.3 矩阵有公共的特征值、特征向量问题

例 5.29　设 $\boldsymbol{A}$ 为方阵，证明 $\boldsymbol{A}$ 与 $\boldsymbol{A}^{\mathrm{T}}$ 有相同的特征值.

证明　因为

$$|\lambda\boldsymbol{E}-\boldsymbol{A}^{\mathrm{T}}|=|(\lambda\boldsymbol{E})^{\mathrm{T}}-\boldsymbol{A}^{\mathrm{T}}|=|(\lambda\boldsymbol{E}-\boldsymbol{A})^{\mathrm{T}}|=|\lambda\boldsymbol{E}-\boldsymbol{A}|,$$

所以 $\boldsymbol{A}$ 与 $\boldsymbol{A}^{\mathrm{T}}$ 有相同的特征值.

例 5.30　设 $\boldsymbol{A},\boldsymbol{B}$ 均为 n 阶对称矩阵，证明 $\boldsymbol{AB}$ 与 $\boldsymbol{BA}$ 有相同的特征值.

证明　因为 $\boldsymbol{A},\boldsymbol{B}$ 均为 n 阶对称矩阵，所以 $\boldsymbol{A}^{\mathrm{T}}=\boldsymbol{A}$，$\boldsymbol{B}^{\mathrm{T}}=\boldsymbol{B}$，于是

$$|\lambda\boldsymbol{E}-\boldsymbol{AB}|=|(\lambda\boldsymbol{E})^{\mathrm{T}}-\boldsymbol{A}^{\mathrm{T}}\boldsymbol{B}^{\mathrm{T}}|=|(\lambda\boldsymbol{E})^{\mathrm{T}}-(\boldsymbol{BA})^{\mathrm{T}}|=|(\lambda\boldsymbol{E}-\boldsymbol{BA})^{\mathrm{T}}|=|\lambda\boldsymbol{E}-\boldsymbol{BA}|.$$

所以 $\boldsymbol{AB}$ 与 $\boldsymbol{BA}$ 有相同的特征值.

注：证明两个矩阵有相同的特征值，可以通过证明它们的特征多项式相同.

例 5.31　假设 $\boldsymbol{A}$，$\boldsymbol{B}$ 均是 n 阶矩阵，且 $r(\boldsymbol{A})+r(\boldsymbol{B})<n$，证明：$\boldsymbol{A}$，$\boldsymbol{B}$ 有公共的特征值与特征向量.

证明　因为

$$r\begin{pmatrix}\boldsymbol{A}\\ \boldsymbol{B}\end{pmatrix}\leqslant r(\boldsymbol{A})+r(\boldsymbol{B})<n,$$

所以 n 元线性方程组 $\begin{pmatrix}\boldsymbol{A}\\ \boldsymbol{B}\end{pmatrix}\boldsymbol{X}=\boldsymbol{0}$ 有非零解 $\boldsymbol{X}=\boldsymbol{X}_0$. 于是

$$\begin{pmatrix}\boldsymbol{A}\\ \boldsymbol{B}\end{pmatrix}\boldsymbol{X}_0=\begin{pmatrix}\boldsymbol{AX}_0\\ \boldsymbol{BX}_0\end{pmatrix}=\boldsymbol{0},$$

故有 $\boldsymbol{AX}_0=\boldsymbol{0}$，$\boldsymbol{BX}_0=\boldsymbol{0}$. 即

$$\boldsymbol{AX}_0=0\boldsymbol{X}_0,\ \boldsymbol{BX}_0=0\boldsymbol{X}_0,$$

所以 $\boldsymbol{X}_0$ 为 $\boldsymbol{A}$，$\boldsymbol{B}$ 属于公共特征值 0 的公共特征向量.

5.4.4 矩阵相似的判定

常使用以下方法判定矩阵 $\boldsymbol{A}$，$\boldsymbol{B}$ 是否相似：

1. 定义法

例 5.32　（2016，数 1，2，3）设 $\boldsymbol{A}$ 和 $\boldsymbol{B}$ 是可逆矩阵，而且 $\boldsymbol{A}$ 与 $\boldsymbol{B}$ 相似，则下列结论错误的是（　　）.

A. $\boldsymbol{A}^{\mathrm{T}}$ 与 $\boldsymbol{B}^{\mathrm{T}}$ 相似　　　　B. $\boldsymbol{A}^{-1}$ 与 $\boldsymbol{B}^{-1}$ 相似

C. $\boldsymbol{A}+\boldsymbol{A}^{\mathrm{T}}$ 与 $\boldsymbol{B}+\boldsymbol{B}^{\mathrm{T}}$ 相似　　　　D. $\boldsymbol{A}+\boldsymbol{A}^{-1}$ 与 $\boldsymbol{B}+\boldsymbol{B}^{-1}$ 相似

解　应选 C.

[分析]事实上，由 $\boldsymbol{A}$ 与 $\boldsymbol{B}$ 相似可得，存在可逆矩阵 $\boldsymbol{P}$，使

$$\boldsymbol{P}^{-1}\boldsymbol{AP}=\boldsymbol{B}, \tag{1}$$

分别对式(1)两边取逆矩阵与转置依次可得

$$\boldsymbol{P}^{-1}\boldsymbol{A}^{-1}\boldsymbol{P}=\boldsymbol{B}^{-1}, \tag{2}$$

$$\boldsymbol{P}^{\mathrm{T}}\boldsymbol{A}^{\mathrm{T}}(\boldsymbol{P}^{\mathrm{T}})^{-1}=\boldsymbol{B}^{\mathrm{T}}, \tag{3}$$

由式(2)、式(3)可知，选项 A 与 B 均正确. 又式(1)+式(2)可得 $P^{-1}(A+A^{-1})P=B+B^{-1}$，所以 D 正确. 使用排除法或举反例可知选项 C 错误.

2. 利用性质

如果 $P^{-1}AP=B$，则矩阵 A，B 的特征多项式、秩、行列式、主对角线上元素之和等都相同，虽然这些都只是矩阵相似的必要条件，但不满足其中一个结果时，即可断定矩阵 A，B 不相似.

例 5.33 (2018，数学 1，2，3)下列矩阵中，与矩阵$\begin{pmatrix}1&1&0\\0&1&1\\0&0&1\end{pmatrix}$相似的矩阵为(　　).

A. $\begin{pmatrix}1&1&-1\\0&1&1\\0&0&1\end{pmatrix}$　　B. $\begin{pmatrix}1&0&-1\\0&1&1\\0&0&1\end{pmatrix}$　　C. $\begin{pmatrix}1&1&-1\\0&1&0\\0&0&1\end{pmatrix}$　　D. $\begin{pmatrix}1&0&-1\\0&1&0\\0&0&1\end{pmatrix}$

解 应选 A.

[分析]事实上，记
$$A=\begin{pmatrix}1&1&0\\0&1&1\\0&0&1\end{pmatrix},$$
如果矩阵 B 与 A 相似，则存在可逆矩阵 P，使 $P^{-1}BP=A$，于是
$$P^{-1}(B-E)P=A-E.$$
这样一定有
$$r(B-E)=r(A-E)=r\begin{pmatrix}0&1&0\\0&0&1\\0&0&0\end{pmatrix}=2.$$
在题给四个选项中，由以下运算可知，只有选项 A 符合要求.
$$\begin{pmatrix}1&1&-1\\0&1&1\\0&0&1\end{pmatrix}-E=\begin{pmatrix}0&1&-1\\0&0&1\\0&0&0\end{pmatrix};\quad \begin{pmatrix}1&0&-1\\0&1&1\\0&0&1\end{pmatrix}-E=\begin{pmatrix}0&0&-1\\0&0&1\\0&0&0\end{pmatrix};$$
$$\begin{pmatrix}1&1&-1\\0&1&0\\0&0&1\end{pmatrix}-E=\begin{pmatrix}0&1&-1\\0&0&0\\0&0&0\end{pmatrix};\quad \begin{pmatrix}1&0&-1\\0&1&0\\0&0&1\end{pmatrix}-E=\begin{pmatrix}0&0&-1\\0&0&0\\0&0&0\end{pmatrix}.$$

3. 利用对角化

如果 A，B 均可相似对角化，而且它们相似于同一个对角矩阵，则 A 与 B 相似. 特别地，当 A，B 均为实对称矩阵时，如果 A，B 的特征多项式相等，则 A，B 有完全相同的特征值，从而它们相似于同一个对角矩阵，因此 A，B 相似.

例 5.34 (2017，数 1，2，3)已知矩阵 $A=\begin{pmatrix}2&0&0\\0&2&1\\0&0&1\end{pmatrix}$，$B=\begin{pmatrix}2&1&0\\0&2&0\\0&0&1\end{pmatrix}$，$C=\begin{pmatrix}1&0&0\\0&2&0\\0&0&2\end{pmatrix}$，则(　　).

A. A 与 C 相似，B 与 C 相似　　B. A 与 C 相似，B 与 C 不相似

C. $\boldsymbol{A}$ 与 $\boldsymbol{C}$ 不相似，$\boldsymbol{B}$ 与 $\boldsymbol{C}$ 相似　　D. $\boldsymbol{A}$ 与 $\boldsymbol{C}$ 不相似，$\boldsymbol{B}$ 与 $\boldsymbol{C}$ 不相似

解　应选 B.

[分析]事实上，$\boldsymbol{A}$，$\boldsymbol{B}$，$\boldsymbol{C}$ 的特征值均为 $\lambda_1=\lambda_2=2$，$\lambda_3=1$.

由 $2\boldsymbol{E}-\boldsymbol{A}=\begin{pmatrix}0&0&0\\0&0&-1\\0&0&1\end{pmatrix}$，可知 $r(2\boldsymbol{E}-\boldsymbol{A})=1$，所以 $\boldsymbol{A}$ 可相似对角化，从而 $\boldsymbol{A}$ 与 $\boldsymbol{C}$ 相似.

由于 $2\boldsymbol{E}-\boldsymbol{B}=\begin{pmatrix}0&-1&0\\0&0&0\\0&0&1\end{pmatrix}$，可见 $r(2\boldsymbol{E}-\boldsymbol{B})=2$，所以 $\boldsymbol{B}$ 不可相似对角化，从而 $\boldsymbol{B}$ 与 $\boldsymbol{C}$ 不相似.

5.4.5 矩阵可对角化的判定与应用

1. 相似对角化的判定

(1) 如果 n 阶矩阵有 n 个不同的特征值，则其可相似对角化

例 5.35　设 $\boldsymbol{A}$ 是二阶矩阵，$|\boldsymbol{A}|<0$，判断 $\boldsymbol{A}$ 能否对角化并说明理由.

解　设二阶矩阵 $\boldsymbol{A}$ 的特征值为 λ_1，λ_2，因为 $\lambda_1\lambda_2=|\boldsymbol{A}|<0$，所以 λ_1，λ_2 互不相同，于是 $\boldsymbol{A}$ 能够对角化.

例 5.36　设矩阵 $\boldsymbol{A}=\begin{pmatrix}1&&\\&2&\\&&-1\end{pmatrix}$，则与矩阵 $\boldsymbol{A}$ 相似的矩阵是(　　).

A. $\begin{pmatrix}1&-1&\\-1&2&\\&&3\end{pmatrix}$　　B. $\begin{pmatrix}0&1&\\1&0&\\&&2\end{pmatrix}$　　C. $\begin{pmatrix}-2&&\\&1&\\&&1\end{pmatrix}$　　D. $\begin{pmatrix}1&&\\&-2&\\&&1\end{pmatrix}$

解　应选 B.

[分析]事实上，矩阵 $\boldsymbol{A}$ 有三个不同的特征值 1，2，-1，计算可知，四个选项中只有选项 B 满足这一要求.

例 5.37　已知 $\boldsymbol{A}=\begin{pmatrix}2&a&2\\5&b&3\\-1&1&-1\end{pmatrix}$ 有特征值±1，问 $\boldsymbol{A}$ 能否对角化？说明理由.

解　由于±1 是 $\boldsymbol{A}$ 的特征值，所以±1 均为特征方程 $|\lambda\boldsymbol{E}-\boldsymbol{A}|=0$ 的根，可得

$$|\boldsymbol{E}-\boldsymbol{A}|=-7(a+1)=0$$
$$|-\boldsymbol{E}-\boldsymbol{A}|=-2(b+3)=0$$

所以 $a=-1$，$b=-3$. 此时矩阵 $\boldsymbol{A}=\begin{pmatrix}2&-1&2\\5&-3&3\\-1&1&-1\end{pmatrix}$.

假设矩阵 $\boldsymbol{A}$ 的另一特征值为 λ_3，由于 $\sum\limits_{i=1}^{3}\lambda_i=\sum\limits_{i=1}^{3}a_{ii}$，即 $1+(-1)+\lambda_3=2+(-3)+(-1)$，

可得 $\lambda_3=-2$，这样矩阵 $\boldsymbol{A}$ 有 3 个不同的特征值，故其可以对角化.

例 5.38　(2020，数 1，2，3)设 $\boldsymbol{A}$ 为二阶矩阵，$\boldsymbol{P}=(\boldsymbol{\alpha},\boldsymbol{A\alpha})$，其中 $\boldsymbol{\alpha}$ 是非零向量，且不是矩阵 $\boldsymbol{A}$ 的特征向量.

(1) 证明 $\boldsymbol{P}$ 是可逆矩阵；

(2) 若 $\boldsymbol{A}^2\boldsymbol{\alpha}+\boldsymbol{A\alpha}-6\boldsymbol{\alpha}=\boldsymbol{0}$，求 $\boldsymbol{P}^{-1}\boldsymbol{AP}$，并判断 $\boldsymbol{A}$ 是否相似于对角矩阵.

解　(1) 若 $\boldsymbol{P}=(\boldsymbol{\alpha},\boldsymbol{A\alpha})$ 为不可逆矩阵，因为 $\boldsymbol{\alpha}\neq\boldsymbol{0}$，所以存在常数 λ 使 $\boldsymbol{A\alpha}=\lambda\boldsymbol{\alpha}$，与 $\boldsymbol{\alpha}$ 不是矩阵 $\boldsymbol{A}$ 的特征向量相矛盾.

(2) 由题设知 $\boldsymbol{A}^2\boldsymbol{\alpha}=-\boldsymbol{A\alpha}+6\boldsymbol{\alpha}$，所以

$$\boldsymbol{AP}=(\boldsymbol{A\alpha},\boldsymbol{A}^2\boldsymbol{\alpha})=(\boldsymbol{A\alpha},6\boldsymbol{\alpha}-\boldsymbol{A\alpha})=(\boldsymbol{\alpha},\boldsymbol{A\alpha})\begin{pmatrix}0&6\\1&-1\end{pmatrix}=\boldsymbol{P}\begin{pmatrix}0&6\\1&-1\end{pmatrix}.$$

即

$$\boldsymbol{P}^{-1}\boldsymbol{AP}=\begin{pmatrix}0&6\\1&-1\end{pmatrix}.$$

记 $\boldsymbol{B}=\begin{pmatrix}0&6\\1&-1\end{pmatrix}$，由于 $\boldsymbol{B}$ 的特征多项式为 $|\lambda\boldsymbol{E}-\boldsymbol{B}|=\lambda^2+\lambda-6$ 有两个不同的根，所以 $\boldsymbol{B}$ 与对角阵相似，从而矩阵 $\boldsymbol{A}$ 相似于对角矩阵.

例 5.39　设 $\boldsymbol{\alpha},\boldsymbol{\beta}$ 为三维单位列向量，而且 $\boldsymbol{\alpha}^{\mathrm{T}}\boldsymbol{\beta}=0$，令 $\boldsymbol{A}=\boldsymbol{\alpha\beta}^{\mathrm{T}}+\boldsymbol{\beta\alpha}^{\mathrm{T}}$，证明：$\boldsymbol{A}$ 与 $\begin{pmatrix}1&0&0\\0&-1&0\\0&0&0\end{pmatrix}$ 相似.

证明　因为 $r(\boldsymbol{A})=r(\boldsymbol{\alpha\beta}^{\mathrm{T}}+\boldsymbol{\beta\alpha}^{\mathrm{T}})\leqslant r(\boldsymbol{\alpha\beta}^{\mathrm{T}})+r(\boldsymbol{\beta\alpha}^{\mathrm{T}})\leqslant 1+1=2$，所以 $\boldsymbol{A}$ 有特征值 0.

又因为

$$\boldsymbol{A\alpha}=\boldsymbol{\alpha}\boldsymbol{\beta}^{\mathrm{T}}\boldsymbol{\alpha}+\boldsymbol{\beta\alpha}^{\mathrm{T}}\boldsymbol{\alpha}=\boldsymbol{\beta},$$
$$\boldsymbol{A\beta}=\boldsymbol{\alpha}\boldsymbol{\beta}^{\mathrm{T}}\boldsymbol{\beta}+\boldsymbol{\beta\alpha}^{\mathrm{T}}\boldsymbol{\beta}=\boldsymbol{\alpha},$$

所以

$$\boldsymbol{A}(\boldsymbol{\alpha}+\boldsymbol{\beta})=\boldsymbol{\alpha}+\boldsymbol{\beta},\ \boldsymbol{A}(\boldsymbol{\alpha}-\boldsymbol{\beta})=-(\boldsymbol{\alpha}-\boldsymbol{\beta}),$$

由于 $\boldsymbol{\alpha},\boldsymbol{\beta}$ 正交，且均为非零向量，所以 $\boldsymbol{\alpha},\boldsymbol{\beta}$ 线性无关，从而 $\boldsymbol{\alpha}+\boldsymbol{\beta}\neq\boldsymbol{0}$，$\boldsymbol{\alpha}-\boldsymbol{\beta}\neq\boldsymbol{0}$，所以 $\boldsymbol{A}$ 有特征值 1，-1.

$\boldsymbol{A}$ 的三个特征值互不相同，故 $\boldsymbol{A}$ 与 $\begin{pmatrix}1&0&0\\0&-1&0\\0&0&0\end{pmatrix}$ 相似.

(2) 各特征值的几何重数都等于其代数重数的矩阵可对角化

例 5.40　(2004，数 1，2)设矩阵 $\boldsymbol{A}=\begin{pmatrix}1&2&-3\\-1&4&-3\\1&a&5\end{pmatrix}$ 的特征方程有一个二重根，求 a 的值，并讨论矩阵 $\boldsymbol{A}$ 是否可相似对角化.

解　$\boldsymbol{A}$ 的特征多项式为

$$\begin{vmatrix}\lambda-1&-2&3\\1&\lambda-4&3\\-1&-a&\lambda-5\end{vmatrix}=\begin{vmatrix}\lambda-2&2-\lambda&0\\1&\lambda-4&3\\-1&-a&\lambda-5\end{vmatrix}$$

$$=(\lambda-2)\begin{vmatrix}1 & -1 & 0\\ 1 & \lambda-4 & 3\\ -1 & -a & \lambda-5\end{vmatrix}=(\lambda-2)\begin{vmatrix}1 & 0 & 0\\ 1 & \lambda-3 & 3\\ -1 & -a-1 & \lambda-5\end{vmatrix}$$

$$=(\lambda-2)(\lambda^2-8\lambda+18+3a).$$

如果 $\lambda=2$ 是特征方程的二重根，则 $2^2-16+18+3a=0$，解得 $a=-2$.

当 $a=-2$ 时，$\boldsymbol{A}$ 的特征值为 2，2，6，矩阵 $2\boldsymbol{E}-\boldsymbol{A}=\begin{pmatrix}1 & -2 & 3\\ 1 & -2 & 3\\ -1 & 2 & -3\end{pmatrix}$ 的秩为 1，故 $\lambda=2$ 对应的线性无关的特征向量有两个，从而 $\boldsymbol{A}$ 可相似对角化.

如果 $\lambda=2$ 不是特征方程的二重根，则 $\lambda^2-8\lambda+18+3a$ 为完全平方，其判别式为 0，所以 $18+3a=16$，解得 $a=-\frac{2}{3}$. 此时，$\boldsymbol{A}$ 有特征值 2，4，4，由于矩阵 $4\boldsymbol{E}-\boldsymbol{A}=\begin{pmatrix}3 & -2 & 3\\ 1 & 0 & 3\\ -1 & \frac{2}{3} & -1\end{pmatrix}$ 的秩为 2，故 $\lambda=4$ 对应的线性无关的特征向量只有一个，从而 $\boldsymbol{A}$ 不可相似对角化.

2. 相似对角化的应用

（1）求矩阵的方幂

例 5.41　设二阶矩阵 $\boldsymbol{A}$ 的特征值为 -2，2，则 $\boldsymbol{A}^2=$________.

解　应填 $4\boldsymbol{E}$.

[分析] 由于二阶矩阵 $\boldsymbol{A}$ 有两个不同的特征值为 -2，2，所以存在二阶可逆矩阵 $\boldsymbol{P}$，使

$$\boldsymbol{P}^{-1}\boldsymbol{AP}=\begin{pmatrix}2 & 0\\ 0 & -2\end{pmatrix},$$

所以

$$\boldsymbol{A}=\boldsymbol{P}\begin{pmatrix}2 & 0\\ 0 & -2\end{pmatrix}\boldsymbol{P}^{-1}=2\boldsymbol{P}\begin{pmatrix}1 & 0\\ 0 & -1\end{pmatrix}\boldsymbol{P}^{-1},$$

$$\boldsymbol{A}^2=2^2\boldsymbol{P}\begin{pmatrix}1^2 & 0\\ 0 & (-1)^2\end{pmatrix}\boldsymbol{P}^{-1}=4\boldsymbol{E}.$$

例 5.42　（2016，数 1，2，3）已知矩阵 $\boldsymbol{A}=\begin{pmatrix}0 & -1 & 1\\ 2 & -3 & 0\\ 0 & 0 & 0\end{pmatrix}$.

（1）求 $\boldsymbol{A}^{99}$；

（2）设三阶矩阵 $\boldsymbol{B}=(\boldsymbol{\alpha}_1,\boldsymbol{\alpha}_2,\boldsymbol{\alpha}_3)$ 满足 $\boldsymbol{B}^2=\boldsymbol{BA}$. 记 $\boldsymbol{B}^{100}=(\boldsymbol{\beta}_1,\boldsymbol{\beta}_2,\boldsymbol{\beta}_3)$，将 $\boldsymbol{\beta}_1,\boldsymbol{\beta}_2,\boldsymbol{\beta}_3$ 分别表示为 $\boldsymbol{\alpha}_1,\boldsymbol{\alpha}_2,\boldsymbol{\alpha}_3$ 的线性组合.

解　（1）由

$$|\lambda\boldsymbol{E}-\boldsymbol{A}|=\begin{vmatrix}\lambda & 1 & -1\\ -2 & \lambda+3 & 0\\ 0 & 0 & \lambda\end{vmatrix}=\lambda(\lambda+1)(\lambda+2),$$

可得，$\boldsymbol{A}$ 的特征值为 $\lambda_1=0$，$\lambda_2=-1$，$\lambda_3=-2$.

当 $\lambda_1=0$ 时，解方程组 $\boldsymbol{AX}=\boldsymbol{0}$ 得 $\boldsymbol{A}$ 属于 0 的一个线性无关的特征向量 $\boldsymbol{\gamma}_1=(3,2,2)^{\mathrm{T}}$；

当 $\lambda_2=-1$ 时，解方程组 $(\boldsymbol{E}+\boldsymbol{A})\boldsymbol{X}=\boldsymbol{0}$ 得 $\boldsymbol{A}$ 属于−1 的一个线性无关的特征向量 $\boldsymbol{\gamma}_2=(1,1,0)^{\mathrm{T}}$；

当 $\lambda_3=-2$ 时，解方程组 $(2\boldsymbol{E}+\boldsymbol{A})\boldsymbol{X}=\boldsymbol{0}$ 得 $\boldsymbol{A}$ 属于−2 的一个线性无关的特征向量 $\boldsymbol{\gamma}_3=(1,2,0)^{\mathrm{T}}$.

令 $\boldsymbol{P}=(\boldsymbol{\gamma}_1,\boldsymbol{\gamma}_2,\boldsymbol{\gamma}_3)$，则 $\boldsymbol{P}^{-1}\boldsymbol{AP}=\begin{pmatrix}0&&\\&-1&\\&&-2\end{pmatrix}$，这里 $\boldsymbol{P}^{-1}=\begin{pmatrix}0&0&\frac{1}{2}\\2&-1&-2\\-1&1&\frac{1}{2}\end{pmatrix}$，

所以，

$$\boldsymbol{A}^{99}=\boldsymbol{P}\begin{pmatrix}0&&\\&-1&\\&&-2\end{pmatrix}^{99}\boldsymbol{P}^{-1}=\begin{pmatrix}2^{99}-2&1-2^{99}&2-2^{98}\\2^{100}-2&1-2^{100}&2-2^{99}\\0&0&0\end{pmatrix}.$$

（2）由于 $\boldsymbol{B}^2=\boldsymbol{BA}$，所以 $\boldsymbol{B}^3=\boldsymbol{B}^2\boldsymbol{A}=\boldsymbol{BA}^2,\cdots$，依次类推，可得 $\boldsymbol{B}^{100}=\boldsymbol{BA}^{99}$，所以有

$$\boldsymbol{B}^{100}=(\boldsymbol{\beta}_1,\boldsymbol{\beta}_2,\boldsymbol{\beta}_3)=(\boldsymbol{\alpha}_1,\boldsymbol{\alpha}_2,\boldsymbol{\alpha}_3)\begin{pmatrix}2^{99}-2&1-2^{99}&2-2^{98}\\2^{100}-2&1-2^{100}&2-2^{99}\\0&0&0\end{pmatrix},$$

从而

$$\boldsymbol{\beta}_1=(2^{99}-2)\boldsymbol{\alpha}_1+(2^{100}-2)\boldsymbol{\alpha}_2,$$
$$\boldsymbol{\beta}_2=(1-2^{99})\boldsymbol{\alpha}_1+(1-2^{100})\boldsymbol{\alpha}_2,$$
$$\boldsymbol{\beta}_3=(2-2^{98})\boldsymbol{\alpha}_1+(2-2^{99})\boldsymbol{\alpha}_2.$$

注：本题中，将 $\boldsymbol{\beta}_1,\boldsymbol{\beta}_2,\boldsymbol{\beta}_3$ 分别表示为 $\boldsymbol{\alpha}_1,\boldsymbol{\alpha}_2,\boldsymbol{\alpha}_3$ 的线性组合，即寻找矩阵 $\boldsymbol{T}$，使 $(\boldsymbol{\beta}_1,\boldsymbol{\beta}_2,\boldsymbol{\beta}_3)=(\boldsymbol{\alpha}_1,\boldsymbol{\alpha}_2,\boldsymbol{\alpha}_3)\boldsymbol{T}$. 另外，当一个题目有两问时，求解第二问可考虑利用第一问的结果，本题中即为找 $\boldsymbol{T}$ 与 $\boldsymbol{A}^{99}$ 的关系了. 这样思考可以帮助读者找到问题的解决思路.

（2）证明矩阵的相似

在证明两个矩阵相似时，常考虑它们是否都相似于同一个对角矩阵.

例 5.43 （2014，数 1，2，3）证明 n 阶矩阵 $\boldsymbol{A}=\begin{pmatrix}1&1&\cdots&1\\1&1&\cdots&1\\\vdots&\vdots&&\vdots\\1&1&\cdots&1\end{pmatrix}$ 与 $\boldsymbol{B}=\begin{pmatrix}0&\cdots&0&1\\0&\cdots&0&2\\\vdots&\vdots&&\vdots\\0&\cdots&0&n\end{pmatrix}$ 相似.

证明 由于

$$|\lambda E-A|=\begin{vmatrix}\lambda-1 & -1 & \cdots & -1\\ -1 & \lambda-1 & \cdots & -1\\ \vdots & \vdots & & \vdots\\ -1 & -1 & \cdots & \lambda-1\end{vmatrix}=(\lambda-n)\lambda^{n-1},$$

$$|\lambda E-B|=\begin{vmatrix}\lambda & 0 & \cdots & -1\\ 0 & \lambda & \cdots & -2\\ \vdots & \vdots & & \vdots\\ 0 & 0 & \cdots & \lambda-n\end{vmatrix}=(\lambda-n)\lambda^{n-1},$$

所以，$\boldsymbol{A}$，$\boldsymbol{B}$ 有相同的特征值 $\lambda_1=n$，$\lambda_2=\cdots=\lambda_n=0$.

由于 $\boldsymbol{A}$ 为是实对称矩阵，所以 $\boldsymbol{A}$ 相似于对角矩阵 $\boldsymbol{\Lambda}=\mathrm{diag}(n,0,\cdots,0)$.

又因为 $r(0\boldsymbol{E}-\boldsymbol{B})=r(\boldsymbol{B})=1$，所以对应于 $n-1$ 重特征值 0，$\boldsymbol{B}$ 有 $n-1$ 个线性无关的特征向量，所以 $\boldsymbol{B}$ 也相似于对角矩阵 $\boldsymbol{\Lambda}=\mathrm{diag}(n,0,\cdots,0)$.

综上所述，$\boldsymbol{A}$ 与 $\boldsymbol{B}$ 相似.

注：证明一般的矩阵相似，往往证明它们相似于同一个对角矩阵，再根据相似的对称性与传递性说明它们相似.

(3) 借助相似对角化反求原矩阵

例 5.44　设三阶矩阵 $\boldsymbol{A}$ 的特征值为 1，1，−2，对应于特征值 1 的两个线性无关的特征向量为 $\boldsymbol{\alpha}_1,\boldsymbol{\alpha}_2$，对应于−2 的一个特征量为 $\boldsymbol{\alpha}_3$，这里 $\boldsymbol{\alpha}_1=(0,1,0)^{\mathrm{T}}$，$\boldsymbol{\alpha}_2=(1,0,1)^{\mathrm{T}}$，$\boldsymbol{\alpha}_3=(1,0,-1)^{\mathrm{T}}$，求矩阵 $\boldsymbol{A}$.

解　由题设知，$\boldsymbol{A}$ 有三个线性无关的特征向量 $\boldsymbol{\alpha}_1,\boldsymbol{\alpha}_2,\boldsymbol{\alpha}_3$，令 $\boldsymbol{P}=(\boldsymbol{\alpha}_1,\boldsymbol{\alpha}_2,\boldsymbol{\alpha}_3)$，则有

$$\boldsymbol{P}^{-1}\boldsymbol{A}\boldsymbol{P}=\begin{pmatrix}1 & 0 & 0\\ 0 & 1 & 0\\ 0 & 0 & -2\end{pmatrix},$$

所以

$$\boldsymbol{A}=\boldsymbol{P}\begin{pmatrix}1 & 0 & 0\\ 0 & 1 & 0\\ 0 & 0 & -2\end{pmatrix}\boldsymbol{P}^{-1}.$$

由于 $\boldsymbol{P}^{-1}=\dfrac{1}{2}\begin{pmatrix}0 & 2 & 0\\ 1 & 0 & 1\\ 1 & 0 & -1\end{pmatrix}$，所以

$$\boldsymbol{A}=\frac{1}{2}\begin{pmatrix}0 & 1 & 1\\ 1 & 0 & 0\\ 0 & 1 & -1\end{pmatrix}\begin{pmatrix}1 & 0 & 0\\ 0 & 1 & 0\\ 0 & 0 & -2\end{pmatrix}\begin{pmatrix}0 & 2 & 0\\ 1 & 0 & 1\\ 1 & 0 & -1\end{pmatrix}$$

$$=\frac{1}{2}\begin{pmatrix}-1 & 0 & 3\\ 0 & 2 & 0\\ 3 & 0 & -1\end{pmatrix}.$$

(4) 利用相似确定矩阵的秩

例 5.45　设三阶矩阵 $\boldsymbol{A}$ 的特征值互不相同，而且 $|\boldsymbol{A}|=0$，求 $r(\boldsymbol{A})$.

解　因为三阶矩阵 $\boldsymbol{A}$ 的特征值互不相同，所以 $\boldsymbol{A}$ 相似于对角矩阵 $\boldsymbol{\Lambda}$. 又因为 $|\boldsymbol{A}|=0$，所以矩阵 $\boldsymbol{A}$ 至少有一个特征值 0. 考虑到 $\boldsymbol{A}$ 的特征值互不相同，所以对角矩阵 $\boldsymbol{\Lambda}$ 的主对角线上含有两个非零元素. 因此有 $r(\boldsymbol{A})=r(\boldsymbol{\Lambda})=2$.

例 5.46　求 $n(n\geqslant 2)$ 阶矩阵 $\boldsymbol{A}=\begin{pmatrix} a & 1 & \cdots & 1 \\ 1 & a & \cdots & 1 \\ \vdots & \vdots & & \vdots \\ 1 & 1 & \cdots & a \end{pmatrix}$ 的秩.

解　将矩阵 $\boldsymbol{A}$ 的特征多项式的第 2，3，…，n 行都加到第一行，按第一行提取公因 $a+(n-1)-\lambda$，再化为上三角形，可得

$$|\boldsymbol{A}-\lambda\boldsymbol{E}|=\begin{vmatrix} a-\lambda & 1 & \cdots & 1 \\ 1 & a-\lambda & \cdots & 1 \\ \vdots & \vdots & & \vdots \\ 1 & 1 & \cdots & a-\lambda \end{vmatrix}$$

$$=[a+(n-1)-\lambda]\begin{vmatrix} 1 & 1 & \cdots & 1 \\ 0 & a-1-\lambda & \cdots & 0 \\ \vdots & \vdots & & \vdots \\ 0 & 0 & \cdots & a-1-\lambda \end{vmatrix}$$

$$=[a+(n-1)-\lambda](a-1-\lambda)^{n-1}.$$

所以矩阵 $\boldsymbol{A}$ 的特征值为 $\lambda_1=a+(n-1)$，$\lambda_2=\cdots=\lambda_n=a-1$.

因为 $\boldsymbol{A}$ 为实对称矩阵，所以相似于对角矩阵 $\boldsymbol{\Lambda}=\mathrm{diag}(a+(n-1),a-1,\cdots,a-1)$. 由于 $r(\boldsymbol{A})=r(\boldsymbol{\Lambda})$，故有

当 $a=1$ 时，$r(\boldsymbol{A})=1$；

当 $a\neq 1$ 时，如果 $a=1-n$，则 $r(\boldsymbol{A})=n-1$；如果 $a\neq 1-n$，则 $r(\boldsymbol{A})=n$.

5.4.6　求相似变换矩阵 $\boldsymbol{P}$，使 $\boldsymbol{P}^{-1}\boldsymbol{AP}$ 为对角矩阵

例 5.47　设三阶矩阵 $\boldsymbol{A}$ 有特征值 0、1、2，其对应特征向量分别为 $\boldsymbol{\xi}_1$、$\boldsymbol{\xi}_2$、$\boldsymbol{\xi}_3$，令 $\boldsymbol{P}=(2\boldsymbol{\xi}_3,-\boldsymbol{\xi}_1,3\boldsymbol{\xi}_2)$，则 $\boldsymbol{P}^{-1}\boldsymbol{AP}=($　　$)$.

A. $\begin{pmatrix} 2 & 0 & 0 \\ 0 & 1 & 0 \\ 0 & 0 & 0 \end{pmatrix}$　　B. $\begin{pmatrix} 2 & 0 & 0 \\ 0 & 0 & 0 \\ 0 & 0 & 1 \end{pmatrix}$　　C. $\begin{pmatrix} 0 & 0 & 0 \\ 0 & 1 & 0 \\ 0 & 0 & 4 \end{pmatrix}$　　D. $\begin{pmatrix} 2 & 0 & 0 \\ 0 & 0 & 0 \\ 0 & 0 & 2 \end{pmatrix}$

解　应选 B.

[分析]因为 $\boldsymbol{\xi}_1$、$\boldsymbol{\xi}_2$、$\boldsymbol{\xi}_3$ 为矩阵 $\boldsymbol{A}$ 对应于特征值 0、1、2 的特征向量，则 $\boldsymbol{\eta}_1=2\boldsymbol{\xi}_3$，$\boldsymbol{\eta}_2=-\boldsymbol{\xi}_1$，$\boldsymbol{\eta}_3=3\boldsymbol{\xi}_2$ 分别为矩阵 $\boldsymbol{A}$ 属于特征值 2，0，1 的特征向量，所以有

$$\boldsymbol{P}^{-1}\boldsymbol{AP}=\mathrm{diag}(2,0,1).$$

注：$\boldsymbol{P}^{-1}\boldsymbol{AP}$ 为对角矩阵时，对角线上元素一定是矩阵 $\boldsymbol{A}$ 的特征值，因此选项 C、D 明显都是错误的. 选项 A 对角线上的特征值与矩阵 $\boldsymbol{P}$ 的列向量(特征向量)不对应，也不正确.

例 5.48　(2020，农学)设 $\boldsymbol{A}=\begin{pmatrix}1&0&b\\0&2&a\\1&0&1\end{pmatrix}$ 有特征向量 $\boldsymbol{\alpha}=\begin{pmatrix}1\\1\\1\end{pmatrix}$，求 a，b 的值．并求可逆矩阵 $\boldsymbol{P}$ 和对角矩阵 $\boldsymbol{\Lambda}$，使得 $\boldsymbol{P}^{-1}\boldsymbol{AP}$ 为对角矩阵.

解　(1) 设 $\boldsymbol{\alpha}$ 为矩阵 $\boldsymbol{A}$ 属于 λ 的特征向量，由题设知

$$\begin{pmatrix}1&0&b\\0&2&a\\1&0&1\end{pmatrix}\begin{pmatrix}1\\1\\1\end{pmatrix}=\lambda\begin{pmatrix}1\\1\\1\end{pmatrix},$$

所以

$$\begin{cases}b+1=\lambda,\\2+a=\lambda,\\2=\lambda,\end{cases}$$

从而有 $a=0$，$b=1$.

(2) 由(1)得

$$|\lambda\boldsymbol{E}-\boldsymbol{A}|=\begin{vmatrix}\lambda-1&0&-1\\0&\lambda-2&0\\-1&0&\lambda-1\end{vmatrix}=(\lambda-2)^2\lambda,$$

所以矩阵 $\boldsymbol{A}$ 的特征值为 $\lambda_1=\lambda_2=2$，$\lambda_3=0$.

对特征值 $\lambda_1=\lambda_2=2$，解线性方程组$(2\boldsymbol{E}-\boldsymbol{A})\boldsymbol{X}=\boldsymbol{0}$，得 $\boldsymbol{A}$ 属于特征值 2 的线性无关的特征向量 $\boldsymbol{\alpha}_1=(0,1,0)^{\mathrm{T}}$，$\boldsymbol{\alpha}_2=(1,0,1)^{\mathrm{T}}$.

对特征值 $\lambda_3=0$，解方程组$(0\boldsymbol{E}-\boldsymbol{A})\boldsymbol{X}=\boldsymbol{0}$，得一个线性无关的特征向量 $\boldsymbol{\alpha}_3=(-1,0,1)^{\mathrm{T}}$. 所以取 $\boldsymbol{P}=(\boldsymbol{\alpha}_1,\boldsymbol{\alpha}_2,\boldsymbol{\alpha}_3)$，有 $\boldsymbol{P}^{-1}\boldsymbol{AP}=\begin{pmatrix}2&0&0\\0&2&0\\0&0&0\end{pmatrix}$.

例 5.49　(2020，数 1)设 $\boldsymbol{A}$ 为三阶矩阵，$\boldsymbol{\alpha}_1,\boldsymbol{\alpha}_2$ 为 $\boldsymbol{A}$ 属于特征值 1 的线性无关的特征向量，$\boldsymbol{\alpha}_3$ 为 $\boldsymbol{A}$ 属于特征值-1 的特征向量，则满足 $\boldsymbol{P}^{-1}\boldsymbol{AP}=\begin{pmatrix}1&&\\&-1&\\&&1\end{pmatrix}$的可逆矩阵 $\boldsymbol{P}$ 可为(　　).

A. $(\alpha_1+\alpha_3,\alpha_2,-\alpha_3)$　　B. $(\alpha_1+\alpha_2,\alpha_2,-\alpha_3)$

C. $(\alpha_1+\alpha_3,-\alpha_3,-\alpha_3)$　　D. $(\alpha_1+\alpha_2,-\alpha_3,-\alpha_2)$

解　应选 D.

[分析] 因为 $\boldsymbol{\alpha}_1,\boldsymbol{\alpha}_2$ 为 $\boldsymbol{A}$ 属于特征值 1 的线性无关的特征向量，所以 $\boldsymbol{\alpha}_1+\boldsymbol{\alpha}_2\neq\boldsymbol{0}$，而且 $\boldsymbol{\alpha}_1+\boldsymbol{\alpha}_2$ 是矩阵 $\boldsymbol{A}$ 属于特征值 1 的一个特征向量. 又由 $\boldsymbol{A\alpha}_2=\boldsymbol{\alpha}_2$，可得 $\boldsymbol{A}(-\boldsymbol{\alpha}_2)=-\boldsymbol{\alpha}_2$，所以$-\boldsymbol{\alpha}_2$ 也是 $\boldsymbol{A}$ 属于特征值 1 的一个特征向量.

考虑到 $\boldsymbol{A\alpha}_3=-\boldsymbol{\alpha}_3$，可得 $\boldsymbol{A}(-\boldsymbol{\alpha}_3)=-(-\alpha_3)$，所以$-\boldsymbol{\alpha}_3$ 也为 $\boldsymbol{A}$ 属于特征值-1 的一个特征向量.

由于$\boldsymbol{\alpha}_1+\boldsymbol{\alpha}_2$，$-\boldsymbol{\alpha}_2$线性无关，而且都属于特征值1，而$-\boldsymbol{\alpha}_3$属于特征值-1，所以$\boldsymbol{\alpha}_1+\boldsymbol{\alpha}_2$，$-\boldsymbol{\alpha}_2$，$-\boldsymbol{\alpha}_3$为矩阵$\boldsymbol{A}$的3个线性无关的特征向量，选项D正确.

注： 当然，在做选择题时，只要观察到选项A、B、C所给矩阵的第三列为$-\boldsymbol{\alpha}_3$(属于特征值-1)，而$\boldsymbol{P}^{-1}\boldsymbol{A}\boldsymbol{P}$主对角线上第3个数为1，就可以立即排除这三个选项了.

例 5.50　(2021，数2，3)设矩阵$\boldsymbol{A}=\begin{pmatrix}2&1&0\\1&2&0\\1&a&b\end{pmatrix}$仅有两个不同的特征值，若$\boldsymbol{A}$相似于对角矩阵，求$a$，$b$的值，并求可逆矩阵$\boldsymbol{P}$，使$\boldsymbol{P}^{-1}\boldsymbol{A}\boldsymbol{P}$为对角矩阵.

解　由$|\lambda\boldsymbol{E}-\boldsymbol{A}|=\begin{vmatrix}\lambda-2&-1&0\\-1&\lambda-2&0\\-1&-a&\lambda-b\end{vmatrix}=(\lambda-b)(\lambda-1)(\lambda-3)$，结合$\boldsymbol{A}$仅有两个不同的特征值，可知$b=1$或3.

(1) 当$b=1$时，矩阵$\boldsymbol{A}$的特征值为1，1，3，因为$\boldsymbol{A}$相似于对角矩阵，所以$r(\boldsymbol{E}-\boldsymbol{A})=1$，由

$$\boldsymbol{E}-\boldsymbol{A}=\begin{pmatrix}-1&-1&0\\-1&-1&0\\-1&-a&0\end{pmatrix}\to\begin{pmatrix}-1&-1&0\\0&0&0\\0&1-a&0\end{pmatrix},$$

可得$a=1$.

由于$(\boldsymbol{E}-\boldsymbol{A})\boldsymbol{x}=\boldsymbol{0}$的一个基础解系$\boldsymbol{\alpha}_1=(-1,1,0)^{\mathrm{T}}$，$\boldsymbol{\alpha}_2=(0,0,1)^{\mathrm{T}}$；$(3\boldsymbol{E}-\boldsymbol{A})\boldsymbol{x}=\boldsymbol{0}$的一个基础解系$\boldsymbol{\alpha}_3=(1,1,1)^{\mathrm{T}}$，所以令$\boldsymbol{P}=(\alpha_1,\alpha_2,\alpha_3)$，有

$$\boldsymbol{P}^{-1}\boldsymbol{A}\boldsymbol{P}=\mathrm{diag}(1,1,3).$$

(2) 当$b=3$时，矩阵$\boldsymbol{A}$的特征值为3，3，1，因为$\boldsymbol{A}$相似于对角矩阵，所以$r(3\boldsymbol{E}-\boldsymbol{A})=1$，由

$$3\boldsymbol{E}-\boldsymbol{A}=\begin{pmatrix}1&-1&0\\-1&1&0\\-1&-a&0\end{pmatrix}\to\begin{pmatrix}1&-1&0\\0&0&0\\0&-1-a&0\end{pmatrix},$$

可得$a=-1$.

由于$(3\boldsymbol{E}-\boldsymbol{A})\boldsymbol{x}=\boldsymbol{0}$的一个基础解系：$\boldsymbol{\beta}_1=(1,1,0)^{\mathrm{T}}$，$\boldsymbol{\beta}_2=(0,0,1)^{\mathrm{T}}$；$(\boldsymbol{E}-\boldsymbol{A})\boldsymbol{x}=\boldsymbol{0}$的一个基础解系$\boldsymbol{\beta}_3=(-1,1,1)^{\mathrm{T}}$，所以令$\boldsymbol{P}=(\boldsymbol{\beta}_1,\boldsymbol{\beta}_2,\boldsymbol{\beta}_3)$，有

$$\boldsymbol{P}^{-1}\boldsymbol{A}\boldsymbol{P}=\mathrm{diag}(3,3,1).$$

5.4.7 利用矩阵相似确定矩阵中的参数

例 5.51　(2009，数2)设$\boldsymbol{\alpha},\boldsymbol{\beta}$为三维列向量，$\boldsymbol{\beta}^{\mathrm{T}}$为$\boldsymbol{\beta}$的转置. 若$\boldsymbol{\alpha}\boldsymbol{\beta}^{\mathrm{T}}$相似于$\begin{pmatrix}2&&\\&0&\\&&0\end{pmatrix}$，则$\boldsymbol{\beta}^{\mathrm{T}}\boldsymbol{\alpha}=$________.

解　应填2.

[分析]因为 $\boldsymbol{\alpha\beta}^{\mathrm{T}}$ 相似于 $\begin{pmatrix}2&&\\&0&\\&&0\end{pmatrix}$，根据相似矩阵有相同的特征值，可得 $\boldsymbol{\alpha\beta}^{\mathrm{T}}$ 的特征值为 2，0，0，而 $\boldsymbol{\beta}^{\mathrm{T}}\boldsymbol{\alpha}$ 是一个常数，其恰为矩阵 $\boldsymbol{\alpha\beta}^{\mathrm{T}}$ 的非零特征值，所以 $\boldsymbol{\beta}^{\mathrm{T}}\boldsymbol{\alpha}=2$.

例 5.52　(2019，数 3)已知矩阵

$$\boldsymbol{A}=\begin{pmatrix}-2&-2&1\\2&x&-2\\0&0&-2\end{pmatrix}\text{与}\boldsymbol{B}=\begin{pmatrix}2&1&0\\0&-1&0\\0&0&y\end{pmatrix}$$

相似.

(1) 求 x，y；

(2) 求可逆矩阵 $\boldsymbol{P}$，使 $\boldsymbol{P}^{-1}\boldsymbol{AP}=\boldsymbol{B}$.

解　(1) 因为 $\boldsymbol{A}$ 相似于 $\boldsymbol{B}$，所以 $\boldsymbol{A}$ 与 $\boldsymbol{B}$ 的特征值相同，从而主对角线上元素之和相同，而且 $|\boldsymbol{A}|=|\boldsymbol{B}|$. 即有

$$\begin{cases}-4+x=1+y,\\4x-8=-2y,\end{cases}$$

解之得 $x=3$，$y=-2$.

(2) 由于 $\boldsymbol{A}$ 与 $\boldsymbol{B}$ 相似，所以它们的特征值相同. 结合

$$|\lambda\boldsymbol{E}-\boldsymbol{B}|=\begin{vmatrix}\lambda-2&-1&0\\0&\lambda+1&0\\0&0&\lambda+2\end{vmatrix}=(\lambda-2)(\lambda+1)(\lambda+2),$$

可得矩阵 $\boldsymbol{B}$ 的特征值为 2，-1，-2，从而矩阵 $\boldsymbol{A}$ 的特征值也是 2，-1，-2.

对矩阵 $\boldsymbol{A}$，依次将特征值 2，-1，-2 代入方程组 $(\boldsymbol{A}-\lambda\boldsymbol{E})\boldsymbol{X}=\boldsymbol{0}$，可分别求得基础解系 $\boldsymbol{\xi}_1=(1,-2,0)^{\mathrm{T}}$，$\boldsymbol{\xi}_2=(-2,1,0)^{\mathrm{T}}$，$\boldsymbol{\xi}_3=(-1,2,4)^{\mathrm{T}}$.

所以取 $\boldsymbol{P}_1=(\boldsymbol{\xi}_1,\boldsymbol{\xi}_2,\boldsymbol{\xi}_3)$，有 $\boldsymbol{P}_1^{-1}\boldsymbol{AP}_1=\begin{pmatrix}2&&\\&-1&\\&&-2\end{pmatrix}$.

对矩阵 $\boldsymbol{B}$，可求得 $\boldsymbol{P}_2=\begin{pmatrix}1&1&0\\0&-3&0\\0&0&1\end{pmatrix}$，使 $\boldsymbol{P}_2^{-1}\boldsymbol{BP}_2=\begin{pmatrix}2&&\\&-1&\\&&-2\end{pmatrix}$.

令 $\boldsymbol{P}=\boldsymbol{P}_1\boldsymbol{P}_2^{-1}$，则有

$$\boldsymbol{B}=\boldsymbol{P}_2\begin{pmatrix}2&&\\&-1&\\&&-2\end{pmatrix}\boldsymbol{P}_2^{-1}=\boldsymbol{P}_2\boldsymbol{P}_1^{-1}\boldsymbol{AP}_1\boldsymbol{P}_2^{-1}=\boldsymbol{P}^{-1}\boldsymbol{AP}.$$

注： 针对一般的两个矩阵 $\boldsymbol{A}$，$\boldsymbol{B}$，要找相似变换矩阵 $\boldsymbol{P}$，使 $\boldsymbol{P}^{-1}\boldsymbol{AP}=\boldsymbol{B}$，没有一般的理论. 这时往往可以像本题这样先求它们相似于同一个对角矩阵的相似变换矩阵 $\boldsymbol{P}_1$，$\boldsymbol{P}_2$，再通过它们相似的对角矩阵将二者联系起来.

5.4.8 实对称矩阵的正交对角化问题

1. 求正交矩阵 $\boldsymbol{P}$ 和对角矩阵 $\boldsymbol{\Lambda}$，使 $\boldsymbol{P}^{-1}\boldsymbol{A}\boldsymbol{P}=\boldsymbol{\Lambda}$.

例 5.53 对矩阵 $\boldsymbol{A}=\begin{pmatrix}1&1&1\\1&1&1\\1&1&1\end{pmatrix}$，求正交矩阵 $\boldsymbol{P}$ 和对角矩阵 $\boldsymbol{\Lambda}$，使 $\boldsymbol{P}^{-1}\boldsymbol{A}\boldsymbol{P}=\boldsymbol{\Lambda}$.

解 因为 $\boldsymbol{A}$ 的特征多项式为

$$|\lambda\boldsymbol{E}-\boldsymbol{A}|=\begin{vmatrix}\lambda-1&-1&-1\\-1&\lambda-1&-1\\-1&-1&\lambda-1\end{vmatrix}=(\lambda-3)\lambda^2,$$

所以矩阵 $\boldsymbol{A}$ 的特征值为 $\lambda_1=3$，$\lambda_2=\lambda_3=0$.

对 $\lambda_1=3$，解方程组 $(3\boldsymbol{E}-\boldsymbol{A})\boldsymbol{X}=\boldsymbol{0}$ 得基础解系 $\boldsymbol{\alpha}_1=(1,1,1)^{\mathrm{T}}$，单位化得 $\boldsymbol{e}_1=\frac{1}{\sqrt{3}}(1,1,1)^{\mathrm{T}}$.

对 $\lambda_2=\lambda_3=0$，解方程组 $(0\boldsymbol{E}-\boldsymbol{A})\boldsymbol{X}=\boldsymbol{0}$ 得基础解系 $\boldsymbol{\alpha}_2=(-1,1,0)^{\mathrm{T}}$，$\boldsymbol{\alpha}_3=(-1,0,1)^{\mathrm{T}}$.
正交化得

$$\boldsymbol{\eta}_1=\boldsymbol{\alpha}_2=(-1,1,0)^{\mathrm{T}},\ \boldsymbol{\eta}_2=\boldsymbol{\alpha}_3-\frac{[\boldsymbol{\alpha}_3,\boldsymbol{\eta}_1]}{[\boldsymbol{\eta}_1,\boldsymbol{\eta}_1]}\boldsymbol{\eta}_1=-\frac{1}{2}(1,1,-2)^{\mathrm{T}}.$$

再单位化可得 $\boldsymbol{e}_2=\frac{\boldsymbol{\eta}_1}{\|\boldsymbol{\eta}_1\|}=\frac{1}{\sqrt{2}}(-1,1,0)^{\mathrm{T}}$，$\boldsymbol{e}_3=\frac{\boldsymbol{\eta}_2}{\|\boldsymbol{\eta}_2\|}=\frac{1}{\sqrt{6}}(1,1,-2)^{\mathrm{T}}$.

令 $\boldsymbol{P}=(\boldsymbol{e}_1,\boldsymbol{e}_2,\boldsymbol{e}_3)$，则 $\boldsymbol{P}$ 为正交矩阵，而且 $\boldsymbol{P}^{-1}\boldsymbol{A}\boldsymbol{P}=\begin{pmatrix}3&&\\&0&\\&&0\end{pmatrix}$.

注： 读者应该注意，既然 $\boldsymbol{\alpha}_2$，$\boldsymbol{\alpha}_3$ 是 $(0\boldsymbol{E}-\boldsymbol{A})\boldsymbol{X}=\boldsymbol{0}$ 的基础解系，那么它们的如下两个线性组合

$$\boldsymbol{\eta}_1=\boldsymbol{\alpha}_2,\ \boldsymbol{\eta}_2=\boldsymbol{\alpha}_3-\frac{[\boldsymbol{\alpha}_3,\boldsymbol{\eta}_1]}{[\boldsymbol{\eta}_1,\boldsymbol{\eta}_1]}\boldsymbol{\alpha}_2,$$

也是 $(0\boldsymbol{E}-\boldsymbol{A})\boldsymbol{X}=\boldsymbol{0}$ 的解（由 $\boldsymbol{\alpha}_2$，$\boldsymbol{\alpha}_3$ 线性无关可知 $\boldsymbol{\eta}_1$，$\boldsymbol{\eta}_2$ 均不为零），从而 $\boldsymbol{\eta}_1$，$\boldsymbol{\eta}_2$ 也是矩阵 $\boldsymbol{A}$ 属于特征值 0 的特征向量. 这样由实对称矩阵的性质(2)知，向量组 $\boldsymbol{\alpha}_1,\boldsymbol{\eta}_1,\boldsymbol{\eta}_2$ 仍然两两正交，从而 $\boldsymbol{e}_1,\boldsymbol{e}_2,\boldsymbol{e}_3$ 为矩阵 $\boldsymbol{A}$ 两两正交的单位特征向量. 也正是由于这一点，才保证了矩阵 $\boldsymbol{P}$ 的正交性，并且 $\boldsymbol{P}^{-1}\boldsymbol{A}\boldsymbol{P}=\mathrm{diag}(3,0,0)$.

例 5.54 对三阶实对称矩阵 $\boldsymbol{A}$ 和向量 $\boldsymbol{\beta}=(2,2,2)^{\mathrm{T}}$，设线性方程组 $\boldsymbol{A}\boldsymbol{X}=\boldsymbol{\beta}$ 有通解

$$k_1(-1,1,0)^{\mathrm{T}}+k_2(-1,0,1)^{\mathrm{T}}+(1,1,1)^{\mathrm{T}}\quad(k_1,k_2\text{ 为任意常数}).$$

(1) 求矩阵 $\boldsymbol{A}$ 的特征值与特征向量；

(2) 若向量 $\boldsymbol{\alpha}=(-1,2,2)^{\mathrm{T}}$，求 $\boldsymbol{A}\boldsymbol{\alpha}$；

(3) 求正交矩阵 $\boldsymbol{P}$，使 $\boldsymbol{P}^{-1}\boldsymbol{A}\boldsymbol{P}$ 为对角矩阵.

解 (1) 由题设知，向量组 $\boldsymbol{\alpha}_1=(-1,1,0)^{\mathrm{T}}$，$\boldsymbol{\alpha}_2=(-1,0,1)^{\mathrm{T}}$ 为对应的齐次线性方程组 $\boldsymbol{A}\boldsymbol{X}=\boldsymbol{0}$ 的一个基础解系，而且方程组 $\boldsymbol{A}\boldsymbol{X}=\boldsymbol{\beta}$ 有特解 $\boldsymbol{\alpha}_3=(1,1,1)^{\mathrm{T}}$.

所以 $A\boldsymbol{\alpha}_1=\mathbf{0}=0\boldsymbol{\alpha}_1$，$A\boldsymbol{\alpha}_2=\mathbf{0}=0\boldsymbol{\alpha}_2$，并且

$$A\begin{pmatrix}1\\1\\1\end{pmatrix}=\begin{pmatrix}2\\2\\2\end{pmatrix}=2\begin{pmatrix}1\\1\\1\end{pmatrix},$$

因此，三阶矩阵 A 有特征值 $\lambda_1=\lambda_2=0$，$\lambda_3=2$，而且 A 对应于特征值 0 的特征向量为 $k_1\boldsymbol{\alpha}_1+k_2\boldsymbol{\alpha}_2$($k_1$，$k_2$ 不全为零)；对应于特征值 2 的特征向量为 $k_3\boldsymbol{\alpha}_3$($k_3\neq 0$).

(2) 由(1)得，令 $P=(\boldsymbol{\alpha}_1,\boldsymbol{\alpha}_2,\boldsymbol{\alpha}_3)$，则

$$P^{-1}AP=\begin{pmatrix}0&&\\&0&\\&&2\end{pmatrix},\text{ 这里 }P^{-1}=\frac{1}{3}\begin{pmatrix}-1&2&-1\\-1&-1&2\\1&1&1\end{pmatrix},$$

所以

$$A=P\begin{pmatrix}0&&\\&0&\\&&2\end{pmatrix}P^{-1}=\frac{2}{3}\begin{pmatrix}1&1&1\\1&1&1\\1&1&1\end{pmatrix}.$$

从而

$$A\boldsymbol{\alpha}=\frac{2}{3}\begin{pmatrix}1&1&1\\1&1&1\\1&1&1\end{pmatrix}\begin{pmatrix}-1\\2\\2\end{pmatrix}=2\begin{pmatrix}1\\1\\1\end{pmatrix}.$$

(3) 对 A 属于特征值 0 的特征向量 $\boldsymbol{\alpha}_1$，$\boldsymbol{\alpha}_2$ 正交化可得

$$\boldsymbol{\beta}_1=\boldsymbol{\alpha}_1,\quad \boldsymbol{\beta}_2=\boldsymbol{\alpha}_2-\frac{[\boldsymbol{\alpha}_2,\boldsymbol{\beta}_1]}{[\boldsymbol{\beta}_1,\boldsymbol{\beta}_1]}\boldsymbol{\beta}_1=\frac{1}{2}\begin{pmatrix}-1\\-1\\2\end{pmatrix}.$$

单位化得

$$\boldsymbol{e}_1=\frac{1}{\sqrt{2}}\begin{pmatrix}-1\\1\\0\end{pmatrix},\qquad \boldsymbol{e}_2=\frac{1}{\sqrt{6}}\begin{pmatrix}-1\\-1\\2\end{pmatrix}.$$

对 A 属于特征值 2 的特征向量 $\boldsymbol{\alpha}_3$ 单位化可得 $\boldsymbol{e}_3=\frac{1}{\sqrt{3}}\begin{pmatrix}1\\1\\1\end{pmatrix}$.

令 $P=(\boldsymbol{e}_1,\boldsymbol{e}_2,\boldsymbol{e}_3)$，则 P 为正交矩阵，且 $P^{-1}AP$ 为对角矩阵 $\mathrm{diag}(0,0,2)$.

注：本题步骤(2)中，可以不求矩阵 A. 事实上，令

$$\boldsymbol{\alpha}=x_1\boldsymbol{\alpha}_1+x_2\boldsymbol{\alpha}_2+x_3\boldsymbol{\alpha}_3,$$

通过求解该方程组可得 $x_1=x_2=x_3=1$，进而

$$A\boldsymbol{\alpha}=A\boldsymbol{\alpha}_1+A\boldsymbol{\alpha}_2+A\boldsymbol{\alpha}_3=\mathbf{0}+\mathbf{0}+2\boldsymbol{\alpha}_3=2\boldsymbol{\alpha}_3.$$

例 5.55　设三阶实对称矩阵 A 的各行元素之和为 3，向量 $\boldsymbol{\alpha}_1=(-1,2,-1)^{\mathrm{T}}$，$\boldsymbol{\alpha}_2=(0,-1,1)^{\mathrm{T}}$ 是线性方程组 $A\boldsymbol{x}=\mathbf{0}$ 的两个解. 求

(1) A 的特征值与特征向量；

(2) 求正交矩阵 Q 和对角矩阵 Λ，使得 $Q^{-1}AQ=\Lambda$.

解　(1) 由于 $\boldsymbol{A}$ 的各行元素之和为 3，所以

$$\boldsymbol{A}\begin{pmatrix}1\\1\\1\end{pmatrix}=\begin{pmatrix}3\\3\\3\end{pmatrix}=3\begin{pmatrix}1\\1\\1\end{pmatrix},$$

因为 $\boldsymbol{A\alpha}_1=\boldsymbol{0}$，$\boldsymbol{A\alpha}_2=\boldsymbol{0}$，即

$$\boldsymbol{A\alpha}_1=0\boldsymbol{\alpha}_1,\ \boldsymbol{A\alpha}_2=0\boldsymbol{\alpha}_2,$$

故 $\lambda_1=\lambda_2=0$ 是 $\boldsymbol{A}$ 的二重特征值，$\boldsymbol{\alpha}_1$，$\boldsymbol{\alpha}_2$ 为 $\boldsymbol{A}$ 的属于特征值 0 的两个线性无关的特征向量；$\lambda_3=3$ 是 $\boldsymbol{A}$ 的一个特征值，$\boldsymbol{\alpha}_3=(1,1,1)^{\mathrm{T}}$ 为 $\boldsymbol{A}$ 的属于特征值 3 的特征向量.

总之，$\boldsymbol{A}$ 的特征值为 0，0，3. 属于特征值 0 的全体特征向量为 $k_1\boldsymbol{\alpha}_1+k_2\boldsymbol{\alpha}_2(k_1,k_2$ 不全为零)，属于特征值 3 的全体特征向量为 $k_3\boldsymbol{\alpha}_3(k_3\neq0)$.

(2) 对 $\boldsymbol{\alpha}_1,\boldsymbol{\alpha}_2$ 正交化. 令 $\boldsymbol{\xi}_1=\boldsymbol{\alpha}_1=(-1,2,-1)^{\mathrm{T}}$，

$$\boldsymbol{\xi}_2=\boldsymbol{\alpha}_2-\frac{(\boldsymbol{\alpha}_2,\boldsymbol{\xi}_1)}{(\boldsymbol{\xi}_1,\boldsymbol{\xi}_1)}\boldsymbol{\xi}_1=\frac{1}{2}(-1,0,1)^{\mathrm{T}},$$

再分别将 $\boldsymbol{\xi}_1,\boldsymbol{\xi}_2,\boldsymbol{\alpha}_3$ 单位化，得

$$\boldsymbol{\beta}_1=\frac{\boldsymbol{\xi}_1}{\|\boldsymbol{\xi}_1\|}=\frac{1}{\sqrt{6}}(-1,2,-1)^{\mathrm{T}},\ \boldsymbol{\beta}_2=\frac{\boldsymbol{\xi}_2}{\|\boldsymbol{\xi}_2\|}=\frac{1}{\sqrt{2}}(-1,0,1)^{\mathrm{T}},\ \boldsymbol{\beta}_3=\frac{\boldsymbol{\alpha}_3}{\|\boldsymbol{\alpha}_3\|}=\frac{1}{\sqrt{3}}(1,1,1)^{\mathrm{T}},$$

令

$$\boldsymbol{Q}=(\boldsymbol{\beta}_1,\boldsymbol{\beta}_2,\boldsymbol{\beta}_3),\quad \boldsymbol{\Lambda}=\begin{pmatrix}0&&\\&0&\\&&3\end{pmatrix},$$

那么 $\boldsymbol{Q}$ 为正交矩阵，且 $\boldsymbol{Q}^{\mathrm{T}}\boldsymbol{AQ}=\boldsymbol{\Lambda}$.

注：线性方程组 $\boldsymbol{Ax}=\boldsymbol{0}$ 的非零解就是 $\boldsymbol{A}$ 属于特征值 0 的特征向量. 又因为 $\boldsymbol{\alpha}_1,\boldsymbol{\alpha}_2$ 为 $\boldsymbol{A}$ 的属于特征值 0 的两个线性无关的特征向量，所以特征值 0 是二重根，这里用到了“矩阵特征值的几何重数不超过代数重数”这一事实.

2. 实对称矩阵不同特征值的特征向量正交问题

例 5.56　设 n 阶实对称矩阵 $\boldsymbol{A}$ 有不同特征值为 $\lambda_1,\lambda_2,\cdots,\lambda_n$，$\boldsymbol{\alpha}_1$ 是 $\boldsymbol{A}$ 属于特征值 λ_1 的单位特征向量. 证明：$\boldsymbol{A}-\lambda_1\boldsymbol{\alpha}_1\boldsymbol{\alpha}_1^{\mathrm{T}}$ 的特征值为 0，$\lambda_2,\lambda_3,\cdots,\lambda_n$.

证明　设 $\boldsymbol{\alpha}_1,\boldsymbol{\alpha}_2,\cdots,\boldsymbol{\alpha}_n$ 分别是矩阵 $\boldsymbol{A}$ 属于特征值 $\lambda_1,\lambda_2,\cdots,\lambda_n$ 的特征向量. 由于实对称矩阵属于不同特征值的特征向量正交，而且 $\boldsymbol{\alpha}_1^{\mathrm{T}}\boldsymbol{\alpha}_1=\|\boldsymbol{\alpha}_1\|^2=1$，所以

$$\begin{aligned}(\boldsymbol{A}-\lambda_1\boldsymbol{\alpha}_1\boldsymbol{\alpha}_1^{\mathrm{T}})\boldsymbol{\alpha}_1&=\boldsymbol{A\alpha}_1-\lambda_1(\boldsymbol{\alpha}_1\boldsymbol{\alpha}_1^{\mathrm{T}})\boldsymbol{\alpha}_1=\lambda_1\boldsymbol{\alpha}_1-\lambda_1\boldsymbol{\alpha}_1(\boldsymbol{\alpha}_1^{\mathrm{T}}\boldsymbol{\alpha}_1)\\&=\lambda_1\boldsymbol{\alpha}_1-\lambda_1\boldsymbol{\alpha}_1=0\boldsymbol{\alpha}_1.\\(\boldsymbol{A}-\lambda_1\boldsymbol{\alpha}_1\boldsymbol{\alpha}_1^{\mathrm{T}})\boldsymbol{\alpha}_j&=\boldsymbol{A\alpha}_j-\lambda_1(\boldsymbol{\alpha}_1\boldsymbol{\alpha}_1^{\mathrm{T}})\boldsymbol{\alpha}_j=\lambda_j\boldsymbol{\alpha}_j-\lambda_1\boldsymbol{\alpha}_1(\boldsymbol{\alpha}_1^{\mathrm{T}}\boldsymbol{\alpha}_j)\\&=\lambda_j\boldsymbol{\alpha}_j-\boldsymbol{0}=\lambda_j\boldsymbol{\alpha}_j(j=2,\cdots,n)\end{aligned}$$

结合定义，命题得证.

例 5.57　(2011，数 1，2) 设 $\boldsymbol{A}$ 为三阶实对称矩阵，$\boldsymbol{A}$ 的秩为 2，且 $\boldsymbol{A}\begin{pmatrix}1&1\\0&0\\-1&1\end{pmatrix}=\begin{pmatrix}-1&1\\0&0\\1&1\end{pmatrix}$.

求：(1) $\boldsymbol{A}$ 的所有特征值与特征向量；

(2) 矩阵 $\boldsymbol{A}$.

解 (1) 记 $\boldsymbol{\alpha}_1=\begin{pmatrix}1\\0\\-1\end{pmatrix}$，$\boldsymbol{\alpha}_2=\begin{pmatrix}1\\0\\1\end{pmatrix}$，由

$$\boldsymbol{A}\begin{pmatrix}1&1\\0&0\\-1&1\end{pmatrix}=\begin{pmatrix}-1&1\\0&0\\1&1\end{pmatrix}.$$

可得 $\boldsymbol{A}(\boldsymbol{\alpha}_1,\boldsymbol{\alpha}_2)=(-\boldsymbol{\alpha}_1,\boldsymbol{\alpha}_2)$. 所以 $\boldsymbol{A}\boldsymbol{\alpha}_1=-\boldsymbol{\alpha}_1$，$\boldsymbol{A}\boldsymbol{\alpha}_2=\boldsymbol{\alpha}_2$. 从而 -1，1 为 $\boldsymbol{A}$ 的两个特征值，对应的特征向量分别为 $\boldsymbol{\alpha}_1,\boldsymbol{\alpha}_2$.

又因为三阶矩阵 $\boldsymbol{A}$ 的秩为 2，所以 $|\boldsymbol{A}|=0$，从而 $\boldsymbol{A}$ 有特征值 0. 设 $(x_1,x_2,x_3)^{\mathrm{T}}$ 为 $\boldsymbol{A}$ 对应于特征值 0 的特征向量，由于实对称矩阵属于不同特征值的特征向量正交，所以有

$$\begin{cases}x_1-x_3=0,\\x_1+x_3=0,\end{cases}$$

解之得基础解系 $\boldsymbol{\alpha}_3=(0,1,0)^{\mathrm{T}}$，此即为 $\boldsymbol{A}$ 属于特征值 0 的一个线性无关的特征向量.

综上所述，$\boldsymbol{A}$ 属于特征值 -1 的全部特征向量为 $k_1\boldsymbol{\alpha}_1$，$k_1\neq0$；$\boldsymbol{A}$ 属于特征值 1 的全部特征向量为 $k_2\boldsymbol{\alpha}_2$，$k_2\neq0$；$\boldsymbol{A}$ 属于特征值 0 的全部特征向量为 $k_3\boldsymbol{\alpha}_3=(0,1,0)^{\mathrm{T}}$，$k_3\neq0$.

(2) 令

$$\boldsymbol{P}=(\boldsymbol{\alpha}_1,\boldsymbol{\alpha}_2,\boldsymbol{\alpha}_3),\ \boldsymbol{\Lambda}=(-1,1,0)^{\mathrm{T}},$$

则 $\boldsymbol{P}^{-1}\boldsymbol{A}\boldsymbol{P}=\boldsymbol{\Lambda}$，所以

$$\boldsymbol{A}=\boldsymbol{P}\boldsymbol{\Lambda}\boldsymbol{P}^{-1}=\begin{pmatrix}0&0&1\\0&0&0\\1&0&0\end{pmatrix}.$$

3. 实对称矩阵相似对角化的综合应用

例 5.58 (2010，数 2，3) 设 $\boldsymbol{A}=\begin{pmatrix}0&-1&4\\-1&3&a\\4&a&0\end{pmatrix}$，正交矩阵 $\boldsymbol{Q}$ 使得 $\boldsymbol{Q}^{\mathrm{T}}\boldsymbol{A}\boldsymbol{Q}$ 为对角矩阵. 若 $\boldsymbol{Q}$ 的第 1 列为 $\boldsymbol{\alpha}_1=\dfrac{1}{\sqrt{6}}(1,2,1)^{\mathrm{T}}$，求 a，$\boldsymbol{Q}$.

解 由题设知，$(1,2,1)^{\mathrm{T}}$ 为 $\boldsymbol{A}$ 的一个特征向量，设相应的特征值为 λ_1，则有

$$\begin{pmatrix}0&-1&4\\-1&3&a\\4&a&0\end{pmatrix}\begin{pmatrix}1\\2\\1\end{pmatrix}=\lambda_1\begin{pmatrix}1\\2\\1\end{pmatrix},$$

解得 $a=-1$，$\lambda_1=2$.

由于

$$|\lambda\boldsymbol{E}-\boldsymbol{A}|=(\lambda-2)(\lambda-5)(\lambda+4),$$

所以 $\boldsymbol{A}$ 的特征值为 2，5，-4.

解方程组 $(5\boldsymbol{E}-\boldsymbol{A})\boldsymbol{X}=\boldsymbol{0}$，可得 $\boldsymbol{A}$ 属于 5 的一个特征向量为 $\boldsymbol{\beta}_1=(1,-1,1)^{\mathrm{T}}$，单位化可得 $\boldsymbol{\alpha}_2=\frac{1}{\sqrt{3}}(1,-1,1)^{\mathrm{T}}$；同理，可得 $\boldsymbol{A}$ 属于-4 的一个单位特征向量为 $\boldsymbol{\alpha}_3=\frac{1}{\sqrt{2}}(-1,0,1)^{\mathrm{T}}$.

令 $\boldsymbol{Q}=(\boldsymbol{\alpha}_1,\boldsymbol{\alpha}_2,\boldsymbol{\alpha}_3)$，则有 $\boldsymbol{Q}^{\mathrm{T}}\boldsymbol{A}\boldsymbol{Q}=\begin{pmatrix}2 & & \\ & 5 & \\ & & -4\end{pmatrix}$.

注： 在例 5.57 中，已知实对称矩阵的特征值-1，1 的特征向量，利用不同特征值的特征向量的正交性，通过解方程组求出该矩阵属于特征值 0 的一组线性无关的特征向量. 但在本题中，仅已知三阶实对称矩阵 $\boldsymbol{A}$ 的一个属于特征值 2 的特征向量 $\boldsymbol{\alpha}_1$，尽管正交矩阵 $\boldsymbol{Q}$ 的第 2，3 列都与 $\boldsymbol{\alpha}_1$ 正交，仍不能利用正交性确定 $\lambda_2=5$，$\lambda_3=-4$ 的特征向量. 事实上，假设 $\boldsymbol{\beta}$，$\boldsymbol{\gamma}$ 分别为矩阵 $\boldsymbol{A}$ 属于特征值 λ_2，λ_3 的特征向量，尽管 $\boldsymbol{\beta}+\boldsymbol{\gamma}$ 与 $\boldsymbol{\alpha}$ 正交，但 $\boldsymbol{\beta}+\boldsymbol{\gamma}$ 不是矩阵 $\boldsymbol{A}$ 的特征向量.

例 5.59　已知 $\boldsymbol{A}$ 是三阶实对称矩阵，且满足方程 $\boldsymbol{A}^2+2\boldsymbol{A}=\boldsymbol{O}$，$r(\boldsymbol{A})=2$，则 $\boldsymbol{A}$ 的特征值是________.

解　应填 0，-2，-2.

[分析]设 λ 是 $\boldsymbol{A}$ 的任一特征值，因为 $\boldsymbol{A}^2+2\boldsymbol{A}=\boldsymbol{O}$，所以 $\lambda^2+2\lambda=0$，可得 $\lambda=0$ 或 $\lambda=-2$.

又因为 $\boldsymbol{A}$ 是三阶实对称矩阵，所以 $\boldsymbol{A}$ 相似于对角矩阵 $\boldsymbol{\Lambda}$，且有 $r(\boldsymbol{A})=r(\boldsymbol{\Lambda})=2$. 由于 $\boldsymbol{\Lambda}$ 对角线上元素均为 $\boldsymbol{A}$ 的特征值，所以 $\boldsymbol{\Lambda}$ 的对角线上只能有两个-2，一个 0，因此应填 0，-2，-2.

例 5.60　设 $\boldsymbol{A}$ 是三阶矩阵，且有 3 个相互正交的特征向量，证明 $\boldsymbol{A}$ 是对称矩阵.

证明　设 $\boldsymbol{A}$ 相互正交的特征向量是 $\boldsymbol{\alpha}_1,\boldsymbol{\alpha}_2,\boldsymbol{\alpha}_3$，其对应的特征值依次为 $\lambda_1,\lambda_2,\lambda_3$. 由 $\boldsymbol{\alpha}_1,\boldsymbol{\alpha}_2,\boldsymbol{\alpha}_3$ 的正交性可知，其线性无关，设将其单位化为 $\boldsymbol{e}_1,\boldsymbol{e}_2,\boldsymbol{e}_3$，则 $\boldsymbol{e}_1,\boldsymbol{e}_2,\boldsymbol{e}_3$ 仍是 $\boldsymbol{A}$ 的特征向量，而且两两正交. 于是 $\boldsymbol{P}=(\boldsymbol{e}_1,\boldsymbol{e}_2,\boldsymbol{e}_3)$ 为正交矩阵，并且

$$\boldsymbol{P}^{-1}\boldsymbol{A}\boldsymbol{P}=\boldsymbol{\Lambda}=\begin{pmatrix}\lambda_1 & & \\ & \lambda_2 & \\ & & \lambda_3\end{pmatrix}.$$

从而 $\boldsymbol{A}=\boldsymbol{P}\boldsymbol{\Lambda}\boldsymbol{P}^{-1}=\boldsymbol{P}\boldsymbol{\Lambda}\boldsymbol{P}^{\mathrm{T}}$，可得

$$\boldsymbol{A}^{\mathrm{T}}=(\boldsymbol{P}\boldsymbol{\Lambda}\boldsymbol{P}^{\mathrm{T}})^{\mathrm{T}}=(\boldsymbol{P}^{\mathrm{T}})^{\mathrm{T}}\boldsymbol{\Lambda}^{\mathrm{T}}\boldsymbol{P}^{\mathrm{T}}=\boldsymbol{P}\boldsymbol{\Lambda}\boldsymbol{P}^{\mathrm{T}}=\boldsymbol{A},$$

即 $\boldsymbol{A}$ 是对称矩阵.

例 5.61　设三阶实对称矩阵 $\boldsymbol{A}=(\boldsymbol{\alpha}_1,\boldsymbol{\alpha}_2,\boldsymbol{\alpha}_3)$ 有二重特征值 $\lambda_1=\lambda_2=1$，而且 $\boldsymbol{\alpha}_3=\boldsymbol{\alpha}_1+2\boldsymbol{\alpha}_2$，$\boldsymbol{A}^*$ 是矩阵 $\boldsymbol{A}$ 的伴随矩阵. 求：

(1) 矩阵 $\boldsymbol{A}$；

(2) 方程组 $\boldsymbol{A}^*\boldsymbol{X}=\boldsymbol{0}$ 的通解.

解　(1) 由 $\boldsymbol{\alpha}_3=\boldsymbol{\alpha}_1+2\boldsymbol{\alpha}_2$，可得

$$\boldsymbol{A}\begin{pmatrix}1\\2\\-1\end{pmatrix}=\boldsymbol{0}=0\begin{pmatrix}1\\2\\-1\end{pmatrix},$$

所以矩阵 $\boldsymbol{A}$ 有特征值 0，其对应的一个特征向量为 $\boldsymbol{\xi}_3=(1,2,-1)^{\mathrm{T}}$.

又 $\boldsymbol{A}$ 为实对称矩阵，设 $\boldsymbol{A}$ 对应于 $\lambda_1=\lambda_2=1$ 的特征向量为 $(x_1,x_2,x_3)^{\mathrm{T}}$，则有 $x_1+2x_2-x_3=0$，解之得一个基础解系，即 $\boldsymbol{A}$ 对应于 $\lambda_1=\lambda_2=1$ 的一组线性无关的特征向量为

$$\boldsymbol{\xi}_1=(1,0,1)^{\mathrm{T}},\ \boldsymbol{\xi}_2=(-2,1,0)^{\mathrm{T}}.$$

令 $\boldsymbol{P}=(\boldsymbol{\xi}_1,\boldsymbol{\xi}_2,\boldsymbol{\xi}_3)$，则 $\quad \boldsymbol{P}^{-1}\boldsymbol{A}\boldsymbol{P}=\begin{pmatrix}1&&\\&1&\\&&0\end{pmatrix}$,

所以 $\boldsymbol{A}=\boldsymbol{P}\begin{pmatrix}1&&\\&1&\\&&0\end{pmatrix}\boldsymbol{P}^{-1}$，这里 $\boldsymbol{P}^{-1}=-\dfrac{1}{6}\begin{pmatrix}-1&-2&-5\\2&-2&-2\\-1&-2&1\end{pmatrix}$

$$\boldsymbol{A}=-\frac{1}{6}\begin{pmatrix}-5&2&-1\\2&-2&-2\\-1&-2&-5\end{pmatrix}.$$

（2）由(1)知，$r(\boldsymbol{A})=r\begin{pmatrix}1&&\\&1&\\&&0\end{pmatrix}=2$，所以 $r(\boldsymbol{A}^*)=1$，而且 $\boldsymbol{A}^*\boldsymbol{A}=|\boldsymbol{A}|\boldsymbol{E}=0$. 于是矩阵 $\boldsymbol{A}$ 的列向量都是方程组 $\boldsymbol{A}^*\boldsymbol{X}=\boldsymbol{0}$ 的解. 取 $\boldsymbol{A}$ 的列向量

$$\boldsymbol{\alpha}_1=-\frac{1}{6}(-5,2,-1)^{\mathrm{T}},\ \boldsymbol{\alpha}_2=-\frac{1}{3}(1,-1,-1)^{\mathrm{T}}$$

为 $\boldsymbol{A}^*\boldsymbol{X}=\boldsymbol{0}$ 的一个基础解系，可得 $\boldsymbol{A}^*\boldsymbol{X}=\boldsymbol{0}$ 的通解 $k_1\boldsymbol{\alpha}_1+k_2\boldsymbol{\alpha}_2$，$k_1$，$k_2$ 为任意实数.

注： 遇到伴随矩阵 $\boldsymbol{A}^*$ 的问题时，最常思考的等式是 $\boldsymbol{A}^*\boldsymbol{A}=\boldsymbol{A}\boldsymbol{A}^*=|\boldsymbol{A}|\boldsymbol{E}$.

习 题 五

A. 基础训练

1. 设矩阵 $\boldsymbol{A}=\begin{pmatrix}-1&0&0\\2&1&2\\3&1&2\end{pmatrix}$，则 $\boldsymbol{A}$ 的对应于特征值 $\lambda=0$ 的特征向量为（　　）.

A. $(0,0,0)^{\mathrm{T}}$　　B. $(0,2,-1)^{\mathrm{T}}$　　C. $(1,0,-1)^{\mathrm{T}}$　　D. $(0,1,1)^{\mathrm{T}}$

2. $\boldsymbol{A}$ 是三阶矩阵，特征值为 $\lambda_1=0$，$\lambda_2=-1$，$\lambda_3=1$，其对应的特征向量分别是 $\boldsymbol{\xi}_1,\boldsymbol{\xi}_2,\boldsymbol{\xi}_3$，设 $\boldsymbol{P}=(\boldsymbol{\xi}_1,2\boldsymbol{\xi}_3,3\boldsymbol{\xi}_2)$，则有 $\boldsymbol{P}^{-1}\boldsymbol{A}\boldsymbol{P}=$（　　）.

A. $\begin{pmatrix}1&&\\&-1&\\&&0\end{pmatrix}$　　B. $\begin{pmatrix}1&&\\&0&\\&&-1\end{pmatrix}$　　C. $\begin{pmatrix}0&&\\&1&\\&&-1\end{pmatrix}$　　D. $\begin{pmatrix}0&&\\&-1&\\&&1\end{pmatrix}$

3. 已知三阶矩阵 $\boldsymbol{A}$ 的特征值为 -1，0，1，则下列矩阵中可逆的是（　　）.

A. $\boldsymbol{A}$　　B. $\boldsymbol{E}-\boldsymbol{A}$　　C. $-\boldsymbol{E}-\boldsymbol{A}$　　D. $2\boldsymbol{E}-\boldsymbol{A}$

4. 若矩阵 $\boldsymbol{A}$ 与对角矩阵 $\boldsymbol{D}=\begin{pmatrix}-1&&\\&-1&\\&&-1\end{pmatrix}$ 相似，则 $\boldsymbol{A}^2=($　　$)$.

A. $\boldsymbol{A}$　　B. $\boldsymbol{E}$　　C. $-\boldsymbol{E}$　　D. $2\boldsymbol{E}$

5. 设下列矩阵中不能相似于对角矩阵的是(　　).

A. $\begin{pmatrix}1&1\\0&2\end{pmatrix}$　　B. $\begin{pmatrix}1&2\\1&2\end{pmatrix}$　　C. $\begin{pmatrix}1&1\\0&1\end{pmatrix}$　　D. $\begin{pmatrix}1&1\\1&2\end{pmatrix}$

6. 已知 $\boldsymbol{A}$ 是三阶矩阵，$\boldsymbol{A}$ 的 $r(\boldsymbol{A})=2$，则 $\lambda=0$(　　).

A. 必是 $\boldsymbol{A}$ 的二重特征值　　B. 必是 $\boldsymbol{A}$ 的一重特征值

C. 至少是 $\boldsymbol{A}$ 的一重特征值　　D. 至少是 $\boldsymbol{A}$ 的二重特征值

7. 若矩阵 $\boldsymbol{A}=\begin{pmatrix}0&0&1\\0&2&0\\1&0&0\end{pmatrix}$ 与矩阵 $\boldsymbol{B}=\begin{pmatrix}x&0&0\\0&2&0\\0&0&-1\end{pmatrix}$ 相似，则 $x=$________.

8. 三阶矩阵 $\boldsymbol{A}$ 的特征值为2，3，λ，若行列式 $|2\boldsymbol{A}|=-48$，则 $\lambda=$________.

9. 已知三阶矩阵 $\boldsymbol{A}$ 的特征值为0，-2，3，且矩阵 $\boldsymbol{B}$ 与 $\boldsymbol{A}$ 相似，则 $|\boldsymbol{B}+\boldsymbol{E}|=$________.

10. 设 $\boldsymbol{\alpha}=(1,1,1)^{\mathrm{T}},\boldsymbol{\beta}=(1,0,k)^{\mathrm{T}}$. 若矩阵 $\boldsymbol{\alpha}\boldsymbol{\beta}^{\mathrm{T}}$ 相似于 $\begin{pmatrix}3&&\\&0&\\&&0\end{pmatrix}$，则 $k=$________.

11. 设二阶矩阵 $\boldsymbol{A}$ 满足 $|2\boldsymbol{E}+\boldsymbol{A}|=0$，$|3\boldsymbol{E}-\boldsymbol{A}|=0$，则 $|\boldsymbol{A}|=$________.

12. 设 $\boldsymbol{A}$ 为三阶实对称矩阵，$\boldsymbol{\alpha}_1=(2,1,1-a)^{\mathrm{T}}$，$\boldsymbol{\alpha}_2=(0,a,2)^{\mathrm{T}}$ 分别为 $\boldsymbol{A}$ 属于特征值3，2的特征向量，则 $a=$________.

13. 已知矩阵 $\boldsymbol{A}=\begin{pmatrix}1&1\\t&5\end{pmatrix}$ 没有两个线性无关的特征向量，则 $t=$________.

14. 已知三阶方阵 $\boldsymbol{A}$ 的特征值为1，2，3，则 $\boldsymbol{A}^*$ 的特征值为________，$|\boldsymbol{A}^*-3\boldsymbol{E}|=$________.

15. 设 $\boldsymbol{A}$ 是 n 阶矩阵，$\boldsymbol{A}\neq\boldsymbol{O}$，但 $\boldsymbol{A}^k=\boldsymbol{O}$，($k$ 是正整数)，证明矩阵 $\boldsymbol{A}$ 不能对角化.

16. 已知矩阵 $\boldsymbol{A}=\begin{pmatrix}2&1&1\\3&0&a\\0&0&3\end{pmatrix}$ 可相似对角化，求 a 的值.

17. 设矩阵 $\boldsymbol{A}=\begin{pmatrix}1&2&0\\2&1&0\\0&0&-1\end{pmatrix}$.

(1) 求矩阵 $\boldsymbol{A}$ 的特征值与特征向量；

(2) 矩阵 $\boldsymbol{A}$ 可否相似对角化？如不能，请说明理由；如能，求可逆矩阵 $\boldsymbol{P}$，使 $\boldsymbol{P}^{-1}\boldsymbol{A}\boldsymbol{P}=\boldsymbol{\Lambda}$；

(3) 求 $\boldsymbol{A}^{10}$.

18. 设矩阵 $\boldsymbol{A}=\begin{pmatrix}2&0&0\\0&3&a\\0&a&3\end{pmatrix}$ 的三个特征值分别为1，2，5，求正的常数 a 及正交矩阵 $\boldsymbol{P}$，使

$P^{-1}AP=\begin{pmatrix}1&0&0\\0&2&0\\0&0&5\end{pmatrix}$.

B. 综合练习

1. 设三阶矩阵 A 与 B 相似，若 A 的特征值为$\frac{1}{2}$，$\frac{1}{3}$，$\frac{1}{4}$，则行列式$|B^{-1}|=$________.

2. 设三阶实对称矩阵 A 的秩为 2，且 $A^2+5A=O$，则 A 的全部特征值为________.

3. 设二阶矩阵 A 的特征值为−1 和 1，则 $A^2=$________.

4. 设 α,β 均为三维列向量，记 $A=\alpha\beta^T$，如果 $\alpha^T\beta=3$，则行列式$|A^2+E|=$________.

5. 设三阶矩阵 A 的特征值为 1，3，0，则 $r(A+E)+r(A-2E)=$________.

6. 设 A 为二阶矩阵，α_1，α_2 为二维列向量，且 $A(\alpha_1,\alpha_2)=(\alpha_1,3\alpha_2)$，$P=(\alpha_1+\alpha_2,\alpha_2)$，则 $P^{-1}AP=$________.

7. 设 A 为三阶矩阵，α_1，α_2 是 $AX=0$ 的基础解系，α_3 是 A 属于特征值 1 的特征向量，则下列向量中不是矩阵 A 的特征向量的是(　　).

A. $2\alpha_1$　　B. $\alpha_1-\alpha_2$　　C. $\alpha_1-\alpha_3$　　D. $3\alpha_3$

8. 设二阶矩阵 A 相似于矩阵 $B=\begin{pmatrix}2&0\\2&-2\end{pmatrix}$，$E$ 为二阶单位矩阵，则 $E-A$ 相似于矩阵(　　).

A. $\begin{pmatrix}-3&0\\2&-1\end{pmatrix}$　　B. $\begin{pmatrix}-3&0\\-2&1\end{pmatrix}$　　C. $\begin{pmatrix}1&0\\2&-3\end{pmatrix}$　　D. $\begin{pmatrix}-1&0\\-2&3\end{pmatrix}$

9. 设 A 为四阶实对称矩阵，且 $A^2+A=O$. 若 A 的秩为 3，则 A 相似于(　　).

A. $\begin{pmatrix}1&&&\\&1&&\\&&1&\\&&&0\end{pmatrix}$　　B. $\begin{pmatrix}1&&&\\&1&&\\&&-1&\\&&&0\end{pmatrix}$　　C. $\begin{pmatrix}1&&&\\&-1&&\\&&-1&\\&&&0\end{pmatrix}$　　D. $\begin{pmatrix}-1&&&\\&-1&&\\&&-1&\\&&&0\end{pmatrix}$

10. 已知矩阵 A 相似于对角矩阵 $\Lambda=\begin{pmatrix}-1&0\\0&2\end{pmatrix}$，求行列式$|A^{-1}-E|$的值.

11. 已知 1，1，−1 是三阶实对称矩阵 A 的三个特征值，向量组 $\alpha_1=(1,1,1)^T$，$\alpha_2=(2,2,1)^T$ 是 A 的 $\lambda_1=\lambda_2=1$ 对应的特征向量，求矩阵 A.

12. 设矩阵 A 是三阶实对称矩阵，$r(A)=1$. 如果 $\lambda=3$ 是 A 的一个特征值，其对应的一个线性无关的特征向量是 $\alpha=(1,1,1)^T$，求齐次线性方程组 $AX=0$ 的通解.

13. 设 A，B 都是实对称矩阵，而且存在正交矩阵 Q，使 $Q^{-1}AQ$，$Q^{-1}BQ$ 都是对角矩阵，证明：AB 是对称矩阵.

14. (2002，数 3) 设 $A=\begin{pmatrix}a&1&1\\1&a&-1\\1&-1&a\end{pmatrix}$，求可逆矩阵 P，使 $P^{-1}AP$ 为对角矩阵，并求$|A-E|$.

15. 已知 n 阶可逆矩阵 $\boldsymbol{A}$，$\boldsymbol{B}$，$\boldsymbol{C}$，$\boldsymbol{D}$ 满足 $\boldsymbol{A}$ 相似于 $\boldsymbol{B}$，$\boldsymbol{C}$ 相似于 $\boldsymbol{D}$，证明：矩阵$\begin{pmatrix} \boldsymbol{A} & \boldsymbol{O} \\ \boldsymbol{O} & \boldsymbol{C} \end{pmatrix}$与$\begin{pmatrix} \boldsymbol{B} & \boldsymbol{O} \\ \boldsymbol{O} & \boldsymbol{D} \end{pmatrix}$相似.

16. 设 n 阶实对称矩阵 $\boldsymbol{A}$ 满足 $\boldsymbol{A}^2=\boldsymbol{A}$，$r(\boldsymbol{A})=t(0<t<n)$，计算 $|\boldsymbol{A}-3\boldsymbol{E}|$.

17. 设 $\boldsymbol{\alpha},\boldsymbol{\beta}$ 均为三维非零列向量，$\boldsymbol{A}=\boldsymbol{\alpha}\boldsymbol{\beta}^{\mathrm{T}}$，证明：当向量 $\boldsymbol{\alpha},\boldsymbol{\beta}$ 正交时，$\boldsymbol{A}$ 不能对角化.

18. 已知矩阵

$$\boldsymbol{A}=\begin{pmatrix} -2 & 0 & 0 \\ 2 & x & 2 \\ 3 & 1 & 1 \end{pmatrix}\text{相似于 }\boldsymbol{B}=\begin{pmatrix} -1 & 0 & 0 \\ 0 & 2 & 0 \\ 0 & 0 & y \end{pmatrix}.$$

(1) 求参数 x，y 的值；

(2) 求可逆矩阵 $\boldsymbol{P}$，使 $\boldsymbol{P}^{-1}\boldsymbol{A}\boldsymbol{P}=\boldsymbol{B}$ 为对角矩阵.

19. 设 $\boldsymbol{A}$ 为三阶矩阵，$\boldsymbol{\alpha}_1,\boldsymbol{\alpha}_2,\boldsymbol{\alpha}_3$ 是线性无关的三维列向量，且满足

$$\boldsymbol{A}\boldsymbol{\alpha}_1=\boldsymbol{\alpha}_1+\boldsymbol{\alpha}_2+\boldsymbol{\alpha}_3,\ \boldsymbol{A}\boldsymbol{\alpha}_2=2\boldsymbol{\alpha}_2+\boldsymbol{\alpha}_3,\ \boldsymbol{A}\boldsymbol{\alpha}_3=2\boldsymbol{\alpha}_2+3\boldsymbol{\alpha}_3.$$

(1) 求矩阵 $\boldsymbol{B}$，使得 $\boldsymbol{A}(\boldsymbol{\alpha}_1,\boldsymbol{\alpha}_2,\boldsymbol{\alpha}_3)=(\boldsymbol{\alpha}_1,\boldsymbol{\alpha}_2,\boldsymbol{\alpha}_3)\boldsymbol{B}$；

(2) 求矩阵 $\boldsymbol{A}$ 的特征值；

(3) 求可逆矩阵 $\boldsymbol{P}$，使得 $\boldsymbol{P}^{-1}\boldsymbol{A}\boldsymbol{P}$ 为对角矩阵.

第6章 二次型

6.1 大纲要求

1. 掌握二次型及其矩阵表示，了解二次型秩的概念，了解合同变换与合同矩阵的概念，了解二次型的标准形、规范形的概念以及惯性定理.

2. 掌握用正交变换化二次型为标准形的方法，会用配方法化二次型为标准形.

3. 理解正定二次型、正定矩阵的概念，并掌握其判别法.

6.2 重点与难点

本章利用对称矩阵研究二次齐次函数，重点包括用配方或正交变换化二次型为标准形的方法、矩阵的合同、惯性定理，以及二次型正定性判别及其应用等. 具体矩阵的正定性常用各阶顺序主子式是否全为正数来判别；判别抽象矩阵(或二次型)的正定性时可考虑使用定义，是否与单位矩阵合同，以及特征值是否全为正数等，这也是本章的难点.

6.3 内容解析

6.3.1 二次型及其标准形

1. 二次型及其矩阵表示、二次型的秩

(1) 二次型

定义 含有 n 个变量的二次齐次函数

$$f(x_1,x_2,\cdots,x_n)=a_{11}x_1^2+a_{22}x_2^2+\cdots+a_{nn}x_n^2+2a_{12}x_1x_2+2a_{13}x_1x_3+\cdots+2a_{n-1,n}x_{n-1}x_n$$

称为 n 元二次型. 缩写形式为

$$f(x_1,x_2,\cdots,x_n)=\sum_{i=1}^{n}\sum_{j=1}^{n}a_{ij}x_ix_j,\ a_{ij}=a_{ji},\ i,j=1,2,\cdots,n.$$

(2) 二次型的矩阵表示

二次型与对称矩阵之间有着一一对应的关系. 一方面，二次型的问题可以用矩阵的理论和方法来研究；另一方面，对称矩阵的问题也可转化为用二次型的思想来处理.

[例如]对二次型

$$f(x_1,x_2,x_3)=x_1^2+2x_2^2-x_3^2+2x_1x_2+6x_2x_3, \qquad (*)$$

其矩阵表示为

$$f(x_1,x_2,x_3)=(x_1,x_2,x_3)\begin{pmatrix}1&1&0\\1&2&3\\0&3&-1\end{pmatrix}\begin{pmatrix}x_1\\x_2\\x_3\end{pmatrix}.$$

注： 1）二次型的矩阵一定是对称矩阵，它是唯一的．读者应能由二次型写出矩阵，也应能把给出的实对称矩阵的问题转化为二次型来考虑.

[例如]二次型$f(x_1,x_2)=(x_1,x_2)\begin{pmatrix}2&1\\5&6\end{pmatrix}\begin{pmatrix}x_1\\x_2\end{pmatrix}$的矩阵不是$\begin{pmatrix}2&1\\5&6\end{pmatrix}$，而是对称矩阵$\begin{pmatrix}2&3\\3&6\end{pmatrix}$.

2）对角矩阵对应的二次型只含有平方项.

（3）二次型的秩

二次型的矩阵的秩称为二次型的秩.

[例如]二次型$f(x_1,x_2,x_3)=5x_1^2-2x_1x_2+6x_1x_3-6x_2x_3+5x_2^2+cx_3^2$的秩为2，即对应的矩阵

$$\boldsymbol{A}=\begin{pmatrix}5&-1&3\\-1&5&-3\\3&-3&c\end{pmatrix}$$

的秩$r(\boldsymbol{A})=2$，所以

$$|\boldsymbol{A}|=\begin{vmatrix}5&-1&3\\-1&5&-3\\3&-3&c\end{vmatrix}=24c-72=0,$$

从而可确定参数$c=3$.

注： $|\boldsymbol{A}|=0$仅是$r(\boldsymbol{A})=2$的必要条件，因此用此方法求得两个以上参数时，需要注意检验.

2. 二次型的标准形与规范形

（1）标准形与规范形

定义　只含有平方项的二次型

$$f=k_1x_1^2+k_2x_2^2+\cdots+k_nx_n^2$$

称为二次型的标准形．如果标准形中的系数$k_1,k_2,\cdots,k_n$中只有1，−1或0，即

$$f=y_1^2+\cdots+y_p^2-y_{p+1}^2-\cdots-y_r^2(r\leqslant n),$$

则称其为二次型的规范形.

（2）化二次型为标准形的方法（主要包括配方法和正交变换法）

1）配方法.

如果二次型中含有平方项（如$a_{11}\neq0$），则先对所有含x_1的项配方（配方后的所有剩余项都不含x_1），再对所有含x_2的项配方，如此继续，直到每一项都包含在完全平方项中．引入可逆变换$\boldsymbol{x}=\boldsymbol{C}\boldsymbol{y}$，则有

$$f=X^{T}AX=d_1y_1^2+d_2y_2^2+\cdots+d_ry_r^2(d_i\neq 0,i=1,2,\cdots,r,r\leqslant n,r=r(A)).$$

如果二次型中不含平方项(不妨设 $a_{12}\neq 0$)，则可结合平方差公式，做可逆线性变换 $x_1=y_1+y_2$，$x_2=y_1-y_2$，$x_3=y_3$，…，$x_n=y_n$ 使二次型化为含有平方项的形式，再使用如上配方法化二次型为标准形.

[例如]对二次型 $f(x_1,x_2,x_3)=x_1^2-2x_2^2-6x_3^2-4x_1x_2+12x_2x_3$，有

$$\begin{aligned}f&=[x_1^2-4x_2x_1+(2x_2)^2]-6x_2^2+12x_3x_2-6x_3^2\\&=(x_1-2x_2)^2-6(x_2^2-2x_3x_2+x_3^2)\\&=(x_1-2x_2)^2-6(x_2-x_3)^2\end{aligned}$$

令

$$\begin{cases}y_1=x_1-2x_2,\\y_2=\quad x_2-x_3,\\y_3=\quad x_3,\end{cases}\text{即}\begin{cases}x_1=y_1+2y_2+2y_3,\\x_2=\quad y_2+y_3,\\x_3=\quad y_3,\end{cases}$$

则 $f(x_1,x_2,x_3)=y_1^2-6y_2^2$.

注：二次型的标准形不是唯一的，与所做的可逆线性变换有关．如上问题中，逐次配方后所得平方项个数2少于变量个数3，所以做变换时补充了缺少的平方项(补上了 $y_3=x_3$)，这样做是为了保证所做变换的可逆性.

2）正交变换法.

定理6.1 任意二次型 $f=X^{T}AX$ ($A^{T}=A$)，总有正交变换 $X=PY$，使 $f=X^{T}AX$ 化为标准形

$$f=\lambda_1y_1^2+\lambda_2y_2^2+\cdots+\lambda_ny_n^2,$$

其中 $\lambda_1,\lambda_2,\cdots,\lambda_n$ 是矩阵 A 的特征值.

注：用正交变换化二次型为标准形与前面所讲的对称矩阵正交于相似对角形是同一个问题的两个方面．需要注意的是：当二次型的矩阵有多重特征值时，解方程组所得的对应的特征向量可能不一定正交，这时需要正交规范化．另外，若用正交变换化二次型 $X^{T}AX$ 为标准形 $Y^{T}\Lambda Y$，则 A 与 Λ 相似，因此标准形的平方项的系数由二次型的矩阵 A 的特征值所组成.

6.3.2 矩阵的合同与惯性定理

1. 合同矩阵的概念

定义 对 n 阶矩阵 A 和 B，如存在可逆矩阵 C，使得

$$C^{T}AC=B,$$

则称矩阵 A 和 B 合同，记作 $A\simeq B$.

[例如]设 $A=\begin{pmatrix}1&0\\0&2\end{pmatrix}$，$B=\begin{pmatrix}3&0\\0&4\end{pmatrix}$，则有 $A\simeq B$.

事实上，取可逆矩阵 $C=\begin{pmatrix}\sqrt{3}&0\\0&\sqrt{2}\end{pmatrix}$，则有

$$C^{T}AC=\begin{pmatrix}\sqrt{3}&0\\0&\sqrt{2}\end{pmatrix}^{T}\begin{pmatrix}1&0\\0&2\end{pmatrix}\begin{pmatrix}\sqrt{3}&0\\0&\sqrt{2}\end{pmatrix}=\begin{pmatrix}3&0\\0&4\end{pmatrix}=B.$$

注：(1) 结合 $C^{T}AC=B$，考虑到 C 为可逆矩阵，可知 A 与 B 合同时，$r(A)=r(B)$.

(2) 若用可逆的线性变换 $X=CY$ 化 n 元二次型 $f=X^{T}AX$ 为标准形 $Y^{T}\Lambda Y$，则有

$$f=(CY)^{T}A(CY)=Y^{T}(C^{T}AC)Y \triangleq Y^{T}\Lambda Y =d_1y_1^2+d_2y_2^2+\cdots+d_ry_r^2(r\leqslant n).$$

考虑到 $C^{T}AC$ 为对称矩阵，因此 $C^{T}AC=\Lambda$. 这里

$$\Lambda=\mathrm{diag}(d_1,d_2,\cdots,d_r,0,\cdots,0),\ d_i\neq 0,i=1,2,\cdots,r;r=r(A).$$

因此，经过可逆的线性变换化二次型为标准形后，标准形的矩阵与原二次型的矩阵合同. 另外，虽然标准形不唯一，但标准形中平方项的个数是唯一的，它等于二次型的矩阵的秩.

(3) 判断两个对称矩阵是否合同可以用定义，更简捷的证法见本章的定理 6.4.

2. 惯性定理

(1) 惯性指数

在二次型的标准形中，正平方项的个数称为正惯性指数，记为 p；负平方项的个数称为负惯性指数，记为 q. 这里一定有 $p+q=r(A)$.

[例如] $f=2y_1^2+3y_2^2-6y_3^2$ 的正负惯性指数分别为 2 和 1.

(2) 惯性定理

定理 6.2(惯性定理)　设二次型的秩为 r，而且有两个可逆变换 $X=CY$ 及 $X=PY$ 分别将 f 化为

$$f=d_1y_1^2+d_2y_2^2+\cdots+d_ry_r^2(r\leqslant n,d_i\neq 0,i=1,2,\cdots,r)$$

及

$$f=\lambda_1y_1^2+\lambda_2y_2^2+\cdots+\lambda_ry_r^2(r\leqslant n,\lambda_i\neq 0,i=1,2,\cdots,r),$$

则 $d_1,d_2,\cdots,d_r$ 中正数的个数与 $\lambda_1,\lambda_2,\cdots,\lambda_r$ 中正数的个数相等(当然负数的个数也相等).

注：用配方法和正交变换法所得标准形是不一样的，但根据惯性定理，它们正、负平方项的个数一样. 由于正交变换化二次型 $X^{T}AX$ 为标准形，其标准形的平方项的系数由二次型的矩阵 A 的特征值所组成，所以二次型的正惯性指数等于其正的特征值的个数(重根按重数计算).

3. 对称矩阵合同、相似的判定方法

(1) 相似的充要条件

对于两个 n 阶实对称矩阵 A、B，如果 A 与 B 相似，则它们的特征值相同；又如果 A 与 B 的特征值相同，不妨设它们的特征值均为 $\lambda_1,\lambda_2,\cdots,\lambda_n$，则它们相似于同一对角矩阵 $\mathrm{diag}(\lambda_1,\lambda_2,\cdots,\lambda_n)$，从而 A 与 B 相似. 因此有：

定理 6.3　两个实对称矩阵 A 与 B 相似的充要条件是它们的特征值完全相同.

(2) 合同的充要条件

当 n 阶对称矩阵 A 与 B 合同时，它们的正、负惯性指数都相同. 由惯性定理知，它们特征值中正数个数与负数个数分别相同. 反过来，若它们特征值中正数个数与负数个数分别相同，则规范形中+1 个数与−1 个数分别相同，设+1 个数为 p，−1 的个数为 q，则 A 与 B 都合同于对角矩阵 $\mathrm{diag}(\underbrace{1,\cdots,1}_{p个},\underbrace{-1,\cdots,-1}_{q个},0,\cdots,0)$，从而 A 与 B 合同.

由此可得：

定理 6.4 两个实对称矩阵合同的充要条件是正的特征值的个数与负的特征值的个数分别相同.

注： 当矩阵的特征值不易计算时，要判别两个矩阵是否合同，可使用配方法将其对应二次型化为标准形，用比较其正、负惯性指数的方法来判别.

6.3.3 正定二次型与正定矩阵

1. 正定二次型的概念

定义 对二次型 $f=\boldsymbol{X}^{\mathrm{T}}\boldsymbol{A}\boldsymbol{X}$，如对任何 $\boldsymbol{X}\neq\boldsymbol{0}$，恒有 $\boldsymbol{X}^{\mathrm{T}}\boldsymbol{A}\boldsymbol{X}>0$，则称二次型 $\boldsymbol{X}^{\mathrm{T}}\boldsymbol{A}\boldsymbol{X}$ 是正定二次型．正定二次型的矩阵 $\boldsymbol{A}$，称为正定矩阵.

[例如]对于二次型 $f(x_1,x_2)=x_1^2+3x_2^2$，对任何 $\boldsymbol{x}=\begin{pmatrix}x_1\\x_2\end{pmatrix}\neq\begin{pmatrix}0\\0\end{pmatrix}$，总有 $f(x_1,x_2)=x_1^2+3x_2^2>0$，所以 f 是正定二次型，从而 $\boldsymbol{A}=\begin{pmatrix}1&\\&3\end{pmatrix}$ 是正定矩阵. 然而对三元二次型 $f(x_1,x_2,x_3)=x_1^2+3x_2^2$，取 $x=(0,0,1)^{\mathrm{T}}\neq\boldsymbol{0}$，有 $f(0,0,1)=0$，所以此二次型不正定，进而矩阵 $\boldsymbol{A}=\begin{pmatrix}1&&\\&3&\\&&0\end{pmatrix}$ 不是正定矩阵.

注： 读者应明确，既然正定二次型的矩阵称为正定矩阵，所以要证明一个矩阵正定，首先要证明其是对称矩阵.

2. 正定二次型的判别

定理 6.5 n 元二次型 $\boldsymbol{X}^{\mathrm{T}}\boldsymbol{A}\boldsymbol{X}$ 正定$\Leftrightarrow$

$\boldsymbol{X}^{\mathrm{T}}\boldsymbol{A}\boldsymbol{X}$ 的正惯性指数 $p=n\Leftrightarrow$

$\boldsymbol{A}$ 与 $\boldsymbol{E}$ 合同. 即有可逆矩阵 $\boldsymbol{D}$，使 $\boldsymbol{A}=\boldsymbol{D}^{\mathrm{T}}\boldsymbol{D}\Leftrightarrow$

$\boldsymbol{A}$ 的特征值全是正数$\Leftrightarrow$

$\boldsymbol{A}$ 的各阶顺序主子式全大于零.

注： 由本定理可知，判别正定二次型(正定矩阵)除用定义外，常使用以下方法：

(1) 正惯性指数 $p=n$；

(2) 顺序主子式全大于 0；

(3) 特征值全大于 0.

定理 6.6 (二次型正定的必要条件)如果 n 元二次型 $\boldsymbol{X}^{\mathrm{T}}\boldsymbol{A}\boldsymbol{X}$ 正定，即其矩阵 $\boldsymbol{A}=(a_{ij})_{n\times n}$ 正定，则有：

(1) $|\boldsymbol{A}|>0$；

(2) $a_{ii}>0\ (i=1,2,\cdots,n)$.

证明 (1) 矩阵 $\boldsymbol{A}$ 是正定矩阵，所以 $\boldsymbol{A}$ 唯一的 n 阶顺序主子式 $|\boldsymbol{A}|>0$.

(2) 因为 $\boldsymbol{A}$ 是正定矩阵，所以对任给的 $\boldsymbol{X}\neq\boldsymbol{0}$，有 $\boldsymbol{X}^{\mathrm{T}}\boldsymbol{A}\boldsymbol{X}>0$. 取 $\boldsymbol{X}=\boldsymbol{e}_i$($\boldsymbol{e}_i$ 为 n 阶单位矩阵的第 i 列构成的列向量)，则有

$$X^{\mathrm{T}}AX=e_i^{\mathrm{T}}Ae_i=a_{ii}>0,\ i=1,2,\cdots,n.$$

注：对于(1)，也可由$|A|$等于其特征值的积，以及正定矩阵的特征值全为正数来证明.

对于(2)，一个更为直接的理解是：矩阵A是正定矩阵，所以A的各阶顺序主子式均大于0. 特别地，$a_{11}>0$. 这说明，当A正定时，作为二次型看，第一变量x_1的平方项系数为正，但理论上$X^{\mathrm{T}}AX$中任何一个变量都可以充当第一个变量，因此$a_{ii}>0$ ($i=1,2,\cdots,n$).

注：如上两个都是正定的必要条件. 不满足任何一条，都可说明二次型不正定.

6.4 题型归纳与解题指导

6.4.1 二次型的矩阵与二次型的秩

1. 二次型的矩阵

例 6.1　写出二次型$f(x_1,x_2,x_3)=(ax_1+bx_2+cx_3)^2$的矩阵.

解法 1　因为$f(x_1,x_2,x_3)=a^2x_1^2+b^2x_2^2+c^2x_3^2+2abx_1x_2+2acx_1x_3+2bcx_2x_3$

$$=(x_1,x_2,x_3)\begin{pmatrix}a^2&ab&ac\\ab&b^2&bc\\ac&bc&c^2\end{pmatrix}\begin{pmatrix}x_1\\x_2\\x_3\end{pmatrix}.$$

所以$A=\begin{pmatrix}a^2&ab&ac\\ab&b^2&bc\\ac&bc&c^2\end{pmatrix}$为所给二次型的矩阵.

解法 2　$f(x_1,x_2,x_3)=(ax_1+bx_2+cx_3)(ax_1+bx_2+cx_3)$

$$=\left[(x_1,x_2,x_3)\begin{pmatrix}a\\b\\c\end{pmatrix}\right]\left[(a,b,c)\begin{pmatrix}x_1\\x_2\\x_3\end{pmatrix}\right]$$

$$=(x_1,x_2,x_3)\left[\begin{pmatrix}a\\b\\c\end{pmatrix}(a,b,c)\right]\begin{pmatrix}x_1\\x_2\\x_3\end{pmatrix}$$

$$=(x_1,x_2,x_3)\begin{pmatrix}a^2&ab&ac\\ab&b^2&bc\\ac&bc&c^2\end{pmatrix}\begin{pmatrix}x_1\\x_2\\x_3\end{pmatrix}.$$

这里对称矩阵$A=\begin{pmatrix}a^2&ab&ac\\ab&b^2&bc\\ac&bc&c^2\end{pmatrix}$为所给二次型的矩阵.

注：用解法2求矩阵A比较简洁，但有时所得矩阵可能不对称(参见例6.5).

2. 二次型的秩

例 6.2　二次型$f(x_1,x_2,x_3)=(x_1-x_2)^2+(x_2-x_3)^2+(x_3-x_1)^2$的秩为________.

解 应填2.

[分析]事实上，二次型 $f(x_1,x_2,x_3)=2x_1^2+2x_2^2+2x_3^2-2x_1x_2-2x_1x_3-2x_2x_3$，其矩阵 $\boldsymbol{A}=\begin{pmatrix}2&-1&-1\\-1&2&-1\\-1&-1&2\end{pmatrix}$. $\boldsymbol{A}$ 有二阶子式 $\begin{vmatrix}2&-1\\-1&2\end{vmatrix}=3\neq0$，但 $|\boldsymbol{A}|=0$，所以二次型的秩为2.

注：部分读者可能认为，对题设二次型做线性变换

$$\begin{cases}y_1=x_1-x_2,\\y_2=x_2-x_3,\\y_3=-x_1+x_3,\end{cases}$$

有 $f(x_1,x_2,x_3)=y_1^2+y_2^2+y_3^2$，所以二次型 f 的秩为3. 这一错误原因在于不清楚化二次型为标准形所做的线性变换一定要求是可逆的. 如上线性变换的矩阵 $\boldsymbol{A}=\begin{pmatrix}1&-1&0\\0&1&-1\\-1&0&1\end{pmatrix}$ 不可逆，所以 $f(x_1,x_2,x_3)=y_1^2+y_2^2+y_3^2$ 不是原二次型的标准形.

6.4.2 二次型的标准形与规范形

1. 化二次型为标准形或规范形

例 6.3 设矩阵 $\begin{pmatrix}0&0&1\\0&2&0\\1&0&0\end{pmatrix}$，求二次型 $\boldsymbol{x}^{\mathrm{T}}\boldsymbol{A}\boldsymbol{x}$ 的规范形.

解 对二次型 $\boldsymbol{x}^{\mathrm{T}}\boldsymbol{A}\boldsymbol{x}=2x_2^2+2x_1x_3$ 做线性变换

$$\begin{cases}x_1=y_1+y_3,\\x_2=y_2,\\x_3=y_1-y_3,\end{cases}$$

可得标准形 $\boldsymbol{x}^{\mathrm{T}}\boldsymbol{A}\boldsymbol{x}=y_1^2+2y_2^2-y_3^2$. 再令

$$\begin{cases}y_1=z_1,\\y_2=\dfrac{1}{\sqrt{2}}z_2,\\y_3=z_3,\end{cases}$$

可得规范形 $z_1^2+z_2^2-z_3^2$.

注：由
$$|\lambda\boldsymbol{E}-\boldsymbol{A}|=\begin{vmatrix}\lambda&0&-1\\0&\lambda-2&0\\-1&0&\lambda\end{vmatrix}=(\lambda-2)(\lambda-1)(\lambda+1),$$

可得 $\boldsymbol{A}$ 的特征值为2，-1，1. 因此 $\boldsymbol{x}^{\mathrm{T}}\boldsymbol{A}\boldsymbol{x}$ 在正交变换下的标准形为 $2y_1^2-y_2^2+y_3^2$，进而得规范形 $z_1^2-z_2^2+z_3^2$(在不考虑变量排列次序的情况下，规范形是唯一的).

例 6.4 求正交变换 $\boldsymbol{x}=\boldsymbol{P}\boldsymbol{y}$，化二次型 $f(x_1,x_2,x_3)=x_1^2+x_2^2+x_3^2+4x_1x_2+4x_1x_3+4x_2x_3$ 为标

准形.

解 二次型f的矩阵为$\boldsymbol{A}=\begin{pmatrix}1&2&2\\2&1&2\\2&2&1\end{pmatrix}$，其特征方程为

$$|\lambda\boldsymbol{E}-\boldsymbol{A}|=\begin{vmatrix}\lambda-1&-2&-2\\-2&\lambda-1&-2\\-2&-2&\lambda-1\end{vmatrix}=(\lambda+1)^2(\lambda-5)=0,$$

所以$\boldsymbol{A}$的特征值为$\lambda_1=\lambda_2=-1$，$\lambda_3=5$.

对特征值为$\lambda_1=\lambda_2=-1$，解齐次线性方程组$(-\boldsymbol{E}-\boldsymbol{A})\boldsymbol{X}=\boldsymbol{0}$，可得基础解系

$$\boldsymbol{\xi}_1=(-1,1,0)^{\mathrm{T}},\ \boldsymbol{\xi}_2=(-1,0,1)^{\mathrm{T}}.$$

正交化得

$$\boldsymbol{\alpha}_1=\boldsymbol{\xi}_1=(-1,1,0)^{\mathrm{T}},$$

$$\boldsymbol{\alpha}_2=\boldsymbol{\xi}_2-\frac{[\boldsymbol{\xi}_2,\boldsymbol{\alpha}_1]}{[\boldsymbol{\alpha}_1,\boldsymbol{\alpha}_1]}\boldsymbol{\alpha}_1=\frac{1}{2}(-1,-1,2)^{\mathrm{T}}.$$

单位化得

$$\boldsymbol{e}_1=\frac{\boldsymbol{\alpha}_1}{\|\boldsymbol{\alpha}_1\|}=\frac{\sqrt{2}}{2}(-1,1,0)^{\mathrm{T}},$$

$$\boldsymbol{e}_2=\frac{\boldsymbol{\alpha}_2}{\|\boldsymbol{\alpha}_2\|}=\frac{\sqrt{6}}{6}(-1,-1,2)^{\mathrm{T}}.$$

对特征值为$\lambda_3=5$，解齐次线性方程组$(5\boldsymbol{E}-\boldsymbol{A})\boldsymbol{X}=\boldsymbol{0}$，可得基础解系$\boldsymbol{\xi}_3=(1,1,1)^{\mathrm{T}}$. 单位化得

$$\boldsymbol{e}_3=\frac{\boldsymbol{\xi}_3}{\|\boldsymbol{\xi}_3\|}=\frac{\sqrt{3}}{3}(1,1,1)^{\mathrm{T}}.$$

令$\boldsymbol{P}=(\boldsymbol{e}_1,\boldsymbol{e}_2,\boldsymbol{e}_3)$，则$\boldsymbol{P}$为正交矩阵，而且$\boldsymbol{P}^{\mathrm{T}}\boldsymbol{A}\boldsymbol{P}=\begin{pmatrix}-1&&\\&-1&\\&&5\end{pmatrix}$，

所以经正交变换$\boldsymbol{x}=\boldsymbol{P}\boldsymbol{y}$，有$f=-y_1^2-y_2^2+5y_3^2$.

例 6.5 证明二次型$f(x_1,x_2,x_3)=(a_1x_1+b_1x_2+c_1x_3)(a_2x_1+b_2x_2+c_2x_3)$的秩为 2 和符号差为 0，或者秩等于 1.

证明 如果(a_1,b_1,c_1)与(a_2,b_2,c_2)对应分量不成比例，不妨设$\dfrac{a_1}{a_2}\neq\dfrac{b_1}{b_2}$，做可逆的线性变换

$$\begin{cases}y_1=a_1x_1+b_1x_2+c_1x_3,\\y_2=a_2x_1+b_2x_2+c_2x_3,\\y_3=\qquad\qquad\qquad\quad x_3,\end{cases}$$

则$f=y_1y_2$，再做变换

$$\begin{cases} y_1 = z_1 + z_2, \\ y_2 = z_1 - z_2, \\ y_3 = \qquad z_3, \end{cases}$$

可得 $f(x_1,x_2,x_3)=z_1^2-z_2^2$. 此时，二次型 f 的秩为 2 和符号差为 0.

如果 (a_1,b_1,c_1) 与 (a_2,b_2,c_2) 对应分量成比例，不妨设 $(a_2,b_2,c_2)=k(a_1,b_1,c_1)$，则

$$f(x_1,x_2,x_3)=k(a_1x_1+b_1x_2+c_1x_3)^2,$$

不妨设 $a_1\neq 0$，做可逆的线性变换，

$$\begin{cases} y_1 = a_1x_1+b_1x_2+c_1x_3, \\ y_2 = \qquad x_2, \\ y_3 = \qquad\qquad x_3, \end{cases}$$

则 $f(x_1,x_2,x_3)=ky_1^2$. 此时二次型 f 的秩为 1.

注：有读者可能认为

$$\begin{aligned} f(x_1,x_2,x_3) &= (a_1x_1+b_1x_2+c_1x_3)(a_2x_1+b_2x_2+c_2x_3) \\ &= (x_1,x_2,x_3)\left[\begin{pmatrix} a_1 \\ b_1 \\ c_1 \end{pmatrix}(a_2,b_2,c_2)\right]\begin{pmatrix} x_1 \\ x_2 \\ x_3 \end{pmatrix}. \end{aligned}$$

这里记 $\boldsymbol{A}=\begin{pmatrix} a_1 \\ b_1 \\ c_1 \end{pmatrix}(a_2,b_2,c_2)$，则有 $r(A)\leqslant 1$，即二次型矩阵的秩不会超过 1. 得出这一错误的原因是没有注意到矩阵 $\boldsymbol{A}$ 不对称，所以它不是所给二次型的矩阵.

[例如]二次型

$$f(x_1,x_2,x_3)=(x_1,x_2,x_3)\left[\begin{pmatrix} 1 \\ 3 \\ 5 \end{pmatrix}(2,4,6)\right]\begin{pmatrix} x_1 \\ x_2 \\ x_3 \end{pmatrix},$$

这里矩阵 $\boldsymbol{A}=\begin{pmatrix} 1 \\ 3 \\ 5 \end{pmatrix}(2,4,6)$ 不对称，所以 $\boldsymbol{B}=\begin{pmatrix} 2 & 5 & 8 \\ 5 & 12 & 19 \\ 8 & 19 & 30 \end{pmatrix}$ 才是二次型的矩阵，可验证其秩为 2.

例 6.6　已知 $\boldsymbol{A}=\begin{pmatrix} 1 & 0 & 1 \\ 0 & 1 & 1 \\ -1 & 0 & a \\ 0 & a & -1 \end{pmatrix}$，二次型 $f(x_1,x_2,x_3)=\boldsymbol{X}^{\mathrm{T}}(\boldsymbol{A}^{\mathrm{T}}\boldsymbol{A})\boldsymbol{X}$ 的秩为 2.

(1) 求实数 a 的值；

(2) 求正交变换 $\boldsymbol{X}=\boldsymbol{Q}\boldsymbol{Y}$ 将 f 化成标准形.

解　(1) 显然 $\boldsymbol{A}^{\mathrm{T}}\boldsymbol{A}$ 为对称矩阵，因此它是二次型的矩阵.

又因为二次型的秩为 2，所以 $r(\boldsymbol{A})=r(\boldsymbol{A}^{\mathrm{T}}\boldsymbol{A})=2$. 对 $\boldsymbol{A}$ 施以初等行变换，有

$$A=\begin{pmatrix}1&0&1\\0&1&1\\-1&0&a\\0&a&-1\end{pmatrix}\sim\begin{pmatrix}1&0&1\\0&1&1\\0&0&a+1\\0&0&0\end{pmatrix},$$

所以，$a=-1$.

（2）当 $a=-1$ 时，
$$A^{T}A=\begin{pmatrix}2&0&2\\0&2&2\\2&2&4\end{pmatrix},$$
$$|\lambda E-A^{T}A|=\lambda(\lambda-2)(\lambda-6),$$
可见，A 的特征值为 2，6，0. 分别求出属于 2，6，0 的特征向量，再单位化得
$$\alpha_1=\frac{1}{\sqrt{2}}(1,-1,0)^{T},\ \alpha_2=\frac{1}{\sqrt{6}}(1,1,2)^{T},\ \alpha_3=\frac{1}{\sqrt{3}}(1,1,-1)^{T},$$
令 $Q=(\alpha_1,\alpha_2,\alpha_3)$，则 f 在 $X=QY$ 下的标准形为 $f=2y_1^2+6y_2^2$.

注： 本题求解中使用了公式 $r(A)=r(A^{T}A)$. 当然也可先算出二次型 f 的矩阵 $A^{T}A$，根据 $r(A^{T}A)=2$，即 $|A^{T}A|=(3+a^2)(a+1)^2=0$ 来确定参数 a，但较为麻烦.

例 6.7 （2019，数 1，2，3）设 A 是三阶实对称矩阵，E 为三阶单位矩阵，若 $A^2+A=2E$，且 $|A|=4$，则二次型 $X^{T}AX$ 的规范形为（　　）.

A. $y_1^2+y_2^2+y_3^2$　　　　B. $y_1^2+y_2^2-y_3^2$

C. $y_1^2-y_2^2-y_3^2$　　　　D. $-y_1^2-y_2^2-y_3^2$

解　应选 C.

[分析]事实上，矩阵满足 $A^2+A=2E$，所以其任意特征值 λ 满足 $\lambda^2+\lambda-2=0$，因此 A 的特征值只能有 $\lambda=1$ 或 -2.

又因为 $|A|=4$，所以矩阵 A 的特征值只能是 1，-2，-2.

由惯性定理可得，二次型 $X^{T}AX$ 的规范形为 $y_1^2-y_2^2-y_3^2$.

例 6.8 （2015，数 1，2，3）设二次型 $f(x_1,x_2,x_3)$ 在正交变换 $X=PY$ 下的标准形为 $2y_1^2+y_2^2-y_3^2$，其中 $P=(e_1,e_2,e_3)$. 若 $Q=(e_1,-e_3,e_2)$，则 $f(x_1,x_2,x_3)$ 在正交变换 $X=QY$ 下的标准形为（　　）.

A. $2y_1^2-y_2^2+y_3^2$　　　　B. $2y_1^2+y_2^2-y_3^2$

C. $2y_1^2-y_2^2-y_3^2$　　　　D. $2y_1^2+y_2^2+y_3^2$

解　应选 A.

[分析]事实上，二次型 $f(x_1,x_2,x_3)$ 在正交变换 $X=PY$ 下的标准形为 $2y_1^2+y_2^2-y_3^2$，说明二次型的矩阵特征值为 2，1，-1，而且其对应的特征向量依次为 e_1,e_2,e_3，即
$$Ae_1=2e_1,\ Ae_2=e_2,\ Ae_3=-e_3,$$
因此有
$$Ae_1=2e_1,\ A(-e_3)=-(-e_3),\ Ae_2=e_2,$$
所以 e_1，$-e_3$，e_2 依次是矩阵 A 属于特征值 2，-1，1 的特征向量，取 $Q=(e_1,-e_3,e_2)$，令 $X=QY$，则有

$$f(x_1,x_2,x_3)=X^{\mathrm{T}}AX\xlongequal{X=QY}2y_1^2-y_2^2+y_3^2.$$

注：本题还可以这样理解. 由于f在正交变换$\boldsymbol{X}=\boldsymbol{PY}$下的标准形为$2y_1^2+y_2^2-y_3^2$，所以

$$\boldsymbol{P}^{\mathrm{T}}\boldsymbol{AP}=\begin{pmatrix}2&&\\&1&\\&&-1\end{pmatrix}.$$

记$\boldsymbol{Q}=(\boldsymbol{e}_1,-\boldsymbol{e}_3,\boldsymbol{e}_2)=\boldsymbol{PC}$，这里$\boldsymbol{C}=\begin{pmatrix}1&0&0\\0&0&1\\0&-1&0\end{pmatrix}$. 则

$$\begin{aligned}\boldsymbol{Q}^{\mathrm{T}}\boldsymbol{AQ}&=(\boldsymbol{PC})^{\mathrm{T}}\boldsymbol{A}(\boldsymbol{PC})\\&=\boldsymbol{C}^{\mathrm{T}}(\boldsymbol{P}^{\mathrm{T}}\boldsymbol{AP})\boldsymbol{C}\\&=\boldsymbol{C}^{\mathrm{T}}\begin{pmatrix}2&&\\&1&\\&&-1\end{pmatrix}\boldsymbol{C}\\&=\begin{pmatrix}2&&\\&-1&\\&&1\end{pmatrix}.\end{aligned}$$

所以

$$\begin{aligned}f(x_1,x_2,x_3)=\boldsymbol{X}^{\mathrm{T}}\boldsymbol{AX}&\xlongequal{X=QY}\boldsymbol{Y}^{\mathrm{T}}(\boldsymbol{Q}^{\mathrm{T}}\boldsymbol{AQ})\boldsymbol{Y}\\&=2y_1^2-y_2^2+y_3^2.\end{aligned}$$

这样处理起来比较麻烦，但其中蕴含的思想还是要引起重视的.

例6.9 (2013，数1)设二次型$f(x_1,x_2,x_3)=2(a_1x_1+a_2x_2+a_3x_3)^2+(b_1x_1+b_2x_2+b_3x_3)^2$，记

$$\boldsymbol{\alpha}=\begin{pmatrix}a_1\\a_2\\a_3\end{pmatrix},\boldsymbol{\beta}=\begin{pmatrix}b_1\\b_2\\b_3\end{pmatrix}.$$

(1) 证明：二次型的矩阵为$2\boldsymbol{\alpha\alpha}^{\mathrm{T}}+\boldsymbol{\beta\beta}^{\mathrm{T}}$；

(2) 若$\boldsymbol{\alpha},\boldsymbol{\beta}$正交且均为单位向量，证明：$f$在正交变换下的标准形为$2y_1^2+y_2^2$.

证明 (1) 设$\boldsymbol{x}=(x_1,x_2,x_3)^{\mathrm{T}}$，由于

$$\begin{aligned}f(x_1,x_2,x_3)&=2(a_1x_1+a_2x_2+a_3x_3)^2+(b_1x_1+b_2x_2+b_3x_3)^2\\&=2\left[(x_1,x_2,x_3)\begin{pmatrix}a_1\\a_2\\a_3\end{pmatrix}(a_1,a_2,a_3)\begin{pmatrix}x_1\\x_2\\x_3\end{pmatrix}\right]+(x_1,x_2,x_3)\begin{pmatrix}b_1\\b_2\\b_3\end{pmatrix}(b_1,b_2,b_3)\begin{pmatrix}x_1\\x_2\\x_3\end{pmatrix}\\&=2\boldsymbol{x}^{\mathrm{T}}(\boldsymbol{\alpha\alpha}^{\mathrm{T}})\boldsymbol{x}+\boldsymbol{x}^{\mathrm{T}}(\boldsymbol{\beta\beta}^{\mathrm{T}})\boldsymbol{x}\\&=\boldsymbol{x}^{\mathrm{T}}(2\boldsymbol{\alpha\alpha}^{\mathrm{T}}+\boldsymbol{\beta\beta}^{\mathrm{T}})\boldsymbol{x},\end{aligned}$$

而且$2\boldsymbol{\alpha\alpha}^{\mathrm{T}}+\boldsymbol{\beta\beta}^{\mathrm{T}}$为对称矩阵，所以二次型的矩阵为$2\boldsymbol{\alpha\alpha}^{\mathrm{T}}+\boldsymbol{\beta\beta}^{\mathrm{T}}$.

(2) 记$\boldsymbol{A}=2\boldsymbol{\alpha\alpha}^{\mathrm{T}}+\boldsymbol{\beta\beta}^{\mathrm{T}}$，由于$\boldsymbol{\alpha},\boldsymbol{\beta}$正交且均为单位向量，所以

$$\boldsymbol{A\alpha}=(2\boldsymbol{\alpha\alpha}^{\mathrm{T}}+\boldsymbol{\beta\beta}^{\mathrm{T}})\boldsymbol{\alpha}=2\boldsymbol{\alpha},$$

$$A\boldsymbol{\beta}=(2\boldsymbol{\alpha}\boldsymbol{\alpha}^{\mathrm{T}}+\boldsymbol{\beta}\boldsymbol{\beta}^{\mathrm{T}})\boldsymbol{\beta}=\boldsymbol{\beta},$$

说明 $\lambda_1=2$，$\lambda_2=1$ 为矩阵 $\boldsymbol{A}$ 的两个特征值. 又

$$r(\boldsymbol{A})=r(2\boldsymbol{\alpha}\boldsymbol{\alpha}^{\mathrm{T}}+\boldsymbol{\beta}\boldsymbol{\beta}^{\mathrm{T}})\leqslant r(2\boldsymbol{\alpha}\boldsymbol{\alpha}^{\mathrm{T}})+r(\boldsymbol{\beta}\boldsymbol{\beta}^{\mathrm{T}})\leqslant r(\boldsymbol{\alpha}^{\mathrm{T}})+r(\boldsymbol{\beta}^{\mathrm{T}})\leqslant 2,$$

所以 $\lambda_3=0$ 是矩阵 $\boldsymbol{A}$ 的特征值，故 f 在正交变换下的标准形为 $2y_1^2+y_2^2$.

注：本题步骤(1)中，声明 $2\boldsymbol{\alpha}\boldsymbol{\alpha}^{\mathrm{T}}+\boldsymbol{\beta}\boldsymbol{\beta}^{\mathrm{T}}$ 为对称矩阵不能省略. 步骤(2)中的关键在于正交变换下标准形的系数均为特征值.

例 6.10 (2018，数 1，2，3)设实二次型 $f(x_1,x_2,x_3)=(x_1-x_2+x_3)^2+(x_2+x_3)^2+(x_1+ax_3)^2$，其中 a 为参数.

(1) 求 $f(x_1,x_2,x_3)=0$ 的解；

(2) 求 $f(x_1,x_2,x_3)$ 的规范形.

解 (1) 由 $f(x_1,x_2,x_3)=(x_1-x_2+x_3)^2+(x_2+x_3)^2+(x_1+ax_3)^2=0$，

可得

$$\begin{cases}x_1-x_2+x_3=0,\\ x_2+x_3=0,\\ x_1+ax_3=0.\end{cases}$$

对系数矩阵施以初等行变换，可得

$$\begin{pmatrix}1&-1&1\\0&1&1\\1&0&a\end{pmatrix}\to\begin{pmatrix}1&-1&1\\0&1&1\\0&0&a-2\end{pmatrix}.$$

当 $a\neq 2$ 时，方程组只有零解.

当 $a=2$ 时，方程组的解为 $\boldsymbol{x}=k(-2,-1,1)^{\mathrm{T}}$，$k$ 为任意常数.

(2) 当 $a\neq 2$ 时，做可逆变换

$$\begin{cases}y_1=x_1-x_2+x_3,\\ y_2=x_2+x_3,\\ y_3=x_1+ax_3.\end{cases}$$

f 有规范形 $f(x_1,x_2,x_3)=y_1^2+y_2^2+y_3^2$.

当 $a=2$ 时，$f(x_1,x_2,x_3)=2x_1^2+2x_2^2+6x_3^2-2x_1x_2+6x_1x_3$，其矩阵

$$\boldsymbol{A}=\begin{pmatrix}2&-1&3\\-1&2&0\\3&0&6\end{pmatrix},$$

由于

$$|\lambda\boldsymbol{E}-\boldsymbol{A}|=\begin{vmatrix}\lambda-2&1&-3\\1&\lambda-2&0\\-3&0&\lambda-6\end{vmatrix}=\lambda(\lambda^2-10\lambda+18).$$

所以，$\boldsymbol{A}$ 的特征值为 $\lambda_1=5+\sqrt{7}>0$，$\lambda_2=5-\sqrt{7}>0$，$\lambda_3=0$，所以 f 的规范形为 $z_1^2+z_2^2$.

注：本题求规范形时也可以使用配方法，读者可自行解答.

2. 标准形的应用

例 6.11 已知二次型$f(x_1,x_2,x_3)=(1-a)x_1^2+(1-a)x_2^2+2x_3^2+2(1+a)x_1x_2$的秩为 2.

(1) 求a的值;

(2) 求正交变换$\boldsymbol{x}=\boldsymbol{Q}\boldsymbol{y}$, 把$f(x_1,x_2,x_3)$化成标准形;

(3) 求方程$f(x_1,x_2,x_3)=0$的解.

解 (1) 由于二次型f的秩为 2, 即对应的矩阵$\boldsymbol{A}=\begin{pmatrix}1-a & 1+a & 0\\ 1+a & 1-a & 0\\ 0 & 0 & 2\end{pmatrix}$的秩为 2, 所以有

$\begin{vmatrix}1-a & 1+a\\ 1+a & 1-a\end{vmatrix}=-4a=0$, 可得$a=0$.

(2) 当$a=0$时,

$$|\lambda\boldsymbol{E}-\boldsymbol{A}|=\begin{vmatrix}\lambda-1 & -1 & 0\\ -1 & \lambda-1 & 0\\ 0 & 0 & \lambda-2\end{vmatrix}=(\lambda-2)^2\lambda,$$

可知$\boldsymbol{A}$的特征值为$\lambda_1=\lambda_2=2$, $\lambda_3=0$.

解方程组得$\boldsymbol{A}$的属于$\lambda_1=2$的两个线性特征向量为

$$\boldsymbol{\eta}_1=(1,1,0)^{\mathrm{T}},\ \boldsymbol{\eta}_2=(0,0,1)^{\mathrm{T}};$$

解方程组得$\boldsymbol{A}$的属于$\lambda_3=0$的一个线性无关的特征向量为

$$\boldsymbol{\eta}_3=(-1,1,0)^{\mathrm{T}}.$$

易见$\boldsymbol{\eta}_1,\boldsymbol{\eta}_2,\boldsymbol{\eta}_3$两两正交, 将$\boldsymbol{\eta}_1,\boldsymbol{\eta}_2,\boldsymbol{\eta}_3$单位化得

$$\boldsymbol{e}_1=\frac{1}{\sqrt{2}}(1,1,0)^{\mathrm{T}},\ \boldsymbol{e}_2=(0,0,1)^{\mathrm{T}},\ \boldsymbol{e}_3=\frac{1}{\sqrt{2}}(-1,1,0)^{\mathrm{T}},$$

取$\boldsymbol{Q}=(\boldsymbol{e}_1,\boldsymbol{e}_2,\boldsymbol{e}_3)$, 则$\boldsymbol{Q}$为正交矩阵. 令$\boldsymbol{x}=\boldsymbol{Q}\boldsymbol{y}$, 得

$$f(x_1,x_2,x_3)=\lambda_1y_1^2+\lambda_2y_2^2+\lambda_3y_3^2=2y_1^2+2y_2^2.$$

(3) **解法 1** 由于

$$f(x_1,x_2,x_3)=x_1^2+x_2^2+2x_3^2+2x_1x_2=(x_1+x_2)^2+2x_3^2=0,$$

所以

$$\begin{cases}x_1+x_2 & =0,\\ \qquad\quad x_3 & =0,\end{cases}$$

其通解为$\boldsymbol{x}=k(-1,1,0)^{\mathrm{T}}$, 其中$k$为任意常数.

解法 2 由(2)可知, 在正交变换$\boldsymbol{x}=\boldsymbol{Q}\boldsymbol{y}$下, $f(x_1,x_2,x_3)=2y_1^2+2y_2^2$, 可见取$y_1=y_2=0$, y_3为任意常数, 都有$f(x_1,x_2,x_3)=2y_1^2+2y_2^2=0$, 因此$f(x_1,x_2,x_3)=0$的解为

$$\boldsymbol{x}=\boldsymbol{Q}\begin{pmatrix}0\\0\\y_3\end{pmatrix}=(\boldsymbol{e}_1,\boldsymbol{e}_2,\boldsymbol{e}_3)\begin{pmatrix}0\\0\\y_3\end{pmatrix}=y_3\boldsymbol{e}_3=k(-1,1,0)^{\mathrm{T}},\text{ 其中 }k\text{ 为任意常数}.$$

注：第(3)问的解法2利用标准形讨论原二次型的取值，这是一个常用的方法. 读者可以带着这种思想证明以下问题.

思考题：设二次型$f(x_1,x_2,x_3)=\boldsymbol{X}^{\mathrm{T}}\boldsymbol{A}\boldsymbol{X}$存在一个特征值小于0，证明：存在$\boldsymbol{X}\neq\boldsymbol{0}$，使$f=\boldsymbol{X}^{\mathrm{T}}\boldsymbol{A}\boldsymbol{X}<0$.

例 6.12 已知实二次型$f(x_1,x_2,x_3)=a(x_1^2+x_2^2+x_3^2)+4x_1x_2+4x_1x_3+4x_2x_3$经正交变换$\boldsymbol{X}=\boldsymbol{P}\boldsymbol{Y}$可化为$f=6y_1^2$，则$a=$________.

解 应填2.

[分析]**解法1** 二次型f的矩阵$\boldsymbol{A}=\begin{pmatrix}a&2&2\\2&a&2\\2&2&a\end{pmatrix}$，由于$f$在正交变换下的标准形为$f=6y_1^2$，所以$\boldsymbol{A}$的特征值为6，0，0. 由于$\boldsymbol{A}$的特征值之和为主对角元之和，所以

$$6+0+0=a+a+a,$$

从而$a=2$.

解法2 同解法1，$\boldsymbol{A}$的特征值为6，0，0.

由
$$|\lambda\boldsymbol{E}-\boldsymbol{A}|=(\lambda-a-4)(\lambda-a+2)^2,$$
可知$\boldsymbol{A}$的特征值为$a+4$，$a-2$，$a-2$，因此有$a=2$.

例 6.13 (2016，数1)设二次型$f(x_1,x_2,x_3)=x_1^2+x_2^2+x_3^2+4x_1x_2+4x_1x_3+4x_2x_3$，则$f(x_1,x_2,x_3)=2$，在空间直角坐标下表示的二次曲面为(　　).

A. 单叶双曲面　　B. 双叶双曲面

C. 椭球面　　D. 柱面

解 应选B.

[分析]在高等数学的旋转曲面部分讲到：对xOz坐标面上的双曲线$\dfrac{x^2}{a^2}-\dfrac{z^2}{c^2}=1$，绕$z$轴旋转所得的旋转曲面为单叶双曲面，方程为

$$\frac{x^2+y^2}{a^2}-\frac{z^2}{c^2}=1. \quad \text{(左边一个负号)}$$

绕x轴旋转所得的旋转曲面为双叶双曲面，方程为

$$\frac{x^2}{a^2}-\frac{y^2+z^2}{c^2}=1. \quad \text{(左边两个负号)}$$

在本题中，$f(x_1,x_2,x_3)=x_1^2+x_2^2+x_3^2+4x_1x_2+4x_1x_3+4x_2x_3$，其矩阵为

$$\boldsymbol{A}=\begin{pmatrix}1&2&2\\2&1&2\\2&2&1\end{pmatrix},$$

由
$$|\lambda\boldsymbol{E}-\boldsymbol{A}|=\begin{vmatrix}\lambda-1&-2&-2\\-2&\lambda-1&-2\\-2&-2&\lambda-1\end{vmatrix}=(\lambda-5)(\lambda+1)^2,$$

得$\boldsymbol{A}$的特征值为5，-1，-1，因此其在正交变换下的标准形为$f=5y_1^2-y_2^2-y_3^2$，其中有两个负

号，因此为双叶双曲面，所以选 B.（见高等数学中旋转曲面部分，本知识点要求数 1 学生掌握）.

6.4.3 惯性指数与惯性定理的应用

1. 确定正(负)惯性指数问题

例 6.14 (2021，数 1，2，3)二次型 $f(x_1,x_2,x_3)=(x_1+x_2)^2+(x_2+x_3)^2-(x_3-x_1)^2$ 的正惯性指数与负惯性指数依次为(　　).

A. 2，0　　B. 1，1　　C. 2，1　　D. 1，2

解 应选 B.

[分析]**解法 1** 将所给二次型展开得

$$f(x_1,x_2,x_3)=2x_2^2+2x_1x_2+2x_2x_3+2x_1x_3,$$

其矩阵 $\boldsymbol{A}=\begin{pmatrix}0&1&1\\1&2&1\\1&1&0\end{pmatrix}$，由于

$$|\lambda\boldsymbol{E}-\boldsymbol{A}|=\begin{vmatrix}\lambda&-1&-1\\-1&\lambda-2&-1\\-1&-1&\lambda\end{vmatrix}\overset{r_1-r_3}{=\!=\!=}\begin{vmatrix}\lambda+1&0&-\lambda-1\\-1&\lambda-2&-1\\-1&-1&\lambda\end{vmatrix}$$

$$=(\lambda+1)\begin{vmatrix}1&0&-1\\-1&\lambda-2&-1\\-1&-1&\lambda\end{vmatrix}=\lambda(\lambda+1)(\lambda-3).$$

所以矩阵 $\boldsymbol{A}$ 的特征值为 0，-1，3. 所以二次型 $f(x_1,x_2,x_3)$ 的正、负惯性指数均为 1.

解法 2 使用配方法

因为

$$\begin{aligned}f(x_1,x_2,x_3)&=2x_2^2+2x_1x_2+2x_2x_3+2x_1x_3\\&=2\left[x_2^2+(x_1+x_3)x_2+\frac{1}{4}(x_1+x_3)^2\right]-\frac{1}{2}x_1^2-\frac{1}{2}x_3^2+x_1x_3\\&=2\left[x_2+\frac{1}{2}(x_1+x_3)\right]^2-\frac{1}{2}(x_1-x_3)^2\end{aligned}$$

令

$$\begin{cases}y_1=x_2+\frac{1}{2}(x_1+x_3),\\y_2=x_1-x_3,\\y_3=x_3,\end{cases}$$

可得 f 的标准形为 $2y_1^2-\frac{1}{2}y_2^2$，所以正负惯性指数依次为 1,1.

例 6.15 (2016,数 2,3)设二次型 $f(x_1,x_2,x_3)=a(x_1^2+x_2^2+x_3^2)+2x_1x_2+2x_1x_3+2x_2x_3$ 的正、负惯性指数分别为 1，2，则(　　).

A. $a>1$　　B. $a<-2$

C. $-2<a<1$　　D. $a=1$ 或 $a=-2$

解 应选 C.

[分析]二次型的矩阵为 $A=\begin{pmatrix} a & 1 & 1 \\ 1 & a & 1 \\ 1 & 1 & a \end{pmatrix}$,

$$|\lambda E-A|=\begin{vmatrix} \lambda-a & -1 & -1 \\ -1 & \lambda-a & -1 \\ -1 & -1 & \lambda-a \end{vmatrix}=(\lambda-2-a)\begin{vmatrix} 1 & 1 & 1 \\ -1 & \lambda-a & -1 \\ -1 & -1 & \lambda-a \end{vmatrix}$$

$$=(\lambda-2-a)\begin{vmatrix} 1 & 1 & 1 \\ 0 & \lambda-a+1 & 0 \\ 0 & 0 & \lambda-a+1 \end{vmatrix}$$

$$=(\lambda-2-a)(\lambda-a+1)^2.$$

所以，A 的特征值为 $\lambda_1=2+a$，$\lambda_2=\lambda_3=a-1$. 由于负惯性指数为 2，而且

$$\lambda_1=2+a>\lambda_2=\lambda_3=a-1,$$

由惯性定理知，选项 C 正确.

2. 惯性定理的应用

例 6.16 (2009，数 1)设二次型 $f(x_1,x_2,x_3)=ax_1^2+ax_2^2+(a-1)x_3^2+2x_1x_3-2x_2x_3$.

(1) 求二次型 f 的所有特征值;

(2) 若二次型 f 的规范形为二次型 $y_1^2+y_2^2$，求 a 的值.

解 (1) 二次型 f 的矩阵为

$$A=\begin{pmatrix} a & 0 & 1 \\ 0 & a & -1 \\ 1 & -1 & a-1 \end{pmatrix}.$$

由于

$$|\lambda E-A|=\begin{vmatrix} \lambda-a & 0 & -1 \\ 0 & \lambda-a & 1 \\ -1 & 1 & \lambda-a+1 \end{vmatrix}=(\lambda-a)[\lambda-(a+1)][\lambda-(a-2)],$$

所以 A 的特征值为

$$\lambda_1=a,\ \lambda_2=a+1,\ \lambda_3=a-2.$$

(2) 由于 f 的规范形为 $y_1^2+y_2^2$，由惯性定理，可知 A 的特征值有两个为正数，一个为零. 又 $a-2<a<a+1$，所以 $a=2$.

注: 本题中，计算特征值时可先将特征多项式的第二行加到第一行，然后第一行提取公因子 $\lambda-a$.

例 6.17 (2014，数 1)设二次型 $f(x_1,x_2,x_3)=x_1^2-x_2^2+2ax_1x_3+4x_2x_3$ 的负惯性指数为 1，则 a 的取值范围是________.

解 应填$[-2,2]$.

[分析]**解法 1** (用配方法) $f(x_1,x_2,x_3)=(x_1+ax_3)^2-a^2x_3^2-(x_2-2x_3)^2+4x_3^2$

$$=(x_1+ax_3)^2-(x_2-2x_3)^2+(4-a^2)x_3^2.$$

由于二次型的负惯性指数为 1，所以 $4-a^2\geqslant 0$，所以 $-2\leqslant a\leqslant 2$.

解法 2 （用惯性定理）二次型的矩阵为

$$\boldsymbol{A}=\begin{pmatrix}1&0&a\\0&-1&2\\a&2&0\end{pmatrix}.$$

首先，实对称矩阵 $\boldsymbol{A}$ 的特征值不可能都是 0，否则存在可逆矩阵 $\boldsymbol{P}$ 使 $\boldsymbol{P}^{-1}\boldsymbol{AP}=\boldsymbol{O}$，所以 $\boldsymbol{A}=\boldsymbol{O}$，得出矛盾.

又由于 $\boldsymbol{A}$ 的主对角线上元素之和为零，所以矩阵 $\boldsymbol{A}$ 的特征值不可能都是负数，因此 $\boldsymbol{A}$ 的负惯性指数为 1 等价于 $\lambda_1\lambda_2\lambda_3\leqslant 0$，由此得 $|\boldsymbol{A}|\leqslant 0$，计算该不等式得出答案.

6.4.4 实对称矩阵合同及相似的判别

判别两个矩阵是否合同，可以使用定义，也可以比较它们的正、负惯性指数是否分别相同. 两个实对称矩阵相似的充要条件是特征值相同. 因此，根据惯性定理，两个实对称矩阵相似时必然合同.

例 6.18 证明矩阵 $\boldsymbol{A}=\begin{pmatrix}a_1&&\\&a_2&\\&&a_3\end{pmatrix}$ 与 $\boldsymbol{B}=\begin{pmatrix}a_3&&\\&a_1&\\&&a_2\end{pmatrix}$ 合同.

证法 1 （用定义）令 $\boldsymbol{P}_1=\begin{pmatrix}0&0&1\\0&1&0\\1&0&0\end{pmatrix}$，$\boldsymbol{P}_2=\begin{pmatrix}1&0&0\\0&0&1\\0&1&0\end{pmatrix}$，$\boldsymbol{C}=\boldsymbol{P}_2\boldsymbol{P}_1$，则 $\boldsymbol{C}$ 可逆，而且

$$\boldsymbol{C}^{\mathrm{T}}\boldsymbol{AC}=\boldsymbol{P}_2^{\mathrm{T}}\boldsymbol{P}_1^{\mathrm{T}}\boldsymbol{AP}_1\boldsymbol{P}_2=\boldsymbol{P}_2^{\mathrm{T}}\begin{pmatrix}a_3&&\\&a_2&\\&&a_1\end{pmatrix}\boldsymbol{P}_2=\boldsymbol{B},$$

所以矩阵 $\boldsymbol{A}$ 与 $\boldsymbol{B}$ 合同.

证法 2 （用特征值）矩阵 $\boldsymbol{A}$ 与 $\boldsymbol{B}$ 的特征值均为 a_1,a_2,a_3，因特征值相同，所以 $\boldsymbol{A}$ 与 $\boldsymbol{B}$ 合同（也相似）.

例 6.19 （2008，数 2，3）设 $\boldsymbol{A}=\begin{pmatrix}1&2\\2&1\end{pmatrix}$，则在实数域上与 $\boldsymbol{A}$ 合同的矩阵为（　　）.

A. $\begin{pmatrix}-2&1\\1&-2\end{pmatrix}$　　B. $\begin{pmatrix}2&-1\\-1&2\end{pmatrix}$　　C. $\begin{pmatrix}2&1\\1&2\end{pmatrix}$　　D. $\begin{pmatrix}1&-2\\-2&1\end{pmatrix}$

解 应选 D.

[分析]事实上，$|\lambda\boldsymbol{E}-\boldsymbol{A}|=\begin{vmatrix}\lambda-1&-2\\-2&\lambda-1\end{vmatrix}=(1+\lambda)(\lambda-3)$，所以 $\boldsymbol{A}$ 的特征值为 -1，3（一负、一正）. 四个选项中，唯有 D 的特征值满足一负、一正，所以选 D.

例 6.20 （2007，数 1，2，3）设矩阵 $\boldsymbol{A}=\begin{pmatrix}2&-1&-1\\-1&2&-1\\-1&-1&2\end{pmatrix}$，$\boldsymbol{B}=\begin{pmatrix}1&0&0\\0&1&0\\0&0&0\end{pmatrix}$，则 $\boldsymbol{A}$ 与 $\boldsymbol{B}$（　　）.

A. 合同，且相似　　　　　　　　B. 合同，但不相似

C. 不合同，但相似　　　　　　　D. 既不合同，也不相似

解　应选 B.

[分析]因为
$$|\lambda E-A|=\begin{vmatrix}\lambda-2 & 1 & 1\\ 1 & \lambda-2 & 1\\ 1 & 1 & \lambda-2\end{vmatrix}=\lambda(3-\lambda)^2,$$
$$|\lambda E-B|=\begin{vmatrix}\lambda-1 & 0 & 0\\ 0 & \lambda-1 & 0\\ 0 & 0 & \lambda\end{vmatrix}=\lambda(\lambda-1)^2,$$
所以矩阵 A 与 B 的特征值分别为 0，3，3 和 0，1，1. 结合定理 6.3、定理 6.4 可知，选项 B 正确.

例 6.21　(2013，数 1)矩阵$\begin{pmatrix}1 & a & 1\\ a & b & a\\ 1 & a & 1\end{pmatrix}$与$\begin{pmatrix}2 & 0 & 0\\ 0 & b & 0\\ 0 & 0 & 0\end{pmatrix}$相似的充分必要条件为(　　).

A. $a=0$，$b=2$　　　　　　　　B. $a=0$，b 为任意常数

C. $a=2$，$b=0$　　　　　　　　D. $a=2$，b 为任意常数

解　应选 B.

[分析]事实上，$A=\begin{pmatrix}1 & a & 1\\ a & b & a\\ 1 & a & 1\end{pmatrix}$与$B=\begin{pmatrix}2 & 0 & 0\\ 0 & b & 0\\ 0 & 0 & 0\end{pmatrix}$均为实对称矩阵，二者相似的充要条件是特征值相同，即特征多项式相同.

由于
$$|\lambda E-A|=\begin{vmatrix}\lambda-1 & -a & -1\\ -a & \lambda-b & -a\\ -1 & -a & \lambda-1\end{vmatrix}\xlongequal{r_1-r_3}\begin{vmatrix}\lambda & 0 & -\lambda\\ -a & \lambda-b & -a\\ -1 & -a & \lambda-1\end{vmatrix}$$
$$=\lambda\begin{vmatrix}1 & 0 & -1\\ -a & \lambda-b & -a\\ -1 & -a & \lambda-1\end{vmatrix}\xlongequal{c_3+c_1}\lambda\begin{vmatrix}1 & 0 & 0\\ -a & \lambda-b & -2a\\ -1 & -a & \lambda-2\end{vmatrix}$$
$$=\lambda[(\lambda-2)(\lambda-b)-2a^2],$$
$$|\lambda E-B|=\lambda(\lambda-2)(\lambda-b),$$
所以$|\lambda E-A|=|\lambda E-B|$ 的充要条件是 $a=0$，b 为任意常数.

例 6.22　已知实矩阵 $A=\begin{pmatrix}2 & 2\\ 2 & a\end{pmatrix}$，$B=\begin{pmatrix}4 & b\\ 3 & 1\end{pmatrix}$，证明：

(1) 矩阵 A，B 相似的充要条件是 $a=3$，$b=\dfrac{2}{3}$；

(2) 矩阵 A，B 合同的充要条件是 $a<2$，$b=3$.

证明　(1) ⇒若 A，B 相似，则 A，B 主对角线上元素之和相同，而且$|A|=|B|$. 即

$$\begin{cases}2+a=4+1,\\2a-4=4-3b,\end{cases}$$

解之得 $a=3$，$b=\frac{2}{3}$.

$\Leftarrow$当 $a=3$，$b=\frac{2}{3}$时，

$$|\lambda\boldsymbol{E}-\boldsymbol{A}|=\begin{vmatrix}\lambda-2 & -2\\-2 & \lambda-3\end{vmatrix}=\lambda^2-5\lambda+2,$$

$$|\lambda\boldsymbol{E}-\boldsymbol{B}|=\begin{vmatrix}\lambda-4 & -\frac{2}{3}\\-3 & \lambda-1\end{vmatrix}=\lambda^2-5\lambda+2.$$

由于 $\lambda^2-5\lambda+2=0$ 有两个不同的实数根，所以它们相似于同一个对角矩阵，从而 $\boldsymbol{A}$，$\boldsymbol{B}$ 相似.

(2) $\Rightarrow$若 $\boldsymbol{A}$，$\boldsymbol{B}$ 合同，有矩阵 $\boldsymbol{A}$ 对称知矩阵 $\boldsymbol{B}$ 也对称，所以 $b=3$. 此时由

$$|\lambda\boldsymbol{E}-\boldsymbol{B}|=\begin{vmatrix}\lambda-4 & -3\\-3 & \lambda-1\end{vmatrix}=\lambda^2-5\lambda-5=0$$

的两根之积为负数 5，所以矩阵 $\boldsymbol{B}$ 的正、负惯性指数皆为 1，从而矩阵 $\boldsymbol{A}$ 的正、负惯性指数也皆为 1. 而

$$|\lambda\boldsymbol{E}-\boldsymbol{A}|=\begin{vmatrix}\lambda-2 & -2\\-2 & \lambda-a\end{vmatrix}=\lambda^2-(2+a)\lambda+2a-4,$$

所以 $2a-4<0$，即 $a<2$.

$\Leftarrow$当 $a<2$ 时，由以上讨论知矩阵 $\boldsymbol{A}$、$\boldsymbol{B}$ 的正、负惯性指数皆为 1，结合它们都是对称矩阵可得矩阵 $\boldsymbol{A}$，$\boldsymbol{B}$ 合同.

注： 第一步必要性的证明中，也可考虑矩阵 $\boldsymbol{A}$，$\boldsymbol{B}$ 相似时，有 $|\lambda\boldsymbol{E}-\boldsymbol{A}|=|\lambda\boldsymbol{E}-\boldsymbol{B}|$，通过比较同次项系数证明.

例 6.23 (2020，数 1，3) 设二次型 $f(x_1,x_2)=x_1^2-4x_1x_2+4x_2^2$ 经正交变换 $\begin{pmatrix}x_1\\x_2\end{pmatrix}=\boldsymbol{Q}\begin{pmatrix}y_1\\y_2\end{pmatrix}$ 化为二次型 $g(y_1,y_2)=ay_1^2+4y_1y_2+by_2^2$，其中 $a\geqslant b$.

(1) 求 a，b；

(2) 求正交矩阵 $\boldsymbol{Q}$.

解 (1) 二次型 $f(x_1,x_2)=x_1^2-4x_1x_2+4x_2^2$ 与 $g(y_1,y_2)=ay_1^2+4y_1y_2+by_2^2$ 的矩阵分别为

$$\boldsymbol{A}=\begin{pmatrix}1 & -2\\-2 & 4\end{pmatrix},\ \boldsymbol{B}=\begin{pmatrix}a & 2\\2 & b\end{pmatrix}.$$

由题设，$\boldsymbol{Q}^{-1}\boldsymbol{A}\boldsymbol{Q}=\begin{pmatrix}a & 2\\2 & b\end{pmatrix}$，所以 $\mathrm{tr}(\boldsymbol{A})=\mathrm{tr}(\boldsymbol{B})$，而且 $|\boldsymbol{A}|=|\boldsymbol{B}|$，即

$$\begin{cases}1+4=a+b,\\0=ab-4.\end{cases}$$

解此方程组，并结合 $a\geqslant b$，可得 $a=4$，$b=1$.

(2) 由 $|\lambda\boldsymbol{E}-\boldsymbol{A}|=|\lambda\boldsymbol{E}-\boldsymbol{B}|=\lambda(\lambda-5)$，可得矩阵 $\boldsymbol{A}$，$\boldsymbol{B}$ 的特征值均为 $\lambda_1=0$，$\lambda_2=5$.

矩阵 $\boldsymbol{A}$ 属于特征值 0 的特征向量为 $\boldsymbol{\alpha}_1=\begin{pmatrix}2\\1\end{pmatrix}$，单位化得 $\boldsymbol{\beta}_1=\frac{1}{\sqrt{5}}\begin{pmatrix}2\\1\end{pmatrix}$；矩阵 $\boldsymbol{A}$ 属于特征值 5 的特征向量为 $\boldsymbol{\alpha}_2=\begin{pmatrix}1\\-2\end{pmatrix}$，单位化得 $\boldsymbol{\beta}_2=\frac{1}{\sqrt{5}}\begin{pmatrix}1\\-2\end{pmatrix}$. 所以，取 $\boldsymbol{Q}_1=(\boldsymbol{\beta}_1,\boldsymbol{\beta}_2)=\frac{1}{\sqrt{5}}\begin{pmatrix}2&1\\1&-2\end{pmatrix}$，有

$$\boldsymbol{Q}_1^{\mathrm{T}}\boldsymbol{A}\boldsymbol{Q}_1=\begin{pmatrix}0&0\\0&5\end{pmatrix}.$$

同理，矩阵 $\boldsymbol{B}$ 属于特征值 0，5 的单位特征向量分别为 $\boldsymbol{\gamma}_1=\frac{1}{\sqrt{5}}\begin{pmatrix}1\\-2\end{pmatrix}$，$\boldsymbol{\gamma}_2=\frac{1}{\sqrt{5}}\begin{pmatrix}2\\1\end{pmatrix}$. 所以取

$$\boldsymbol{Q}_2=(\boldsymbol{\gamma}_1,\boldsymbol{\gamma}_2)=\frac{1}{\sqrt{5}}\begin{pmatrix}1&2\\-2&1\end{pmatrix}，有\ \boldsymbol{Q}_2^{\mathrm{T}}\boldsymbol{B}\boldsymbol{Q}_2=\begin{pmatrix}0&0\\0&5\end{pmatrix}.$$

因此，

$$\boldsymbol{Q}_1^{\mathrm{T}}\boldsymbol{A}\boldsymbol{Q}_1=\boldsymbol{Q}_2^{\mathrm{T}}\boldsymbol{B}\boldsymbol{Q}_2=\begin{pmatrix}0&0\\0&5\end{pmatrix}.$$

所以取 $\boldsymbol{Q}=\boldsymbol{Q}_1\boldsymbol{Q}_2^{\mathrm{T}}=\frac{1}{5}\begin{pmatrix}4&-3\\-3&-4\end{pmatrix}$，有 $\boldsymbol{Q}^{\mathrm{T}}\boldsymbol{A}\boldsymbol{Q}=(\boldsymbol{Q}_1\boldsymbol{Q}_2^{\mathrm{T}})^{\mathrm{T}}\boldsymbol{A}(\boldsymbol{Q}_1\boldsymbol{Q}_2^{\mathrm{T}})=\boldsymbol{B}$.

注：如上过程中 $\boldsymbol{Q}_1$，$\boldsymbol{Q}_2$ 均为正交矩阵，所以 $\boldsymbol{Q}_i^{-1}=\boldsymbol{Q}_i(i=1,2)$. 这里 $\boldsymbol{A}$，$\boldsymbol{B}$ 既合同又相似，这种将 $\boldsymbol{A}$，$\boldsymbol{B}$ 与同一个对角矩阵相联系，从而找到它们相似或合同变换关系的方法是常用的.

6.4.5 二次型正定的判别与证明

这一题型是该部分的核心内容，归纳为以下几种方法：

1. 用定义判断

例 6.24　设 $\boldsymbol{A}$，$\boldsymbol{B}$ 均是 n 阶正定矩阵，判断 $\boldsymbol{A}+\boldsymbol{B}$ 的正定性.

解　(1) 因为 $\boldsymbol{A}$，$\boldsymbol{B}$ 均是 n 阶正定矩阵，所以 $\boldsymbol{A}$ 与 $\boldsymbol{B}$ 对称，从而有

$$(\boldsymbol{A}+\boldsymbol{B})^{\mathrm{T}}=\boldsymbol{A}^{\mathrm{T}}+\boldsymbol{B}^{\mathrm{T}}=\boldsymbol{A}+\boldsymbol{B}.$$

即 $\boldsymbol{A}+\boldsymbol{B}$ 为对称矩阵.

(2) 又由 $\boldsymbol{A}$，$\boldsymbol{B}$ 均是正定矩阵，可得对任给 n 维实向量 $\boldsymbol{X}\neq\boldsymbol{0}$，有

$$\boldsymbol{X}^{\mathrm{T}}\boldsymbol{A}\boldsymbol{X}>0,\qquad \boldsymbol{X}^{\mathrm{T}}\boldsymbol{B}\boldsymbol{X}>0.$$

所以

$$\boldsymbol{X}^{\mathrm{T}}(\boldsymbol{A}+\boldsymbol{B})\boldsymbol{X}=\boldsymbol{X}^{\mathrm{T}}\boldsymbol{A}\boldsymbol{X}+\boldsymbol{X}^{\mathrm{T}}\boldsymbol{B}\boldsymbol{X}>0.$$

由定义可知，$\boldsymbol{A}+\boldsymbol{B}$ 为正定矩阵.

例 6.25　(1999，数 3) 设 $\boldsymbol{A}$ 是 $m\times n$ 矩阵，$\boldsymbol{B}=\lambda\boldsymbol{E}+\boldsymbol{A}^{\mathrm{T}}\boldsymbol{A}$. 证明：当 $\lambda>0$ 时，$\boldsymbol{B}$ 是正定矩阵.

证明　因为

$$\begin{aligned}\boldsymbol{B}^{\mathrm{T}}&=(\lambda\boldsymbol{E}+\boldsymbol{A}^{\mathrm{T}}\boldsymbol{A})^{\mathrm{T}}=(\lambda\boldsymbol{E})^{\mathrm{T}}+(\boldsymbol{A}^{\mathrm{T}}\boldsymbol{A})^{\mathrm{T}}\\&=\lambda\boldsymbol{E}+\boldsymbol{A}^{\mathrm{T}}\boldsymbol{A}=\boldsymbol{B},\end{aligned}$$

所以 $\boldsymbol{B}$ 为对称矩阵.

又对任意的 $\boldsymbol{X}\neq\boldsymbol{0}$，有

$$X^{\mathrm{T}}BX=X^{\mathrm{T}}\lambda EX+X^{\mathrm{T}}A^{\mathrm{T}}AX=\lambda X^{\mathrm{T}}X+(AX)^{\mathrm{T}}AX,$$

这里 $\lambda X^{\mathrm{T}}X>0$，$(AX)^{\mathrm{T}}AX\geqslant 0$，所以 $X^{\mathrm{T}}BX>0$. 从而 B 是正定矩阵.

例 6.26 设 A 是 n 阶实对称矩阵，$AB+B^{\mathrm{T}}A$ 是正定矩阵，证明：矩阵 A 可逆.

证明 假设矩阵 A 不可逆，则齐次线性方程组 $AX=0$ 有非零解 X_0.

由于 $A^{\mathrm{T}}=A$，所以取 $x=X_0$，有

$$x^{\mathrm{T}}(AB+B^{\mathrm{T}}A)x=(Ax)^{\mathrm{T}}(Bx)+(Bx)^{\mathrm{T}}(Ax)=0.$$

此与 $AB+B^{\mathrm{T}}A$ 正定相矛盾. 故矩阵 A 可逆得证.

2. 用与单位矩阵合同判断

例 6.27 已知 A 是 n 阶可逆矩阵，证明 $A^{\mathrm{T}}A$ 是正定矩阵.

证明 首先，因为

$$(A^{\mathrm{T}}A)^{\mathrm{T}}=A^{\mathrm{T}}(A^{\mathrm{T}})^{\mathrm{T}}=A^{\mathrm{T}}A,$$

所以 $A^{\mathrm{T}}A$ 是对称矩阵.

其次，由 A 是可逆矩阵，而且 $A^{\mathrm{T}}A=A^{\mathrm{T}}EA$，可知 $A^{\mathrm{T}}A$ 与 E 是合同矩阵，从而 $A^{\mathrm{T}}A$ 是正定矩阵.

注：在本题中，即便 A 不是方阵，只要矩阵 A 列满秩，就有 $A^{\mathrm{T}}A$ 是正定矩阵.

事实上，由于 A 列满秩，所以 $Ax=0$ 只有零解，即 $\forall x\neq 0$，有 $Ax\neq 0$，从而

$$x^{\mathrm{T}}(A^{\mathrm{T}}A)x=(Ax)^{\mathrm{T}}(Ax)>0.$$

故 $x^{\mathrm{T}}(A^{\mathrm{T}}A)x$ 是正定二次型，即 $A^{\mathrm{T}}A$ 正定.

3. 用特征值大于零判断

例 6.28 已知 A，$A-E$ 都是 n 阶实对称正定矩阵，证明：$E-A^{-1}$ 是正定矩阵.

证明 因为 A 是 n 阶正定矩阵，所以 A 是实对称矩阵，从而

$$(E-A^{-1})^{\mathrm{T}}=E-(A^{-1})^{\mathrm{T}}=E-(A^{\mathrm{T}})^{-1}=E-A^{-1},$$

即 $E-A^{-1}$ 是实对称矩阵.

又设 λ 是 $E-A^{-1}$ 的任一特征值，则存在矩阵 A 的特征值 μ，使，$\lambda=1-\dfrac{1}{\mu}$.

因为 $A-E$ 正定，所以 $A-E$ 的特征值 $\mu-1>0$，即 $\mu>1$. 故有 $E-A^{-1}$ 的任一特征值 $\lambda=1-\dfrac{1}{\mu}>0$，从而 $E-A^{-1}$ 是正定矩阵.

例 6.29 设 A 是 n 阶正定矩阵，证明：

(1) A^{-1} 是正定矩阵；

(2) A 的伴随矩阵 A^* 是正定矩阵.

证明 (1) A 是 n 阶正定矩阵，所以矩阵 A 对称. 从而 $(A^{-1})^{\mathrm{T}}=(A^{\mathrm{T}})^{-1}=A^{-1}$，即 A^{-1} 对称. 又设 $\lambda_i(i=1,2,\cdots,n)$ 是 A 的任意特征值，由 A 是正定矩阵可知，$\lambda_i>0$，当然 A^{-1} 的特征值 $\dfrac{1}{\lambda_i}>0(i=1,2,\cdots,n)$，结合 A^{-1} 对称可知，A^{-1} 是正定矩阵.

(2) 因为 A 是 n 阶正定矩阵，所以 A 是对称矩阵，从而

$$(A^*)^{\mathrm{T}}=(|A|A^{-1})^{\mathrm{T}}=|A|(A^{-1})^{\mathrm{T}}=|A|(A^{\mathrm{T}})^{-1}=|A|A^{-1}=A^*,$$

即 $\boldsymbol{A}^*$ 是实对称矩阵.

又设 $\lambda_i(i=1,2,\cdots,n)$ 是 $\boldsymbol{A}$ 的全部特征值，则 $\lambda_i>0$，而且 $\boldsymbol{A}^*$ 的特征值为 $\dfrac{|\boldsymbol{A}|}{\lambda_i}(i=1,2,\cdots,n)$. 由于矩阵 $\boldsymbol{A}$ 正定，所以行列式 $|\boldsymbol{A}|$ 大于 0，从而 $\boldsymbol{A}^*$ 的特征值 $\dfrac{|\boldsymbol{A}|}{\lambda_i}$ 均为正数，因此 $\boldsymbol{A}^*$ 是正定矩阵.

注： 对第(1)步，当 $\boldsymbol{A}$ 是 n 阶正定矩阵时，存在可逆矩阵 $\boldsymbol{C}$，使 $\boldsymbol{A}=\boldsymbol{C}^{\mathrm{T}}\boldsymbol{C}$，所以 $\boldsymbol{A}^{-1}=\boldsymbol{C}^{-1}(\boldsymbol{C}^{-1})^{\mathrm{T}}$，即 $\boldsymbol{A}^{-1}$ 与单位矩阵合同，也可由此说明 $\boldsymbol{A}^{-1}$ 是正定矩阵. 第(2)步也可给出类似的证明.

例 6.30　由于 $\boldsymbol{A}$ 与 $\boldsymbol{B}$ 分别为 m 阶与 n 阶正定矩阵，证明：$\boldsymbol{M}=\begin{pmatrix}\boldsymbol{A} & \boldsymbol{O}\\ \boldsymbol{O} & \boldsymbol{B}\end{pmatrix}$ 是正定矩阵.

证法 1　(按定义)由于 $\boldsymbol{A}$ 与 $\boldsymbol{B}$ 都是正定矩阵，所以 $\boldsymbol{A}^{\mathrm{T}}=\boldsymbol{A}$，$\boldsymbol{B}^{\mathrm{T}}=\boldsymbol{B}$，显见 $\boldsymbol{M}$ 也对称.

又对任给 $\boldsymbol{X}=\begin{pmatrix}\boldsymbol{X}_1\\ \boldsymbol{X}_2\end{pmatrix}\neq\boldsymbol{0}$，必有 $\boldsymbol{X}_1$(或 $\boldsymbol{X}_2$)不等于零向量，所以

$$\begin{aligned}\boldsymbol{X}^{\mathrm{T}}\boldsymbol{M}\boldsymbol{X}&=(\boldsymbol{X}_1^{\mathrm{T}},\boldsymbol{X}_2^{\mathrm{T}})\begin{pmatrix}\boldsymbol{A} & \boldsymbol{O}\\ \boldsymbol{O} & \boldsymbol{B}\end{pmatrix}\begin{pmatrix}\boldsymbol{X}_1\\ \boldsymbol{X}_2\end{pmatrix}\\&=\boldsymbol{X}_1^{\mathrm{T}}\boldsymbol{A}\boldsymbol{X}_1+\boldsymbol{X}_2^{\mathrm{T}}\boldsymbol{B}\boldsymbol{X}_2>0,\end{aligned}$$

故 $\boldsymbol{M}$ 是正定矩阵.

证法 2　(利用与单位矩阵合同)因为 $\boldsymbol{M}$ 对称，而且 $\boldsymbol{A}$ 与 $\boldsymbol{B}$ 都正定时，存在可逆矩阵 $\boldsymbol{P}$，$\boldsymbol{Q}$ 使

$$\boldsymbol{P}^{\mathrm{T}}\boldsymbol{A}\boldsymbol{P}=\boldsymbol{E}_m,\quad \boldsymbol{Q}^{\mathrm{T}}\boldsymbol{B}\boldsymbol{Q}=\boldsymbol{E}_n,$$

令 $\boldsymbol{D}=\begin{pmatrix}\boldsymbol{P} & \boldsymbol{O}\\ \boldsymbol{O} & \boldsymbol{Q}\end{pmatrix}$，则 $\boldsymbol{D}$ 可逆，而且

$$\boldsymbol{D}^{\mathrm{T}}\boldsymbol{M}\boldsymbol{D}=\begin{pmatrix}\boldsymbol{P}^{\mathrm{T}}\boldsymbol{A}\boldsymbol{P} & \boldsymbol{O}\\ \boldsymbol{O} & \boldsymbol{Q}^{\mathrm{T}}\boldsymbol{B}\boldsymbol{Q}\end{pmatrix}=\begin{pmatrix}\boldsymbol{E}_m & \\ & \boldsymbol{E}_n\end{pmatrix}.$$

所以 $\boldsymbol{M}$ 是正定矩阵.

证法 3　(利用特征值全为正数)$\boldsymbol{M}$ 是对称矩阵. 当 $\boldsymbol{A}$ 与 $\boldsymbol{B}$ 都正定时，二者的特征值都为正数.

又因为

$$|\lambda\boldsymbol{E}-\boldsymbol{M}|=\begin{vmatrix}\lambda\boldsymbol{E}-\boldsymbol{A} & \boldsymbol{O}\\ \boldsymbol{O} & \lambda\boldsymbol{E}-\boldsymbol{B}\end{vmatrix}=|\lambda\boldsymbol{E}-\boldsymbol{A}|\cdot|\lambda\boldsymbol{E}-\boldsymbol{B}|,$$

所以 $\boldsymbol{M}$ 的特征值为矩阵 $\boldsymbol{A}$ 与 $\boldsymbol{B}$ 的特征值的并集，当然全为正数，故 $\boldsymbol{M}$ 是正定矩阵.

4. 使用顺序主子式

例 6.31　设 $\boldsymbol{A}=\begin{pmatrix}1 & 1 & 0\\ 1 & k & 0\\ 0 & 0 & k^2\end{pmatrix}$，$k$ 为何值时，$\boldsymbol{A}$ 是正定矩阵.

解　由于 $\boldsymbol{A}$ 是正定矩阵，所以 $\boldsymbol{A}$ 的各阶顺序主子式大于0. 即要求同时满足

$$|1|=1>0,\quad \begin{vmatrix}1&1\\1&k\end{vmatrix}=k-1>0,\quad \begin{vmatrix}1&1&0\\1&k&0\\0&0&k^2\end{vmatrix}=k^2\begin{vmatrix}1&1\\1&k\end{vmatrix}=k^2(k-1)>0,$$

解之得 $k>1$.

例 6.32　已知 $\boldsymbol{A}=\begin{pmatrix}1&2&-1\\a+b&5&a-b\\c&0&d\end{pmatrix}$ 是正定矩阵，求参数 a，b，c 的值及 d 的取值范围.

解　由于 $\boldsymbol{A}$ 是正定矩阵，所以 $\boldsymbol{A}^{\mathrm{T}}=\boldsymbol{A}$，于是可得

$$a+b=2,\ a-b=0,\ c=-1,$$

因此有 $a=b=1$，$c=-1$

又因为正定矩阵的各行列式大于 0，即

$$|\boldsymbol{A}|=\begin{vmatrix}1&2&-1\\a+b&5&a-b\\c&0&d\end{vmatrix}=d-5>0,$$

所以 $a=b=1$，$c=-1$，$d>5$.

例 6.33　已知二次型 $f(x_1,x_2,x_3)=\boldsymbol{X}^{\mathrm{T}}\boldsymbol{A}\boldsymbol{X}$ 在正交变换 $\boldsymbol{X}=\boldsymbol{Q}\boldsymbol{Y}$ 下的标准形为 $y_1^2+y_2^2$，且 $\boldsymbol{Q}$ 的第三列为 $\left(\frac{\sqrt{2}}{2},0,\frac{\sqrt{2}}{2}\right)^{\mathrm{T}}$.

（1）求矩阵 $\boldsymbol{A}$；

（2）证明 $\boldsymbol{A}+\boldsymbol{E}$ 为正定矩阵，其中 $\boldsymbol{E}$ 为三阶单位矩阵.

解　（1）由题设，$\boldsymbol{A}$ 的特征值为 1，1，0，而且 $\boldsymbol{\eta}_0=(1,0,1)^{\mathrm{T}}$ 为 $\boldsymbol{A}$ 属于特征值 0 的一个特征向量.

设 $(x_1,x_2,x_3)^{\mathrm{T}}$ 为 $\boldsymbol{A}$ 属于特征值 1 的一个特征向量，因为实对称矩阵属于不同特征值的特征向量正交，所以 $(x_1,x_2,x_3)\begin{pmatrix}1\\0\\1\end{pmatrix}=0$，即 $x_1+x_3=0$，解得一个基础解系

$$\boldsymbol{\xi}_1=(-1,0,1)^{\mathrm{T}},\ \boldsymbol{\xi}_2=(0,1,0)^{\mathrm{T}}.$$

单位化得

$$\boldsymbol{\eta}_1=\left(-\frac{\sqrt{2}}{2},0,\frac{\sqrt{2}}{2}\right)^{\mathrm{T}},\boldsymbol{\eta}_2=(0,1,0)^{\mathrm{T}}.$$

令 $\boldsymbol{Q}=(\boldsymbol{\eta}_1,\boldsymbol{\eta}_2,\boldsymbol{\eta}_0)$，则

$$\boldsymbol{A}=\boldsymbol{Q}\begin{pmatrix}1&&\\&1&\\&&0\end{pmatrix}\boldsymbol{Q}^{\mathrm{T}}=\frac{1}{2}\begin{pmatrix}1&0&-1\\0&2&0\\-1&0&1\end{pmatrix}.$$

（2）由（1）知，$\boldsymbol{A}$ 的特征值为 1，1，0，于是 $\boldsymbol{A}+\boldsymbol{E}$ 的特征值为 2，2，1. 又因为 $\boldsymbol{A}+\boldsymbol{E}$ 为实对称矩阵，故 $\boldsymbol{A}+\boldsymbol{E}$ 为正定矩阵.

例 6.34　设矩阵 $\boldsymbol{A}=\begin{pmatrix}1&0&1\\0&2&0\\1&0&1\end{pmatrix}$，矩阵 $\boldsymbol{B}=(k\boldsymbol{E}+\boldsymbol{A})^2$，$k$ 为实数，$\boldsymbol{E}$ 为单位矩阵，求对角矩阵 $\boldsymbol{\Lambda}$，使 $\boldsymbol{B}$ 与 $\boldsymbol{\Lambda}$ 相似. 并求 k 为何值时，$\boldsymbol{B}$ 为正定矩阵.

解　因为矩阵 $\boldsymbol{A}$ 为实对称矩阵，而且

$$|\lambda\boldsymbol{E}-\boldsymbol{A}|=\begin{vmatrix}\lambda-1&0&-1\\0&\lambda-2&0\\-1&0&\lambda-1\end{vmatrix}=\lambda(\lambda-2)^2,$$

所以存在可逆矩阵 $\boldsymbol{P}$，使

$$\boldsymbol{P}^{-1}\boldsymbol{A}\boldsymbol{P}=\begin{pmatrix}0&&\\&2&\\&&2\end{pmatrix}.$$

从而

$$\boldsymbol{P}^{-1}\boldsymbol{B}\boldsymbol{P}=\boldsymbol{P}^{-1}(k\boldsymbol{E}+\boldsymbol{A})^2\boldsymbol{P}=\begin{pmatrix}k^2&&\\&(k+2)^2&\\&&(k+2)^2\end{pmatrix}.$$

因此，取 $\boldsymbol{\Lambda}=\begin{pmatrix}k^2&&\\&(k+2)^2&\\&&(k+2)^2\end{pmatrix}$，有 $\boldsymbol{B}=(k\boldsymbol{E}+\boldsymbol{A})^2$ 与对角矩阵 $\boldsymbol{\Lambda}$ 相似.

可以验证矩阵 $\boldsymbol{B}$ 对称，所以矩阵 $\boldsymbol{B}$ 正定的充要条件是其特征值 k^2，$(k+2)^2$，$(k+2)^2$ 均大于 0，即 $k\neq0$，而且 $k\neq-2$.

例 6.35　设 $\boldsymbol{D}=\begin{pmatrix}\boldsymbol{A}&\boldsymbol{C}\\\boldsymbol{C}^{\mathrm{T}}&\boldsymbol{B}\end{pmatrix}$ 为正定矩阵，其中 $\boldsymbol{A}$，$\boldsymbol{B}$ 分别为 m 阶，n 阶对称矩阵，$\boldsymbol{C}$ 为 $m\times n$ 矩阵.

(1) 计算 $\boldsymbol{P}^{\mathrm{T}}\boldsymbol{D}\boldsymbol{P}$，其中 $\boldsymbol{P}=\begin{pmatrix}\boldsymbol{E}_m&-\boldsymbol{A}^{-1}\boldsymbol{C}\\\boldsymbol{O}&\boldsymbol{E}_n\end{pmatrix}$；

(2) 利用(1)的结果判断矩阵 $\boldsymbol{B}-\boldsymbol{C}^{\mathrm{T}}\boldsymbol{A}^{-1}\boldsymbol{C}$ 是否为正定矩阵，并证明你的结论.

解　(1) 因为

$$\boldsymbol{P}^{\mathrm{T}}=\begin{pmatrix}\boldsymbol{E}_m&\boldsymbol{O}\\-\boldsymbol{C}^{\mathrm{T}}\boldsymbol{A}^{-1}&\boldsymbol{E}_n\end{pmatrix},$$

所以

$$\begin{aligned}\boldsymbol{P}^{\mathrm{T}}\boldsymbol{D}\boldsymbol{P}&=\begin{pmatrix}\boldsymbol{E}_m&\boldsymbol{O}\\-\boldsymbol{C}^{\mathrm{T}}\boldsymbol{A}^{-1}&\boldsymbol{E}_n\end{pmatrix}\begin{pmatrix}\boldsymbol{A}&\boldsymbol{C}\\\boldsymbol{C}^{\mathrm{T}}&\boldsymbol{B}\end{pmatrix}\begin{pmatrix}\boldsymbol{E}_m&-\boldsymbol{A}^{-1}\boldsymbol{C}\\\boldsymbol{O}&\boldsymbol{E}_n\end{pmatrix}\\&=\begin{pmatrix}\boldsymbol{A}&\boldsymbol{C}\\\boldsymbol{O}&\boldsymbol{B}-\boldsymbol{C}^{\mathrm{T}}\boldsymbol{A}^{-1}\boldsymbol{C}\end{pmatrix}\begin{pmatrix}\boldsymbol{E}_m&-\boldsymbol{A}^{-1}\boldsymbol{C}\\\boldsymbol{O}&\boldsymbol{E}_n\end{pmatrix}\\&=\begin{pmatrix}\boldsymbol{A}&\boldsymbol{O}\\\boldsymbol{O}&\boldsymbol{B}-\boldsymbol{C}^{\mathrm{T}}\boldsymbol{A}^{-1}\boldsymbol{C}\end{pmatrix}.\end{aligned}$$

(2) 矩阵 $\boldsymbol{B}-\boldsymbol{C}^{\mathrm{T}}\boldsymbol{A}^{-1}\boldsymbol{C}$ 是正定矩阵.

由(1)的结果可知，矩阵 $\boldsymbol{D}$ 合同于矩阵

$$\boldsymbol{M}=\begin{pmatrix}\boldsymbol{A} & \boldsymbol{O}\\ \boldsymbol{O} & \boldsymbol{B}-\boldsymbol{C}^{\mathrm{T}}\boldsymbol{A}^{-1}\boldsymbol{C}\end{pmatrix}.$$

又 $\boldsymbol{D}$ 为正定矩阵，可知 $\boldsymbol{M}$ 为正定矩阵.

因为矩阵 $\boldsymbol{M}$ 对称，故 $\boldsymbol{B}-\boldsymbol{C}^{\mathrm{T}}\boldsymbol{A}^{-1}\boldsymbol{C}$ 对称. 对 m 维向量 $\boldsymbol{X}=(0,0,\cdots,0)^{\mathrm{T}}$ 及任意的 $\boldsymbol{Y}=(y_1,y_2,\cdots,y_n)^{\mathrm{T}}\neq\boldsymbol{0}$，有

$$(\boldsymbol{X}^{\mathrm{T}},\boldsymbol{Y}^{\mathrm{T}})\begin{pmatrix}\boldsymbol{A} & \boldsymbol{O}\\ \boldsymbol{O} & \boldsymbol{B}-\boldsymbol{C}^{\mathrm{T}}\boldsymbol{A}^{-1}\boldsymbol{C}\end{pmatrix}\begin{pmatrix}\boldsymbol{X}\\ \boldsymbol{Y}\end{pmatrix}>0,$$

即 $\boldsymbol{Y}^{\mathrm{T}}(\boldsymbol{B}-\boldsymbol{C}^{\mathrm{T}}\boldsymbol{A}^{-1}\boldsymbol{C})\boldsymbol{Y}>0$，故 $\boldsymbol{B}-\boldsymbol{C}^{\mathrm{T}}\boldsymbol{A}^{-1}\boldsymbol{C}$ 为正定矩阵.

注： 问题(2)也可使用特征值证明. 事实上，因为

$$\boldsymbol{P}^{\mathrm{T}}\boldsymbol{D}\boldsymbol{P}=\begin{pmatrix}\boldsymbol{A} & \boldsymbol{O}\\ \boldsymbol{O} & \boldsymbol{B}-\boldsymbol{C}^{\mathrm{T}}\boldsymbol{A}^{-1}\boldsymbol{C}\end{pmatrix},$$

即正定矩阵 $\boldsymbol{D}$ 与 $\boldsymbol{M}=\begin{pmatrix}\boldsymbol{A} & \boldsymbol{O}\\ \boldsymbol{O} & \boldsymbol{B}-\boldsymbol{C}^{\mathrm{T}}\boldsymbol{A}^{-1}\boldsymbol{C}\end{pmatrix}$ 合同，所以 $\boldsymbol{M}$ 为正定矩阵. 从而

$$|\boldsymbol{M}-\lambda\boldsymbol{E}_{m+n}|=\begin{vmatrix}\boldsymbol{A}-\lambda\boldsymbol{E}_m & \boldsymbol{O}\\ \boldsymbol{O} & (\boldsymbol{B}-\boldsymbol{C}^{\mathrm{T}}\boldsymbol{A}^{-1}\boldsymbol{C})-\lambda\boldsymbol{E}_n\end{vmatrix}=|\boldsymbol{A}-\lambda\boldsymbol{E}_m|\cdot|(\boldsymbol{B}-\boldsymbol{C}^{\mathrm{T}}\boldsymbol{A}^{-1}\boldsymbol{C})-\lambda\boldsymbol{E}_n|=0$$

的根全为正数，因此 $|(\boldsymbol{B}-\boldsymbol{C}^{\mathrm{T}}\boldsymbol{A}^{-1}\boldsymbol{C})-\lambda\boldsymbol{E}_n|=0$ 的根全大于 0. 此说明矩阵 $\boldsymbol{B}-\boldsymbol{C}^{\mathrm{T}}\boldsymbol{A}^{-1}\boldsymbol{C}$ 的特征值均为正数，故为正定矩阵.

例 6.36 (2021，数 1)设矩阵 $\boldsymbol{A}=\begin{pmatrix}a & 1 & -1\\ 1 & a & -1\\ -1 & -1 & a\end{pmatrix}$,

(1) 求正交矩阵 $\boldsymbol{P}$，使 $\boldsymbol{P}^{-1}\boldsymbol{A}\boldsymbol{P}$ 为对角矩阵；

(2) 求正定矩阵 $\boldsymbol{C}$，使 $\boldsymbol{C}^2=(a+3)\boldsymbol{E}-\boldsymbol{A}$，这里 $\boldsymbol{E}$ 为三阶单位矩阵.

解 因为

$$|\lambda\boldsymbol{E}-\boldsymbol{A}|=\begin{vmatrix}\lambda-a & -1 & 1\\ -1 & \lambda-a & 1\\ 1 & 1 & \lambda-a\end{vmatrix}=(\lambda-a+1)^2(\lambda-a-2),$$

所以矩阵 $\boldsymbol{A}$ 的特征值为 $\lambda_1=\lambda_2=a-1$，$\lambda_3=a+2$.

当 $\lambda_1=\lambda_2=a-1$ 时，解方程组 $[(a-1)\boldsymbol{E}-\boldsymbol{A}]\boldsymbol{X}=\boldsymbol{0}$，得 $\boldsymbol{A}$ 属于 $a-1$ 的一组线性无关的特征向量

$$\boldsymbol{\alpha}_1=(-1,1,0)^{\mathrm{T}},\ \boldsymbol{\alpha}_2=(1,0,1)^{\mathrm{T}}.$$

正交单位化得

$$\boldsymbol{\xi}_1=\frac{1}{\sqrt{2}}(-1,1,0)^{\mathrm{T}},\ \boldsymbol{\xi}_2=\frac{1}{\sqrt{2}}(1,0,1)^{\mathrm{T}}.$$

当 $\lambda_3=a+2$ 时，解方程组 $[(a+2)\boldsymbol{E}-\boldsymbol{A}]\boldsymbol{X}=\boldsymbol{0}$，得 $\boldsymbol{A}$ 属于 $a+2$ 的线性无关的特征向量

$\boldsymbol{\alpha}_3=(-1,-1,1)^{\mathrm{T}}$，单位化得 $\boldsymbol{\xi}_3=\frac{1}{\sqrt{3}}(-1,-1,1)^{\mathrm{T}}$.

令 $\boldsymbol{P}=(\boldsymbol{\xi}_1,\boldsymbol{\xi}_2,\boldsymbol{\xi}_3)$，则 $\boldsymbol{P}$ 为正交矩阵，而且

$$\boldsymbol{P}^{-1}\boldsymbol{AP}=\begin{pmatrix} a-1 & & \\ & a-1 & \\ & & a+2 \end{pmatrix}.$$

（2）由(1)知，

$$(a+3)\boldsymbol{E}-\boldsymbol{A}=(a+3)\boldsymbol{E}-\boldsymbol{P}\begin{pmatrix} a-1 & & \\ & a-1 & \\ & & a+2 \end{pmatrix}\boldsymbol{P}^{-1}$$

$$=\boldsymbol{P}\begin{pmatrix} 4 & & \\ & 4 & \\ & & 1 \end{pmatrix}\boldsymbol{P}^{-1}.$$

令 $\boldsymbol{C}=\boldsymbol{P}\begin{pmatrix} 2 & & \\ & 2 & \\ & & 1 \end{pmatrix}\boldsymbol{P}^{-1}$，则有 $\boldsymbol{C}^2=\boldsymbol{P}\begin{pmatrix} 4 & & \\ & 4 & \\ & & 1 \end{pmatrix}\boldsymbol{P}^{-1}=(a+3)\boldsymbol{E}-\boldsymbol{A}$，

这里
$$\boldsymbol{C}=\boldsymbol{P}\begin{pmatrix} 2 & & \\ & 2 & \\ & & 1 \end{pmatrix}\boldsymbol{P}^{-1}=\frac{1}{3}\begin{pmatrix} 5 & -1 & 1 \\ -1 & 5 & 1 \\ 1 & 1 & 5 \end{pmatrix}.$$

注：一般地，由于当矩阵 $\boldsymbol{M}$ 是正定矩阵时，存在正交矩阵 $\boldsymbol{P}$，使

$$\boldsymbol{M}=\boldsymbol{P}^{\mathrm{T}}\begin{pmatrix} \lambda_1 & & \\ & \ddots & \\ & & \lambda_n \end{pmatrix}\boldsymbol{P},\ \lambda_i>0,\ i=1,2,\cdots,n.$$

所以取正定矩阵 $\boldsymbol{N}=\boldsymbol{P}^{\mathrm{T}}\begin{pmatrix} \sqrt{\lambda_1} & & \\ & \ddots & \\ & & \sqrt{\lambda_n} \end{pmatrix}\boldsymbol{P}$，有 $\boldsymbol{M}=\boldsymbol{N}^2$(这里 N 是唯一的!).

例 6.37　设 n 阶矩阵 $\boldsymbol{A}$ 是正定矩阵，$\boldsymbol{B}$ 是实对称矩阵，则存在可逆矩阵 $\boldsymbol{P}$，使 $\boldsymbol{P}^{\mathrm{T}}\boldsymbol{AP}=\boldsymbol{E}$，$\boldsymbol{P}^{\mathrm{T}}\boldsymbol{BP}$ 为对角矩阵.

证明　由于矩阵 $\boldsymbol{A}$ 是正定矩阵，所以存在可逆矩阵 $\boldsymbol{P}_1$，使 $\boldsymbol{P}_1^{\mathrm{T}}\boldsymbol{AP}_1=\boldsymbol{E}$.

令 $\boldsymbol{P}_1^{\mathrm{T}}\boldsymbol{BP}_1=\boldsymbol{B}_1$，则 $\boldsymbol{B}_1$ 为对称矩阵，所以存在正交矩阵 $\boldsymbol{P}_2$，使 $\boldsymbol{P}_2^{\mathrm{T}}\boldsymbol{B}_1\boldsymbol{P}_2=\boldsymbol{\Lambda}$(对角矩阵). 令 $\boldsymbol{P}=\boldsymbol{P}_1\boldsymbol{P}_2$，问题得证.

习　题　六

A. 基础训练

1. 二次型 $f(x_1,x_2,x_3)=x_1^2+tx_2^2+3x_3^2+6x_1x_2$ 的秩是 2，则参数 $t=$________.

2. 若实对称矩阵 $\boldsymbol{A}$ 与矩阵$\begin{pmatrix}2&1\\1&0\end{pmatrix}$合同，则二次型 $f=\boldsymbol{X}^{\mathrm{T}}\boldsymbol{A}\boldsymbol{X}$ 的规范形是________.

3. 设二次型 $f(x_1,x_2)=tx_1^2+x_2^2-4tx_1x_2$ 正定，则实数 t 的取值范围是________.

4. 若实对称矩阵 $\boldsymbol{A}=\begin{pmatrix}3&a&0\\a&1&0\\0&0&a\end{pmatrix}$为正定矩阵，则 a 的取值应满足________.

5. 已知二次型 $f(x_1,x_2,x_3)=x_1^2+3x_2^2+tx_3^2+2x_1x_2$，经满秩线性变换 $\boldsymbol{X}=\boldsymbol{C}\boldsymbol{Y}$ 可化为 $g(y_1,y_2,y_3)=y_1^2+y_2^2+2y_2y_3$，则参数 t 的取值范围是________.

6. 与矩阵 $\boldsymbol{A}=\begin{pmatrix}2&1&1\\1&2&0\\1&0&-1\end{pmatrix}$合同的是(　　).

A. $\begin{pmatrix}-1&0&0\\0&-1&0\\0&0&-1\end{pmatrix}$　B. $\begin{pmatrix}-1&0&0\\0&-1&0\\0&0&1\end{pmatrix}$　C. $\begin{pmatrix}-1&0&0\\0&1&0\\0&0&1\end{pmatrix}$　D. $\begin{pmatrix}1&0&0\\0&1&0\\0&0&1\end{pmatrix}$

7. 二次型 $f(x_1,x_2,x_3)=\boldsymbol{x}^{\mathrm{T}}\boldsymbol{A}\boldsymbol{x}$ 的矩阵 $\boldsymbol{A}$ 的所有主对角线上的元素都为正数是 f 正定的(　　).

A. 充分非必要条件　　B. 必要非充分条件

C. 充要条件　　D. 既非充分也非必要条件

8. 设三阶实对称矩阵 $\boldsymbol{A}$ 的特征值分别为2，1，0，则(　　).

A. $\boldsymbol{A}$ 正定　B. $\boldsymbol{A}$ 半正定　C. $\boldsymbol{A}$ 负定　D. $\boldsymbol{A}$ 半负定

9. 下列矩阵中正定的是(　　).

A. $\begin{pmatrix}1&2&0\\2&3&2\\0&0&-6\end{pmatrix}$　B. $\begin{pmatrix}3&0&0\\0&1&-2\\0&-2&5\end{pmatrix}$　C. $\begin{pmatrix}3&0&0\\0&1&2\\0&3&7\end{pmatrix}$　D. $\begin{pmatrix}2&0&0\\0&1&3\\0&3&9\end{pmatrix}$

10. 设矩阵 $\boldsymbol{A}=\begin{pmatrix}1&0&0\\0&1&1\\0&1&1\end{pmatrix}$，下列矩阵中，与矩阵 $\boldsymbol{A}$ 不相似也不合同的是(　　).

A. $\begin{pmatrix}1&0&0\\0&3&0\\0&0&0\end{pmatrix}$　B. $\begin{pmatrix}1&1&0\\1&1&0\\0&0&1\end{pmatrix}$　C. $\begin{pmatrix}2&1&1\\1&2&1\\1&1&2\end{pmatrix}$　D. $\begin{pmatrix}3&0&0\\0&1&0\\0&0&6\end{pmatrix}$

11. 设矩阵 $\boldsymbol{A}=\begin{pmatrix}1&0&0\\0&m&n+3\\0&m-1&m\end{pmatrix}$是正定矩阵，则参数 m 满足的条件是(　　).

A. $m>\dfrac{1}{2}$　　B. $m<\dfrac{3}{2}$

C. $m>-2$　　D. $m=n+4$，而且 $m>\dfrac{1}{2}$

12. 求可逆变换 $\boldsymbol{X}=\boldsymbol{CY}$，化二次型 $f(x_1,x_2,x_3)=x_1^2-3x_2^2+4x_3^2-2x_1x_2+2x_1x_3-6x_2x_3$ 为规范形.

13. 求正交变换 $\boldsymbol{Y}=\boldsymbol{PX}$，化二次型 $f(x_1,x_2,x_3)=2x_1^2+2x_2^2-2x_3^2-2x_1x_2+2x_1x_3+4x_2x_3$ 为标准形.

14. 证明：矩阵 $\boldsymbol{A}$ 是正定矩阵的充要条件是 $\boldsymbol{A}$ 与单位矩阵合同，即存在可逆矩阵 $\boldsymbol{C}$，使 $\boldsymbol{A}=\boldsymbol{C}^{\mathrm{T}}\boldsymbol{C}$.

15. 设矩阵 $\boldsymbol{A}$ 是 n 阶正定矩阵，$\boldsymbol{E}$ 是 n 阶单位矩阵，证明：$|\boldsymbol{A}+\boldsymbol{E}|>1$.

B. 综合练习

1. (2011，数 3) 设二次型 $f(x_1,x_2,x_3)=\boldsymbol{X}^{\mathrm{T}}\boldsymbol{AX}(\boldsymbol{A}^{\mathrm{T}}=\boldsymbol{A})$ 的秩为 1，$\boldsymbol{A}$ 的各行元素之和均为 3，则 f 在正交变换 $\boldsymbol{X}=\boldsymbol{QY}$ 下的标准形为________.

2. 设二次型 $f(x_1,x_2,x_3)=\boldsymbol{X}^{\mathrm{T}}\boldsymbol{AX}$ 的矩阵 $\boldsymbol{A}$ 满足 $\boldsymbol{A}^2-2\boldsymbol{A}-3\boldsymbol{E}=\boldsymbol{O}$，$|\boldsymbol{A}|=3$，则二次型 f 的规范形为________.

3. (2011，数 1) 若二次曲面的方程 $x^2+3y^2+z^2+2axy+2xz+2yz=4$ 经正交变换化为 $y_1^2+4z_1^2=4$，则 $a=$________.

4. 设 $\boldsymbol{A}$ 是三阶实对称矩阵，且 $\boldsymbol{A}^2+3\boldsymbol{A}=\boldsymbol{O}$，如果 $k\boldsymbol{A}+\boldsymbol{E}$ 正定，则 k 的取值范围是________.

5. 设矩阵 $\boldsymbol{A}=\begin{pmatrix}1&-2&0\\-2&4&0\\0&0&1\end{pmatrix}$，则二次型 $\boldsymbol{x}^{\mathrm{T}}\boldsymbol{Ax}$ 的规范形为(　　).

A. $z_1^2+z_2^2+z_3^2$　　B. $z_1^2+z_2^2-z_3^2$　　C. $z_1^2-z_2^2$　　D. $z_1^2+z_2^2$

6. 若 $\boldsymbol{A}$、$\boldsymbol{B}$ 相似，则下列说法**错误**的是(　　).

A. $\boldsymbol{A}$ 与 $\boldsymbol{B}$ 等价　　B. $\boldsymbol{A}$ 与 $\boldsymbol{B}$ 合同

C. $|\boldsymbol{A}|=|\boldsymbol{B}|$　　D. $\boldsymbol{A}$ 与 $\boldsymbol{B}$ 有相同的特征值

7. (2008，数 1) 设 $\boldsymbol{A}$ 为三阶实对称矩阵，如果二次曲面方程

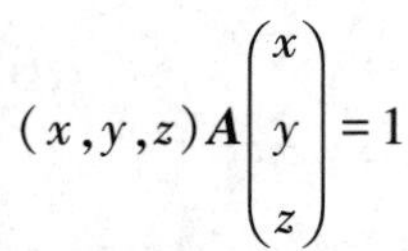

$$(x,y,z)\boldsymbol{A}\begin{pmatrix}x\\y\\z\end{pmatrix}=1$$

在正交变换下的标准方程的图形如图 6-1 所示，则 $\boldsymbol{A}$ 的正特征值的个数为(　　).

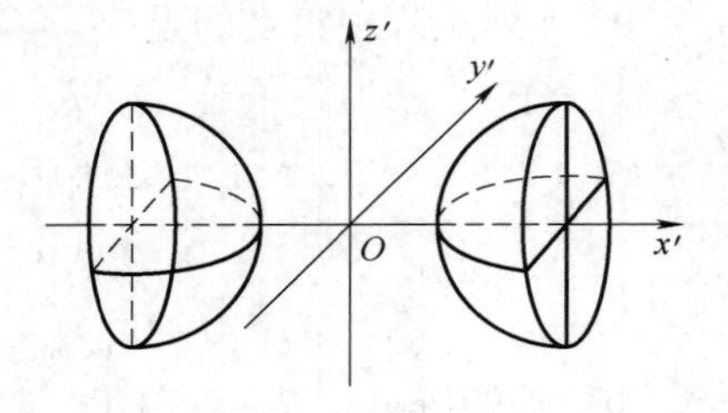

图　6-1

A. 0　　B. 1　　C. 2　　D. 3

8. 求二次型 $f(x_1,x_2,x_3)=(x_1-x_2)^2+(x_1-x_3)^2+(x_3-x_2)^2$ 的秩，并求 $f(x_1,x_2,x_3)=0$ 的解.

9. (2017，数 1，2，3) 设二次型 $f(x_1,x_2,x_3)=2x_1^2-x_2^2+ax_3^2+2x_1x_2-8x_1x_3+2x_2x_3$ 在正交变换 $\boldsymbol{X}=\boldsymbol{QY}$ 下的标准形为 $\lambda_1y_1^2+\lambda_2y_2^2$，求 a 的值及一个正交变换.

10. 设 $\boldsymbol{A}=(\boldsymbol{\alpha}_1,\boldsymbol{\alpha}_2,\boldsymbol{\alpha}_3)$ 是三阶实对称矩阵，矩阵 $\boldsymbol{A}$ 有二重特征值 $\lambda_1=\lambda_2=-1$，而且 $\boldsymbol{\alpha}_1=\boldsymbol{\alpha}_2+\boldsymbol{\alpha}_3$. 求正交变换 $\boldsymbol{X}=\boldsymbol{PY}$，化二次型 $f=\boldsymbol{X}^{\mathrm{T}}\boldsymbol{AX}$ 为标准形.

11. (2020，数 2) 设二次型 $f(x_1,x_2,x_3)=x_1^2+x_2^2+x_3^2+2ax_1x_2+2ax_1x_3+2ax_2x_3$ 经可逆线性变换 $\begin{pmatrix}x_1\\x_2\\x_3\end{pmatrix}=\boldsymbol{P}\begin{pmatrix}y_1\\y_2\\y_3\end{pmatrix}$ 化为二次型 $g(y_1,y_2)=y_1^2+y_2^2+4y_3^2+2y_1y_2$.

（1）求 a 的值；

（2）求可逆矩阵 $\boldsymbol{P}$.

12. 设矩阵 $\boldsymbol{A}=\begin{pmatrix}-1 & 1 & 1\\ 1 & 2 & 1\\ 1 & 1 & 0\end{pmatrix}$，$\boldsymbol{B}=\begin{pmatrix}2 & 1 & 1\\ 1 & -1 & 1\\ 1 & 1 & 0\end{pmatrix}$，求可逆矩阵 $\boldsymbol{C}$，使 $\boldsymbol{C}^{\mathrm{T}}\boldsymbol{A}\boldsymbol{C}=\boldsymbol{B}$.

13. 设矩阵 $\boldsymbol{A}$ 是实对称矩阵，证明：矩阵 $\boldsymbol{A}$ 正定的充要条件是存在正定矩阵 $\boldsymbol{B}$ 使 $\boldsymbol{A}=\boldsymbol{B}^2$.

14. 设矩阵 $\boldsymbol{A}$ 是实对称矩阵，$f(x_1,x_2,\cdots,x_n)=\boldsymbol{X}^{\mathrm{T}}\boldsymbol{A}\boldsymbol{X}$，证明：当 $x_1^2+x_2^2+\cdots+x_n^2=1$ 时，$f=\boldsymbol{X}^{\mathrm{T}}\boldsymbol{A}\boldsymbol{X}$ 的最大值为矩阵 $\boldsymbol{A}$ 的最大特征值.

15.（2002，数 2，3）已知二次型 $f(x_1,x_2,x_3)=3x_1^2+4x_2^2+3x_3^2+2x_1x_2$.

（1）求正交变换 $\boldsymbol{X}=\boldsymbol{Q}\boldsymbol{Y}$ 将 $f(x_1,x_2,x_3)$ 化为标准形；

（2）证明：$\min\limits_{\boldsymbol{X}\neq\boldsymbol{0}}\dfrac{f(\boldsymbol{X})}{\boldsymbol{X}^{\mathrm{T}}\boldsymbol{X}}=2$.

部分习题答案与提示

习题一

A. 基础训练

1. 0. 2. C. 3. C. 4. A. 5. 5.

6. (1) 6. (2) 7. (3) $a+b+c+d$. (4) $-x^3\left(\sum_{i=1}^{4}a_i+x\right)$. (5) -11.

7. $abc(b-a)(c-a)(c-b)$. 8. 0,2,3. 9. $27(y-x)(z-x)(z-y)$.

10. 0. 11. (1) 260. (2) 24. 12. $\frac{a}{3}$.

B. 综合练习

1. 3. 2. -4. 3. a^4-4a^2. 4. $[(x+(n+1)b](x-b)^{n-1}$. 5. -4

6. $b_1b_2\cdots b_n\left(1+\sum_{i=1}^{n}\frac{a_i}{b_i}\right)$. 7. $\prod_{1\leqslant i<j\leqslant 4}(a_ib_j-a_jb_i)$. 8. x^3、x^4 的系数分别为 0，2.

9. 提示：按第一行展开，再递推.

10. 先按第一列拆分为两个行列式，再利用性质化简或拆分，结合展开定理证明.

11. -27. 12. -1. 13. 2. 14. -2. 15. 2.

习题二

A. 基础训练

1. D. 2. $\mathrm{diag}(3,3,-1)$. 3. 0. 4. $\boldsymbol{A}^{k-1}$. 5. $\frac{1}{6}\boldsymbol{A}$.

6. 8. 7. C. 8. C. 9. A.

10. $\boldsymbol{AX}=\begin{pmatrix}2x_1+6x_2\\3x_1+5x_2\end{pmatrix}$，$\boldsymbol{X}^{\mathrm{T}}\boldsymbol{AX}=2x_1^2+5x_2^2+9x_1x_2$.

11. $\boldsymbol{A}^{-1}=\begin{pmatrix}0&0&-a&1\\0&-a&1&0\\-a&1&0&0\\1&0&0&0\end{pmatrix}$. 12. $\begin{pmatrix}1&0&0\\-1&1&0\\0&-1&1\end{pmatrix}$.

13. $\begin{pmatrix}b_1&b_2-2b_1\\a_1&a_2-2a_1\end{pmatrix}$. 14. $\begin{pmatrix}2&1&0\\-1&2&0\\0&0&2\end{pmatrix}$. 15. $\begin{pmatrix}0&1&0\\1&0&-3\\0&0&1\end{pmatrix}$.

16. 4.　17. 0.　18. 提示：已知条件等价于$(\boldsymbol{B}+\boldsymbol{C})\boldsymbol{A}^{\mathrm{T}}=\boldsymbol{E}$.

19. $\boldsymbol{X}=\begin{pmatrix} c_1 & c_2 \\ 3-2c_1 & 1-2c_2 \\ 1-c_1 & 1-c_2 \end{pmatrix}$.

20. 提示：$\boldsymbol{A}^*=\boldsymbol{A}^{\mathrm{T}}$ 时，$a_{ij}=A_{ij}(i,j=1,2,\cdots,n)$，可得 $|\boldsymbol{A}|\neq 0$.

B. 综合练习

1. -3.　2. $\dfrac{1}{1-n}$.　3. D.　4. A.　5. C.　6. $k=3$；$\boldsymbol{A}^{10}=3^9\boldsymbol{A}$.

7. $\begin{pmatrix} 1 & 0 & 0 \\ 2 & 0 & 0 \\ -2 & 1 & 1 \end{pmatrix}$.　8. $\lambda=-5$，$t=1$.　9. $\begin{pmatrix} 6 & 0 & 0 & 0 \\ 0 & 6 & 0 & 0 \\ 0 & 0 & 6 & 0 \\ 0 & 3 & 0 & -1 \end{pmatrix}$.　10. $\boldsymbol{X}=\begin{pmatrix} 1 & 2 & 5 \\ 0 & 1 & 2 \\ 0 & 0 & 1 \end{pmatrix}$.

11. 提示：$\boldsymbol{A}^2=\boldsymbol{E}\Leftrightarrow(\boldsymbol{A}+\boldsymbol{E})(\boldsymbol{A}-\boldsymbol{E})=\boldsymbol{O}$.

12. 提示：(1) 已知条件变形可得$(\boldsymbol{A}-2\boldsymbol{E})(\boldsymbol{B}-4\boldsymbol{E})=8\boldsymbol{E}$；(2) $\boldsymbol{A}=\begin{pmatrix} 0 & 2 & 0 \\ -1 & -1 & 0 \\ 0 & 0 & -2 \end{pmatrix}$.

13. 提示：$\boldsymbol{A}+\boldsymbol{B}=\boldsymbol{A}\boldsymbol{B}$ 等价于$(\boldsymbol{A}-\boldsymbol{E})(\boldsymbol{B}-\boldsymbol{E})=\boldsymbol{E}$，从而有$(\boldsymbol{B}-\boldsymbol{E})(\boldsymbol{A}-\boldsymbol{E})=\boldsymbol{E}$.

14. 提示：利用数学归纳法证明：$\begin{pmatrix} \dfrac{3}{2} & -\dfrac{1}{2} \\ \dfrac{1}{2} & \dfrac{1}{2} \end{pmatrix}^n=\begin{pmatrix} n+2 & -\dfrac{n}{2} \\ \dfrac{n}{2} & -\dfrac{n-2}{2} \end{pmatrix}$.

15. 提示：利用$(\boldsymbol{A}\boldsymbol{B})(\boldsymbol{A}\boldsymbol{B})^*=|\boldsymbol{A}\boldsymbol{B}|\boldsymbol{E}$.

16. 证明 $\boldsymbol{A}^*\begin{pmatrix} 1 \\ \vdots \\ 1 \end{pmatrix}=\dfrac{|\boldsymbol{A}|}{a}\begin{pmatrix} 1 \\ \vdots \\ 1 \end{pmatrix}$即可.

17. 提示：$\boldsymbol{A}\boldsymbol{X}=\boldsymbol{B}$ 有解的条件是 $r(\boldsymbol{A})=r(\boldsymbol{A},\boldsymbol{B})$.

18. (1) $\begin{pmatrix} \boldsymbol{A} & \boldsymbol{B} \\ \boldsymbol{O} & \boldsymbol{D}-\boldsymbol{C}\boldsymbol{A}^{-1}\boldsymbol{B} \end{pmatrix}$；(2) 利用(1)的结果，两边取行列式.

习题三

A. 基础训练

1. $a=-1$，$b=-2$.　2. $\dfrac{1}{3}(1,4,5)$.　3. 2.　4. 1.　5. $\begin{pmatrix} 2 & 3 \\ -1 & 2 \end{pmatrix}$.

6. 6.　7. B.　8. D.　9. D.　10. A.

11. C.　12. B.　13. $k\neq-1$.　14. $k=2$.

15. 向量组秩为 3，$\boldsymbol{\alpha}_1,\boldsymbol{\alpha}_2,\boldsymbol{\alpha}_4$ 为其一个极大线性无关组，而且 $\boldsymbol{\alpha}_3=-\boldsymbol{\alpha}_1+\boldsymbol{\alpha}_2$.

16. 用定义证明，或证明以所给向量组为列组成的矩阵的秩为 k.

B. 综合练习

1. 2.　2. 3.　3. $a\neq 5$.　4. 5.　5. 2.　6. 2.　7. 3.　8. 1 或−2.　9. 1.　10. C.

11. 提示：证明 $\boldsymbol{T}^{\mathrm{T}}\boldsymbol{T}=\boldsymbol{E}$ 即可.

12. 提示：令 $k\boldsymbol{\beta}+l\boldsymbol{A\beta}=\boldsymbol{0}$，两边左乘矩阵 $\boldsymbol{A}$.

13. $p=2$，$\boldsymbol{\alpha}_1,\boldsymbol{\alpha}_2,\boldsymbol{\alpha}_3$ 为其一个极大无关组.

14. $a=0$ 或 $a=-10$ 时，向量组线性相关. $a=0$ 时，$\boldsymbol{\alpha}_1$ 为其一个极大无关组，$\boldsymbol{\alpha}_i=i\boldsymbol{\alpha}_1$ $(i=2,3,4)$；$a=-10$ 时，$\boldsymbol{\alpha}_2,\boldsymbol{\alpha}_3,\boldsymbol{\alpha}_4$ 为其一个极大无关组，$\boldsymbol{\alpha}_1=-\boldsymbol{\alpha}_2-\boldsymbol{\alpha}_3-\boldsymbol{\alpha}_4$.

15. 提示：令 $k_1\boldsymbol{\alpha}_1+k_2\boldsymbol{\alpha}_2+\cdots+k_r\boldsymbol{\alpha}_r+k_{r+1}\boldsymbol{\beta}^{\mathrm{T}}=\boldsymbol{0}$，两边右乘 $\boldsymbol{\beta}$，证明系数全为 0.

16. 提示：证明线性方程组 $x_1\boldsymbol{\alpha}_1+x_2\boldsymbol{\alpha}_2=y_1\boldsymbol{\beta}_1+y_2\boldsymbol{\beta}_2$ 有非零解.

习题四

A. 基础训练

1. A.　2. B.　3. A.　4. C.　5. A.　6. $\boldsymbol{\alpha}_1=(-1,1,0)^{\mathrm{T}}$，$\boldsymbol{\alpha}_2=(-1,0,1)^{\mathrm{T}}$.

7. $(2,2,-2,0)^{\mathrm{T}}+c(0,0,-2,1)^{\mathrm{T}}$，$c\in\mathbf{R}$.　8. $k_1+k_2=1$.　9. $a=-2$.　10. 1.

11. 提示：使用定义，或由 $(\boldsymbol{\alpha}_1+\boldsymbol{\beta},\boldsymbol{\alpha}_2+\boldsymbol{\beta},\boldsymbol{\beta})=(\boldsymbol{\alpha}_1,\boldsymbol{\alpha}_2,\boldsymbol{\beta})\begin{pmatrix}1&0&0\\0&1&0\\1&1&1\end{pmatrix}$，说明 $r(\boldsymbol{\alpha}_1+\boldsymbol{\beta},\boldsymbol{\alpha}_2+\boldsymbol{\beta},\boldsymbol{\beta})=3$.

12. (1) $c_1(2,-3,1,0)^{\mathrm{T}}+c_2(2,-3,0,1)^{\mathrm{T}}$，$c_1$，$c_2$ 为任意常数.

(2) $c(-1,2,1,0)^{\mathrm{T}}$，c 为任意常数.

13. $\lambda=-2$，$\boldsymbol{x}=c(1,1,1)^{\mathrm{T}}$，$c\in\mathbf{R}$.

14. (1) $(-8,13,0,2)^{\mathrm{T}}+c(-1,1,1,0)^{\mathrm{T}}$，$c$ 为任意常数.

(2) $(-16,23,0,0,0)^{\mathrm{T}}+c_1(1,-2,1,0,0)^{\mathrm{T}}+c_2(1,-2,0,1,0)^{\mathrm{T}}+c_3(5,-6,0,0,1)^{\mathrm{T}}$，$c_i$ 为任意常数$(i=1,2,3)$.

15. $t=7$，通解 $\boldsymbol{X}=(-1,-4,0,0)^{\mathrm{T}}+c_1(1,4,1,0)^{\mathrm{T}}+c_2(3,5,0,1)^{\mathrm{T}}$，$c_1$，$c_2$ 为任意常数.

16. 当 $a\neq 3$ 时，有唯一解；当 $a=3$ 时，有无穷多解 $\boldsymbol{x}=c(0,-3,2)^{\mathrm{T}}+(2,1,0)^{\mathrm{T}}$，$c$ 为任意常数.

17. 提示：证明 $\boldsymbol{\beta}_1,\boldsymbol{\beta}_2,\boldsymbol{\beta}_3$ 是解，并且线性无关.

18. 提示：当矩阵 $\boldsymbol{A}$ 列满秩时，方程组 $\boldsymbol{AX}=\boldsymbol{0}$ 只有零解.

B. 综合练习

1. 0.　2. C.　3. A.　4. B.　5. D.　6. $\boldsymbol{x}=c(-1,-1,1)^{\mathrm{T}}$，$c$ 为任意常数.

7. 当 $a\neq b$ 且 $a\neq(1-n)b$ 时，只有零解；

当 $a=b$ 时，有无穷多解，

$\boldsymbol{x}=c_1(-1,1,0,\cdots,0)^{\mathrm{T}}+c_2(-1,0,1,\cdots,0)^{\mathrm{T}}+\cdots+c_{n-1}(-1,0,0,\cdots,1)^{\mathrm{T}}$，$c_i\in\mathbf{R}$，$i=1,2,\cdots,n-1$. 当 $a=(1-n)b$ 时，$\boldsymbol{x}=c(1,1,\cdots,1)^{\mathrm{T}}$，$c$ 为任意常数.

8. $\boldsymbol{X}=\begin{pmatrix}1&7&-3\\1&5&-2\end{pmatrix}$.

9. (1) 当 $\lambda \neq -2$ 且 $\lambda \neq 1$ 时，有唯一解；

当 $\lambda = -2$ 时，无解；

当 $\lambda = 1$ 时，有无穷多解.

(2) $\boldsymbol{x} = (-2,0,0)^{\mathrm{T}} + c_1(-1,1,0)^{\mathrm{T}} + c_2(-1,0,1)^{\mathrm{T}}$，$c_1$，$c_2$ 为任意常数.

10. 提示：$\boldsymbol{BX}=\boldsymbol{0}$ 的解都是 $\boldsymbol{ABX}=\boldsymbol{0}$ 的解，当 $r(\boldsymbol{AB})=r(\boldsymbol{B})$ 时，$\boldsymbol{BX}=\boldsymbol{0}$ 与 $\boldsymbol{ABX}=\boldsymbol{0}$ 有相同的基础解系.

11. $a=-1$，通解 $x=\left(\frac{3}{2},-1,0\right)^{\mathrm{T}}+c(1,0,1)^{\mathrm{T}}$，$c$ 为任意常数.

12. (1) $a=0$ 或 2.

(2) $a=0$ 时，通解：$\boldsymbol{x}=c(-2,1,0)^{\mathrm{T}}$，$c$ 为任意常数；$a=2$ 时，通解 $\boldsymbol{x}=c(1,-1,1)^{\mathrm{T}}$，$c$ 为任意常数.

13. $\boldsymbol{\xi}_1+k_1(2,-2,1,0)^{\mathrm{T}}+k_2(2,-1,2,0)^{\mathrm{T}}$，$k_1$，$k_2$ 为任意常数. 提示：$\boldsymbol{\xi}_1-\boldsymbol{\xi}_2$，$\boldsymbol{\xi}_1-\boldsymbol{\xi}_3$ 是方程组的一个基础解系.

14. $(1,1,1)^{\mathrm{T}}+k(1,2,-1)^{\mathrm{T}}$，$k$ 为任意常数.

15. 提示：讨论$\begin{pmatrix}\boldsymbol{A}\\ \boldsymbol{B}\end{pmatrix}$的秩，证明方程组$\begin{cases}\boldsymbol{AX}=\boldsymbol{0},\\ \boldsymbol{BX}=\boldsymbol{0},\end{cases}$即$\begin{pmatrix}\boldsymbol{A}\\ \boldsymbol{B}\end{pmatrix}\boldsymbol{X}=\boldsymbol{0}$ 有非零解即可.

16. 提示：必要性，考虑 $\boldsymbol{A}^*\boldsymbol{b}=\boldsymbol{A}^*\boldsymbol{Ax}=|\boldsymbol{A}|\boldsymbol{x}=\boldsymbol{0}$；充分性，首先，证明 $r(\boldsymbol{A})=n-1$. 其次，记 $\boldsymbol{A}=(\boldsymbol{\alpha}_1,\boldsymbol{\alpha}_2,\cdots,\boldsymbol{\alpha}_n)$，则 $\boldsymbol{\alpha}_1,\boldsymbol{\alpha}_2,\cdots,\boldsymbol{\alpha}_{n-1}$为 $\boldsymbol{A}^*\boldsymbol{x}=\boldsymbol{0}$ 的基础解系，从而 $\boldsymbol{b}$ 可由 $\boldsymbol{\alpha}_1,\boldsymbol{\alpha}_2,\cdots,\boldsymbol{\alpha}_{n-1}$线性表示(进而可由 $\boldsymbol{\alpha}_1,\boldsymbol{\alpha}_2,\cdots,\boldsymbol{\alpha}_n$ 线性表示).

习题五

A. 基础训练

1. B.　2. C.　3. D.　4. B.　5. C.　6. C.　7. 1.　8. −1.　9. −4.　10. 2.

11. −6.　12. 2.　13. −4.　14. $\boldsymbol{A}^*$ 的特征值 6，2，2；$|\boldsymbol{A}^*-3\boldsymbol{E}|=3$.

15. 由 $\boldsymbol{A}^k=\boldsymbol{O}$ 可得矩阵 $\boldsymbol{A}$ 的特征值均为 0，使用反证法.　16. $a=3$.

17. (1)特征值为−1，−1，3. $\boldsymbol{A}$ 属于−1 的特征向量为 $k_1(-1,1,0)^{\mathrm{T}}+k_2(0,0,1)^{\mathrm{T}}$，$k_1$，$k_2$ 不全为 0；$\boldsymbol{A}$ 属于 3 的特征向量为 $k(1,1,0)^{\mathrm{T}}$，$k\neq 0$. (2) $\boldsymbol{A}$ 可以对角化，$\boldsymbol{P}=\begin{pmatrix}-1&0&1\\1&0&1\\0&1&0\end{pmatrix}$，

$\boldsymbol{P}^{-1}\boldsymbol{AP}=\begin{pmatrix}-1&0&0\\0&-1&0\\0&0&3\end{pmatrix}$. (3)$\boldsymbol{A}^{10}=\frac{1}{2}\begin{pmatrix}3^{10}+1&3^{10}-1&0\\3^{10}-1&3^{10}+1&0\\0&0&2\end{pmatrix}$.

18. $a=2$，$\boldsymbol{P}=\begin{pmatrix}0&1&0\\-\frac{1}{\sqrt{2}}&0&\frac{1}{\sqrt{2}}\\\frac{1}{\sqrt{2}}&0&\frac{1}{\sqrt{2}}\end{pmatrix}$.

B. 综合练习

1. 24. 2. 0，−5，−5. 3. $\boldsymbol{E}$. 4. 10. 5. 6. 6. $\begin{pmatrix}1&0\\2&3\end{pmatrix}$. 7. C. 8. D.

9. D. 10. 1. 11. $\begin{pmatrix}0&1&0\\1&0&0\\0&0&1\end{pmatrix}$. 12. $k_1(-1,1,0)^{\mathrm{T}}+k_2(-1,0,1)^{\mathrm{T}}$，$k_1$，$k_2$ 为任意常数.

13. 提示：由 $\boldsymbol{Q}^{-1}\boldsymbol{A}\boldsymbol{Q}$，$\boldsymbol{Q}^{-1}\boldsymbol{B}\boldsymbol{Q}$ 都是对角矩阵，可得 $\boldsymbol{AB}=\boldsymbol{BA}$.

14. $\boldsymbol{P}=\begin{pmatrix}1&1&-1\\1&0&1\\0&1&1\end{pmatrix}$，$|\boldsymbol{A}-\boldsymbol{E}|=a^2(a-3)$.

15. 设 $\boldsymbol{P}_1^{-1}\boldsymbol{A}\boldsymbol{P}_1=\boldsymbol{B}$，$\boldsymbol{P}_2^{-1}\boldsymbol{C}\boldsymbol{P}_2=\boldsymbol{D}$，考虑相似变换矩阵 $\boldsymbol{P}=\begin{pmatrix}\boldsymbol{P}_1&\\&\boldsymbol{P}_2\end{pmatrix}$.

16. $(-2)^t(-3)^{n-t}$. 17. $\boldsymbol{\alpha}$，$\boldsymbol{\beta}$ 正交即 $\boldsymbol{\alpha}^{\mathrm{T}}\boldsymbol{\beta}=0$，此时矩阵 $\boldsymbol{A}$ 的特征值全为 0.

18. (1) $x=0$，$y=-2$； (2) $\boldsymbol{P}=\begin{pmatrix}0&0&-1\\-2&1&0\\1&1&1\end{pmatrix}$.

19. (1) $\boldsymbol{B}=\begin{pmatrix}1&0&0\\1&2&2\\1&1&3\end{pmatrix}$； (2) $\boldsymbol{A}$ 的特征值为 1，1，4； (3) $\boldsymbol{P}=(-\boldsymbol{\alpha}_1+\boldsymbol{\alpha}_2,-2\boldsymbol{\alpha}_1+\boldsymbol{\alpha}_3,\boldsymbol{\alpha}_2+\boldsymbol{\alpha}_3)$.

习题六

A. 基础训练

1. 9. 2. $y_1^2-y_2^2$. 3. $0<t<\dfrac{1}{4}$. 4. $0<a<\sqrt{3}$. 5. $t<0$. 6. C.

7. B. 8. B. 9. B 10. C 11. D 12. $\boldsymbol{X}=\begin{pmatrix}1&-1&-1\\0&1&1\\0&0&7\end{pmatrix}\boldsymbol{Y}$，$f=y_1^2-4y_2^2+7y_3^2$.

13. 正交变换 $\boldsymbol{X}=\dfrac{1}{3}\begin{pmatrix}-2&1&2\\1&-2&2\\2&2&1\end{pmatrix}$. $f=2y_1^2+5y_2^2-y_3^2$.

14. 提示：充分性可考虑定义，必要性考虑规范形.

15. 提示：矩阵 $\boldsymbol{A}+\boldsymbol{E}$ 的特征值都大于 1.

B. 综合练习

1. $3y_1^2$. 2. $-y_1^2-y_2^2+y_3^2$. 3. $a=1$. 4. $k<\dfrac{1}{3}$. 5. D. 6. B. 7. B.

8. $r(f)=2$，$f=0$ 解为 $c(1,1,1)^{\mathrm{T}}$，$c\in\mathbf{R}$.

9. $a=2$，正交变换 $\boldsymbol{X}=(\boldsymbol{e}_1,\boldsymbol{e}_2,\boldsymbol{e}_3)\boldsymbol{Y}$，这里

$$e_1=\frac{1}{\sqrt{6}}(1,2,1)^{\mathrm{T}},\ e_2=\frac{1}{\sqrt{3}}(1,-1,1)^{\mathrm{T}},\ e_3=\frac{1}{\sqrt{2}}(-1,0,1)^{\mathrm{T}}.$$

10. 经正交变换 $\boldsymbol{X}=(\boldsymbol{e}_1,\boldsymbol{e}_2,\boldsymbol{e}_3)\boldsymbol{Y}$，二次型化为$-y_1^2-y_2^2$. 这里

$$e_1=\frac{1}{\sqrt{2}}(1,1,0)^{\mathrm{T}},\ e_2=\frac{1}{\sqrt{6}}(1,-1,2)^{\mathrm{T}},\ e_3=\frac{1}{\sqrt{3}}(1,-1,-1)^{\mathrm{T}}.$$

提示：矩阵 $\boldsymbol{A}$ 有特征值 0，而且 $\boldsymbol{A}$ 属于 0 的特征向量与属于-1 的特征向量正交.

11. $a=-\frac{1}{2}$，$\boldsymbol{P}=\begin{pmatrix}1 & 2 & \frac{2}{\sqrt{3}}\\ 0 & 1 & \frac{4}{\sqrt{3}}\\ 0 & 1 & 0\end{pmatrix}$.　　12. $\boldsymbol{C}=\begin{pmatrix}0 & 1 & 0\\ 1 & 0 & 0\\ 0 & 0 & 1\end{pmatrix}$.

13. 提示：必要性参考本书例 6.34；充分性：$\boldsymbol{A}=\boldsymbol{B}^2=\boldsymbol{B}^{\mathrm{T}}\boldsymbol{B}$，即 $\boldsymbol{A}$ 与 $\boldsymbol{E}$ 合同.

14. 提示：设 λ_n 是 $\boldsymbol{A}$ 的最大特征值，则 $\forall \boldsymbol{X}\neq\boldsymbol{0}$，$\boldsymbol{X}^{\mathrm{T}}(\boldsymbol{A}-\lambda_n\boldsymbol{E})\boldsymbol{X}\leqslant 0$，即 $\boldsymbol{X}^{\mathrm{T}}\boldsymbol{A}\boldsymbol{X}\leqslant\lambda_n\boldsymbol{X}^{\mathrm{T}}\boldsymbol{X}$. 即在题设条件下二次型的最大值不超过 λ_n，只要找到达到 λ_n 的点即可.

15. 提示：(1) $\boldsymbol{Q}=\frac{1}{\sqrt{2}}\begin{pmatrix}-1 & 0 & 1\\ 0 & 1 & 0\\ 1 & 0 & 1\end{pmatrix}$；

(2) 二次型矩阵 $\boldsymbol{A}$ 特征值为 2，2，4，$\boldsymbol{A}-2\boldsymbol{E}$ 半正定，当 $\boldsymbol{X}\neq\boldsymbol{0}$ 时，有 $\boldsymbol{X}^{\mathrm{T}}(\boldsymbol{A}-2\boldsymbol{E})\boldsymbol{X}\geqslant 0$，可结合 $\boldsymbol{X}=\boldsymbol{Q}\boldsymbol{Y}$ 下 $f(\boldsymbol{X}^{\mathrm{T}})=f(\boldsymbol{Y}^{\mathrm{T}})$ 证明.

参考文献

[1] 同济大学数学系. 线性代数[M]. 北京：高等教育出版社，2018.
[2] 周华任，等. 线性代数习题精解及考研辅导[M]. 南京：东南大学出版社，2014.
[3] 李正元，李永乐，袁荫棠，等. 数学复习全书：理工类[M]. 北京：国家行政学院出版社，2010.
[4] 陈文灯，黄先开. 数学复习指南[M]. 北京：世界图书出版公司，2002.
[5] 李林. 线性代数辅导讲义[M]. 北京：国家开放大学出版社，2020.
[6] 蒲和平. 线性代数疑难问题选讲[M]. 北京：高等教育出版社，2016.